普通高等教育"十一五"国家级规　　教材
"十二五"普通高等教育本科国家级规划教材
科学出版社"十三五"普通高等教育本科规划教材
生 命 科 学 经 典 教 材 系 列

生物技术概论

（第五版）

宋思扬　左正宏　主编

科学出版社

北 京

内 容 简 介

本书自 1999 年第一版面市以来，深受读者欢迎，已被许多高校选作教材。第三版和第四版分别被列为"普通高等教育'十一五'国家级规划教材"和"'十二五'普通高等教育本科国家级规划教材"。此次改版是在原有结构体系的基础上增加新的进展，删除部分过时或庞杂的内容。

本书内容丰富、新颖、文字流畅，可读性强，全面介绍了现代生物技术的概念、原理、研究方法、发展方向及其实际应用。内容涉及基因工程、细胞工程、发酵工程、蛋白质工程与酶工程，以及生物技术在农业、食品、医药、能源、环境保护等领域中的应用，同时还概要介绍了对生物技术发明创新的保护，以及生物技术的安全性等。全书共分 12 章，每章附有小结、思维导图和复习思考题及参考答案，全书后附有现代生物技术重大事件时间节点。同时，本书配套教学课件，供授课教师参考使用。

本书可作为高等院校非生物学专业学生素质教育的教材，也可供各类高校相关专业本科生、研究生及教师参考。

图书在版编目（CIP）数据

生物技术概论 / 宋思扬，左正宏主编. —5 版. —北京：科学出版社，
2020.6

"十二五"普通高等教育本科国家级规划教材

ISBN 978-7-03-063181-7

Ⅰ. ①生… Ⅱ. ①宋… ②左… Ⅲ. ①生物工程 – 高等学校 – 教材 Ⅳ.
① Q81

中国版本图书馆 CIP 数据核字（2019）第 257894 号

责任编辑：席 慧 韩书云 / 责任校对：严 娜
责任印制：赵 博 / 封面设计：铭轩堂

科学出版社 出版

北京东黄城根北街 16 号
邮政编码：100717
http://www.sciencep.com

保定市中画美凯印刷有限公司印刷

科学出版社发行 各地新华书店经销

*

1999 年 8 月第 一 版 开本：787×1092 1/16
2020 年 6 月第 五 版 印张：20
2025 年 7 月第五十一次印刷 字数：512 000

定价：69.00 元

（如有印装质量问题，我社负责调换）

第五版前言
PREFACE

《生物技术概论》20多岁了。20多年来，本书得到了兄弟院校的广泛关注和支持，国内不少高等院校选择本书作为生物科学相关专业本科生或非生物学专业本科生素质教育的教材，有的高等院校还将其选为研究生入学考试的参考书，年发行量过万册，当当网读者的好评率达到了99.6%，并于2006年和2012年分别被教育部遴选为"普通高等教育'十一五'国家级规划教材"和"'十二五'普通高等教育本科国家级规划教材"。

鉴于本书第四版与读者见面已有6年了。6年来，生物技术领域持续高速发展，新技术、新成果层出不穷。广大读者和任课教师在使用本书后也提出了许多有益的建议和意见。为了能够及时地吸收新的成果，引进新的资料，反映新的动态，并对第四版中不尽合理的地方进行修改；为了更好地服务于广大学生和任课教师，更加贴合新形势下教学的需要，我们决定对本书重新编撰。在科学出版社的大力支持下，我们邀请了部分院校的一线教师及全体参编人员于2018年在厦门大学召开了《生物技术概论》（第五版）改版启动会及教学研讨会。参会教师及科学出版社编辑对本次改版提出了许多有益的、宝贵的意见和建议。我们在综合各方的意见和建议后启动改版工作。

党的二十大提出："深入实施科教兴国战略、人才强国战略、创新驱动发展战略"，"坚持为党育人、为国育才，全面提高人才自主培养质量，着力造就拔尖创新人才"；同时多次指出，生物技术将在我国构建新发展格局、打造战略性新兴产业融合集群以及推进国家安全体系和能力现代化中发挥重要作用。这些都充分说明国家对生物技术产业及相关人才培养的重视。

本次改版的总体原则是在不增加篇幅及保留原有结构的前提下，删繁就简、合理合并、避免重复；充分体现新技术，展现新成果。将原书中的第五章"酶工程"和第六章"蛋白质工程"合并为"蛋白质工程与酶工程"；在适当的位置增加了扩展阅读，以便学有余力的学生拓展知识；增加了复习思考题的参考答案，以方便学生自学；增加了每章的思维导图，帮助学生把握该章的知识结构；增加了现代生物技术重大事件时间节点，使学生能够方便地了解现代生物技术的发展脉络。

本书参编人员的科研和教学任务繁重，同时限于知识水平和写作能力，尽管我们仍然秉持系列版本写作时的指导思想——力求内容全面而新颖，概念简洁而准确，语言深入浅出、通俗易懂，能反映生物技术各领域的最新研究进展，但书中的不妥之处在所难免，我们衷心地希望读者能一如既往地对本书提出批评和指正，以便再版时修改。

本书的许多内容和插图来自多个方面，大多在书中相关的地方或参考文献得以体现，在此作者特向各位同仁表示衷心感谢！对为本书提出意见和建议的任课教师表示衷心的感谢！本书的顺利出版、发行还得益于科学出版社各位编辑的辛勤劳动，在此一并表示衷心的感谢！

作者

2023年3月11日于厦门大学

第四版前言
PREFACE

　　《生物技术概论》自 1999 年第一版出版以来，已经历了 15 年的时间，自第三版出版至今也已经历了 7 年，自第一版起历经了 30 次重印发行。国内不少高等院校选择本书作为相关专业本科生或非生物学专业本科生素质教育的教材，有的高等院校还将其选为研究生入学考试的参考书。本书于 2006 年和 2012 年分别被教育部遴选为"普通高等教育'十一五'国家级规划教材"和"'十二五'普通高等教育本科国家级规划教材"。

　　本次再版，保持了本书一贯的结构体系和写作风格，即全书仍然分为 13 章，1～6 章介绍了生物技术的基础知识和基本原理，7～13 章介绍了生物技术在各个相关领域的应用。

　　此次再版的总原则是在篇幅不变的情况下，删繁就简。修订过程中，接受了兄弟院校在使用本书后提出的合理化意见和建议；吸收新的成果，引进新的资料，反映新的动态；对第三版中不尽合理的地方进行修改。总体原则是在生物技术的工程原理方面删除了过于繁杂部分，适当降低难度；在生物技术应用的热点问题方面，适当地增加篇幅展开讨论，如大众关心的生物技术安全性，特别是转基因产品的安全性问题，利用生物技术生产新能源的问题，生物技术与环境修复的问题。

　　此次改版同样秉承本书的指导思想——力求内容全面而新颖，概念准确，语言深入浅出，通俗易懂，能反映生物技术各领域的最新研究进展及其应用。限于作者的知识水平和写作能力，不一定能够达到以上的要求，书中可能还存在不妥之处，因此，真诚地希望各位读者一如既往地提出批评并指正，以便再版时改正。

　　本书的许多内容和插图来自多个方面，大多在书中相关的地方或参考文献中得以体现，在此作者特向各位同仁表示衷心感谢！本书的顺利出版、发行还得益于科学出版社各位编辑的辛勤劳动，在此一并表示衷心感谢！

作者

2014 年 3 月 6 日于厦门大学

C 目 录
ONTENTS

第一章

生物技术总论

学习目的

①了解生物技术的含义、特点及生物技术的发展史。②掌握生物技术的种类及其相互关系。③认识生物技术的应用领域及其对人类社会发展的影响。

世界各国均将生物技术视为一项高新技术。它被广泛应用于医药卫生、农林牧渔、轻工、食品、化工、能源和环境保护等领域，促进了传统产业的技术改造和新兴产业的形成，对人类生活将产生深远的革命性的影响，所以生物技术对于提高国力，迎接人类所面临的诸如食品短缺、健康问题、环境问题及经济问题的挑战是至关重要的。生物技术是现实生产力，也是具有巨大经济效益的潜在生产力，它将是 21 世纪高新技术革命的核心内容，生物技术产业将是 21 世纪的支柱产业，所以许多国家都将生物技术确定为增强国力和经济实力的关键性技术之一。我国政府同样把生物技术列为高新技术之一，并组织力量追踪和攻关。

生物技术不完全是一门新兴学科，它包括传统生物技术和现代生物技术两部分。传统生物技术是指旧有的制造酱、醋、酒、面包、奶酪、酸奶及其他食品的传统工艺；现代生物技术则是指 20 世纪 70 年代末 80 年代初发展起来的，以现代生物学研究成果为基础，以基因工程为核心的新兴学科。当前所称的生物技术基本上都是指现代生物技术。

本书主要讨论**现代生物技术**。

1.1 生物技术的含义

1.1.1 生物技术的定义

生物技术（biotechnology），有时也称生物工程（bioengineering），是指人们以现代生命科学为基础，结合其他基础学科的科学原理，采用先进的工程技术手段，按照预先的设计改造生物体或加工生物原料，为人类生产出所需的产品或达到某种目的。因此，生物技术是一门新兴的、综合性的学科。

先进的工程技术手段是指基因工程、细胞工程、发酵工程、蛋白质工程和酶工程等新技术。改造生物体是指获得优良品质的动物、植物或微生物品系。生物原料则是指生物体的某一部分或生物生长过程中产生的能利用的物质，如淀粉、糖蜜、纤维素等有机物，也包括一些无机化学品，甚至某些矿石。为人类生产出所需的产品包括粮食、医药、食品、化工原料、能源、金属等各种产品。达到某种目的则包括疾病的预防、诊断与治疗和食品的检验，以及环境污染的检测和治理等。

生物技术是由多学科综合而成的一门新学科。就生物科学而言，它包括了微生物学、生物化学、细胞生物学、免疫学、遗传与育种学、生物信息学等几乎所有与生命科学有关的学科，特别是现代分子生物学的最新理论成就更是生物技术发展的基础。现代生命科学的发展已在分子、亚细胞、细胞、组织和个体等不同层次上揭示了生物的结构和功能的相互关系，从而使人们得以应用其研究成就对生物体进行不同层次的设计、控制、改造或模拟，并产生了巨大的生产能力。

1.1.2　生物技术的种类及其相互关系

近几十年来，科学和技术发展的一个显著特点是人们越来越多地采用多学科的方法来解决各种问题。这将导致综合性学科的出现，并最终形成具有独特概念和方法的新领域。生物技术就是在这种背景下产生的一门综合性的新兴学科。根据生物技术操作的对象及操作技术的不同，生物技术主要包括以下 4 项技术（工程）。

1.1.2.1　基因工程

基因工程（gene engineering）是 20 世纪 70 年代以后兴起的一门新技术，其主要原理是应用人工方法把生物的遗传物质，通常是脱氧核糖核酸（DNA）分离出来，在体外进行切割、编辑、拼接和重组。然后将重组了的 DNA 导入某种宿主细胞或个体，从而改变它们的遗传品性；有时还使新的遗传信息（基因）在新的宿主细胞或个体中大量表达，以获得基因产物（多肽或蛋白质）。这种通过体外 DNA 重组创造新生物并给予特殊功能的技术就称为基因工程，也称 DNA 重组技术。

基因工程的应用及其安全性管理

1.1.2.2　细胞工程

一般认为，所谓的细胞工程（cell engineering）是指以细胞为基本单位，在体外条件下进行培养、繁殖；或人为地使细胞的某些生物学特性按人们的意愿发生改变，从而达到改良生物品种或创造新品种的目的；或加速繁育动植物个体；或获得某种有用的物质的过程。所以细胞工程应包括动植物细胞的体外培养技术、细胞融合技术（也称细胞杂交技术）、细胞器移植技术、克隆技术、干细胞技术等。

细胞工程技术的应用

1.1.2.3　蛋白质工程与酶工程

蛋白质工程（protein engineering）是指在基因工程的基础上，结合蛋白质结晶学、计算机辅助设计和蛋白质化学等多学科的基础知识，通过利用对基因的人工定向改造等手段，从而达到对蛋白质进行修饰、改造、拼接以产生能满足人类需要的新型蛋白质的技术。

酶工程（enzyme engineering）是指利用酶、细胞器或细胞所具有的特异催化功能，或对酶进行修饰改造，并借助生物反应器和工艺过程来生产人类所需产品的一项技术。它包括酶的固定化技术、细胞的固定化技术、酶的修饰改造技术及酶反应器的设计等技术。

蛋白质工程的发展与应用

中国酶工程的兴旺与崛起

虽然蛋白质工程倾向于研究蛋白质的结构和功能，酶工程则倾向于研究酶催化功能的应用，但由于酶是一种特殊的、具有催化功能的蛋白质，蛋白质工程的研究方法和技术同样可以用于酶工程的研究，反之亦然。所以就技术层面而言，两者是相通的。

1.1.2.4 发酵工程

利用微生物生长速度快、生长条件简单及代谢过程特殊等特点，在合适的条件下，通过利用现代化工程技术手段，由微生物的某种特定功能生产出人类所需产品的技术称为发酵工程（fermentation engineering），也称微生物工程。

应该指出，上述 4 项技术并不是各自独立的，它们彼此之间是互相联系、互相渗透的。其中的基因工程技术是核心技术，它能带动其他技术的发展。例如，通过基因工程对细菌或细胞进行改造后获得的"工程菌"或"工程细胞"，都必须分别通过发酵工程或细胞工程来生产有用的物质；通过基因工程技术对酶进行改造以增加酶的产量、稳定性及提高酶的催化效率等（图 1-1）。

发酵工程与轻工生物技术的创新任务和发展趋势

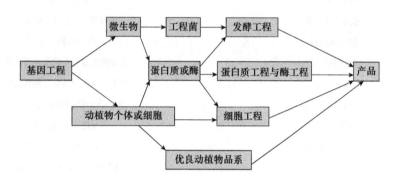

图 1-1 基因工程、细胞工程、蛋白质工程与酶工程和发酵工程之间的相互关系

1.1.3 生物技术涉及的学科

现代生物技术是所有自然科学领域中涵盖范围最广的学科之一。它以包括分子生物学、细胞生物学、微生物学、免疫生物学、人体生理学、动物生理学、植物生理学、微生物生理学、生物化学、生物物理学、遗传学、生物信息学等几乎所有生物科学的次级学科为支撑，又结合了诸如化学、化学工程学、数学、微电子技术、计算机科学、信息学等生物学领域之外的尖端基础学科，从而形成一门多学科互相渗透的综合性学科。其又以生命科学领域的重大理论和技术的突破为基础。例如，如果没有 Watson 和 Crick 的 DNA 双螺旋结构及阐明 DNA 的半保留复制模式，没有遗传密码的破译及 DNA 与蛋白质的关系等理论上的突破，没有发现 DNA 限制性内切核酸酶、DNA 连接酶等工具酶，就不可能有基因工程高新技术的出现；如果没有动植物细胞培养方法及细胞融合方法的建立，就不可能有细胞工程的出现；如果没有蛋白质结晶技术和蛋白质三维结构的深入研究及化工技术的进步，就不可能有蛋白质工程与酶工程的产生；如果没有生物反应器、传感器及自动化控制技术的应用，就不可能有现代发酵工程的出现。另外，所有生物技术领域还使用了大量的现代化高精尖仪器，如超速离心机、电子显微镜、流式细胞仪、高效液相色谱仪、DNA 自动合成仪、DNA（自动）测序仪、核磁共振仪、X 光衍射仪等（表 1-1）。这些仪器全部都是由微型计算机控制的、全自动化的。这就是现代微电子学和计算机技术与生物技术的结合和渗透。如果没有这些结合和渗透，生物技术的研究就不可能深入到分子水平，也就不会有今天的现代生物技术。

表 1-1　重要的现代生物技术仪器和设备

名称	用途
DNA（自动）测序仪	（自动）测定核酸的核苷酸序列
蛋白质/多肽自动测序仪	测定蛋白质、多肽的氨基酸序列
DNA 自动合成仪	合成已知寡核苷酸序列
蛋白质/多肽自动合成仪	合成已知氨基酸序列的蛋白质或多肽
生物反应器	细胞的连续培养
发酵罐	微生物细胞培养
聚合酶链反应仪（PCR 仪）	DNA 快速扩增
序列分析软件	核酸/蛋白质序列分析
基因转移设备	将外源 DNA 引进靶细胞
膜分离设备	大批量物质的分离
高效液相色谱仪	物质的分离与纯化及纯度鉴定
电泳设备	物质的分离与纯化及纯度鉴定
凝胶电泳系统	蛋白质和核酸的分离与分析
毛细管电泳仪	质量控制、组分分析
超速、高速离心机	分离生物大分子物质
电子显微镜	观察细胞及组织的超微结构
生物质谱仪	蛋白质及多肽的研究
流式细胞仪	细胞的计数、分离和收集
冷冻干燥仪	样品的低温冷冻干燥
液氮罐/超低温冰箱	样品或细胞的冻存
核磁共振仪	生物分子的结构解析
X 光衍射仪	蛋白质三维结构分析

　　人类已进入知识经济时代，知识经济的基本特征就是知识不断创新，高新技术迅速产业化。作为高新技术领域重要组成部分的生物技术，必然在知识经济的发展过程中大显身手并做出特殊的贡献。我国是发展中国家，农业经济、工业经济、知识经济三元并存，面临着新的机遇和挑战。在这种形势下，大力发展高新技术及其产业，加大知识经济在经济结构中的比例具有特别重要的意义。生物技术与其他高新技术一样具有"六高"的基本特征，即**高效益**，可带来高额利润；**高智力**，具有创造性和突破性；**高投入**，前期研究及开发需要大量的资金投入；**高竞争**，时效性的竞争非常激烈；**高风险**，竞争的激烈必然带来高风险；**高势能**，对国家的政治、经济、文化和社会发展有很大的影响，具有很强的渗透性和扩散性，有着很高的态势和潜在的能量。

　　另外，生物技术广阔的应用前景、高额的利润也促使生物技术快速发展。生物技术的应用领域非常广泛，它包括医药、农业、食品、化工、环境管理、能源等领域（图 1-2）。这些领域的广泛应用必然带来经济上的巨大利益。因此，各种与生物技术相关的企业如雨后春笋般地涌现。概括来说，生物技术相关的行业可分为八大类型，具体见表 1-2。

生物技术的应用前景分析

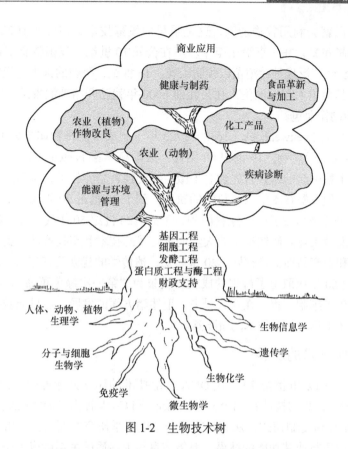

图 1-2 生物技术树

表 1-2 生物技术所涉及的行业种类及其经营范围

行业种类	经营范围
疾病治疗	用于控制人类疾病的医药产品及技术，包括抗生素、生物药品、基因治疗、干细胞利用等
诊断与检测	临床检测与诊断，食品、环境与农业检测
农业、林业与园艺	新的农作物或动物、肥料、生物农药
食品	扩大食品、饮料及营养素的来源
环境	废物处理、生物净化、环境治理
能源	能源的开采、新能源的开发
化学品	酶、DNA/RNA 及特殊化学品、美容产品
设备	由生物技术生产的金属、生物反应器、计算机芯片及生物技术使用的设备等

1.2 生物技术发展简史

前面说过，生物技术不是一门新学科，它可分为传统生物技术和现代生物技术。现代生物技术是从传统生物技术发展而来的。

1.2.1 传统生物技术的产生

传统生物技术应该说从史前时代起就一直为人们所开发和利用，以造福人类。在石器时代后期，我国人民就会利用谷物造酒，这是最早的发酵技术。在公元前 221 年，我国人民就能制作豆腐、酱和醋，并一直沿用至今。早在公元 10 世纪，我国就有了预防天花的活疫苗；到了明代，已经广泛地种植痘苗以预防天花。16 世纪，我国的医生已经知道被疯狗咬伤可传播狂犬病。苏美尔人和巴比伦人在公元前 6000 年就已开始啤酒发酵。埃及人则在公元前 4000 年就开始制作面包。

1676 年，荷兰人 Leeuwenhoek（1632～1723 年）制成了能将物体放大 170～300 倍的显微镜并首先观察到了微生物。19 世纪 60 年代，法国科学家 Pasteur（1822～1895 年）首先证实发酵是由微生物引起的，并首先建立了微生物的纯种培养技术，从而为发酵技术的发展提供了理论基础，使发酵技术纳入了科学的轨道。到了 20 世纪 20 年代，工业生产中开始采用大规模的纯种培养技术发酵化工原料丙酮、丁醇。20 世纪 50 年代，在青霉素大规模发酵生产的带动下，发酵工业和酶制剂工业大量涌现。发酵技术和酶技术被广泛应用于医药、食品、化工、制革和农产品加工等领域。20 世纪初，遗传学的建立及其应用，产生了遗传育种学，并于 20 世纪 60 年代取得了辉煌的成就，被誉为"第一次绿色革命"。细胞学的理论被应用于生产而产生了细胞工程。在今天看来，上述诸方面的发展，还只能被视为传统的生物技术，因为它们还不具备高新技术的诸要素。

1.2.2　现代生物技术的发展

现代生物技术是以 20 世纪 70 年代 DNA 重组技术的建立为标志的。1944 年，Avery 等阐明了 DNA 是遗传信息的携带者。1953 年，Watson 和 Crick 提出了 DNA 的双螺旋结构模型，阐明了 DNA 的半保留复制模式，从而开辟了分子生物学研究的新纪元。由于一切生命活动都是酶和非酶蛋白质行使其功能的结果，遗传信息与蛋白质的关系就成了研究生命活动的关键问题。1961 年，Khorana 和 Nirenberg 破译了遗传密码，揭开了 DNA 编码的遗传信息传递给蛋白质的这一秘密。基于上述基础理论的发展，1972 年，Berg 首先实现了 DNA 体外重组，标志着生物技术的核心技术——基因工程技术的开始。它向人们提供了一种全新的技术手段，使人们可以按照意愿在试管内切割 DNA、分离基因并经重组后导入其他生物或细胞，借以改造农作物或畜牧品种；也可以导入细菌这种简单的生物体，由细菌生产大量有用的蛋白质，或作为药物，或作为疫苗，或作为酶制剂；也可以直接导入人体内进行基因治疗。显然，这是一项技术上的革命。以基因工程为核心，带动了现代发酵工程、现代蛋白质工程和酶工程及现代细胞工程的发展，形成了具有划时代意义和战略价值的现代生物技术。

现代生物技术
发展史上的
重要事件

1.3　生物技术对经济社会发展的影响

近代科技史实表明，每一次重大的科学发现和技术创新，都使人们对客观世界的认识产生一次飞跃；每一次技术革命浪潮的兴起，都使人们改造自然的能力和推动社会发展的力量提高到一个新的水平。生物技术的发展也不例外，它的发展将越来越深刻地影响着世界经济、军事和社会发展的进程。

1.3.1　改善农业生产，避免食品短缺

"民以食为天"，粮食问题是一个国家经济健康发展的基础。目前，世界人口已达 70 多亿，

而耕地面积不但没有增加，反而有减少的趋势。因此，在今后几十年的发展中如何满足人们对食品增加的需求，将是各国政府首先要解决的问题。

1.3.1.1　提高农作物产量及其品质

（1）培育抗逆的作物优良品系　　通过基因工程技术对生物进行基因转移，使生物体获得新的优良品性，称为转基因技术。通过转基因技术获得的生物体称为转基因生物。例如，转基因植物就是对植物进行基因转移，其目的是培育出具有抗寒、抗旱、抗盐、抗病虫害等抗逆特性及高产量和优良品质的作物新品系。至 1996 年，全世界推广转基因作物的种植面积为 250 万 hm^2，到了 2017 年已达 1.89 亿 hm^2。涉及的作物种类包括大豆、玉米、棉花、番茄、油菜、甜菜、番木瓜、苜蓿、水稻、马铃薯、苹果、菠萝、茄子等。转基因性能包括抗除草剂、抗病毒、抗盐碱、抗旱、抗虫、抗病及作物品质改良等。2017 年，我国转基因植物的种植面积约为 370 万 hm^2，占全球转基因植物种植面积的 2.06%，仅占国内全部耕地的 4.0%。主要品种有棉花和番木瓜（见 6.1.1 和 6.1.2）。

现代生物技术在农作物育种中的应用研究

我国是人口大国，人多地少，粮食问题是我国经济发展、社会稳定的关键。我国政府对农业生物技术极为重视，投入了大量的人力、物力，并取得了举世瞩目的成就，已培育了水稻、棉花、小麦、油菜、甘蔗、橡胶等一大批作物新品系。例如，我国的"超级杂交稻"2017 年百亩[①]试种已达到平均亩产 1149.02kg（见 7.1.1）。

超级杂交稻研究进展

（2）植物种苗的工厂化生产　　利用细胞工程技术对优良品种进行大量的快速无性繁殖，实现工业化生产。该项技术又称植物的微繁殖技术。植物细胞具有全能性，一个植物细胞犹如一株潜在的植物。利用植物的这种特性，可以从植物的根、茎、叶、果、穗、胚珠、胚乳、花药或花粉等植物器官或组织取得一定量的细胞，在试管中培养这些细胞，使之生长成为所谓的愈伤组织。愈伤组织具有很强的繁殖能力，可在试管内大量繁殖。在一定的植物激素的作用下，愈伤组织又可分化出根、茎、叶，成为一株小苗。利用这种无性繁殖技术，可在短时间内得到大量的遗传稳定的小苗（这种小苗称为试管苗，以区别于种子萌发的实生苗），并可实现工厂化生产。一个 $10m^2$ 的恒温室内，可繁殖 1 万～50 万株小苗。因此，该项技术可使有价值的、自然繁育慢的植物在很短的时间内和有限的空间内得到大量的繁殖（见 6.1.5）。

利用植物微繁殖技术还可培育出不带病毒的脱毒苗。由于植物的根尖或茎尖分生细胞常常是不带病毒的，用这种细胞在试管中进行无菌培养而繁育的小苗也是不带病毒的，减少了病毒感染的可能性（见 6.1.5）。

植物的微繁殖技术已广泛地应用于花卉、果树、蔬菜、药用植物和农作物的快速繁殖，实现商品化生产。我国已建立了多种植物试管苗的生产线，如葡萄、苹果、香蕉、柑橘、花卉等。

（3）提高粮食品质　　生物技术除了可培育高产、抗逆、抗病虫害的新品系外，还可培育品质好、营养价值高的作物新品系。例如，美国威斯康星大学的学者将菜豆贮藏蛋白基因转移到向日葵中，使向日葵种子含有菜豆贮藏蛋白。利用转基因技术培育的番茄可延缓成熟变软，从而避免运输中的破损。大米是

植物组织培养技术的现状及发展趋势

---

①　1 亩＝666.6m^2

人类的主要粮食，含有人体自身不能合成的 8 种必需氨基酸，但其蛋白质含量很低。人们正试图将大豆贮藏蛋白基因转移到水稻中，培育高蛋白质的水稻新品系（见 6.1.2）。

（4）利用生物农药生产绿色食品　　近年来，人们越来越注意农业生产的可持续发展及人与环境的协调，特别是由于化学农药的毒副作用及筛选新农药的艰难，企业和研究人员开始把注意力转向了生物农药的研究、开发与使用方面。因其不污染环境，对人和动植物安全，不伤害害虫天敌，所以发展生物农药已成为保障人类健康和农业可持续发展的重要趋势。我国加入世界贸易组织之后，在国际农产品和食品贸易中，将面对严格的农药残留标准，这同时也为生物农药的发展提供了巨大的机遇。

生物农药
研究进展

1.3.1.2 发展畜牧业生产

（1）动物的大量快速无性繁殖　　植物细胞有全能性，所以可采用微培养技术大量快速无性繁殖，达到工厂化生产的目的。那么，利用动物细胞是否能达到同样目的呢？在 1997 年之前，人们还只能证实高等动物的胚胎 2 细胞到 64 细胞团具有全能性，可进行分割培养，即所谓的胚胎分割技术。1997 年 2 月，英国爱丁堡罗斯林研究所在世界著名的权威刊物 *Nature* 上刊登了用绵羊乳腺细胞培育出一只小羊——"多莉"。这意味着动物体细胞也具有全能性，同样有可能进行动物的大量、快速无性繁殖。随后，世界各地开展的多种动物的体细胞克隆取得了令人瞩目的成果（见 6.2.2）。

哺乳动物克隆
技术研究进展

（2）培育动物的优良品系　　利用转基因技术，将与动物优良品质有关的基因转移到动物体内，使动物获得新的品质。人类第一例转基因动物产生于 1982 年，美国学者将大鼠的生长激素基因导入小鼠的受精卵里，再把受精卵转移到借腹怀胎的雌鼠内。生下来的小鼠因带有大鼠的生长激素基因而比正常小鼠大了 1 倍，并可遗传给下一代。除了小鼠外，科学家已成功地培育了转基因羊、转基因兔、转基因猪、转基因鱼等多种动物新品系（见 6.2.1）。

（3）利用动物生物反应器生产高价值蛋白质　　通过转基因技术将编码高价值蛋白质的基因转入动物体内，利用动物的乳腺、血液、膀胱等合成所需的蛋白质，并通过乳汁、血液、尿液等分泌产生（见 6.2.5）。

转基因动植物
生物反应器
研究进展及
应用现状

我国在转基因动物研究方面同样做了大量的工作，有的已达到了国际领先水平，先后培育了生长激素转基因猪、抗猪瘟病转基因猪、生长激素转基因鱼（包括红鲤、泥鳅、鲭鱼、鲫）等。

1.3.2　提高生命质量，延长人类寿命

医药生物技术是生物技术领域中最活跃、产业发展最迅速、效益最显著的技术。其投资比例（图 1-3）及产品市场均占生物技术领域的首位，约占整个生物技术领域的 69%。这是因为生物技术为探索妨碍人类健康的因素和提高生命质量提供了最有效的手段。生物技术在医药领域的应用涉及新药开发、新诊断技术、预防措施及新的治疗技术。

1.3.2.1　开发制造奇特而又贵重的新型药品

抗生素是人们最为熟悉、应用最为广泛的生物技术药物。目前已分离出数万种具有抗生素活性的天然物质，其中约 100 种被广泛使用（见 8.3.1）。

1977 年，美国首先采用大肠杆菌生产了人类第一个基因工程药物——人生

生物技术引领
2018 年诺奖

长激素释放抑制激素，开辟了药物生产的新纪元。该激素可抑制生长激素、胰岛素和胰高血糖素的分泌，用来治疗肢端肥大症和急性胰腺炎。如果用常规方法生产该激素，50万头羊的下丘脑才能生产5mg，而用大肠杆菌生产，只需9L细菌发酵液。这使其价格降至每克300美元。

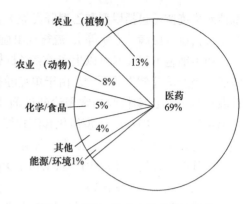

图 1-3　美国工业化生物技术研究与发展基金分布图

由于细菌与人体在遗传体制上的差异较大，许多人类所需的蛋白质类药物用细菌生产往往是没有生物活性的。人们不得不放弃用细菌发酵这种最简单的方法而另找其他途径。利用细胞培养技术或转基因动物来生产这些蛋白质药物是近几年发展起来的另一种生产技术。例如，利用转基因羊生产人凝血因子Ⅸ；利用转基因牛生产人促红细胞生成素；利用转基因猪生产人体球蛋白等。

用基因工程生产的药物，除了人生长激素释放抑制激素外，还有人胰岛素、人生长激素、人心房钠尿肽、人干扰素、肿瘤坏死因子、集落刺激因子等。从1982年美国批准的第一个基因工程药物——重组胰岛素上市以来，现已有上百种基因工程蛋白质药物被投放市场，主要用于治疗癌症、血液病、艾滋病、乙型肝炎、丙型肝炎、细菌感染、骨损伤、创伤、代谢病、外周神经病、矮小症、心血管病、糖尿病、不孕症等疑难病。另外，还有300多种生物制剂正在进行临床试验，近千种处于前期的实验室研究阶段。近年来，由于生活方式、环境的变化及人口老龄化等因素，全球肿瘤、心血管病和遗传性疾病患者大幅增加，中国也不例外，以上疾病已经成为中国患者人数最多的病种，患者人数年增长速度超过10%，由于生物药品在治疗以上疾病方面比传统药品效果更显著，对生物药品的需求量日益增大。这清楚地表明，基因工程药物的产业前景十分光明，21世纪整个医药工业将进行更新换代（见8.3.2）。

基因工程药物的发展现状及趋势探析

生物技术药物的另一个分支是异军突起的治疗性抗体药物。抗体除了可用于疾病的诊断和某些成分的检测外，还可以用于疾病的治疗。由于治疗性抗体药物具有靶向性、副作用小、疗效高、抗药性小等临床优势，近20年来发展迅速，全球治疗性抗体药物市场增长迅猛，是所有制药产业中增长最为迅速的一个领域。自1986年美国食品药品监督管理局（FDA）批准了第一个抗体药物Orthoclone OKT3上市以来，截至目前获得FDA批准上市的治疗性单抗新药多达70多个，还有700多种治疗用抗体处于一期或二期临床研发阶段。目前上市的药物主要集中在肿瘤、自身免疫性疾病及心血管疾病等方面，并已取得巨大的成功（见8.3.3）。

抗体药物研发热点分析

1.3.2.2　疾病的预防和诊断

前面提到，我国人民早在公元10世纪就已开始种痘预防天花，这是利用生物技术手段达到疾病预防的最早例子。但由于传统的疫苗生产方法使某些疫苗的生产和使用存在着免疫效果不够理想、被免疫者有被感染的风险等不足，科学家一直在寻找新的生产手段和工艺，而用基因工程生产重组疫苗可以达到安全、高效的目的，如已经上市或已进入临床试验的病毒性肝炎疫苗（包括甲型和乙型肝炎等）、肠道传染病疫苗（包括霍乱、痢疾等）、寄生虫疫苗（包括血吸虫病、疟疾等）、流行性出血热疫苗、EB 病毒疫苗等（见 8.1）。

利用细胞工程技术可以生产单克隆抗体。单克隆抗体既可用于疾病的治疗，又可用于疾病的诊断及治疗效果的评价。由于单克隆抗体具有特异性强、纯度高、均一性好等优点，目前其已经作为医学检验的常用诊断试剂，常用的方法主要有酶联免疫吸附试验（ELISA）、放射免疫分析（RIA）、免疫组化和流式细胞术等技术。检测的对象主要有病原微生物、肿瘤抗原、免疫细胞及其亚群、激素、细胞因子等（见 8.2.1）。

用基因工程技术还可生产诊断用的 DNA 试剂，称为 DNA 探针，主要用来诊断遗传性疾病和传染性疾病（见 8.2.2）。

基因芯片（gene chip）是生物芯片的一种，是近年来发展起来的一种高通量、高特异性的 DNA 诊断新技术。基因芯片又称寡核苷酸芯片（oligonucleotide chip）、DNA 微阵列（DNA microarray）或 DNA 芯片，通过把大量的 DNA 片段以可寻址的方式，高密度地固定到一块指甲大小的玻璃片或硅片上，利用核酸碱基之间的配对，用作进行样品 DNA 高通量、高特异性、并行分析信息的工具。基因芯片具有广泛的用途，它可被用于遗传性疾病、传染性疾病及肿瘤等疾病的诊断，DNA 序列分析，药物筛选，基因表达水平的测定等领域（见 8.2.2.6）。

1.3.2.3　基因治疗

导入正常的基因来治疗基因缺陷引起的疾病一直是人们长期以来追求的目标。但由于其技术难度很大，困难重重。一直到 1990 年 9 月，美国 FDA 批准了用 *ada*（腺苷脱氨酶基因）治疗严重联合型免疫缺陷病（一种单基因遗传病），并取得了较满意的结果。这标志着人类疾病基因治疗的开始。除了用正常基因替代突变基因外，目前开展的更多的研究是对突变基因的纠正，即基因组编辑。利用基因组编辑技术可以实现对目标基因特定区域的敲除、插入、修饰或者替换等，从而引起目标基因表达的变化。该方法除了可以用来研究基因的结构与功能的关系外，还可用来对基因突变引起的疾病进行治疗。目前已有涉及恶性肿瘤、遗传病、代谢性疾病、传染病等的多个基因治疗方案正在实施中。我国则有涉及血友病、地中海贫血、恶性肿瘤等的多个基因治疗方案正在实施中（见 8.4.1）。

CRISPR_Cas9
在基因治疗中
的应用研究
进展

1.3.2.4　人类基因组计划

1986 年，美国生物学家、诺贝尔奖获得者 Dulbecco 首先倡议，全世界的科学家联合起来，从整体上研究人类的基因组，分析人类基因组的全部序列以获得人类基因组所携带的全部遗传信息。毫无疑问，该项工作的完成将使人们深入认识许多困扰人类的重大疾病的发病机理；阐明种族和民族的起源与演进；进一步揭示生命的奥秘。1990 年春，美国国立卫生研究院（National Institutes of Health，NIH）和能源部（Department of Energy，DOE）联合发表了美国的人类基因组计划，1990 年 10 月 1 日正式启动，计划历时三个五年（1990～2005年），耗资 30 亿美元。

人类基因组计划（HGP）与阿波罗登月计划、曼哈顿原子弹计划并称为人类科学史上的三大计划。经过参与国众多科学家的共同努力，2000 年 6 月 26 日，美国总统克林顿在白宫举行记者招待会，郑重宣布：经过上千名科学家的共同努力，被比喻为生命天书的人类基因组草图已经基本完成（测序完成 97%，序列组装完成 85%）。2001 年 2 月 12 日，国际人类基因组计划参与国美国、日本、德国、法国、英国和中国及美国 Celera 公司联合宣布对人类基因组的初步分析结果；2003 年 4 月 15 日，美国、英国、德国、日本、法国、中国 6 个国家共同宣布人类基因组序列图完成，人类基因组计划的所有目标全部实现；2004 年 10 月，人类基因组完成图公布。2005 年 3 月，人类 X 染色体测序工作基本完成并公布了该染色体的基因草图。

基因组 DNA 测序是人类对自身基因组认识的第一步。"读懂"人类基因组才是目的。因此随着测序的完成，人们又启动了功能基因组学研究，又称为后基因组学。它从基因组信息与外界环境相互作用的高度来阐明基因组的功能。功能基因组学的研究内容包括人类基因组 DNA 序列变异性研究、基因组表达调控的研究、模式生物体的研究和生物信息学的研究，期望获得更多的基因组图谱，如癌症基因组图谱、单体型基因组图谱、多态性基因组图谱、转录组图谱等。可以说，基因组学就是一门将基因组的研究"序列化"和"信息化"的学科。它使生命科学与其他学科一样进入了"大数据"的新纪元。基因组学是 21 世纪生命科学中最为年轻、最为活跃、进展最快的领域，是现代生命科学研究的基础（见 8.5）。

科学与科普——从人类基因组计划谈起

1.3.3　解决能源危机，治理环境污染

1.3.3.1　解决能源问题

我们日常生活中的每一个方面，包括衣、食、住、行都离不开能源。目前，石油和煤炭是人们生活中的主要能源。然而，地球上的这些化石能源是不可再生的，也终将枯竭。寻找新的替代能源将是人类面临的一个重大课题。生物能源将是最有希望的新能源之一；而其中又以乙醇最有希望成为新的替代能源（见 9.2）。

早在远古时代，人们就已开始了乙醇的发酵生产。但由于它使用谷物作为原料，且发酵得率较低，成本较高，不适合能源生产。科学家希望找到一种特殊的微生物，这种微生物可以利用大量的农业废弃物，如杂草、木屑、植物的秸秆等纤维素或木质素类物质及其他工业废弃物作为原料；同时改进生产工艺以提高乙醇得率，降低生产成本。

通过微生物发酵或固定化酶技术，将农业或工业的废弃物变成沼气或氢气，这是一种取之不尽、用之不竭的能源（见 9.4 及 9.5）。

生物技术在能源领域中的应用与发展前景

生物技术还可用来提高石油的开采率。目前石油的一次采油，仅能开采储量的 30%。二次采油需加压、注水，也只能获得储量的 20%。深层石油由于吸附在岩石空隙间，难以开采。加入能分解蜡质的微生物后，利用微生物分解蜡质使石油流动性增加而获取石油，称为三次采油（见 9.1）。

1.3.3.2　环境保护

传统的化学工业生产过程大多在高温高压下进行，呈现在人们面前的几乎都是大烟囱冒浓烟的景象。这是一个典型的耗能过程并带来环境的严重恶化。如果改用生物技术方法来生产，不仅可以节约能源，还可以避免环境污染。例如，用化学方法生产农药，不仅耗能而且严重污染环境，如果改用苏云金杆菌生产毒性蛋白，不仅可节约能源，而且该蛋白质对人体无毒。

现代农业及石油、化工等现代工业的发展，开发了一大批天然或合成的有机化合物，如农药、石油及其化工产品、塑料、染料等工业产品，这些物质连同生产过程中大量排放的工业废水、废气、废物已给人们赖以生存的地球带来了严重的污染。目前已发现有致癌活性的污染物达 1100 多种，严重威胁着人

生物技术在环境保护中的应用策略

类的健康。但是小小的微生物有着惊人的降解这些污染物的能力。人们可以利用这些微生物净化有毒的化合物，降解石油，清除有毒气体和恶臭物质，综合利用废水和废渣，处理有毒金属等，达到净化环境、保护环境、废物利用并获得新的产品的目的。

1.3.4 制造工业原料，生产贵重金属

1.3.4.1 制造工业原料

利用微生物在生长过程中积累的代谢产物而生产的食品工业原料种类繁多。概括起来，主要有以下几大类：①氨基酸类。目前能够工业化生产的氨基酸有 20 多种，大部分为发酵技术生产的产品，主要的有谷氨酸（味精）、赖氨酸、异亮氨酸、丙氨酸、天冬氨酸、缬氨酸等。②酸味剂。主要有柠檬酸、乳酸、苹果酸、维生素 C 等。③甜味剂。主要有高果糖浆、天冬精（甜味是砂糖的 2400 倍）、氯化砂糖（甜味是砂糖的 600 倍）（见 4.5 及 7.1）。

发酵技术还可用来生产化学工业原料。主要有传统的通用型化工原料，如乙醇、丙酮、丁醇等产品。还有特殊用途的化工原料，如制造尼龙、香料的原料癸二酸，石油开采使用的原料丙烯酰胺，制造电子材料的粘康酸，制造合成树脂、纤维、塑料等制品的主要原料衣康酸，制造工程塑料、树脂、尼龙的重要原料长链二羧酸，合成橡胶的原料 2,3-丁二醇，合成化纤、涤纶的主要原料乙烯等。

1.3.4.2 生产贵重金属

在冶金工业方面，高品位富矿不断耗尽。面对数量庞大的废渣矿、贫矿、尾矿、废矿，采用一般的采矿技术已无能为力，唯有利用细菌的浸矿技术才能对这类矿石进行提炼。可浸提的金属包括金、银、铜、铀、锰、钼、锌、钴、镍、钡、铊等 10 多种贵重金属和稀有金属。

1.3.5 生物技术的安全及其对社会伦理、道德、法律的影响

生物技术是一把双刃剑。人们在享受生物技术所带来的种种好处的同时，生物技术也可能给人类社会带来意想不到的冲击，还可能产生人们始料不及的严重后果。人们的担忧主要来自以下 5 个方面。

1）基因工程对微生物的改造是否会产生某种有致病性的微生物，这些微生物都带有特殊的致病基因，如果它们从实验室逸出并且扩散，有可能造成类似鼠疫那样的可怕疾病的流行（见 12.1.1）。

2）转基因作物及食品的生产和销售，是否对人类和环境造成长期的影响，擅自改变植物基因是否可能引起一些难以预料的危险（见 12.1.2）？

3）分子克隆技术在人类身上的应用可能造成巨大的社会问题，并对人类自身的进化产生影响；而应用在其他生物上同样具有危险性。这是因为所创造出的新物种有可能具有极强的破坏力，从而引发一场浩劫（见 12.1.3）。

4）生物技术的发展将不可避免地推动生物武器的研制与发展，使笼罩在人类头上的生存阴影越来越大。

5）动物克隆技术的建立，如果被某些人用来制造克隆人、超人，将可能破坏整个人类社会的和平（见 12.2）。

应该说，这种种忧虑在理论上都是有一定道理并且都有着其现实基础的，因此人们从生物技术诞生那天起就一直对其加以关注并采取防御措施。

人们除了对生物技术的安全性表示关注外，近年来人们对生物技术可能带来的对人类社会的伦理、道德、法律的冲击越来越关注。目前人们主要关注以下 3 个方面。

1）转基因技术。某些宗教团体禁止食用的动物基因转入他们通常食用的动物中，就可能触怒这些团体，如将猪的基因转入绵羊；将动物基因转入食用植物可能会引起一些素食主义者的特别关注；用含人类基因的生物体作为动物饲料可能引发伦理问题。

2）动物克隆技术。前文已经提到人的克隆可能对人类社会带来破坏。从法律层面看，人的克隆同样会给人们带来困扰，提供体细胞的人与被克隆的人从法律上无法确定其父子、母子或兄弟姐妹关系。

现代生物技术
发展带来的
伦理问题

3）人类基因组与基因诊断技术。一个人的遗传信息（基因组序列）是不是一种隐私？基因诊断过程会不会侵犯个人隐私？保险公司或工厂的雇主是否有权力要求投保人或被雇佣者进行基因组检测，预测他们将来可能罹患某些疾病，再决定是否接受投保或雇佣？

小 结

生物技术是一项高新技术，它具有高新技术的诸多特征，被许多国家确定为增强国力和经济实力的关键性技术之一，受到了许多国家的极度重视。

生物技术是指人们以现代生命科学为基础，结合先进的工程技术手段和其他基础学科的科学原理，按照预先的设计改造生物体或加工生物原料，为人类生产出所需的产品或达到某种目的。它至少包括基因工程、细胞工程、蛋白质与酶工程和发酵工程 4 项工程。这 4 项工程是互相联系、互相渗透的，其中以基因工程为核心。

现代生物技术以 20 世纪 70 年代 DNA 重组技术的建立为标志。现代生物技术是一门生物学、医学、工程学、数学、计算机科学、电子学等多学科互相渗透的综合性学科。

现代生物技术的应用领域非常广泛，它对人类社会产生了巨大的影响。其应用领域包括农业、工业、医学、药物学、能源、环保、冶金、化工原料等。这些领域的应用又必然对人类社会的政治、经济、军事等方面产生影响。

现代生物技术是一把双刃剑。它在给人类带来种种好处的同时，也可能给人类带来安全隐患，以及对人类社会的伦理、道德、法律等方面带来冲击。

本章思维导图

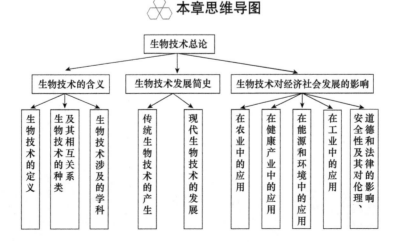

⬡ 复习思考题

1. 现代生物技术是一项高新技术，它具有的高新技术的"六高"特征是指哪"六高"？
2. 什么是生物技术，它包括哪些基本的内容？它对人类社会将产生怎样的影响？
3. 为什么说生物技术是一门综合性的学科，它与其他学科有什么关系？
4. 简要说明生物技术的发展史及现代生物技术与传统生物技术的关系。
5. 生物技术的应用包括哪些领域？

⬡ 主要参考文献

顾方舟，卢圣栋．1990．生物技术的现状与未来．北京：北京医科大学中国协和医科大学联合出版社

郭俊清，徐进，李建正．2011．基因工程药物研究概况．畜牧与饲料科学，32（7）：94~95

国家发展和改革委员会高技术产业司，中国生物工程学会．2003．中国生物技术产业发展报告（2003）．
北京：化学工业出版社

李亚一，陈复成，李志琼．1994．生物技术——跨世纪技术革命的主角．北京：中国科学技术出版社

林绵湖．1995．21世纪的生物技术——实现诺言（内部刊物）

林影．2017．酶工程原理与技术．3版．北京：高等教育出版社

汪世华．2017．蛋白质工程．2版．北京：科学出版社

王宏广．2005．发展生物技术引领生物经济．北京：中国医药科技出版社

王武．2012．生物技术概论．北京：科学出版社

吴之源，张晨，关明．2014．分子诊断常用技术50年的沿革与进步．检验医学，29（3）：202~207

徐圣杰，王亚勇，王士杰，等．2018．肿瘤免疫治疗研究现状及发展趋势．现代生物医学进展，18(15)：
2982~2986

中国生物工程开发中心生物技术领域专家委员会．1996．中国生物技术的崛起——生物技术领域十年发
展历程（内部刊物）

周选围．2010．生物技术概论．北京：高等教育出版社

（宋思扬）

2 第二章

基因工程

学习目的

了解基因工程基本原理和基本操作方法，为进一步学习生物技术相关知识、深入学习和从事基因工程工作奠定基础。

2.1 基因工程概况

2.1.1 基因工程的含义

在漫长的生物进化过程中，基因重组从来没有停止过。在自然力量及人类的干预下，通过基因重组、基因突变、基因转移等途径，生物界无止境地进化，不断使物种趋向完善，出现了今天各具特色的繁多物种，有的能耐高温，有的不怕严寒，有的适应干旱的沙漠，有的能在高盐度海滩上或海水中不断生长繁衍，有的能固定大气中的氮元素……种种生物的特殊性状成为今天定向改造生物、创造新物种的丰富遗传资源。但是没有一种生物是完美无缺的，因此有待科技工作者有目的地去进一步改造。按照人们的愿望，进行严密的设计，通过体外 DNA 重组和转基因等技术，有目的地改造生物特性，在较短时间内使现有物种的性能得到改善，创造出更符合人们需求的新的生物类型，或者利用这种技术对人类疾病直接进行基因治疗，这就是基因工程，也称为遗传工程。

基因工程最突出的优点是打破了常规育种难以突破的物种之间的界限，可以使原核生物与真核生物之间、动物与植物之间，甚至人与其他生物之间的遗传信息进行相互重组和转移。人的基因可以转移到大肠杆菌（*Escherichia coli*）中表达，细菌的基因可以转移到动植物中表达。基于基因工程研究的这一优点，科技工作者可以不断创造出新的物种，满足社会发展和人口增加对多种物资（包括药物）的需求，并已取得了很多成果。但是由于基因工程的某些操作还存在不可预见性，人们对某些基因工程产品的安全性有忧虑。

2.1.2 基因工程研究的理论依据

（1）不同基因具有相同的遗传物质基础　　地球上的几乎所有生物，从细菌到高等动物和植物，直至人类，它们的基因都是一个具有遗传信息的 DNA 片段。而所有生物的 DNA 的组成和基本结构都是一样的。因此，不同生物的基因（DNA 片段）原则上是可以重组互换的。虽然某些病毒的基因定位在 RNA 上，但是这些病毒的 RNA 仍可以通过反转录产生互补 DNA（complementary DNA，cDNA），并不影响不同基因之间的重组。

（2）基因是可以切割分离的　　基因直线排列在 DNA 分子上。除少数基因重叠排列外，大多数基因彼此之间存在着间隔序列。因此，作为 DNA 分子上一个特定核苷酸序列的基因，允许从 DNA 分子上一个一个完整地切割下来。即使是重叠排列的基因，也可以把其中需要的基因切割下来，虽然这样破坏了其他基因。

（3）基因是可以转移的　　基因不仅是可以切割下来的，而且发现携带基因的 DNA 分子可以在不同生物体之间转移；或者在生物体内的染色体 DNA 上迁移，甚至可以在不同染色体间进行跳跃，插入靶 DNA 分子之中。这表明基因是可以转移的，而且是可以重组的。转移后的基因一般仍有功能。

（4）多肽与基因之间存在对应关系　　普遍认为，一种多肽就有一种相对应的基因。因此，基因的转移或重组最终可以根据其表达产物多肽的性质来考察。

（5）遗传密码是通用的　　所有生物从最低等的病毒直至人类，蛋白质合成都使用同一套遗传密码（表 2-1），只有极少数例外，也就是说遗传密码是通用的。重组的 DNA 分子不管被导入什么样的生物细胞中，只要具备转录、翻译的条件，其上面的遗传密码均能转录、翻译出原样的氨基酸。即使人工合成的 DNA 分子（基因），其上面的遗传密码同样可以转录翻译出相应的氨基酸。

表 2-1　编码氨基酸的通用遗传密码子

第一位（5′端）	第二位（中间）				第三位（3′端）
	U	C	A	G	
U	苯丙氨酸 Phe	丝氨酸 Ser	酪氨酸 Tyr	半胱氨酸 Cys	U
	苯丙氨酸 Phe	丝氨酸 Ser	酪氨酸 Tyr	半胱氨酸 Cys	C
	亮氨酸 Leu	丝氨酸 Ser	终止密码子 stop	终止密码子 stop	A
	亮氨酸 Leu	丝氨酸 Ser	终止密码子 stop	色氨酸 Trp	G
C	亮氨酸 Leu	脯氨酸 Pro	组氨酸 His	精氨酸 Arg	U
	亮氨酸 Leu	脯氨酸 Pro	组氨酸 His	精氨酸 Arg	C
	亮氨酸 Leu	脯氨酸 Pro	谷氨酰胺 Gln	精氨酸 Arg	A
	亮氨酸 Leu	脯氨酸 Pro	谷氨酰胺 Gln	精氨酸 Arg	G
A	异亮氨酸 Ile	苏氨酸 Thr	天冬酰胺 Asn	丝氨酸 Ser	U
	异亮氨酸 Ile	苏氨酸 Thr	天冬酰胺 Asn	丝氨酸 Ser	C
	异亮氨酸 Ile	苏氨酸 Thr	赖氨酸 Lys	精氨酸 Arg	A
	甲硫氨酸 Met	苏氨酸 Thr	赖氨酸 Lys	精氨酸 Arg	G
G	缬氨酸 Val	丙氨酸 Ala	天冬氨酸 Asp	甘氨酸 Gly	U
	缬氨酸 Val	丙氨酸 Ala	天冬氨酸 Asp	甘氨酸 Gly	C
	缬氨酸 Val	丙氨酸 Ala	谷氨酸 Glu	甘氨酸 Gly	A
	缬氨酸 Val	丙氨酸 Ala	谷氨酸 Glu	甘氨酸 Gly	G

注：UGA 在所有生物的线粒体中编码色氨酸；CUA 在酵母线粒体中编码苏氨酸；AGA 在果蝇中编码丝氨酸，在哺乳动物线粒体中编码终止子；AUA 在哺乳动物、果蝇和酵母菌线粒体中均编码甲硫氨酸

（6）基因可以通过复制把遗传信息传递给下一代　　经重组的基因在合适的条件下是能代代的，可以获得相对稳定的转基因生物。

DNA 损伤与修复——2015 年诺贝尔化学奖解读

2.1.3 基因工程操作的基本技术路线

基因工程是一项比较复杂的技术，如果抛开细节问题，基因工程的基本技术路线如图2-1所示。它的技术路线大概可以概括为4个步骤：①获取目的基因；②构建克隆载体；③目的基因与克隆载体重组后导入受体细胞，获得克隆子；④对克隆子中目的基因进行检测和鉴定。在此基础上可以根据自己研究的目的和要求进行增删及具体化。

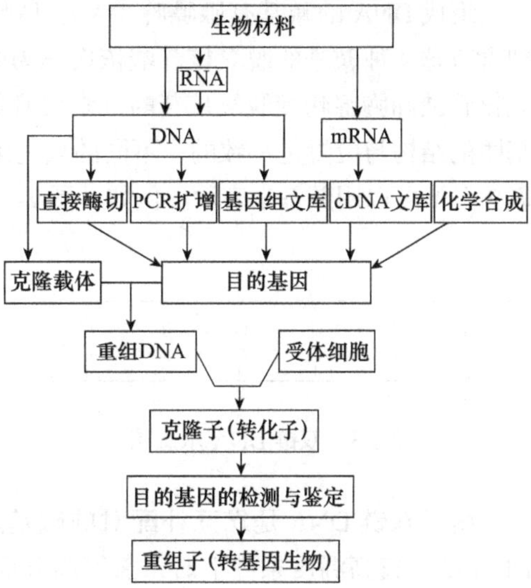

图 2-1 基因工程的基本技术路线示意图

2.2 DNA 重组

从裸露的质粒到病毒颗粒（或噬菌体），从原核细胞到真核细胞，承载和传递遗传信息的物质，除少数病毒或噬菌体是 RNA 外，其余的都是 DNA。

在自然界，生物体内常常发生 DNA 的重组，导致基因重组，呈现出对生物有利或有害的变异。但是这种 DNA 重组一般不受人们的意志控制，重组结果难以预测。而基因工程涉及的 DNA 重组是根据人们的愿望，进行严密的设计，在生物体外通过人为的 DNA 片段化和连接重组，产生新的重组 DNA 分子，这是基因工程操作的基本技术。

2.2.1 DNA 的一般性质

为了获得需要的 DNA 片段，以及使不同的 DNA 片段或（和）DNA 分子之间能够按人们的设计进行重组，首先必须对 DNA 的组成、结构和功能有初步的了解。

2.2.1.1 DNA 的组成和结构

DNA 是一类由 4 种脱氧核苷酸按照一定的顺序聚合而成的大分子。脱氧核苷酸分子由脱氧核糖、碱基和磷酸基团组成。脱氧核糖的第一位碳原子（1′）上连接一个碱基，第五位碳原子（5′）上连接一个磷酸基团，组成一个脱氧核苷酸。一个脱氧核苷酸的脱氧核糖的 5′ 磷酸基团和另一个脱氧核苷酸的脱氧核糖的 3′ 羟基结合形成磷酸二酯键，把两个脱氧核苷酸连接在一起。多个脱氧核苷酸按此方式连接成多聚脱氧核苷酸，其一端为游离的 5′ 磷酸基团（5′-P），称为 5′ 端，而另一端为游离的 3′ 羟基（3′-OH），称为 3′ 端（图 2-2）。如果连接成的多聚脱氧核苷酸是环状的，则无游离的 5′ 端和 3′ 端。

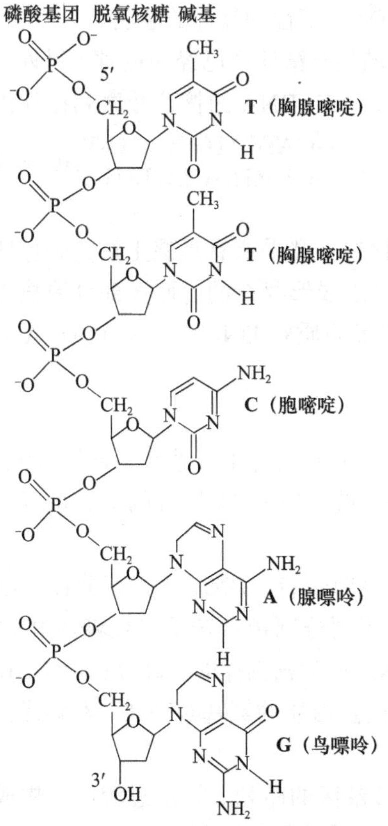

图 2-2 DNA 的一段多聚脱氧核苷酸链

组成 DNA 的碱基有腺嘌呤（A）、鸟嘌呤（G）、胞嘧啶（C）和胸腺嘧啶（T）4 种，分别含有这 4 种碱基的脱氧核苷酸依次称为腺嘌呤脱氧核苷酸、鸟嘌呤脱氧核苷酸、胞嘧啶脱氧核苷酸和胸腺嘧啶脱氧核苷酸。多聚脱氧核苷酸链中，各种脱氧核苷酸的脱氧核糖和磷酸基团的结构与位置是一致的，不同的只是碱基，因此在多聚脱氧核苷酸链（DNA 链）中的脱氧核苷酸可以用碱基来表示。例如，图 2-2 的多聚脱氧核苷酸链可用碱基 5′-TTCAG-3′ 表示。

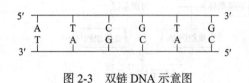

图 2-3　双链 DNA 示意图

DNA 通常以双链形式存在。两条脱氧核苷酸链总是按照碱基 A 与 T 互补配对和 G 与 C 互补配对的，通过氢键形成稳定的双螺旋结构，称为双链 DNA（图 2-3）。绝大部分生物细胞中的 DNA 都是双链 DNA，只有少数病毒（或噬菌体）中的 DNA 是以单链形式存在的。

由于双链 DNA 是靠互补配对的碱基之间的氢键维持的，因此当溶解在溶液中的双链 DNA 处于较高温度条件下时，氢键断开而解链成单链 DNA，此过程称为 DNA 变性。DNA 溶液加热到 90℃时，就足以使 DNA 完全变性。高温变性的 DNA 被逐渐冷却时，分开的两条单链 DNA 又会重新结合成双链 DNA，此过程称为 DNA 复性。在复性条件下，即使不是同一个 DNA 分子变性产生的两条单链 DNA，或者是人工合成的两条单链 DNA，只要它们之间的碱基序列是互补的，同样可以复性。甚至于 DNA 与 RNA 之间，如果序列中碱基互补（除 G 与 C 配对外，RNA 的 U 与 DNA 的 A 配对），在复性条件下也同样可以互相结合，成为双链杂种分子。在基因工程的很多操作过程中常常利用 DNA 变性和复性的性质。

由于双链 DNA 中碱基是互补配对的，当一条 DNA 链的核苷酸序列已经知道时，另外一条 DNA 链的核苷酸序列也就可以知道。因此为便于书写，双链 DNA 的核苷酸序列往往以 5′→3′ 走向的单链 DNA 的核苷酸序列来表示。如 DNA 片段 $^{5′-GATCATGCCATC-3′}_{3′-CTAGTACGGTAG-5′}$ 可写成 5′-GATCATGCCATC-3′。

生物体内的 DNA 分子有的以线形存在，有的以环状存在。几乎所有真核生物的染色体 DNA 都是线形 DNA，少部分原核生物的染色体 DNA 也是以线形存在的。而大部分原核生物的染色体 DNA 和全部线粒体 DNA、叶绿体 DNA 及细菌的质粒 DNA 都是环状 DNA 分子。病毒和噬菌体中有的含线形 DNA，有的含环状 DNA。

2.2.1.2　DNA 的功能

（1）DNA 分子能在细胞内复制　　DNA 的功能之一是在细胞内能够进行半保留复制，复制后，新产生的双链 DNA 分子中含有一条旧链和一条新链，使 DNA 携带的信息可以精确传代。

（2）携带遗传信息　　DNA 是生物界遗传信息的主要携带者，DNA 上的部分核苷酸序列决定着 RNA 的核苷酸序列。通过转录，这些核苷酸序列分别指令转录出核糖体 RNA（rRNA）、转移 RNA（tRNA）和信使 RNA（mRNA）。rRNA 成为核糖体的一部分；tRNA 在蛋白质合成过程中转运氨基酸；mRNA 上的核苷酸序列编码蛋白质的氨基酸序列，经翻译把遗传信息进一步传递给蛋白质（多肽）。

DNA 转录的核苷酸序列应包含转录启动子的序列和转录区的序列。转录过程中，构成启动子的序列不转录出相应的 RNA 序列，只有转录区的序列才转录出相应的 RNA 序列。把开始转录的第一个核苷酸（起始点）定为＋1，其上游的核苷酸序列排列以"−"数表示，其下游的核苷酸序列排列以"＋"数表示。例如，起始点上游的第 10 个核苷酸定为 −10，下游的第 10 个核苷酸定为 ＋10。

一个基因或一个操纵子能否有效转录，首先取决于其上游是否存在有效的启动子。启动子是 RNA 聚合酶识别和结合的位点。启动子的序列具有相对的保守性。原核生物基因的 −13～−4 核苷酸之间有一个由 6 个核苷酸组成的保守序列，多数情况是 TATAAT 序列，称为 Pribnow 框或 −10 区；在 −35 核苷酸前后有一个比较保守的 TTGACA 序列，称为 −35 区。−35 区与 −10 区之间的间隔序列对启动子的功能并不十分重要，对于绝大多数启动子，间隔序列有 17 个左右的核苷酸。真核生物基因的启动子虽然不像原核生物基因的启动子那样具有高度保守、功能明确的 −10 区和 −35 区，但也发现有 3 个比较保守的核苷酸序列区与转录启动相关。这 3 个区分别是 −30～−25 区的 TATA 序列，−80～−70 区的 CAAT 序列，以及 −100～−80 区的 GC 序列。

转录区从转录 RNA 的起始点开始，包括基因编码区和转录终止子。原核生物基因的起始点多数是 CAT，少数是 CAC 或 TAC，但一般从 A 开始转录。真核生物基因的起始点不如原核生物基因的那样固定，但多数仍从 A 开始转录，少数从 G 开始转录。

在原核生物结构基因的起始点下游不远处，有一个相当保守的 5′-AGGAGG-3′ 序列，转录出 mRNA 的 5′-AGGAGG-3′ 序列，与核糖体 30S 亚基 16S rRNA 3′ 端的 3′-UCCUCC-5′ 互补，成为 30S 亚基识别和结合 mRNA 的位点。把 mRNA 上的此序列称为 SD 序列（Shine-Dalgarno sequence）。真核生物基因转录区不具 SD 序列的互补序列。

基因编码区是指转录 mRNA 上起始密码 AUG（少数情况是 GUG）至终止密码 UAG（或 UAA、UGA）的各种遗传密码的核苷酸序列。在 DNA 的 5′→3′ 链上以 ATG（或 GTG）为起始密码序列，以 TAG（或 TAA、TGA）为终止密码序列。原核生物的转录区有的是由 2 个或 2 个以上的基因组成的操纵子。组成同一操纵子的所有基因共用一个启动子，但是每个基因的编码区都含有起始密码序列和终止密码序列，两个基因编码区之间往往含有非编码的间隔序列区。真核生物的转录区，一个启动子只控制转录一个基因的编码区，但是编码区内除了各种编码序列外，往往含有一个或几个长度各异的非编码间隔序列区，称为内含子（intron）。多数内含子的 5′ 端都是 GT，3′ 端总是 AG，构成 GT……AG 的内含子序列。被内含子分隔的编码序列小区，称为外显子（exon）。编码区内有 n 个内含子就有 $n+1$ 个外显子。内含子在 mRNA 加工时被切除，所以加工后成熟的 mRNA 中不含内含子转录的序列。

在基因编码区下游有一段使转录终止的核苷酸序列，称为转录终止子（terminator）。一个操纵子虽然由多个基因组成，但是与启动子一样也只需一个终止子。虽然不同生物之间终止子的结构有明显的差别，但是一般含有富 GC 的反向互补重复序列，如 5′-CCCAGCCCGCCTAATGAGCGGGCTTTTTTTTTGAACAAAA-3′，其中 5′-GCCCGC 与 5′-GCGGGC 为富 GC 的反向互补重复序列。由此序列转录的 RNA 序列折叠形成终止子发夹结构（图 2-4）。

病毒、噬菌体、线粒体、叶绿体和质粒等的转录启动子和转录区的结构各具特点，有的与原核生物的相同，有的与真核生物的类似。

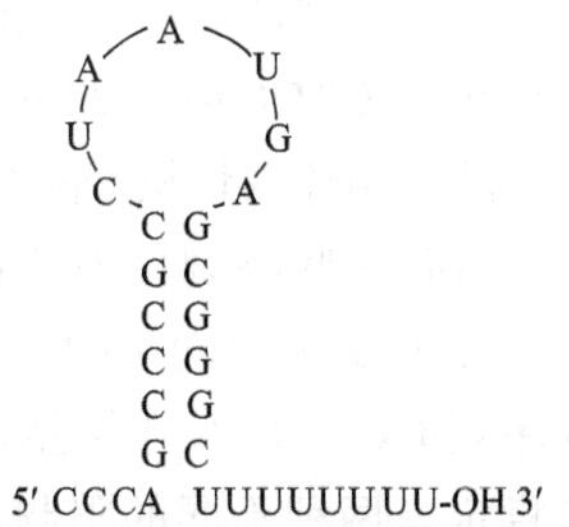

图 2-4 终止子发夹结构模式图

人工构建的融合基因中，为了增强其表达量，往往组装两个转录启动子和（或）两个转录终止子。

2.2.2 获得需要的 DNA 片段

2.2.2.1 限制性内切核酸酶和 DNA 片段化

DNA 体外重组，首先必须获得需要重组和能够重组的 DNA 片段。用限制性内切核酸酶酶切 DNA 分子是获得这种 DNA 片段的主要途径。

（1）限制性内切核酸酶　　限制性内切核酸酶（restriction endonuclease）是一类能识别双链 DNA 中的特殊核苷酸序列，并在合适的反应条件下使每条链一定位点上的磷酸二酯键断开，产生具有 5′- 磷酸基（—P）和 3′- 羟基（—OH）的 DNA 片段的内切脱氧核糖核酸酶（endo-deoxyribonuclease）。至今发现的限制性内切核酸酶有 I 型酶、II 型酶和 III 型酶，它们各具特性。基因工程操作中真正有用的是 II 型酶，如果没有专门说明，通常所说的限制性内切核酸酶就是 II 型酶。II 型酶识别核苷酸序列的特异性强，切割的位点固定，它只特异性切割核酸而不修饰碱基，并且切割核酸时不需要消耗 ATP。

（2）限制性内切核酸酶的识别序列　　限制性内切核酸酶在双链 DNA 上能够识别的核苷酸序列称为识别序列。各种限制性内切核酸酶各有相应的识别序列。现在发现的多数限制性内切核酸酶的识别序列由 6 个核苷酸对组成。例如，常用的限制性内切核酸酶 *Eco*R I、*Hind* III 和 *Bam*H I 的识别序列分别是 $\frac{GAATTC}{CTTAAG}$、$\frac{AAGCTT}{TTCGAA}$ 和 $\frac{GGATCC}{CCTAGG}$。少数限制性内切核酸酶的识别序列由 4 个或 5 个核苷酸对组成，或者由多于 6 个核苷酸对组成，如 *Sau*3A 的识别序列是 $\frac{GATC}{CTAG}$，*Mae* III 的识别序列是 $\frac{GTNAC}{CANTG}$，*Dra* II 的识别序列是 $\frac{PuGGNCCPy}{PyCCNGGPu}$（N 代表 A、T、G 或 C，Pu 代表 A 或 G，Py 代表 T 或 C）。从以上列举的各种限制性内切核酸酶的识别序列可以看出，它们具有共同的规律性，即呈旋转对称或左右互补对称。$\frac{GATC}{CTAG}$ 和 $\frac{AAGCTT}{TTCGAA}$ 等由偶数核苷酸对组成的识别序列，则以纵中线为轴，两侧的核苷酸互补对称。$\frac{GTNAC}{CANTG}$ 和 $\frac{PuGGNCCPy}{PyCCNGGPu}$ 等奇数核苷酸对组成的识别序列，则以 $\frac{N}{N}$ 为轴，两侧的核苷酸互补对称。为了便于书写，识别序列可以以 5′→3′ 走向的单链 DNA 核苷酸表示。例如，识别序列 $\frac{5'\text{-}AAGCTT\text{-}3'}{3'\text{-}TTCGAA\text{-}5'}$ 就可以写成 AAGCTT。

有的限制性内切核酸酶可识别两种以上的核苷酸序列。例如，*Acc* I 既可识别 GTATAC，又可识别 GTCGAC；*Dde* I 可识别的核苷酸序列有 CTAAG、CTTAG、CTGAG 和 CTCAG。这样的限制性内切核酸酶为获得多种酶切片段提供了方便。

另有一些限制性内切核酸酶虽然来源不同，但是具有相同的识别序列。这样的限制性内切核酸酶称为同裂酶（isoschizomer）。例如，*Bam*H I 和 *Bst* I 为同裂酶，具有相同的识别序列 GGATCC。同裂酶不仅可以具有不同的酶切位点，也可以具有相同的酶切位点。前者肯定是两种不同的限制性内切核酸酶，而后者往往是从不同生物中提取到的同一种限制性内切核酸酶。

（3）限制性内切核酸酶的酶切位点 DNA 在限制性内切核酸酶的作用下，使多聚核苷酸链上磷酸二酯键断开的位置称为酶切位点，可用 ↓ 表示。限制性内切核酸酶在 DNA 上的酶切位点一般是在识别序列内部，如 G↓GATCC、AT↓CGAT、GTC↓GAC、CCGC↓GG、AGCGC↓T 等。少数限制性内切核酸酶在 DNA 上的酶切位点在识别序列的两侧，如 ↓GATC、CATG↓、↓CCAGG 等。

DNA 分子经限制性内切核酸酶酶切产生的 DNA 片段末端，因所用限制性内切核酸酶不同而不同（图 2-5）。两条多聚核苷酸链上磷酸二酯键断开的位置如果是交错的，产生的 DNA 片段末端的一条链多出一至几个核苷酸，这样的末端称为黏性末端。DNA 片段末端的 3′ 端比 5′ 端长的称为 3′ 黏性末端，DNA 片段 5′ 端比 3′ 端长的称为 5′ 黏性末端。如果两条多聚核苷酸链上磷酸二酯键断开后产生的 DNA 片段末端是平齐的，称为平末端。不管是黏性末端还是平末端，5′ 端一定是—P，3′ 端一定是—OH。

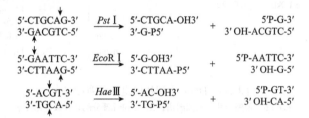

图 2-5 限制性内切核酸酶酶切 DNA 的位点和酶切片段的末端

有些限制性内切核酸酶虽然识别序列不同，但是酶切 DNA 分子产生的 DNA 片段具有相同的黏性末端，称这样的一组限制性内切核酸酶为同尾酶（isocaudarner）。例如，*Taq* I、*Cla* I 和 *Acc* I 为一组同尾酶，其中任何一种酶酶切 DNA 分子，均产生 5′-CG 黏性末端。同尾酶在基因重组操作中有特殊的用途。

（4）限制性内切核酸酶反应系统 限制性内切核酸酶同其他酶类一样，反应系统除酶本身外，还应包括反应底物和反应缓冲液，并且还需要合适的反应温度。限制性内切核酸酶的反应底物是环状的或线形的双链 DNA 分子（或 DNA 片段）。厂家提供某种限制性内切核酸酶时，一般同时提供一种相应的反应缓冲液。大多数限制性内切核酸酶的最适反应温度是 37℃。

（5）用限制性内切核酸酶酶切 DNA 的方法 常用的酶切方法有单酶切、双酶切和部分酶切等几种。

1）单酶切法：这是用一种限制性内切核酸酶酶切 DNA 样品。若 DNA 样品是环状 DNA 分子，完全酶切后，产生与识别序列数（n）相同的 DNA 片段数，并且 DNA 片段的两末端相同。若 DNA 样品本来就是线形 DNA 片段，完全酶切后，产生 $n+1$ 个 DNA 片段数（图 2-6），其中有两个片段的一端仍保留原来的末端。

2）双酶切法：这是用两种不同的限制性内切核酸酶酶切同一种 DNA 分子的方法。DNA 分子无论是环状 DNA 分子，还是线形 DNA 片段，酶切后，DNA 片段的两个黏性末端是不同的（用同尾酶酶切除外）。环状 DNA 分子被完全酶切后，产生的 DNA 片段数是两种限制性内切核酸酶识别序列数之和。线形 DNA 片段被完全酶切后，产生的 DNA 片段数是两种限制性内切核酸酶识别序列数加 1。

3）部分酶切法：部分酶切是指选用的限制性内切核酸酶对其在 DNA 分子上的全部识

别序列进行不完全的酶切（图 2-6）。导致部分酶切的原因有底物 DNA 的纯度低、识别序列的甲基化、酶用量不足、反应时间不够及反应缓冲液和温度不适宜等。部分酶切会影响获得需要的 DNA 片段的得率。但是从另一方面说，有时根据重组 DNA 的需要，还专门创造部分酶切的条件，可以获得需要的 DNA 片段，如图 2-6 所示，用 *Eco*R I 部分酶切后可获得 2.0kb 待用片段。

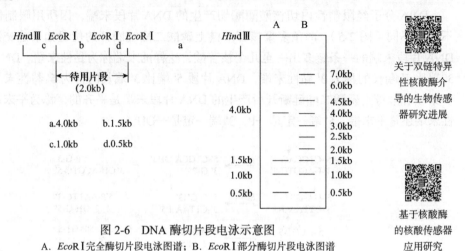

图 2-6　DNA 酶切片段电泳示意图

A. *Eco*R I 完全酶切片段电泳图谱；B. *Eco*R I 部分酶切片段电泳图谱

关于双链特异性核酸酶介导的生物传感器研究进展

基于核酸酶的核酸传感器应用研究

2.2.2.2　特异性 DNA 片段的 PCR 扩增

1983 年体外扩增 DNA 片段的方法，即聚合酶链反应（polymerase chain reaction，PCR）产生了。采用这种方法，在反应系统中只要有一个待扩增的 DNA 拷贝，在短时间内就能扩增出大量拷贝数的待扩增 DNA 片段，可满足常规方法进行 DNA 检测和 DNA 重组的需要。

（1）PCR 基本原理　　PCR 是模仿细胞内发生的 DNA 复制过程进行的，以 DNA 互补链聚合反应为基础，通过靶 DNA 变性、引物与模板 DNA（待扩增 DNA）一侧的互补序列复性杂交、耐热性 DNA 聚合酶催化引物延伸等过程的多次循环，产生待扩增的特异性 DNA 片段。一般反应过程是：①反应系统加热至 90～95℃，双链 DNA 变性成为两条单链 DNA，作为互补链聚合反应的模板；②降温至 37～60℃，使两种引物分别与模板 DNA 链的 3′ 一侧的互补序列杂交（复性）；③升温至 70～75℃，耐热性 DNA 聚合酶催化引物按 5′→3′ 方向延伸，合成模板 DNA 链的互补链。

由于上一次循环合成的两条互补链均可作为下一次循环的模板 DNA 链，每循环一次，底物 DNA 的拷贝数增加 1 倍（图 2-7）。因此 PCR 经过 n 次循环后，待扩增的特异性 DNA 片段理论上达到 2^n 个拷贝数。如经过 25 次循环后，则可产生 2^{25}（3.4×10^7）个拷贝数的特异性 DNA 片段。但是，由于每次 PCR 的效率并非 100%，并且扩增产物中还有部分 PCR 的中间产物，25 次循环后的实际扩增倍数会低于理论值。采用不同 PCR 扩增系统，扩增的 DNA 片段长度可从几百碱基对（bp）到数万碱基对。

（2）耐热性 DNA 聚合酶　　耐热性 DNA 聚合酶的发现，使 PCR 扩增特异性 DNA 片段成为可能。由于这种酶在靶 DNA 变性的高温下仍保持活性，在 PCR 扩增特异性 DNA 片段的全过程中，只需一次性加入反应系统中，不必在每次高温变性处理后再添加酶。目前用于 PCR 的耐热性 DNA 聚合酶主要有普通耐热 DNA 聚合酶（如 *Taq* DNA 聚合酶、*Pwo* DNA

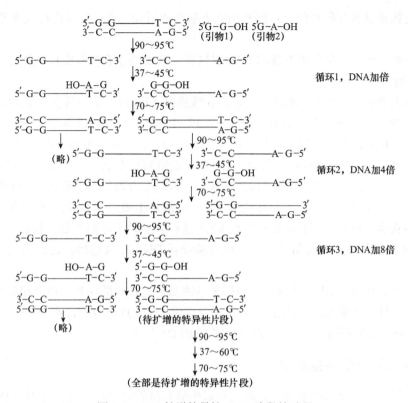

图 2-7　PCR 扩增特异性 DNA 片段的过程

聚合酶和 *Tth* DNA 聚合酶等）、高保真耐热 DNA 聚合酶（如 *Pfu* DNA 聚合酶和 Vent DNA 聚合酶）、长片段耐热 DNA 聚合酶（如 long *Taq* DNA 聚合酶）、热启动耐热 DNA 聚合酶（如 Hotstar *Taq* DNA 聚合酶）及用于测序的耐热 DNA 聚合酶（如 *Bca* Best DNA 聚合酶和 *Sac* DNA 聚合酶）等。

（3）PCR 引物　　引物是 PCR 过程中与模板 DNA 部分序列互补，并能引导模板 DNA 的互补 DNA 链合成的一种脱氧核苷酸寡聚体，其 3′ 端必须具有游离的—OH。引物按预先设计用化学方法合成，其长短与 PCR 过程的特异性高低密切相关，一般来说，引物长的，特异性高。为扩增特异性高的 DNA 片段，一般设计的引物由 20～30 个核苷酸组成。

（4）DNA 片段 PCR 扩增系统　　自从建立 DNA 片段的 PCR 扩增系统以来，无论在 PCR 技术的研究上，还是在 PCR 技术的应用上，发展都非常迅速。根据扩增不同 DNA 片段的需要，至今已建立了多种 PCR 扩增系统，如套式 PCR、反向 PCR、不对称 PCR、锚定 PCR、长程 PCR、反转录 PCR、锅柄 PCR、*Alu* PCR、多重 PCR、原位 PCR、定量 PCR、免疫 PCR 和抑制 PCR 等扩增系统。1996 年，美国 Applied Biosystems 公司开发的实时荧光定量 PCR 技术实现了 PCR 技术从定性到定量的飞跃。

2.2.2.3　DNA 片段的化学合成

现在用化学方法合成 DNA 片段是一种十分成熟和简便的技术，根据待合成的 DNA 片段预定的核苷酸序列，利用 DNA 自动合成仪可自动将 4 种核苷酸单体按 3′→5′ 磷

实时荧光定量 PCR 技术在细菌学检测方面应用进展

多重 PCR 技术在转基因成分检测中的最新研究进展

数字 PCR 技术及应用研究进展

酸二酯键连接成寡核苷酸片段。目前常用此方法合成引物、寡核苷酸连杆及含基因的 DNA 片段等。

（1）合成引物　除合成上述的 PCR 引物外，常用的还有核苷酸序列测序引物及合成 cDNA 的引物等。

（2）合成 DNA 寡核苷酸连杆　寡核苷酸连杆（linker）是一种按预先设计，化学合成的寡核苷酸片段。寡核苷酸连杆一般由 8～12 对核苷酸组成，以纵中线为轴两侧互补对称。其上有一种或几种限制性内切核酸酶的识别序列，使连接了寡核苷酸连杆的 DNA 片段经过这些限制性内切核酸酶酶切后，可以产生一定的黏性末端，便于与具有相同黏性末端的另一 DNA 片段连接。有的寡核苷酸连杆超过 100 对核苷酸，其上有多种限制性内切核酸酶识别序列，不仅可作为连杆，而且被组装在克隆载体上成为多克隆位点（MCS）。这样的连杆称为多克隆位点寡核苷酸连杆或简称 MCS 连杆。如果连杆的两端已具有一种或两种限制性内切核酸酶酶切产生的黏性末端，可直接使两 DNA 片段连接，也称为衔接头或接头（adaptor）。

（3）合成含基因的 DNA 片段　根据某基因测定的核苷酸序列，或者根据蛋白质氨基酸序列推导的核苷酸序列，可以用 DNA 自动合成仪化学合成相应的含该基因的 DNA 片段。

此外，根据需要还可以合成含基因不同组件的 DNA 片段。

2.2.3　DNA 片段的连接重组

基因工程的实质是基因重组。基因之所以能够在试管内进行重组，是因为 DNA 片段在 DNA 连接酶的作用下能够进行连接，组成重组 DNA 分子。

2.2.3.1　DNA 连接酶

DNA 连接酶（DNA ligase）能催化双链 DNA 片段紧靠在一起的 3′-OH 与 5′-P 之间形成磷酸二酯键，使两末端连接。目前用于连接 DNA 片段的 DNA 连接酶主要是 *E. coli* DNA 连接酶、T_4 DNA 连接酶、T_4 RNA 连接酶和热稳定连接酶。*E. coli* DNA 连接酶只能催化双链 DNA 片段互补黏性末端之间的连接，而 T_4 DNA 连接酶既可用于双链 DNA 片段互补黏性末端之间的连接，也能催化双链 DNA 片段平末端之间的连接，但平末端之间连接的效率比较低。T_4 RNA 连接酶是 ATP 依赖的，可以催化单链 RNA、单链 DNA、单核苷酸分子间或分子内 3′-OH 与 5′-P 之间形成磷酸二酯键，主要用于 RNA 和 RNA 之间的连接、RNA 分子的环化连接和 tRNA 修饰，也可以用于 RNA 和单核苷酸之间的连接及 DNA 和 DNA 之间的连接，但是催化 DNA 和 DNA 连接的效率非常低，主要用于 DNA 的环化连接。热稳定连接酶主要用于对双链 DNA 分子中的缺口进行连接，活性需要 NAD^+，最适反应温度一般在 45～65℃，来源于超嗜热古菌的热连接酶在 45～90℃高温下仍能保持很高的连接酶活性，可用于要求高温条件的连接反应。

T_4 DNA 连接酶性质及其平端连接功能

Thermus aquaticus DNA 连接酶的连接特性研究

2.2.3.2　DNA 片段之间的连接

（1）互补黏性末端片段之间的连接　连接反应一般可用 *E. coli* DNA 连接酶，也可用 T_4 DNA 连接酶。待连接的两个 DNA 片段的末端如果是用同一种限制性内切核酸酶酶切的，连接后仍保留原限制性内切核酸酶的识别序列。如果是用两种同尾酶酶切的，虽然产生相同的互补黏性末端，可以有效地进行连接，但是获得的重组 DNA 分子往往缺少了原来用于酶切的那两种限制性内切核酸酶的识别序列。

（2）平末端 DNA 片段之间的连接　　连接反应需用 T₄ DNA 连接酶。只要两个 DNA 片段的末端是平末端的，不管是用限制性内切核酸酶切后产生的，还是用其他方法产生的，都可以进行连接。如果在两种不同限制性内切核酸酶切后产生的平末端 DNA 片段之间进行连接，连接后的 DNA 分子失去了那两种限制性内切核酸酶的识别序列。如果两个 DNA 片段的末端是用同一种限制性内切核酸酶切后产生的，连接后的 DNA 分子仍保留那种酶的识别序列，有的还出现另一种新的限制性内切核酸酶的识别序列。

（3）DNA 片段末端修饰后进行连接　　待连接的两个 DNA 片段经过不同限制性内切核酸酶切后，产生的末端未必是互补黏性末端，或者未必都是平末端，无法进行连接。在这种情况下，连接之前必须对两个末端或一个末端进行修饰。修饰的方式主要是采用外切核酸酶Ⅶ（exonuclease Ⅶ，Exo Ⅶ）将黏性末端修饰成平末端；或采用末端脱氧核苷酸转移酶（简称末端转移酶）将平末端修饰成互补黏性末端。有时为了避免待连接的两个 DNA 片段自行连接成环形 DNA，或自行连接成二聚体或多聚体，可采用碱性磷酸酯酶使其中一种 DNA 片段 5′ 端的—P 修饰成— OH，即脱磷酸化。

（4）DNA 片段加连杆或衔接头后连接　　如果要连接既不具互补黏性末端又不具平末端的两种 DNA 片段，除了上述用修饰一种或两种 DNA 片段末端后进行连接的方法外，还可以采用人工合成的连杆或衔接头。先将连杆连接到待连接的一种或两种 DNA 片段的末端，然后用合适的限制性内切核酸酶切连杆，使待连接的两种 DNA 片段具互补黏性末端，最后在 DNA 连接酶的催化下使两种 DNA 片段连接，产生重组 DNA 分子。

2.3 基因克隆载体

在转基因的研究中，单独一个包含启动子、编码区和终止子的基因，或者组成基因的某个元件，一般是不容易进入受体细胞的，即使采用理化方法进入细胞后，也不容易在受体细胞内稳定维持。把能够承载外源基因，并将其带入受体细胞得以稳定维持的 DNA 分子称为基因克隆载体（gene cloning vector）。目的基因能否有效转入受体细胞，并在其中维持和表达，在很大程度上取决于克隆载体。作为基因克隆载体一般应该具备以下条件。

1）在克隆载体合适的位置必须含有允许外源 DNA 片段组入的克隆位点，并且这样的克隆位点应尽可能得多。但是对于某种克隆位点来说，在克隆载体上一般只有一个。为了便于多种末端类型的 DNA 片段的克隆，克隆载体中往往组装一个含多克隆位点的连杆。

2）克隆载体一般能在携带外源 DNA 片段（基因）进入受体细胞后，或停留在细胞质中进行自我复制；或整合到染色体 DNA、线粒体 DNA 和叶绿体 DNA 中，随这些 DNA 的复制而同步复制；或自成染色体而同其他染色体一样自行复制。如果要求克隆载体中的外源基因能在受体细胞内有效表达，克隆载体必须含有使外源基因得以表达的各种元件，构建成基因表达载体。

3）克隆载体必须含有供选择转化子的标记基因或报告基因。例如，根据转化子抗药性进行筛选的氨苄西林抗性基因（Ap^r 或 Amp^r）、氯霉素抗性基因（Cm^r）、卡那霉素抗性基因（Km^r 或 Kan^r）、链霉素抗性基因（Sm^r）、四环素抗性基因（Tc^r 或 Tet^r）等，根据转化子蓝白颜色进行筛选的 β-半乳糖苷酶基因（lacZ′），以及表达产物容易观察和检测的报告基因 gus （β-葡糖醛酸糖苷酶基因）、*gfp*（绿色荧光蛋白基因）等。

　　4）克隆载体必须是安全的，不应含有对受体细胞有害的基因，并且不会任意转入除选定的受体细胞以外的其他生物细胞，尤其是人的细胞。

　　早期构建克隆载体的主要材料是质粒 DNA 和病毒或噬菌体 DNA，近年来也开始用染色体 DNA、线粒体 DNA 和叶绿体 DNA。自 1973 年 Cohen 等构建第一个质粒载体 pSC101 以来，至今已构建的各类基因克隆载体不下千种，各具特点和用途。下面重点介绍质粒载体和病毒（噬菌体）克隆载体，对近年发展起来的人工染色体载体等一些载体也作简单介绍。

2.3.1　质粒载体

　　质粒（plasmid）是一种存在于宿主细胞中染色体外的裸露 DNA 分子，一个质粒就是一个 DNA 分子。质粒含有复制起始位点，能在相应的宿主细胞内进行自我复制，但不会像某些病毒那样进行无限制复制，导致宿主细胞的崩溃。每种质粒在相应的宿主细胞内保持相对稳定的拷贝数，少者几个，多者上百个。质粒 DNA 分子小的不足 2kb，大的可达 100kb 以上，多数在 10kb 左右。原核生物大肠杆菌、乳酸杆菌、蓝藻和真核生物酵母菌等生物中均含有质粒，并被用于构建相应的质粒载体。质粒载体是以质粒 DNA 分子为基础构建而成的克隆载体，含有质粒的复制起始位点，在宿主细胞内能够按质粒复制的形式进行复制。质粒 DNA 分子小，遗传信息简单，操作比较容易，所以至今已构建了大量的质粒载体，并成为构建其他载体的基础。

2.3.1.1　大肠杆菌质粒载体

　　大肠杆菌质粒载体是一类应用广泛的克隆载体，含有大肠杆菌源质粒的复制起始位点，能够在转化的大肠杆菌中按质粒复制的形式进行复制。pBR322 是一种典型的常用质粒载体（图 2-8）。

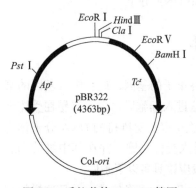

图 2-8　质粒载体 pBR322 简图

　　pBR322 由大肠杆菌源质粒 Col E1 衍生的质粒 pMB1 作为出发质粒构建而成，含有 Col E1 复制起始位点（Col-ori），属松弛型质粒，能在大肠杆菌细胞中高拷贝复制。pBR322 中组装了 *Ap*^{r} 基因和 *Tc*^{r} 基因，作为筛选转化子的标记基因。在 *Ap*^{r} 基因区有限制性内切核酸酶 *Pst* I、*Sca* I 和 *Pvu* I 的识别序列，在 *Tc*^{r} 基因区有限制性内切核酸酶 *Bam*H I、*Sal* I、*EcoR* V、*Sph* I、*Nhe* I、*Eol*XI 和 *Nru* I 的识别序列，以及在 *Tc*^{r} 基因的启动调控区有 *Cla* I 和 *Hind*Ⅲ 的识别序列。并且这些限制性内切核酸酶在此质粒载体上只有一个识别序列，因此均可作为克隆外源 DNA 片段的克隆位点。pBR322 分子大小为 4363bp，虽然不是很小，但足以克隆 10kb 以下的外源 DNA 片段。此质粒载体主要用于基因克隆，此外也常作为构建新克隆载体的骨架，或取其基因元件。

　　为了便于外源 DNA 片段的克隆，在载体合适的位置组装一个多克隆位点（MCS），如常用的质粒载体 pUC18 和 pUC19（图 2-9）。pUC18 和 pUC19 两者的差别只是多克隆位点的方向相反。设计这样一对质粒载体，便于用两种限制性内切核酸酶切产生的一个 DNA 片段以正、反两个方向插入载体，保证 DNA 片段中基因的信息链与质粒载体信息链连接，进行有效的表达。

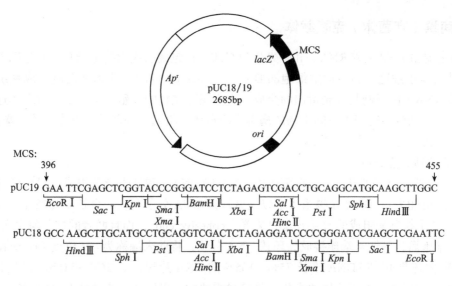

图 2-9 质粒载体 pUC18/19 简图

2.3.1.2 农杆菌 Ti 质粒载体

致癌农杆菌（*Agrobacterium tumefaciens*）含有一种内源质粒，当农杆菌同植物接触时，这种质粒会引发植物产生肿瘤（冠瘿瘤），因此称此质粒为 Ti 质粒（tumor inducing plasmid）。Ti 质粒是一种双链环状 DNA 分子，其大小有 200kb 左右，但是能进入植物细胞的只是一小部分，约 25kb，称为 T-DNA（transfer DNA）。T-DNA 左右两边界（LB 和 RB）各有一个 25bp 长的正向重复序列（LTS 和 RTS），对 T-DNA 的转移和整合是不可缺少的，

并且已证实 T-DNA 只要保留两端边界序列，虽然中间的序列不同程度被任何一个外源 DNA 片段所替换，进入植物细胞后仍可整合到植物基因组中。根据 Ti 质粒的这个性质，近年来构建成含 LB 和 RB 的质粒载体（图 2-10），已被广泛地用于植物的基因转移。利用基因枪等新的基因转移技术，将携带含有目的基因的外源 DNA 片段的 Ti 质粒载体导入植物细胞，并使外源 DNA 片段整合到植物基因组中。此外，也构建了一些保留以农杆菌为中间介导，通过感染进入敏感植物细胞的 Ti 质粒载体。

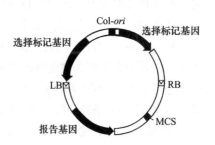

图 2-10 用于植物转基因的
Ti 质粒克隆载体示意图

2.3.1.3 酵母菌 2μm 质粒载体

酵母菌是一种最简单的单细胞异养真核生物，可以像细菌一样进行基因操作，能够在廉价的培养基上生长，可进行高密度发酵。但是酵母菌又具有真核生物的特性，具有对外源基因翻译后进行蛋白质加工和修饰的功能。并且几乎所有的酿酒酵母菌中均存在一种质粒，即 2μm 质粒。因此，构建了一系列用于酵母菌转基因的质粒载体。一般也是构建成穿梭质粒载体，既含有 2μm 质粒的复制起始位点，又含有大肠杆菌源质粒的复制起始位点。所以这种质粒能够分别在大肠杆菌和酵母菌中复制繁殖。

2.3.2 病毒（噬菌体）克隆载体

病毒主要由 DNA（或 RNA）和外壳蛋白组成，经包装后成为病毒颗粒。通过感染，病毒颗粒进入宿主细胞，利用宿主细胞的 DNA（或 RNA）复制系统和蛋白质合成系统进行DNA（或 RNA）的复制与外壳蛋白的合成，实现病毒颗粒的增殖。科技工作者利用这些性质构建了一系列分别适用于不同生物的病毒克隆载体。将感染细菌的病毒专门称为噬菌体，由此构建的载体则称为噬菌体载体。

2.3.2.1 噬菌体克隆载体

（1）λ噬菌体克隆载体　λ噬菌体由 DNA（λDNA）和外壳蛋白组成，对大肠杆菌具有很高的感染能力。λDNA 在噬菌体中以线状双链 DNA 分子存在，全长 48 502bp。其左右两端各有 12 个核苷酸组成的 5′ 突出黏性末端（cohesive end），而且两者的核苷酸序列互补，进入宿主细胞后，黏性末端连接成为环状 DNA 分子，将此末端称为 *cos* 位点（cohesive end site）。λ噬菌体能包装 λDNA 原长 75%～105% 的 DNA 片段，长 36.4～51kb。并且 λDNA上约有 20kb 的区域对 λ噬菌体的生长不是绝对需要的，可以缺失或被外源 DNA 片段取代。这就是用 λDNA 构建克隆载体的依据。

构建 λ噬菌体克隆载体的策略是：①用合适的限制性内切核酸酶切去 λDNA 上的部分或全部非必需区，相应保留这种酶的 1 个或 2 个识别序列和切割位点作为克隆位点，并用点突变或甲基化酶处理等方法使必需区内的这种酶的识别序列失效，避免外源 DNA 片段插入必需区。②若有必要，可在非必需区组入选择标记基因。③构建的 λDNA 载体不应小于36.4kb。举例介绍如下。

在 λDNA 分子上有 5 个 *Eco*R I 的识别位点，其中 21 226、26 104 和 31 743 等位置的识别位点在非必需区内，而 39 618 和 44 972 等位置的识别位点在必需区内。如果用 *Eco*R I 酶切，可把 λDNA 分子切割成 6 个片段，分别以 A、B、C、D、E 和 F 表示，各片段长依次为21.6kb、4.9kb、5.5kb、7.5kb、5.9kb 和 3.3kb。其中片段 B 对 λ噬菌体的生长是非必需的；片段 C 的缺失会阻断 λ噬菌体的溶原生长途径，但是不影响溶菌生长途径。因此，用 *Eco*R I部分酶切 λDNA，切去片段 C（5.5kb），而保留片段 B（4.9kb）及其两侧的 *Eco*R I 识别序列；用点突变或甲基化酶处理，使片段 E 两侧处于必需区内的 *Eco*R I 识别序列失效，并且使片段E 内不影响溶菌生长途径的序列（2.6kb）缺失，由此构建成 λ噬菌体载体（图 2-11）。

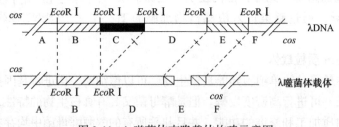

图 2-11　λ噬菌体克隆载体构建示意图

λ噬菌体载体的大小是 40.4kb，即 48.5kb 减去 5.5kb 和 2.6kb，可有效地被包装成噬菌体颗粒，并且由于此载体仍保留非必需的片段 B 及其两侧的 *Eco*R I 识别序列，可以通过*Eco*R I 的完全酶切，片段 B 被这种酶酶切产生的外源 DNA 片段所替换。用于替换的外源

DNA 片段最大可达 15.5kb，即 51kb 减去 40.4kb 加上 4.9kb；最小为 0.9kb，即 36.4kb 加上 4.9kb 减去 40.4kb。此载体也可以通过 *Eco*R I 的部分酶切，使这种酶酶切产生的外源 DNA 片段插入片段 B 任一侧的 *Eco*R I 识别位点。插入的外源 DNA 片段最大可达 10.6kb，即 51kb 减去 40.4kb；并且由于此载体本身已大于 36.4kb，插入的外源 DNA 片段只要不超过 10.6kb，均能被包装成噬菌体颗粒。不过在实际应用中不管是替换的外源 DNA 片段，还是允许插入的外源 DNA 片段，它们的大小往往与上面的计算值有出入。

根据 λ 噬菌体允许包装的 DNA 大小范围，凡是大于 51kb 或小于 36.4kb 的重组 λDNA 均不能被包装成噬菌体颗粒，在体外包装过程中自然被淘汰。这本身就是一种根据重组 λDNA 分子大小进行选择的方法。但是这种选择方法有比较大的局限性，不能区别野生型 λ 噬菌体与包装了重组 λDNA 分子的 λ 噬菌体。所以一般在 λDNA 的非必需区内组入选择标记基因。

λ 噬菌体载体用转导法可使 1μg 重组 λDNA 分子获得 10^6 个以上的噬菌斑，适合用于建立 cDNA 基因文库。λ 噬菌体载体也可用于克隆外源目的基因。

（2）cosmid 载体　　由于 λ 噬菌体载体本身必须大于 36.4kb，限制了允许克隆的外源 DNA 片段。研究发现，只要保留 λDNA 两端各不少于 280bp 的片段，并且该片段内含有 *cos* 位点及与包装相关的核苷酸序列，当插入外源 DNA 片段后总长大于 36.4kb 且小于 51kb，这样的重组 λDNA 分子就能进行有效包装和转导受体细胞。根据这一性质构建了 cosmid 载体。cosmid 载体是一种环状双链 DNA 分子，由质粒 DNA 和上述部分 λDNA 组成（图 2-12）。

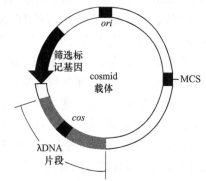

图 2-12　cosmid 载体示意图

质粒部分含有大肠杆菌源质粒复制起始位点、克隆位点和选择标记基因等基本构件，可以像质粒载体一样承载外源 DNA 片段，转化大肠杆菌受体细胞，并在其中自行复制和增殖。λDNA 部分允许重组 λDNA 分子进行有效包装和转导受体细胞。但是由于 cosmid 载体不含 λ 噬菌体溶菌生长途径和溶原生长途径，不会产生子代噬菌体。

cosmid 载体一般在 10kb 以下，因此能承载比较大的外源 DNA 片段。如果 cosmid 载体的大小为 6.5kb，按 λ 噬菌体允许包装的量计算，能承载的外源 DNA 片段最大可达 44.5kb（51kb-6.5kb），最小的也有 29.9kb（36.4kb-6.5kb），所以用这样的 cosmid 载体能克隆 40kb 左右的外源 DNA 片段。由于用 cosmid 载体可以克隆大片段的外源 DNA 片段，被广泛地用于构建基因组文库。

2.3.2.2　植物病毒克隆载体

植物病毒种类繁多，已用于构建植物载体的有双链 DNA 病毒——花椰菜花叶病毒（CaMV），单链 DNA 病毒——番茄金黄花叶病毒（TGMV）、非洲木薯花叶病毒（ACMV）、玉米线条病毒（maize streak virus，MSV）、小麦矮缩病毒（WDV），以及 RNA 病毒——雀麦草花叶病毒（BMV）、大麦条纹花叶病毒（BSMV）、番茄丛矮病毒（TBSV）、马铃薯 X 病毒（PVX）、烟草花叶病毒（TMV）等。

构建植物病毒克隆载体的基本策略是对病毒 DNA（包括 RNA 反转录的 DNA）进行加

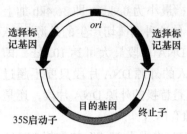

图 2-13　35S 启动子表达载体示意图

工，消除其对植物的致病性，保留其通过转导或转染能进入植物细胞的特性，使其携带的目的基因能导入植物细胞。由于植物病毒克隆载体的应用局限性比较大，并且目前已有比较好用的由 Ti 质粒改建的克隆载体和人工染色体，植物病毒克隆载体应用并不普遍。利用 CaMV 感染植物后能启动 35S RNA 转录的强启动子，构建了含 35S 启动子的一系列高效表达载体（图 2-13），能启动目的基因在植物细胞中进行高效的表达。

2.3.2.3　动物病毒克隆载体

由于动物转基因不能应用质粒克隆载体，动物病毒克隆载体在动物转基因研究中起着更重要的作用。目前用于构建克隆载体的动物病毒有痘苗病毒（poxvirus）、腺病毒（adenovirus）、杆状病毒（baculovirus）、猿猴空泡病毒（simian vacuolating virus）和反转录病毒（retrovirus）等。下面对由痘苗病毒构建的克隆载体作简单介绍。

痘苗病毒基因组是线形双链 DNA 分子，其长度因毒株不同而异，为 180～200kb。两端为 10kb 左右的倒置重复序列，与病毒毒力和宿主范围有关，其中 70bp 是痘苗病毒 DNA 复制所必需的，尤其是 20bp（ATTTAGTGTCTAGAAAAAAT）特别重要。痘苗病毒能感染人、猪、牛、鼠、兔、猴、羊等脊椎动物。

构建重组痘苗病毒采用同源重组的方法。在外源目的基因（和报告基因）两端组装痘苗病毒的 TK（胸苷激酶）基因 DNA 片段或 HA（血凝素）基因 DNA 片段，作为同源重组的同源 DNA 片段。如此构建的痘苗病毒克隆载体，通过与痘苗病毒基因组的 TK 基因或 HA 基因同源重组，将外源目的基因整合到痘苗病毒基因组上，包装后的重组痘苗病毒转导敏感的动物。按此原理已构建了多种痘苗病毒载体，广泛地用于表达外源基因。图 2-14 是痘苗病毒载体的示意图。在 TK 基因或 HA 基因区插入外源基因，使其成为弱毒化的痘苗病毒。痘苗病毒载体的特点是：①表达的产物具有与天然产物相近的生物活性和理化性质；②重组痘苗病毒具有较好的免疫原性；③外源基因的插入量大；④宿主细胞广泛；⑤表达产物可以进行各种翻译后修饰、无须佐剂就可刺激机体产生体液免疫和细胞免疫，纯化过程相对简单，产物对外界环境相对稳定及易于保存运输；⑥利用痘苗病毒系统表达的外源目的基因在实验动物中可提供保护性免疫反应。

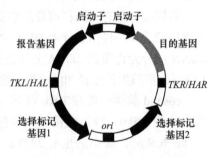

图 2-14　痘苗病毒载体示意图

2.3.3　人工染色体载体

上述质粒载体、病毒（噬菌体）载体各具优点，但它们能承载的外源 DNA 片段大小一般不超过 50kb。显然这些载体限制了对具有庞大和复杂功能的人与高等动植物基因组的研究。因此，伴随结构基因组学和功能基因组学研究的发展，以及实施人类基因组计划和动植物基因组计划的需要，能承载大片段 DNA 的人工染色体载体就应运而生，并且发展迅速。人工染色体是指能在宿主细胞中稳定地复制并准确传递给子细胞的人工构建的染色体。由于人工染色体能承载 100kb 以上的 DNA 大片段，又称为大 DNA 片段克隆载体。目前已构建的人工染色体从其结构来分可分为两类，即线形的人工染色体和环形的人工染色体。

线形的人工染色体如同真核生物的染色体一样，必须含有端粒（telomere）、着丝粒（centromere）和复制起始区（origin of replication）。端粒对染色体 DNA 两个末端起封口和保护作用。着丝粒负责染色体向子细胞的传递。复制起始区的功能是负责启动染色体的复制，使构建的人工染色体能在宿主细胞中稳定地复制并准确地传递给子细胞。属于这一类的人工染色体有酵母菌人工染色体（yeast artificial chromosome，YAC）、人类人工染色体（human artificial chromosome，HAC）和哺乳动物人工染色体（mammal artificial chromosome，MAC）等。

环形的人工染色体则不需要端粒和着丝粒，但必须含有合适的复制起始区，使构建的环形人工染色体能在宿主细胞内稳定地复制，并在细胞分裂过程中分配到子细胞中。属于这一类的人工染色体有细菌人工染色体（bacterial artificial chromosome，BAC）、源于噬菌体 P1 的人工染色体（P1 derived artificial chromosome，PAC）、双元细菌人工染色体（binary BAC，BIBAC）、可转化人工染色体（transformation competent artificial chromosome，TAC）。

不管是哪一类人工染色体，作为 DNA 片段克隆载体，还必须具备合适的克隆位点和选择标记基因等克隆载体必备的元件。

由于人工染色体作为载体能容纳比较大的插入 DNA 片段，因此这类载体的构建成功，大大推动了包括人类在内的高等生物分子生物学研究的迅速发展，主要有以下几方面：①成为构建高等生物全基因组文库的有效载体系统。②可用于克隆和转移包含启动子、内含子、外显子和上游调控元件在内的完整的基因，甚至于基因簇。③作为研究基因表达调控和染色体功能的重要工具，是建立 HAC 动物模型的重要手段，并且在人类基因治疗方面将起着不可估量的作用。

2.3.4 基因表达载体

作为基因表达载体，在构建的载体中除了一般克隆载体必备的构件外，在插入目的基因的克隆位点上、下游，还应有供目的基因转录 mRNA 必备的启动子和终止子，与目的基因在受体细胞内的表达强弱密切相关。其中启动子尤为重要，在构建表达载体时常用的启动子有诱导启动子和组织特异性启动子，构建的载体相应地称为诱导型表达载体和组织特异性表达载体。

2.3.4.1 诱导型表达载体

诱导型表达载体是指载体中的启动子必须在特殊的诱导条件下才有转录活性或较高转录活性的表达载体。外源基因处于这样的启动子下，必须在合适的诱导条件下才能表达。采用这种表达载体获得的转基因生物便于人工控制，即使进入自然环境中，由于不存在合适的诱导条件，不能表达外源基因产物，不易导致环境污染和影响生态系统的平衡。可以认为这是一类较安全的基因表达载体。并且鉴于诱导表达载体能人为地控制基因时空的表达，将为基因治疗的临床应用及基础研究提供良好的手段。目前用作诱导型的启动子有二价金属离子诱导启动子、红光诱导启动子、热诱导启动子和干旱诱导启动子等。

2.3.4.2 组织特异性表达载体

在较高等的真核生物中，有一类特殊的启动子只有在一定的组织中才能调控其下游的基因进行有效的表达。选用这样的启动子可以构建一系列组织特异性表达载体，为研究动植物发育和人类基因治疗等提供有效的手段。目前已构建的组织特异性表达载体有乳腺组织特异性表达载体、肿瘤细胞特异性表达载体、神经组织特异性表达载体、花药特异性表达载体和种子特异性表达载体等。

2.4 目 的 基 因

在基因工程设计和操作中，被用于基因重组、改变受体细胞性状和获得预期表达产物的基因称为目的基因。目的基因一般是结构基因，也就是能转录和翻译出多肽（蛋白质）的基因。选用什么样的目的基因是进行基因工程设计的前提，如何分离获得目的基因则是基因工程操作的重要步骤之一。作为目的基因，其表达产物应该有较大的经济效益或社会效益，如特效药物相关的基因和降解毒物相关的基因等。但是有些表达产物有害的基因，在特殊需要的情况下也往往作为目的基因，如某些毒素基因等。

2.4.1　目的基因的来源

目前，目的基因主要来源于各种生物。真核生物染色体基因组，特别是人和动植物染色体基因组中蕴藏着大量的基因，是获得目的基因的主要来源。虽然原核生物的染色体基因组比较简单，但也有几百或上千个基因，也是目的基因来源的候选者。线粒体基因组、叶绿体基因组及质粒基因组和病毒（噬菌体）基因组也蕴藏着少量的基因，往往也可从中获得特殊需要的目的基因。此外，化学合成的 DNA 也是目的基因的来源之一。

2.4.2　分离目的基因的途径

根据实验需要，待分离的目的基因可能是一个基因编码区，或者包含启动子和终止子的功能基因；可能是一个完整的操纵子或由几个功能基因、几个操纵子聚集在一起的基因簇；也可能只是一个基因的编码序列，甚至是启动子或终止子等元件。而且不同基因的大小和组成也各不相同。因此，为了获得不同的目的基因，至今已建立了多种获得不同目的基因的方法，常采用的方法主要有酶切直接分离法、PCR 扩增法、构建基因组文库或 cDNA 文库分离法和化学合成法等。

2.4.2.1　利用限制性内切核酸酶酶切法直接分离目的基因

为了获得已克隆在载体中的目的基因，只要根据目的基因两侧的限制性内切核酸酶识别序列，用适当的限制性内切核酸酶酶切，一次就可获得目的基因，如图 2-15 所示，用 *Bam*H I 和 *Eco*R I 酶切此质粒，就可获得目的基因。这是获得目的基因最简单的方法。

图 2-15　利用限制性内切核酸酶酶切法获得目的基因示意图

对于已测定了核苷酸序列的 DNA 分子，尤其是质粒和病毒等的 DNA 分子，小的只有几千碱基对，大的也不超过几十万碱基对，编码的基因较少，也可直接采用限制性内切核酸酶酶切法获得目的基因。根据已知的限制性内切核酸酶识别序列，只需要用相应的限制性内切核酸酶进行一次或几次酶切，就可以分离出含目的基因的 DNA 片段。

2.4.2.2 利用 PCR 直接扩增目的基因

PCR 技术已广泛地用于分离目的基因。如果知道目的基因的全序列或其两侧序列，可以通过合成一对与模板 DNA 互补的引物，十分有效地扩增出含目的基因的 DNA 片段（图 2-16）。

采用常规 PCR 技术扩增分离目的基因比较方便，但必须知道待扩增目的基因 DNA 片段的核苷酸序列，至少要求 DNA 片段两端长约 20bp 的序列是已知的，这样才能设计 PCR 引物，进行有效的 PCR 扩增反应。此外，利用常规 PCR 反应，允许扩增的 DNA 片段长度一般在 1kb 左右，超过 1kb 时扩增效果显著下降。对于扩增未知核苷酸序列的目的基因，或是那些长达几千碱基对的大基因，则需要选择特殊类型的 PCR 策略，目前已采用的有套式 PCR、反向 PCR、不对称 PCR、锚定 PCR、长程 PCR、反转录 PCR、锅柄 PCR 和 *Alu* PCR 等。

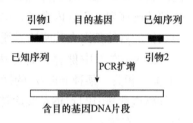

图 2-16　PCR 扩增目的基因示意图

2.4.2.3 通过构建基因组文库或 cDNA 文库分离目的基因

（1）基因组文库　把某种生物基因组的全部遗传信息通过克隆载体储存在一个受体菌克隆子群体中，这个群体即这种生物的基因组文库（图 2-17）。若这个群体中只储存某种生物基因组的部分遗传信息，则称为部分基因组文库。

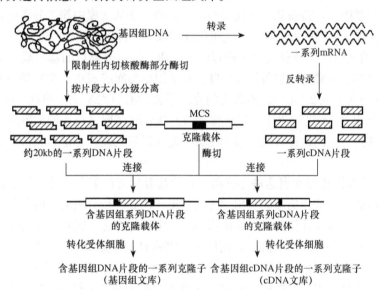

图 2-17　构建基因组文库和 cDNA 文库示意图

一个理想的基因组文库要有足够多的克隆数，以保证所有的基因都在克隆子群体中。为了获得某种基因需要构建的基因组文库的最小值可按下面的经验公式估算：

$$N=\ln(1-P)/\ln(1-f)$$

式中，N 为基因组文库必需的克隆子数；P 为文库中目的基因出现的概率，一般情况下，期望值为 99%，即 0.99；f 为克隆的 DNA 片段平均大小与基因组大小的比值。

用于构建基因组文库的克隆载体有 λ 噬菌体克隆载体、cosmid 克隆载体、BAC 克隆载体、BIBAC 克隆载体、PAC 克隆载体和 YAC 克隆载体等。

（2）cDNA 文库　　某种生物基因组转录的全部 mRNA 经反转录产生的各种 cDNA 片段分别与克隆载体重组，储存在一种受体菌克隆子群体之中，这样的群体称为 cDNA 文库（图 2-17）。如果此群体中只储存该基因组的部分 cDNA，则称为部分 cDNA 文库。由于较高等的生物在特定发育阶段或特定器官得以表达的基因有所不同，用特定发育阶段或特定器官的材料构建的 cDNA 文库通常是部分 cDNA 文库。cDNA 文库的一个克隆子包含一个基因的全部编码序列，不含内含子，也不含转录启动子和终止子的核苷酸序列。所以从 cDNA 文库中获得的目的基因在其两侧必须组装上转录启动子和终止子等元件。

cDNA 文库中储存某种基因的概率大小，同总 mRNA 中这种基因的 mRNA 的拷贝数（丰度）相关。某种 mRNA 的拷贝数越多，意味着 cDNA 文库中储存该基因的概率越大，允许分离这种基因的 cDNA 文库越小。获得某种基因所需构建 cDNA 文库的最小值可按以下的经验公式估算：

$$N=\ln（1-P）/\ln（1-f）$$

式中，N 为 cDNA 文库必需的克隆子数；P 为文库中含目的基因 cDNA 片段的出现概率，一般情况下，期望值为 99%，即 0.99；f 为某种 mRNA 的拷贝数与总 mRNA 数的比值。

用于构建 cDNA 文库的载体有质粒克隆载体和噬菌体克隆载体。

（3）从基因组文库或 cDNA 文库中获得目的基因　　通过上述方法构建了某生物的基因组文库或 cDNA 文库，但是并不等于完成了目的基因的分离，因为文库中究竟哪一个克隆子含有需要的目的基因尚不得而知。因此必须用合适的方法从文库中筛选分离出含有目的基因的特定克隆子。筛选分离的方法很多，这里仅介绍以下两种比较简单的方法。

1）根据目的基因已知核苷酸序列进行筛选分离。这是分离目的基因最直接的方法，根据目的基因已知的核苷酸序列制备核酸探针，对基因组文库或 cDNA 文库的一系列克隆子的 DNA 分子进行杂交（见 2.5.4.1），能杂交的克隆子就含有目的基因（阳性克隆子）。进一步对阳性克隆子重组 DNA 进行测序，与已知基因的核苷酸序列进行比较和鉴定，确定是否是待分离的目的基因。应用这种方法可以比较方便地获得目的基因，但是获得的基因一般不是新的基因。

2）根据目的基因特异性表达进行分离。有的基因只有在某生物的一定生长发育阶段或特定器官中才能表达，这样的基因可用此方法获得。例如，待分离的目的基因只有在植物的根中才能有效表达，而在其他器官（如植物的叶）中不能表达，因此用根构建的 cDNA 文库中含有携带目的基因 cDNA 的克隆子，而用叶构建的 cDNA 文库中不含携带目的基因 cDNA 的克隆子。根据这一性质以根和叶的总 mRNA（或它们的 cDNA）为探针，分别对两种 cDNA 文库进行杂交比较。用根的总 mRNA（或它们的 cDNA）制备的探针对这两个 cDNA 文库进行杂交时，所有克隆子都呈阳性反应；而用叶的总 mRNA（或它们的 cDNA）制备的探针进行杂交时，叶 cDNA 文库中的所有克隆子都呈阳性反应，根 cDNA 文库中的某些克隆子呈阴性反应。最后比较 4 份杂交结果，便可以在根 cDNA 文库转膜的大量菌落中挑选出含目的基因的菌落。把这种分离目的基因的方法称为差别杂交筛选法，这种方法也可用于分离受生长因子调节的基因及特殊处理诱导表达的基因。

2.4.2.4　目的基因的化学合成

目的基因的化学合成实际上是 DNA 片段的化学合成，不同的是组成基因的 DNA 片段一般比较长，必须按基因的核苷酸序列先化学合成几个 200bp 左右的 DNA 片段，然后再采用不同的连接法连接组装成含完整目的基因的 DNA 片段。

2.5 重组 DNA 导入受体细胞

按 DNA 片段连接重组的方法，目的基因与载体连接后成为重组 DNA 分子。而重组 DNA 分子只有进入适宜的受体细胞后才能进行大量的扩增，目的基因才能有效地表达。重组 DNA 分子能否有效地进入受体细胞，除了选用上述合适的克隆载体外，还取决于选用的受体细胞和转移方法。

2.5.1 受体细胞

作为基因工程的受体细胞，从实验技术上讲是能摄取外源 DNA（基因），并使其稳定维持的细胞；从实验目的上讲是有应用价值或理论研究价值的细胞。无论是原核生物细胞还是真核生物细胞都可作为受体细胞，但不是所有的细胞都可以作为受体细胞。选用受体细胞时应重点考虑以下几点：①便于外源 DNA 分子的导入，并在其内能稳定维持。②便于克隆子（转化子）的筛选。③遗传性稳定，在遗传密码的应用上无明显偏倚性，适于外源基因的高效表达、表达产物的分泌或积累；对于真核目的基因的高效表达，还应具有较好的翻译后加工机制。④易于扩大培养或发酵生长，具有较高的生产应用价值和理论研究价值。⑤安全性高，不会对外界环境造成生物污染。但是由于实验目的的不同，选择的受体细胞除了安全性高这一点外，其余各点未必都要考虑。

2.5.1.1 原核生物细胞

原核生物细胞是较为理想的受体细胞，其原因是：①大部分原核生物细胞没有纤维素组成的坚硬细胞壁，便于外源 DNA 的导入。②没有核膜，染色体 DNA 没有固定结合的蛋白质，这为外源 DNA 与裸露的染色体 DNA 重组减少了麻烦。③基因组小，遗传背景简单，并且不含线粒体和叶绿体基因组，便于对引入的外源基因进行遗传分析。④原核生物多数为单细胞生物，容易获得具有一致性的实验材料，并且培养简单，繁殖迅速，实验周期短，重复实验快。因此原核生物细胞普遍作为受体细胞用来构建基因组文库和 cDNA 文库，或者作为克隆载体的宿主菌，或者用来建立生产某种目的基因产物的工程菌。但是，以原核生物细胞来表达真核生物基因也存在一定的缺陷，很多未经修饰的真核生物基因往往不能在原核生物细胞内表达出具有生物活性的功能蛋白。但是通过对真核生物基因进行适当的修饰，或者采用 cDNA 克隆等措施，原核生物细胞仍可用作表达真核生物基因的受体细胞。至今被用作受体细胞的原核生物主要是大肠杆菌（*E. coli*），此外，乳酸菌（*Lactobacillus*）、枯草杆菌（*Bacillus subtilis*）、棒状杆菌（*Corynebacterium*）和蓝细菌（*Cyanobacterium*）等也被用作受体细胞。

2.5.1.2 真核生物细胞

真核生物细胞具备真核基因表达调控和表达产物加工的机制，因此其作为受体细胞表达真核基因优于原核生物细胞。真菌、植物和动物的细胞都已被用作基因工程的受体细胞。

酵母属于单细胞真菌，是外源真核基因理想的表达系统。酵母作为基因工程受体细胞，除了真核生物细胞共有的特性外，还具有以下优点：①基因组相对比较简单，对其基因表达调控机理研究得比较清楚，便于基因工程操作。②培养简单，适于大规模发酵生产，成本低廉。③外源基因表达产物能分泌到培养基中，便于产物的提取和加工。④不产生毒素，是安全的受体细胞。

植物细胞作为基因工程受体细胞，除了真核生物细胞共有的特性外，最突出的优点就是其全能性，即一个分离的活细胞在合适的培养条件下，比较容易再分化成植株，这意味着一个获得外源基因的体细胞可以培养出能稳定遗传的植株。不足之处是植物细胞有纤维素参与组成的坚硬细胞壁，不利于摄取重组 DNA 分子。但是采用农杆菌介导法或用基因枪、电击仪处理等方法，同样可使外源 DNA 进入植物细胞。现在用作基因工程受体的植物有水稻、小麦、玉米、大豆、马铃薯、棉花、烟草和拟南芥等。

动物细胞作为受体细胞，同样便于表达具有生物活性的外源真核生物基因产物。不过早期由于对动物的体细胞全能性的研究不够深入，多采用生殖细胞、受精卵细胞或胚细胞作为基因工程的受体细胞，获得了一些转基因动物。近年来，对干细胞的深入研究和多种克隆动物的获得，表明动物的体细胞同样可以用作转基因的受体细胞。目前用作基因工程受体的动物有猪、羊、牛、鱼、鼠、猴等。

2.5.2　重组 DNA 分子导入受体细胞

目前用于重组 DNA 分子导入受体细胞的方法很多，具体采用哪一种方法，应根据选用的载体系统和受体细胞类型而定。

2.5.2.1　外源 DNA 转化方法

通过生物学、物理学和化学等方法使外源裸露 DNA 分子进入受体细胞，并在受体细胞内稳定维持和表达的过程称为转化（transformation）。如果引入受体细胞的是病毒或噬菌体的裸露 DNA，那么把此过程也称为转染（transfection）。下面介绍几种比较常用的转化方法。

（1）化合物诱导转化法　　用二价阳离子（如 Mg^{2+}、Ca^{2+}、Mn^{2+}）处理某些受体细胞，可以使其成为感受态细胞，即处于能摄取外源 DNA 分子的生理状态的细胞。当外源 DNA 分子溶液同感受态细胞混合时，DNA 分子便可进入细胞，达到转化的目的。采用这种转化方法，1μg 质粒 DNA 可以获得 $5 \times 10^6 \sim 2 \times 10^7$ 个被转化的菌落（转化子）。这是实验室中常用于微生物的一种转化方法。

有的动物细胞能捕获黏附在细胞表面的 DNA-磷酸钙沉淀物，使 DNA 转入细胞。根据这一性状，先将待转化的外源 DNA 同 $CaCl_2$ 混合制成 $CaCl_2$-DNA 溶液，在强烈振荡下缓慢加入 Hepers-磷酸缓冲液，形成 DNA-磷酸钙共沉淀复合物，然后用吸管将沉淀复合物加到哺乳动物单层培养细胞的表面上，保温几小时后，可使外源 DNA 进入细胞。

外源 DNA 与某些多聚物和二价阳离子混合，再与受体细胞或原生质体混合，也可使外源 DNA 进入细胞。常用的多聚物有聚乙二醇（PEG）、多聚赖氨酸、多聚鸟氨酸等，尤以 PEG 应用最广，可用于原核生物细胞、动物细胞和植物原生质体的基因转化。

（2）根癌农杆菌介导的 Ti 质粒载体转化法　　含有 Ti 质粒的根癌农杆菌与一些植物的细胞接触后，Ti 质粒的一部分（T-DNA）被导入植物细胞，整合到植物基因组 DNA，随基因组 DNA 的复制而复制。根据这一特性构建了一系列 Ti 质粒载体，与含目的基因的 DNA 片段重组，导入根癌农杆菌，再采用叶盘转化法、原生质体共培养法和悬浮细胞共培养法，通过根癌农杆菌介导进入植物细胞。用根癌农杆菌介导法已获得了一些转基因植物，但是通过此方法转化获得转基因单子叶植物比较困难。

（3）电穿孔转化法　利用高压电脉冲作用，使细胞膜上产生可逆的瞬间通道，从而促使外源DNA导入细胞内。电穿孔转化法的效率受电场强度、电脉冲时间和外源DNA浓度等参数的影响，通过优化这些参数，$1\mu g$ DNA可以得到$10^9 \sim 10^{10}$个转化子。此方法可用于微生物细胞和动植物悬浮细胞或原生质体的基因转化。

（4）微弹轰击转化法　微弹轰击转化法又称基因枪转化法，这是利用高速运行的金属颗粒轰击细胞时，将包被在金属颗粒表面的外源DNA分子随金属颗粒导入细胞的转化方法。基因枪法简单快速，可直接处理植物组织，接触面积大，并有较高的转化率。

（5）激光微束穿孔转化法　此方法是利用直径很小、能量很高的激光微束照射受体细胞，可导致细胞膜的可逆性穿孔。根据这一原理，在荧光显微镜下找出合适的细胞，然后用激光光源替代荧光光源进行照射，导致细胞膜穿孔，处于细胞周围的外源DNA分子随之进入细胞。这种方法操作简便、快捷；基因转移效率高；无宿主限制，可适用于各种植物细胞、组织、器官的转化操作；并且由于激光微束直径小于细胞器，可对线粒体和叶绿体等细胞器进行基因操作。

（6）超声波处理转化法　超声波处理细胞时可击穿细胞膜并形成过膜通道，使外源DNA进入细胞。超声波处理转化法的转化效率较高，并且利用超声波处理可以避免使用电穿孔转化时高电压脉冲对细胞的损伤作用，有利于细胞存活，目前主要用于微生物细胞的基因转化。

（7）脂质体介导转化法　脂质体是由磷脂双分子层组成的人工膜状结构，将DNA包在其内，并通过脂质体与原生质体的融合或原生质体的吞噬过程，把外源DNA转运到细胞内。此方法的优点是包在脂质体内的DNA可免受细胞内核酸酶的降解，所以可直接转化外源DNA。

（8）体内注射转化法　这是一种利用注射仪把外源DNA直接注入细胞的转化方法，可用于动植物外源DNA的转化。这种方法操作较为烦琐、耗时，但其转化效率很高，以原生质体作为受体细胞，平均转化效率达$10\% \sim 20\%$，甚至有的高达60%以上，并且可以把外源DNA直接注入细胞器。

（9）花粉管通道转化法　此方法只用于植物。在植物授粉过程中，将外源DNA涂在柱头上，使DNA沿花粉管通道或传递组织通过珠心进入胚囊，转化还不具正常细胞壁的卵、合子及早期的胚胎细胞。由于这一方法技术简单、易于掌握、能避免体细胞变异等优点，具有一定的应用前景。

（10）精子介导法　此方法只用于动物，是指精子同外源DNA共浴后再给卵子受精，使外源DNA通过受精过程进入受精卵并整合于受体的基因组中。近年来还采用了电穿孔、脂质体包埋等辅助手段，提高了精子介导法的可靠性和可行性。

（11）低能离子束介导转化法　当一定能量和剂量的离子束作用于植物细胞时，会导致局部细胞壁和细胞膜的结构产生刻蚀和穿孔，为外源DNA进入细胞提供可修复的微通道，并在微通道形成正电荷积累，从而促进了带负电的外源DNA的吸附和进入；同时在离子束的直接和间接作用下，导致细胞内部分染色体DNA被损伤，为外源DNA与受体基因组整合重组提供了条件。利用低能离子束辅助转化外源DNA的方法已试用于某些植物。

2.5.2.2　病毒（噬菌体）颗粒转导法

用病毒（噬菌体）的DNA（或RT-DNA）构建（或携带目的基因）的克隆载体，在体外包装成病毒（噬菌体）颗粒后，感染受体细胞，使其携带的重组 DNA 进入受体细胞，将此过程称为病毒（噬菌体）颗粒转导（transduction）法。现在该方法用得不多，主要用于动物的转基因，早期也用于植物的转基因。

该转导方法主要是用经包装处理带有目的基因的病毒（噬菌体）颗粒直接感染受体细胞，使目的基因随同病毒（噬菌体）DNA 分子整合到受体细胞染色体 DNA 上，这样以后不必再包装成病毒（噬菌体）颗粒。如果带有目的基因的病毒（噬菌体）是缺陷型的，则需同另一辅助病毒（噬菌体）一起感染受体细胞，在受体细胞内包装成新的病毒（噬菌体）颗粒。但是，如果受体细胞的基因组中早已整合有病毒（噬菌体）缺陷的 DNA 区段，则没有必要用辅助病毒做混合感染。

2.5.3 克隆子的筛选

通常将摄取外源 DNA 分子并在其中稳定维持的受体细胞称为克隆子，把采用转化、转染或转导等方法获得的克隆子称为转化子，不过现在这两者有通用的趋向。重组 DNA 分子在转化、转染或转导过程中，一般仅有少数受体细胞成为转化子。因此，必须采用合适的方法从大量的受体细胞背景中筛选出期望的转化子。

2.5.3.1 根据载体标记基因筛选转化子

在构建基因工程载体时，通常在载体 DNA 分子中组装一种或两种选择标记基因，在受体细胞内表达后，呈现出特殊的表型或遗传学性状，作为筛选转化子的依据。一般的做法是将转化处理后的受体细胞接种在含适量选择药物的培养基上，在适宜的生长条件下培养一定时间，根据受体细胞生长的情况挑选出转化子。

（1）利用载体抗生素抗性基因相应的选择药物筛选转化子　　这是筛选大肠杆菌转化子最常用的方法，相关的基因和选择药物见表 2-2。

表 2-2　筛选大肠杆菌转化子的部分抗生素抗性基因和相应的选择药物

选择标记基因	选择药物及其浓度（终浓度）
β- 丙酰胺酶基因（*bla*、*Ap*^{r} 或 *Amp*^{r}）	氨苄西林（Ap 或 Amp），30～50μg/mL
氯霉素酰基转移酶基因（*cat* 或 *Cm*^{r}）	氯霉素（Cm 或 Cmp），30μg/mL
卡那霉素抗性基因（*npt* Ⅱ、*Kn*^{r} 或 *Kan*^{r}）	卡那霉素（Kn 或 Kan），5μg/mL
四环素抗性基因（*tetR*、*Tc*^{r} 或 *Tet*^{r}）	四环素（Tc 或 Tet），12.5～15.0μg/mL
链霉素抗性基因（*str*、*Sm*^{r} 或 *Str*^{r}）	链霉素（Sm 或 Str），25μg/mL

此外，有些抗生素抗性基因可用于筛选动植物转化子。携带新霉素磷酸转移酶基因（*npt* Ⅱ）的转化子抗新霉素、卡那霉素、庆大霉素和 G418 等抗生素，成为筛选动植物转化子的选择标记基因。潮霉素磷酸转移酶基因（*hpt*）使转化子能抗潮霉素，作为选择标记基因主要用于筛选动植物转化子。潮霉素是致癌物质，操作时应慎重。氯霉素酰基转移酶基因（*cat*）也被用作筛选动植物转化子的标记基因。

（2）利用载体除草剂抗性基因相应的选择药物筛选转化子　　由于植物细胞对多数抗生素不敏感，常用抗除草剂的基因作为选择标记基因。*Pat* 基因编码磷化乙酰转移酶（PAT），使转化子对含有磷化麦黄酮（PPT）成分的除草剂具有抗性。*Sul* 基因来源于抗药性质粒 R46，编码二氢蝶呤合成酶，使转化子对磺胺类除草剂有抗性。*csV1-1* 基因编码乙酰乳酸合成酶，使转化子对磺酰脲类除草剂有抗性。*epsps* 基因的表达产物是 5- 烯醇丙酮酸莽草酸 -3- 磷酸（EPSP）合成酶突变体，使转化子能抗草甘膦。

（3）利用 *lacZ'* 基因互补显色试剂筛选转化子   此方法主要用于原核生物。*lacZ'* 是 β- 半乳糖苷酶基因部分缺失的 DNA 片段，含 *lacZ'* 的重组载体转化 *lacZ'* 互补型菌株，可转译 β- 半乳糖苷酶，在含有 X-gal（5-溴-4-氯-3-吲哚-β-D-半乳糖苷）和 IPTG（异丙基 -β-D- 硫代半乳糖苷）的培养基上使转化子成为蓝色菌落，而 *lacZ'* 互补型菌株本身为白色菌落。当载体的 *lacZ'* 区插入外源基因后，再转化 *lacZ'* 互补型菌株，由于不能翻译 β-半乳糖苷酶，转化子即使在含有 X-gal 和 IPTG 的培养基上也只能长成白色菌落。这样可以区分含外源基因和不含外源基因的转化子。为了避免 *lacZ'* 互补型菌本身长成的白色菌落的干扰，往往在构建载体时再组装一种供抗药性筛选的基因。

（4）利用生长调节剂非依赖性筛选转化子   这类选择标记基因产物是激素合成所必需的酶类。离体培养不含这类选择基因的细胞时，必须添加外源激素，而含有这类选择标记基因的转化子能合成激素，变为激素自养型。因此在培养基中不添加外源激素的情况下，只有转化子才能生长。此类选择标记基因常用于筛选植物转化子。这样的基因，如色氨酸单加氧酶基因（*iaaM*）和吲哚乙酰胺水解酶基因（*iaaH*），其表达产物可将色氨酸转化为吲哚乙酸。

（5）利用核苷酸合成代谢相关酶基因缺失互补试剂筛选转化子   胸腺核苷激酶基因（*tk*）、二氢叶酸还原酶基因（*dhfr*）及次黄嘌呤 - 鸟嘌呤磷酸核糖转移酶基因（*hgprt*）等的表达产物直接或间接参与核苷酸合成代谢。这些基因缺失的缺陷型细胞因核苷酸合成代谢失调而死亡，只有在添加某些核苷酸的培养基中才能生长。如果用这样的缺陷型细胞作为受体细胞，导入含有这些基因的外源 DNA，补充原来缺失的基因，使核苷酸合成代谢恢复正常，可以在不添加核苷酸的培养基中正常生长。根据这一性质可以在不添加核苷酸的培养基中筛选出转化子。此方法主要用于筛选动物转化子。

2.5.3.2 根据报告基因筛选转化子

报告基因多数是酶的基因，或者组装在载体中，或者作为外源 DNA 的一部分。由于受体细胞内报告基因的表达，新的遗传性状会出现，以此识别被转化的细胞与未被转化的细胞。作为报告基因，其表达产物应便于检测和定量分析，并且灵敏度很高。

（1）β-葡糖醛酸糖苷酶基因（*gus*）筛选转化子   *gus* 基因表达产物 β-葡糖醛酸糖苷酶（GUS）能够催化 4-甲基伞形花酮-β-D-葡萄糖苷，产生荧光物质 4-甲基伞形花酮，以此筛选含 *gus* 基因的转化子。植物细胞 GUS 本底非常低，因此被广泛地应用于筛选植物转化子。尤其是 *gus* 基因的 3' 端与其他结构基因连接产生的嵌合基因仍能正常表达，产生的融合蛋白中仍有 GUS 活性，可用于外源基因在转化生物体中的定位分析。

（2）萤火虫荧光素酶基因（*luc*）筛选转化子   *luc* 表达产物萤火虫荧光素酶（LUC）在 Mg^{2+} 的作用下，可以与荧光素和 ATP 底物发生反应，形成与酶结合的腺苷酸荧光素酰化复合物，经过氧化脱羧作用后，该复合物转变成为处于激活状态的氧化荧光素，可以用荧光测定仪快速、灵敏地检测出产生的荧光，是目前研究动植物转基因很好用的一种报告基因。

（3）绿色荧光蛋白基因（*gfp*）筛选转化子   当绿色荧光蛋白暴露于 395nm 波长的灯光下时，便会被激发出绿色荧光。此基因已被广泛地用作筛选动植物转化子的报告基因。出于不同的研究目的，通过突变该基因特定位点的氨基酸序列，目前已获得了能发出黄色、红色、粉色等多种荧光的突变体用于转化子筛选。

2.5.3.3 根据形成噬菌斑筛选转化子

对于λDNA载体系统而言，外源DNA插入λ噬菌体载体后，重组DNA分子大小必须为野生型λDNA长度的75%～105%，才可以在体外包装成具有感染活性的噬菌体颗粒。构建的λDNA载体本身一般都小于野生型λDNA长度的75%，不能在体外包装成具有感染活性的噬菌体颗粒。因此，外源DNA与λDNA载体重组处理后，只有重组DNA分子才能体外包装和转导受体菌，在培养基上形成噬菌斑，并且未转导的受体菌继续正常生长。

2.5.4 重组子的鉴定

通过上述系列筛选方法获得的转化子中，常伴随着一些假阳性细胞或个体，为了确定获得的转化子是预期的转化子，还需检测获得的转化子中的重组DNA分子（片段）、目的基因转录的mRNA和表达的多肽（蛋白质、酶）。一般将真正含有预期重组DNA分子的转化子称为重组子。

2.5.4.1 根据重组DNA分子检测结果来鉴定重组子

为鉴定转化子是真正预期的转化子，即重组子，首先必须检测获得的转化子中是否存在预期的重组DNA分子。检测方法如下。

（1）检测重组DNA分子的大小和限制性内切核酸酶酶切图谱　　这是对重组子进行分析鉴定的最简单的方法，主要是根据插入外源DNA片段的载体（重组DNA分子）与原载体DNA分子之间有大小之别。分别提取获得的不同转化子的DNA，经琼脂糖凝胶电泳，由于载体DNA中插入了外源DNA片段，其分子质量大于原载体DNA分子，在琼脂糖凝胶板上的DNA条带中，若出现落后的条带，则表明原载体DNA分子中插入了外源DNA片段，是重组DNA分子的条带。用此方法可初步鉴定插入了外源DNA片段的转化子是重组子。在此基础上，从初步鉴定为重组子的转化子中提取DNA，用合适的限制性内切核酸酶酶切，经琼脂糖凝胶电泳，获得酶切图谱，如果酶切片段的数量和大小同预期的一致，则可进一步确定被检测的转化子是预期的重组子。

（2）PCR方法扩增外源DNA片段　　由于在载体DNA分子中，外源DNA插入位点的两侧序列多数是已知的，可以设计合成相应的PCR引物，并且分别从获得的不同转化子提取DNA，以此作为模板进行PCR扩增，扩增产物经琼脂糖凝胶电泳，若出现特异性扩增DNA带，并且其DNA片段大小同预先插入的外源DNA一致，则可确定待鉴定的转化子是预期的重组子。

（3）采用分子杂交法鉴定重组子　　当两个不同来源的单链DNA分子（DNA片段）的核苷酸序列互补时，在复性条件下可以通过碱基互补配对成为双链"杂种"DNA分子（DNA片段），即DNA杂交。如果其中一个单链DNA分子（DNA片段）带有容易检测的标记物（DNA探针），经杂交后就可以检测到另一个单链DNA分子（DNA片段）。分别从获得的不同转化子提取总DNA，经过变性处理成为单链DNA分子（DNA片段），用预先根据待检测的重组DNA分子制备的DNA探针与其杂交，进一步根据标记物检测杂交的DNA片段，出现阳性杂交的转化子就是预期的重组子。杂交的方法有DNA印迹法（Southern blotting）（图2-18）、斑点印迹法和菌落（或噬菌斑）原位杂交法等（见8.2.2.1）。

（4）应用DNA芯片鉴定重组子　　DNA芯片，也称基因芯片，是利用反相杂交原理，使用固定化的探针阵列与样品杂交，通过荧光扫描和计算机分析，获得样品中大量基因及表

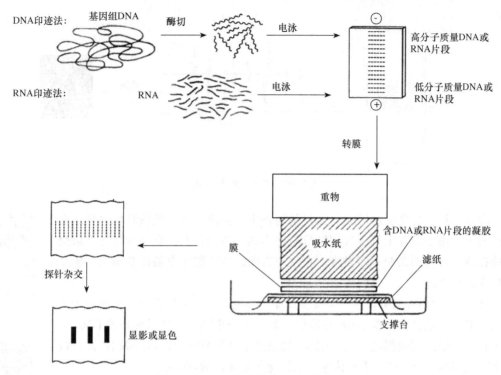

图 2-18　DNA 印迹法和 RNA 印迹法

达信息的一种高通量生物信息分析技术。DNA 芯片又称 DNA 阵列（DNA array）或寡核苷酸微芯片（oligonucleotide micro chip）等，是生物芯片中的一种。

DNA 芯片由载体、连接层和 DNA 探针阵列三部分构成。载体是 DNA 探针阵列的承载物，一般是玻璃片，有的也用硅片、塑料片、尼龙膜、硝化纤维膜等。连接层是把阵列固定在载体表面的物质，种类繁多，有硅化醛、硅化氨、氨基活化的聚丙烯酰胺、链霉亲和素等。DNA 探针阵列由大量的点构成，每一点都含有一种序列特定的 DNA 单链分子。集成在芯片上的 DNA 片段有两种来源：① 8～20bp（低于 50bp）长的寡聚 DNA 片段。按寡聚 DNA 片段核苷酸序列采用光蚀刻法原位合成固定在芯片上，也可以预先合成寡聚核苷酸后再通过机械接触固定在芯片上。②克隆的 cDNA。先将 mRNA 反转录成 cDNA，然后对 cDNA 进行 PCR 扩增，并分别等量转入微量滴定板的小孔内，利用微量液体转移器将 cDNA "转印"至玻璃板或其他载体上，经化学和热处理使 cDNA 附着于载体表面并使之变性，制作成 cDNA 阵列杂交板（图 2-19，见 8.2.2.6）。

使用 DNA 芯片的步骤：①利用常规方法，提取、纯化待测材料的 DNA 或 RNA 样品，并用荧光予以标记，与基因芯片进行分子杂交。②经过杂交，基因芯片与探针互补的样品结合后，呈现阳性荧光信号，通过激光扫描，将大量并行采集的信号传送至计算机系统进行处理鉴定。

DNA 芯片技术突出的特点就在于它能高度并行性、多样性、微型化和自动化地进行 DNA 分析，同时可以测定成千上万个基因。目前 DNA 芯片技术已应用于研究生物体的生长发育机理、不同个体的基因变异、诊断疾病、筛选药物及生物产品的鉴定等。但是 DNA 芯片技术也存在一些问题。在 DNA 阵列方

无细胞表达蛋白芯片研究进展

类器官芯片在生物医学中的研究进展

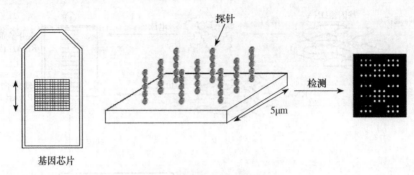

图 2-19　cDNA 阵列杂交板

生物芯片在食品安全检测中的应用研究进展

面，存在探针自身杂交的问题，大规模制备中，会出现错误的核苷酸序列。在杂交方面，由于芯片上的所有探针只能使用同一杂交条件，有些非特异性杂交不能排除，有些弱杂交不能发现。在生产方面，芯片制作设备极其昂贵，成品芯片售价很高。

（5）根据 DNA 核苷酸序列鉴定重组子　通过以上方法在获得的转化子中证实含有预先设计的外源 DNA 片段后，为了进一步确认，可以对外源 DNA 片段进行核苷酸序列的测定（见 8.5.2）。如果测定结果与原设计的外源 DNA 片段的核苷酸序列完全一致，表明待鉴定的转化子是真正的重组子。

生物芯片研究现状与市场分析

2.5.4.2　根据目的基因转录产物 mRNA 鉴定重组子

获得的转化子还可以从外源基因转录水平进行鉴定。鉴定的方法主要采用 RNA 印迹法（Northern blotting）。利用 RNA 印迹法（图 2-18）可以检测外源基因是否转录出 mRNA。RNA 印迹法的过程类似于 DNA 印迹法，不同的是用 DNA 探针检测 RNA 分子，出现阳性杂交带的转化子是外源基因能有效转录的重组子。并且还能确定转录产物 mRNA 的分子质量大小及丰度。斑点印迹法和菌落（或噬菌斑）原位杂交法也同样适用于从 mRNA 水平鉴定重组子。

此外，检测外源基因转录产物还可采用反转录 - 聚合酶链反应（RT-PCR）的方法。从获得的转化子中提取总 RNA 或 mRNA，然后以它作为模板进行反转录，再进行 PCR 扩增，若获得了特异的 cDNA 片段则表明外源基因在转化子中已进行转录，是含有外源基因的重组子。

2.5.4.3　根据目的基因表达产物鉴定重组子

如果能检测到转化子中目的基因的表达产物，根据基因与表达产物蛋白质（酶、多肽）对应关系，同样能鉴定该转化子是含有目的基因的重组子。检测目的基因表达产物的方法主要有凝胶电泳检测法、免疫学检测法和质谱分析法等。当转化的外源目的基因的表达产物不能直接用这些方法检测时，可把外源基因与报告基因一起构成嵌合基因，通过检测嵌合基因中的报告基因可间接确定目的基因的存在和表达。

（1）蛋白质凝胶电泳法鉴定重组子　转化子由于含有外源基因，如果能够正确表达，在总的表达产物中增加了外源基因表达的蛋白质（多肽），对从转化子中提取的总蛋白质进行凝胶电泳时，电泳图谱上会出现新的、与预期分子质量一致的蛋白质带，根据这一现象就可以初步鉴定是重组子。这是一种相对比较简单的鉴定方法。

（2）免疫检测法鉴定重组子　　免疫检测法是以目标蛋白质为抗原，用对应的特异性抗体鉴定重组子的方法。免疫学检测法具有专一性强、灵敏度高的特点。但使用这种方法的前提条件是可以获得外源基因表达产物的对应抗体。对特定基因表达产物的免疫学检测法主要有酶联免疫吸附法（ELISA，见 8.2.1.2）、蛋白质印迹法（Western blotting）、固相放射免疫法、免疫沉淀法等。

（3）质谱分析法　　当转化子中外源基因表达的蛋白质的量很少，难以用上述方法鉴别时，可采用质谱分析技术，从转化子的蛋白质组"汪洋大海"中检测是否存在新的成员，如果从转化子的总蛋白质中检测到外源基因表达的蛋白质，则可确定待分析的转化子是重组子。

基因工程技术不断发展和成熟，至今已成为生物技术的核心技术。基因工程技术应用范围非常广泛，几乎涉及生命科学的各个领域，推动医、农、林、牧、渔等产业的发展，甚至与环境保护也有密切关系。目前基因工程技术已应用于疾病的诊断和防治（见 8.1 及 8.2）、生物制药（见 8.3）、动物和植物的分子育种（见 6.1.3 和 6.2.1）、环境监测与保护（见 10.5）、新型能源开发等多个领域。

随着转基因生物种类越来越多，直接和间接的转基因生物食品越来越多地涌上餐桌，基因工程药物越来越多地应用于临床，导致国际上围绕转基因生物是否影响今后生态环境平衡和危及人类健康生存的问题展开了激烈的争论。总的来说，大多数科学家对生物转基因研究寄予厚望，认为这将推动一场以分子生物学为基础的新型农业、畜牧业和医药业的技术革命，为改善全球人类的生活质量及提高健康水平带来福音。不过也必须正视转基因生物可能隐藏的危害性。通过基因重组可以使生物获得某种新的对人类有用的性状，但是基因工程的有些技术操作目前仍带有不可预测性和不可控制性，加上某些人为因素，可能给生态环境平衡和人类健康生存带来一定的危害性。但是，从科学的角度来看，转基因技术对人类社会的进步应该是利大于弊的（见 12.1）。

为了避免和消除转基因生物可能隐藏的危害性，使先进的转基因技术能健康发展，更好地造福于人类，所有参与基因工程研究的工作者应遵循科学精神和负有对人类生存的责任感，合理应用和不断完善基因工程技术，尽可能变不可预测性和不可控制性为可预测性和可控制性；开展基因工程研究的国家，应根据本国的实际情况制定出系列有效的转基因生物安全管理办法，特别要密切注意和严格禁止有人蓄意把基因工程技术用于危害人类生存的研究。

⬡ 小　结

基因工程以 DNA 为基本材料。基因工程操作流程主要包括目的基因分离、与克隆载体重组、转入受体细胞、筛选和鉴定克隆子。分离目的基因常采用 PCR 技术从基因组 DNA 中扩增含目的基因的 DNA 片段，或者用分子杂交等方法从构建的 cDNA 文库或基因组文库中获得含目的基因的克隆子。克隆载体有质粒载体、病毒（噬菌体）载体和人工染色体载体，以及它们彼此重组或与其他 DNA 片段重组的载体，以供不同实验选择使用。在 DNA 连接酶的作用下，含目的基因的 DNA 片段与克隆载体连接成为重组 DNA 分子。在连接之前，一般先分别用限制性内切核酸酶切割，如有必要再用酶修饰末端，使待连接的两个 DNA 片段末端成为互补黏性末端或平末端。重组 DNA 分子导入原核生物细胞可采用 $CaCl_2$ 处理的转化法和病毒颗粒感染的转导法等；导入植物细胞常采用农杆菌介导的 Ti 质粒载体转化法、电穿孔转化法、微弹轰击转化法、花粉管通道转化法等；导入动物细胞常用的方法有病毒颗粒介导的病毒载体转导法、磷酸钙转染法和显微注射法等。筛选克隆子常采用克隆载体携带的选择标记基因、报告基因等方法。进一步鉴定克隆子采用限制性内切核酸酶分析法、分子杂交法、PCR 法、DNA 测序法和免疫法等。

自 20 世纪 70 年代初开展基因工程研究以来，建立了多种分别适用于微生物、动物、植物转基因的载体受体系统，克隆了一批有用的目的基因，研制了数十种昂贵的基因工程药物，培育了一些具有特殊性状的转基因动植物。21 世纪基因工程研究将会有更大的发展。

⬡ 本章思维导图

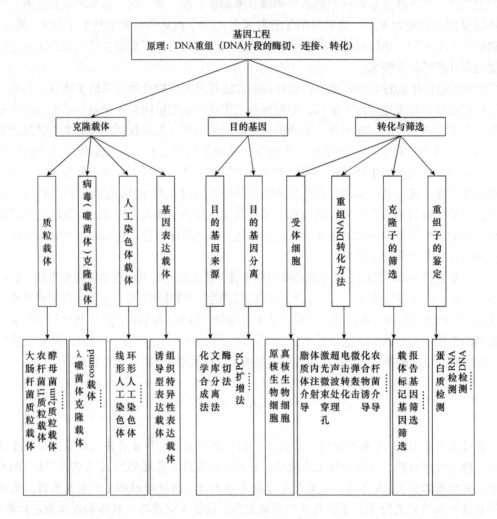

⬡ 复习思考题

1. 基因工程研究的理论依据是什么？
2. 简述基因工程操作的基本技术路线。
3. 简述限制性内切核酸酶和 DNA 连接酶的作用机制。

4. 在什么情况下最好使用质粒载体、λ噬菌体载体或 cosmid 载体？

5. 阐述人工染色体作为载体的特点。

6. 简述染色体定位整合克隆载体的应用价值。

7. 从 cDNA 文库和基因组文库中获得的目的基因有什么不同？

8. 如何采用 PCR 技术从生物材料中分离出目的基因？

9. 什么样的细胞可用作受体细胞？

10. 阐述外源基因转入受体细胞的各种途径。

11. 筛选克隆子有哪些方法？

12. 阐述基因工程的科学意义、应用价值及发展前景。

主要参考文献

奥斯伯 F M，金斯顿 R E，布伦特 R，等. 2005. 精编分子生物学实验指南. 4 版. 马学军，舒跃龙，颜子颖，等译. 北京：科学出版社

陈德富，陈喜文. 2006. 现代分子生物学实验原理与技术. 北京：科学出版社

李立家，肖庚富，杨飞，等. 2018. 基因工程. 北京：科学出版社

刘志国. 2011. 基因工程原理与技术. 北京：化学工业出版社

楼士林，杨盛昌，龙敏南，等. 2002. 基因工程. 北京：科学出版社

王傲雪. 2017. 基因工程原理与技术. 北京：高等教育出版社

韦宇拓. 2017. 基因工程原理与技术. 北京：北京大学出版社

朱玉贤，李毅，郑晓峰. 2008. 现代分子生物学. 北京：高等教育出版社

Sambrook J, Russell D. 2001. Molecular Cloning—A Laboratory Manual. 3rd ed. New York：Cold Spring Harbor Laboratory Press

（徐　虹，楼士林）

3 第三章

细 胞 工 程

○ **学习目的** ○

①学习植物组织培养、原生质体的制备和培养的原理与基本方法。②掌握植物单倍体植株的概念和在生产实践中的意义。③了解植物代谢产物的概况和影响其工业化生产的主要因素。④认识动物细胞融合的基本方法及其在单克隆抗体制备中的应用。⑤了解哺乳动物体细胞克隆的基本方法及诱导多功能干细胞的重要意义。⑥了解 CAR-T 技术的基本概念和治疗癌症的原理。⑦学习 CRISPR 的基本原理及其实际应用方法。

细胞工程是应用细胞生物学和分子生物学的理论与方法，按照人们的需要，进行大规模的动物细胞和植物细胞或组织培养，以获得具有药用价值的重组蛋白质和植物次生代谢产物，以及产生新的物种或品系；或者在细胞水平上对基因组进行遗传操作，改变细胞的分化状态及进行基因功能的研究等。细胞工程所涉及的主要技术领域有细胞和组织培养、染色体加倍、细胞代谢途径的应用开发、细胞融合、细胞核移植、细胞重新编程和基因组编辑等技术，这些技术已经在快速繁殖优良、濒危品种，生物制药，器官修复或移植及抗癌治疗等方面取得了显著的经济和社会效益。

3.1 植物细胞工程

3.1.1 植物组织培养

植物的组织培养是以植物细胞具有全能性为基础发展起来的一项无性繁殖新技术。具体做法是先从植物体分离出离体的器官（如根、茎、叶、茎尖、花、果实等）、组织（如形成层、表皮、皮层、髓部细胞、胚乳等）或细胞（如大孢子、小孢子、体细胞等），在实验室的无菌条件下接种在含有各种营养物质及植物激素的培养基上，先诱导出脱分化的愈伤组织，在此基础上再进行诱导分化，生成芽和根，形成完整的植株，最后再移植到土壤中进行大规模培养。植物组织培养可在短时间内培养出大量的植株，并打破植物生长的季节限制。此外，植物病毒感染是经济作物品质和产量下降的主要原因，而利用植物组织培养技术可获得大量的无毒苗，能提高经济作物的品质和产量。

植物组织培养的历史可以追溯到 20 世纪初，当时德国植物学家 Haberlandt 就曾预言"植物细胞具有全能性"。但由于技术上的限制，他离体培养的细胞未能分裂。不久之后，Hanning 成功地在他的培养基上培育出能正常发育的萝卜和辣根菜的胚，成为植物组织培养的鼻祖。到了 20 世纪 30 年代，植物组织培养取得了长足的进展。我国植物生理学家李继侗、罗宗洛和罗士伟相继发现银杏胚乳及幼嫩桑叶的提取液能分别促进离体银杏胚和玉米根的生长，证实维生素和其他有机物是培养基中不可缺少的成分。1934 年，美国人 White 以番茄根为材料，建立了第一个能无限生长的植物组织。1956 年，Miller 发现了激动素，并指出激动素能强有力地诱导组织培养中的愈伤组织分化出幼芽。这是植物组织培养中的一项重要进展，直接导致两年后 Steward 顺利地从胡萝卜的组织培养中分化培育出胚状体乃至整株。从此以后，通过组织培养方法培育完整植株的探索便在世界范围内蓬勃开展起来了。现在已有多种具重要经济价值的粮食作物、蔬菜、花卉、果树、药用植物等实现了大规模的工业化、商品化生产。

进行植物组织培养，一般要经历以下 5 个阶段。

3.1.1.1　预备阶段

（1）选择合适的外植体　　外植体，即能被诱发产生无性增殖系的器官或组织切段，如一个芽、一节茎。在选择外植体时，要综合考虑以下几个因素：①大小适宜，外植体的组织块要达到 2 万个细胞（5～10mg）以上才容易成活。②同一植物不同部位的外植体的分化能力、分化条件及分化类型有相当大的差别。③植物胚与幼龄组织、器官比老化组织、器官更容易去分化，产生大量的愈伤组织。愈伤组织原意指植物因受创伤而在伤口附近产生的薄壁组织，现已泛指经细胞与组织培养产生的可传代的未分化细胞团。④不同物种相同部位的外植体细胞的分化能力可能大不一样。总之，外植体的选择，一般以幼嫩的组织或器官为宜。此外，外植体的去分化及再分化的最适条件都需经摸索。他人在某种植物中组织培养的成功经验只可供借鉴，并无快捷方式可循。

（2）除去病原菌及杂菌　　选择外观健康的外植体，尽可能除净外植体表面的各种微生物是成功进行植物组织培养的前提。消毒剂的选择和处理时间的长短与外植体对所用试剂的敏感性密切相关（表 3-1）。通常成熟材料比幼嫩材料处理的时间要长一些。

对外植体除菌的一般程序如下：外植体→自来水多次漂洗→消毒剂处理→无菌水反复冲洗→无菌滤纸吸干。

表 3-1　常用消毒剂的使用和效果（引自潘瑞炽，2001）

消毒剂	使用浓度	消除难易程度	消毒时间 /min	灭菌效果
次氯酸钠	2%	容易	5～30	很好
次氯酸钙	9%～10%	容易	5～30	很好
漂白粉	饱和溶液	容易	5～30	很好
升汞	0.1%～1%	较难	2～10	最好
乙醇	70%～75%	容易	0.2～2	好
过氧化氢	10%～12%	最易	5～15	好
溴水	1%～2%	容易	2～10	很好
硝酸银	1%	较难	5～30	好
抗生素	4～50mg / L	中等	30～60	较好

（3）配制适宜的培养基　　组织培养是否能够获得成功，主要取决于对培养基的选择。不同的培养基具有不同的特点，适合于不同的植物种类和接种材料。组织培养的培养基多种多样，但它们通常都包括以下三大类组分：①含量丰富的基本成分（如蔗糖或葡萄糖高达每

升 30g），以及氮、磷、钾、镁等；②微量无机物，如铁、锰、硼酸等；③微量有机物，如吲哚乙酸、激动素、肌醇等。目前常用的培养基为 MS 培养基，是 Murashige 和 Skoog 于 1962 年为烟草细胞培养设计的，适用于一般植物组织和细胞快速生长的培养基（表 3-2）。

表 3-2　MS 基本培养基配方（引自王金发，2010）

类型	成分	培养基中工作液浓度/（mg/L）
大量元素	KNO_3	1900
	NH_4NO_3	1650
	$MgSO_4 \cdot 7H_2O$	370
	KH_2PO_4	170
	$CaCl_2 \cdot 2H_2O$	440
微量元素	$MnSO_4 \cdot 4H_2O$	22.3
	$ZnSO_4 \cdot 7H_2O$	8.6
	H_3BO_3	6.2
	KI	0.83
	$Na_2MoO_4 \cdot 2H_2O$	0.25
	$CuSO_4 \cdot 5H_2O$	0.025
	$CoCl_2 \cdot 6H_2O$	0.025
铁盐	Na_2-EDTA	37.3
	$FeSO_4 \cdot 7H_2O$	27.8
有机物质	甘氨酸	2.0
	盐酸硫胺素	0.4
	盐酸吡哆素	0.5
	烟酸	0.5
	肌醇	100

培养基中的吲哚乙酸和激动素的变动幅度很大，这主要是因为培养的目的不同。一般较高的生长素（吲哚乙酸）与细胞分裂素（激动素）比值有利于诱导外植体产生愈伤组织，反之则促进胚芽和胚根的分化。

3.1.1.2　诱导去分化阶段

外植体是已分化成各种器官的切段。组织培养的第一步就是让外植体去分化，使各细胞重新处于旺盛有丝分裂的分生状态，因此培养基中一般应添加较高浓度的生长素类激素。诱导外植体去分化可以采用固体培养基（在培养基中添加 0.8%～1.0% 琼脂），也可以采用液体培养基。固体培养简便易行，占地面积小，可在培养室中多层培养，空间利用率大。外植体表面除菌后，切成小片（段）插入或贴放于培养基表面即可。但外植体营养吸收不均、气体及有害物质排换不畅，愈伤组织易出现极化现象（根和芽过早发育）是本方法的主要缺点。液体培养营养吸收及物质交换便捷，但需提供振荡器等设备，投资较大，空间利用率较小，且一旦染菌则难以挽回。

本阶段为植物细胞依赖培养基中的有机物等进行的异养生长，原则上无须光照。但人们通常还是把它们置于人工照明条件下培养，以期得到绿色愈伤组织。

3.1.1.3 继代增殖阶段

愈伤组织长出后经过 4～6 周迅速的细胞分裂，原有培养基中的水分及营养成分多已耗失，细胞的有害代谢物已在培养基中积累，因此必须进行移植，或切割成数块后移植，称为继代增殖。同时，通过移植，愈伤组织的细胞数大大扩增，有利于下一阶段收获更多的胚状体或小苗。

3.1.1.4 生根发芽阶段

愈伤组织只有经过重新分化才能形成胚状体，继而长成小植株。所谓胚状体指的是在组织培养中分化产生的具有芽端和根端类似合子胚的构造。通常要将愈伤组织移置于含适量细胞分裂素，没有或仅有少量生长素的分化培养基中，才能诱导胚状体的生成。光照是本阶段的必备外因。根据实验工作的需要，有时也可不经愈伤组织阶段而直接诱导外植体分生、分化长成一定数量的丛生芽，然后再诱导其生成根。

3.1.1.5 移栽成活阶段

生长于人工照明玻璃瓶中的小苗，要适时移栽至室外以利生长。此时的小苗还十分幼嫩，移植应在能保证适度的光、温、湿条件下进行。在人工气候室中锻炼一段时间（称为炼苗）能大大提高幼苗的成活率。

植物组织培养
技术研究进展

3.1.2 植物细胞原生质体的制备与融合

植物细胞与动物细胞最大的区别在于植物细胞具有细胞壁结构。植物细胞壁的主要成分是纤维素，原生质体（protoplast）就是脱去全部细胞壁的植物细胞，这种细胞具有活细胞的一切特征。原生质体可以方便地进行有关遗传操作，并可以对细胞膜、细胞器等进行研究。因为其具有全能性，所以能发育成完整植株。原生质体还是细胞无性系变异和突变体筛选的重要来源。此外，原生质体还可以进行诱导融合形成杂种细胞，在培育新品种方面具有重要意义。用于制备原生质体的细胞主要来源于植物的叶片、根尖、花粉、愈伤组织细胞。

3.1.2.1 原生质体的制备

（1）取材与除菌 原则上植物任何部位的外植体都可成为制备原生质体的材料。但人们往往对活跃生长的器官和组织更感兴趣，因为由此制得的原生质体一般都生活力较强，再生与分生比例较高。常用的外植体包括种子根、子叶、下胚轴、胚细胞、花粉母细胞、悬浮培养细胞和嫩叶。

对外植体的除菌要因材而异。悬浮培养细胞一般无须除菌。对较脏的外植体往往要先用肥皂水清洗再以清水洗 2～3 次，然后浸入 70% 乙醇消毒后，再放进 3% 次氯酸钠处理。最后用无菌水漂洗数次，并用无菌滤纸吸干。

（2）酶解 由于植物细胞的细胞壁含纤维素、半纤维素、木质素及果胶质等成分，市售的纤维素酶实际上大多是含多种成分的复合酶，如纤维素酶、纤维素二糖酶及果胶酶等。此外，直接从蜗牛消化道提取的蜗牛酶也有相当好的降解植物细胞壁的功能。

3.1.2.2 原生质体的融合

（1）化学法诱导融合 化学法诱导融合无须贵重仪器，试剂易于得到，因此一直是细胞融合的主要方法。尤其是聚乙二醇（PEG）结合高钙、高 pH 诱导融合法已成为化学法诱导细胞融合的主流技术。PEG 诱导细胞融合的原理目前还不是很清楚，推测在 PEG 的作用下，细胞发生凝集，在高钙、高 pH 的条件下，质膜接触处发生质膜成分的化学键断裂与重排，导致细胞膜融合，最终形成双核或多核细胞。其融合率可达到 10%～50%。这是一种非选择性的融合，既可发生于同种细胞之间，也可能在异种细胞中出现。应当指出，高浓度的 PEG 结合高钙、高 pH 溶液对原生质体具有一定的毒性，因此诱导融合的时间要适中。处理时间过短，融合频率降低；处理时间过长，则原生质体活力明显下降而导致融合失败。

（2）物理法诱导融合　　1979 年，Senda 等发明了微电极法以诱导细胞融合。1981 年，Zimmermann 等提出了改进的平行电极法，现简介如下。

将双亲本原生质体以适当的溶液悬浮混合后，插入微电极，接通一定的交变电场。原生质体极化后顺着电场排列成紧密接触的珍珠串状。此时瞬间施以适当强度的电脉冲，则使原生质体质膜被击穿而发生融合。电击融合不使用有毒害作用的试剂，作用条件比较温和，而且基本上是同步发生融合。只要条件摸索适当，也可获得较高的融合率。

经过上述融合处理后，再生的细胞株将可能出现以下几种类型：①亲本双方能融洽地合为一体，发育成为完全的杂合植株。这种例子不多。②融合细胞由一方细胞核与另一方细胞质构成，可能发育为核质异源的植株。这是由于来源于不同亲本的染色体会自发地丢失。亲缘关系越远的物种，某个亲本的染色体被丢失的现象就越严重。③融合细胞由双方胞质及一方核或再附加少量另一方染色体或 DNA 片段构成。④原生质体融合后两个细胞核尚未融合时就过早地被新出现的细胞壁分开，以后它们各自分裂生长成嵌合植株。嵌合现象是指同一个体或组织不同细胞染色体组成不一致的现象。

3.1.2.3　杂合体的鉴别与筛选

双亲本原生质体经融合处理后产生的杂合细胞，一般要经含渗透压稳定剂的原生质体培养基培养（液体或固体），再生出细胞壁后转移到合适的培养基中。待长出愈伤组织后按常规方法诱导其长芽、生根、成苗。在此过程中可对其是否为杂合细胞或植株进行鉴别与筛选。

（1）杂合细胞的显微镜鉴别　　根据以下特征可以在显微镜下直接识别杂合细胞：若一方细胞大，另一方细胞小，则大、小细胞融合的就是杂合细胞；若一方细胞基本无色，另一方为绿色，则白、绿色结合的细胞就是杂合细胞；如果双方原生质体在特殊显微镜下或双方经不同染料着色后可见不同的特征，则可作为识别杂合细胞的标志。发现上述杂合细胞后可借助显微操作仪在显微镜下直接取出，移至再生培养基培养。

（2）遗传互补法筛选杂合细胞　　显微镜鉴别法虽然比较可信，但实验者有时会受到仪器的限制，工作进度慢且未知其能否存活与生长。遗传互补法则可弥补以上不足。

遗传互补法的前提是获得各种遗传突变细胞株系。例如，不同基因型的白化突变株 $aaBB \times AAbb$，可互补为绿色细胞株 $AaBb$，这叫作白化互补。再如，甲细胞株缺外源激素 A 不能生长，乙细胞株需要提供外源激素 B 才能生长，则甲株与乙株融合，杂合细胞在不含激素 A、B 的选择培养基上可以生长。这种选择类型叫作生长互补。假如某个细胞株具某种抗性（如抗青霉素），另一个细胞株具另一种抗性（如抗卡那霉素），则它们的杂合株将可在含上述两种抗生素的培养基上再生与分裂。这种筛选方式即所谓的抗性互补筛选。

（3）采用细胞与分子生物学的方法鉴别杂合体　　经细胞融合后长出的愈伤组织或植株，可进行染色体核型分析、染色体显带分析、同工酶分析及更为精细的核酸分子杂交、限制性片段长度多态性（RFLP，见 8.2.2.5）和随机扩增多态性 DNA（RAPD）分析，以确定其是否结合了双亲本的遗传素质。

（4）根据融合处理后再生长出的植株的形态特征进行鉴别　　自从 1960 年 Cocking 取

得制备植物原生质体的重大突破以来，科学家在植物细胞融合，甚至植物细胞与动物细胞融合等方面进行了不懈的努力。最突出的成就当推番茄与马铃薯的细胞融合。已经获得的番茄-马铃薯杂交株，基本像马铃薯那样蔓生，能开花，并长出 2～11cm 的果实。成熟时其果实黄色，具番茄气味，但高度不育。

植物原生质体融合技术的研究进展

综上所述，虽然细胞融合研究至今尚面临种种难题和挑战，但该领域在理论及实践两方面的重大意义，仍然吸引了不少科学家为之忘我奋斗，更为激动人心的研究成果一定会不断涌现出来。

3.1.3 单倍体育种

单倍体生物是指细胞中仅含一组染色体的个体。单倍体植物比单倍体动物多见。1921 年，Bergner 首次在高等植物曼陀罗发现了单倍体植物。此类植物与正常二倍体植物相比，它们叶小、株矮，生活力弱，且高度不育。然而由于它们种质纯，不受显性等位基因的掩盖与遮蔽效应影响，人们易于从中挑选出具有可用性状的隐性突变体。而且由单倍体诱导产生的二倍体的所有基因都是纯合的，即所谓的纯系，其后代不会产生分离，因而遗传性是稳定的。因此，这种植株的经济意义十分显著。1924 年，Blakeslee 等提出了在育种中培植利用单倍体生物，然后加倍获得正常二倍体植株的设想。这是一条十分诱人的技术路线，其核心问题是单倍体植株的成功诱导与栽培。由于技术上的限制，迟至 1964 年才由 Guha 等率先人工诱导毛叶曼陀罗单倍体株成功。此后，全世界通过人工花粉和花药培养已经获得几百种植物的单倍体植株，其中我国科学工作者已培育 40 种以上，如小麦、玉米、辣椒、油菜、甘蔗和苹果等的单倍体株系。

在自然界中偶尔也能见到天然诱发的单倍体植株。它们通常经以下途径发育而成。

（1）孤雌繁殖途径 植物卵细胞不经受精而发育成单倍体胚，继而长成单倍体植株。

（2）孤雄繁殖途径 精子进入胚囊后不与卵细胞受精而独自发育成单倍体胚，再发育成株。卵细胞退化消失。

（3）无融合生殖 精卵结合后，不仅受精卵发育，由于某种原因，助细胞或反足细胞也与受精卵形成的二倍体胚同步发育成单倍体胚，形成双胚或多胚种子。

不过，自发产生单倍体植株的概率很低，小于千分之一。我们现在已经可以通过实验室诱导，大量培育出符合需要的单倍体植株。

3.1.3.1 花药培养

花药由花药壁和花粉囊构成（图 3-1）。经过适当的诱导，花粉囊中的花粉（单倍体）可能去分化而发育成单倍体胚或愈伤组织，最终形成花粉植株。

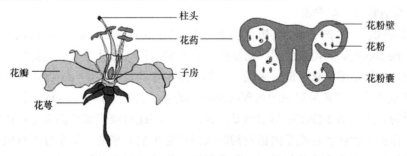

图 3-1　花与花药结构示意图

（1）选取成熟度适中的花蕾或幼穗　　所谓成熟度适中是指花蕾或幼穗中的花粉正处于形成营养细胞和生殖细胞的阶段（对多数植物而言）。过早或过迟的花粉效果多不理想。不过，由于物种特异性千差万别，准确的取材时期都需经试验而定。

（2）选择适当的培养基与培养条件　　花药培养基大体有两种类型。对多数植物而言，在愈伤组织培养基中一般已添加适量的生长素类激素，如2,4-二氯苯氧乙酸（2,4-D）、萘乙酸或吲哚丁酸等。花药可以在这种培养基中去分化而长成愈伤组织，但通常不会长成单倍体植株；但有些植物，如烟草、曼陀罗等则只需在简单的蔗糖和无机盐培养基上即可完成从花粉去分化、单倍体胚的形成乃至单倍体植株的长出这一完整的过程。无论哪种情况，在培养基中加入适量的脯氨酸或羟脯氨酸，对促进单倍体愈伤组织的形成都有明显的作用。

无论是长出愈伤组织还是单倍体胚，都应像组织培养那样，适时转移至添加细胞分裂素类激素的分化培养基中，以利植株生成。不过花药培养中双倍体植株所占比例过高的问题仍未得到根本解决。

3.1.3.2　花粉培养

由于花药培养时一些二倍性的花药壁细胞也形成愈伤组织，从而增加了培育单倍体植株的难度。1977年，Sunderland等提出了自然散开法以收集花粉。他们将花蕾或幼穗在7℃冷处理2周后，让其在适当的液体培养基表面培养，待花药自然开裂散落出花粉后，离心收集花粉，置于培养基中生长。这些花粉培养一旦成功，则可较明确地判断为单倍体植株。虽然用花药与花粉培养单倍体植株目前都已取得长足的进展，但白化苗出现过多仍是亟待解决的问题。

除了花粉培养外，1976年，San Noeum首先从大麦的未授粉子房培养获得单倍体植株。由于诱导出的植株大多是单倍体绿苗，这可能是一个充满希望的发展方向。1970年，Kasha将球茎大麦与普通大麦杂交，培育出了普通大麦的单倍体胚和植株。由该方法得到的单倍体胚长成的植株都是绿苗，这是该方法的突出优点。

3.1.3.3　单倍体培养物的加倍

我们之所以要得到单倍体培养物（愈伤组织、幼胚及植株），其目的是对它们进行染色体加倍，从而获得"纯系"的二倍体植物。在诱发单倍体植株的各阶段（形成愈伤组织、幼胚及小苗），都可用秋水仙素处理，使染色体加倍，然后按常规途径培养，即可能得到染色体加倍的能正常开花、结果的二倍体植株。

植物单倍体的
产生、鉴定、
形成机理及
应用

3.1.4　植物细胞代谢工程

植物细胞代谢工程是指利用转基因技术，对细胞中的代谢反应、代谢物的转运过程进行调节，以提高细胞产生相应次生代谢物的能力。

3.1.4.1　植物细胞的代谢产物

植物细胞的代谢产物包括初级代谢产物（primary metabolites）和次生代谢产物（secondary metabolites）。初级代谢产物是指植物细胞的代谢活动所生成的自身生长和繁殖所必需的物质，如氨基酸、核苷酸、多糖、脂类、维生素等。这些小分子物质或者成为细胞结构的基本组成物质，或者为细胞的生理活动提供能量，如核苷酸参与DNA的合成，氨基酸参与蛋白质的合成，而多糖则参与细胞壁的合成等，因此初级代谢产物都是机体生存必不可少的物质。而次生代谢产物则是由植物初级代谢产物衍生而来的一类小分子有机化合物，它们不是有机体生长必不可少的物质，主要是帮助植物适应周围环境，其产生和分布通常有种属、器官、组织及生长发育时期的特异性。

次生代谢产物又称为天然产物，据统计植物细胞生成的次生代谢产物多达20余万种，这些次生代谢产物在结构上可分为七大类，包括苯丙素类、醌类、黄酮类、单宁类、类萜、甾体及其苷、生物碱等，其中包含大量具有重大药用价值的小分子物质，目前有60%的抗癌和75%的抗菌新药来源于植物次生代谢产物及其衍生物，其中就包括最优秀的天然抗癌药物紫杉醇（图3-2）。

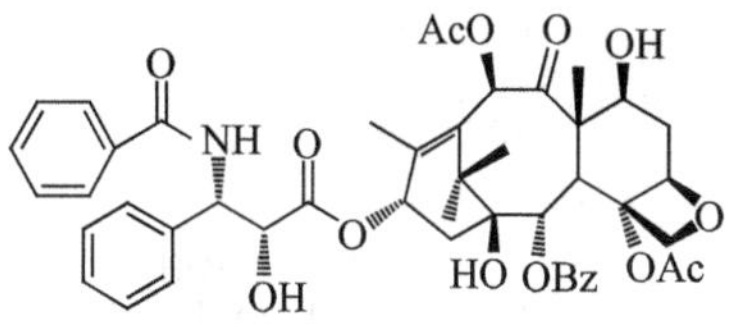

图3-2　紫杉醇的结构

紫杉醇是从红豆杉属的紫杉树皮中得到的二萜类次生代谢产物，所以紫杉醇又称为紫杉烷二萜。全世界有9～11个紫杉品种，我国发现有5种。1963年，美国科学家首先发现短叶红豆杉（*Taxus brevifolia*）的树皮提取物具有抗肿瘤作用。1964年，提取物中的活性成分紫杉醇被成功分离，其结构于1971年被鉴定。1979年，美国学者Susan Horwitz明确了紫杉醇具有抑制微管解聚的特性，能有效地抑制肿瘤细胞的有丝分裂，对多种实体肿瘤的生长都有很好的抑制效果。1983年，紫杉醇开始被用于临床研究，1992年，美国食品药品监督管理局（FDA）正式批准了紫杉醇上市。目前紫杉醇已成为销售最好的抗癌药物之一，被广泛应用于治疗卵巢癌、乳腺癌和肺癌等。

3.1.4.2　影响植物细胞生成次生代谢产物的因素

植物体内的次生代谢产物通常含量极低。例如，一棵12m高、树龄近200年的紫杉只能提取0.6g的紫杉醇，而紫杉醇仅仅在美国每年的需求就达300kg以上，相当于50万棵紫杉的量。由于紫杉醇沉积的位置主要是树皮，如果按照常规方法提取，将会对紫杉资源造成毁灭性破坏。因此植物细胞的体外培养就成为当前合成次生代谢产物的主要手段。但是植物体内的环境毕竟与体外的细胞培养环境不同，很多因素会影响植物细胞生成次生代谢产物，这些因素包括：①培养细胞的分化程度。低分化细胞产生次生代谢产物的能力较高分化细胞低很多。②培养细胞的不稳定性。细胞在长时间的培养过程中，原来可生成次生代谢产物的培养细胞会慢慢丧失这种能力，推测这与多倍体的形成导致相关基因的沉默有关。③细胞培养液中次生代谢产物的积累会抑制细胞的增殖，从而影响次生代谢产物的形成。④培养过程中植物细胞会聚集成团，导致细胞分化，而成团的大小也会影响次生代谢产物的积累。

为了促进次生代谢产物的生成，培养细胞时会采取以下措施：①添加茉莉酸（jasmonate）。次生代谢产物的生成主要是为了帮助植物应对周围环境的不利变化，茉莉酸是脂类衍生物，可调控植物从生长状态转为防御状态，稳定细胞的特性，因此添加茉莉酸可显著提高次生代谢产物的生成。②即时清除培养基中所积累的次生代谢产物，次生代谢产物的积累会抑制其自身的进一步生成。为避免这种反馈抑制的产生，可在培养基中添加吸附性树脂，即时清除次生代谢产物。③细胞固定化培养。将植物细胞固定在介质上进行悬浮培养（见5.6），防止植物细胞聚集成团，可显著促进次生代谢产物的生成和积累。④改进次生代谢产物的代谢途径。首先要了解次生代谢产物的代谢途径及催化代谢过程所需要的关键酶，通过增加关键限速酶基因的拷贝数或强化关键基因的表达等技术，可促进次生代谢产物的合成。例如，紫杉醇在植物细胞中的合成，首先是由异戊烯焦磷酸（IPP）和二甲基二磷酸（DMAPP）在双牻牛儿基焦磷酸（GGPP）合成酶的催化下形成GGPP，然后经过19种酶的催化，最终形成紫杉醇（图3-3），在生产上可以通过扩增相关酶基因的拷贝数，以提高紫杉醇的产量。

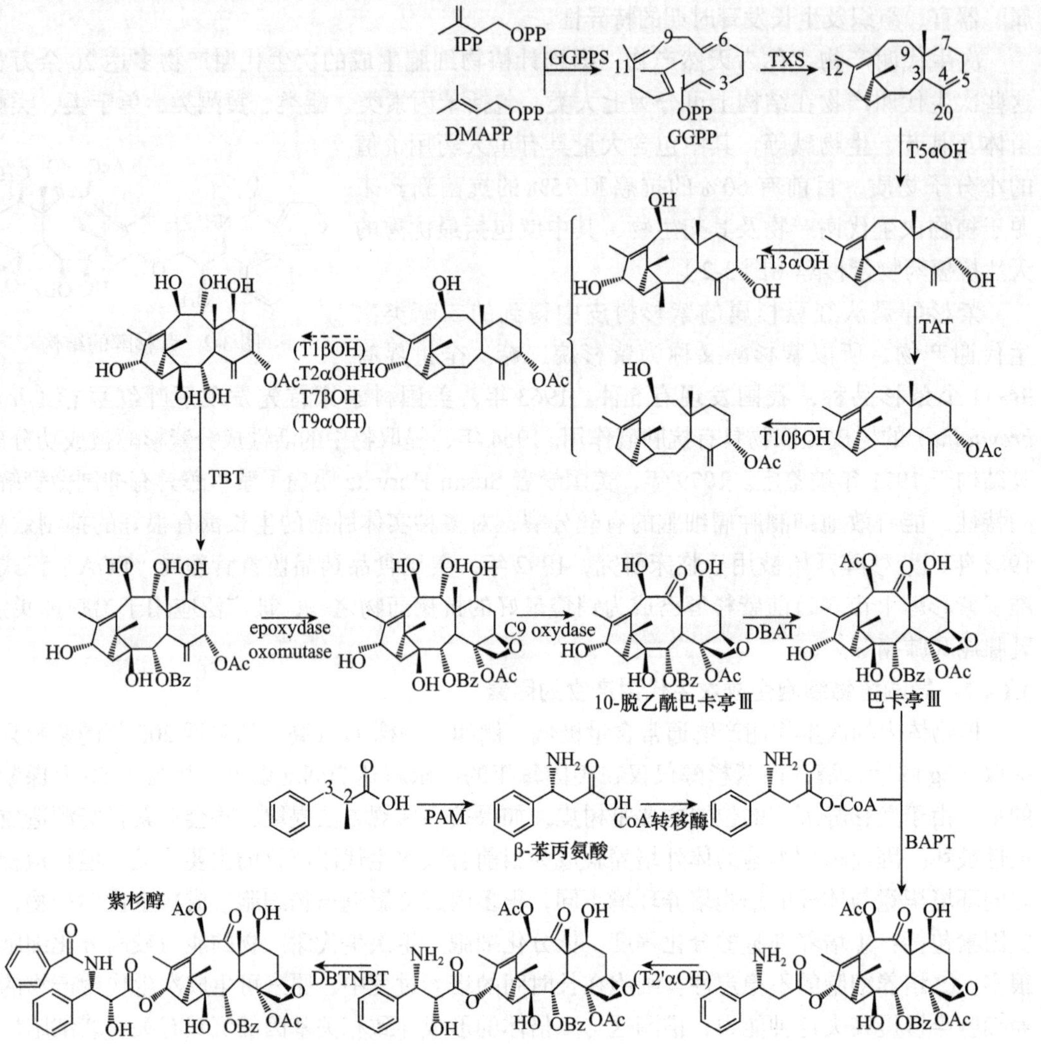

图 3-3　紫杉醇的合成途径（Rischer et al., 2013）

GGPPS. 双牻牛儿基焦磷酸合成酶；T5αOH. 紫杉二烯 5α-羟化酶；TXS. 紫杉二烯合成酶；TAT. 紫杉二烯乙酰转移酶；
TBT. 紫杉烷 -2α-O- 苯甲酰转移酶；epoxydase. 环氧酶；oxydase. 氧化酶；DBAT. 乙酰转移酶；PAM. 苯丙氨酸氨基变位酶；
BAPT. 苯丙基转移酶；DBTNBT. N-苯甲酰基转移酶

3.1.4.3　植物代谢产物的工业化生产

工业化生产植物代谢产物的系统主要有两大类：悬浮细胞培养系统和固定化细胞培养系统。前者适于大量快速地增殖细胞，但往往不利于次生代谢产物的积累；后者则相反，细胞生长缓慢而次生代谢产物含量相对较高。

（1）悬浮细胞培养系统　1953 年，Muir 成功地对烟草和直立万寿菊的愈伤组织进行了悬浮培养。以后 Tulecke 和 Nickell 于 1959 年推出了一个 20L 的封闭式植物细胞悬浮培养系统（图 3-4）。该系统由培养罐及 4 根导管连通辅助设备构成，经蒸汽灭菌后接入目的培养物，以无菌压缩空气进行搅拌。当营养耗尽，细胞数目不再增加且次生代谢产物达一定浓度时，收获细胞，提取产物。他们用此系统成功地培养了银杏、冬青、黑麦草和蔷薇等细胞。本系统的突出优点是结构简单，易于操作。但它的生产效率不够高，次生代谢产物累积的量也较少。

后人在此基础上进行了改进，包括：①半连续培养方法，即每隔一定时间（如1～2天）收获部分培养物，再加入等量培养基。②连续培养方法，即培养若干天后在连续收获细胞的同时不断补充培养液。这两个系统较明显地提高了细胞的生产率，但由于收获的是快速生长的细胞，其中的次生代谢物含量依然很低。看来有必要控制不同的参数，分阶段培养细胞。如前阶段营养充足，加大通气，促进细胞大量生长；后阶段由于营养短缺、溶解氧供应不足，细胞代谢途径发生改变，转而累积较高浓度的次生代谢产物。

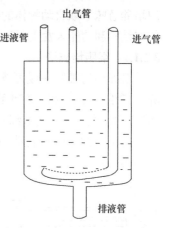

图3-4 封闭式植物细胞悬浮培养系统（改自孙敬三，1995）

（2）固定化细胞培养系统 针对上述细胞悬浮培养的缺点，1979年Brodelius等首次报道了用藻酸钙成功地固定化培养橘叶鸡眼藤、长春花、希腊毛地黄细胞。实验证明，细胞分化和次生代谢产物积累之间存在正相关关系。细胞固定化后密集而缓慢的生长有利于细胞的分化和组织化，从而有利于次生代谢产物的合成。此外，细胞固定化后不仅便于对环境因子的参数进行调控，而且有利于在细胞团间形成各种化学物质和物理因素的梯度，这可能是调控高产次生代谢产物的关键。

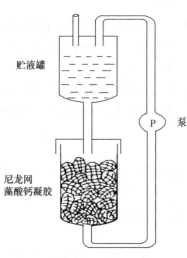

图3-5 植物细胞立柱培养系统（改自孙敬三，1995）

细胞固定化是将细胞包埋在惰性支持物的内部或贴附在它的表面（见5.6）。其前提就是通过悬浮培养获得足够数量的细胞。常见的固定化细胞培养系统有以下两大类：①平床培养系统。本系统由培养床、贮液罐和蠕动泵等构成，设备较简单，比悬浮培养体系能更有效地合成次生代谢产物。但它占地面积较大，生产效率较低。②立柱培养系统。将植物细胞与琼脂或褐藻酸钠混合，制成多个1～2cm³的细胞团块，放置于无菌立柱中（图3-5）。这样，贮液罐中下滴的营养液流经大部分细胞，次生代谢产物的合成大为增强，同时减小占地面积。

植物代谢工程研究进展

3.2 动物细胞工程

动物细胞工程是细胞工程的一个重要分支，它主要从细胞生物学和分子生物学的层次，根据人类的需要，一方面深入探索、改造生物遗传种性，另一方面应用工程技术的手段，大量培养细胞、组织或动物本身，以期收获细胞或其代谢产物及可供利用的动物。可见，动物细胞工程不仅具有重要的理论意义，它的应用前景也十分广阔。

3.2.1 细胞、组织培养

经常有人将细胞培养与组织培养混淆，其实它们是有区别的。细胞培养指的是离体细胞在无菌培养条件下的分裂、生长，在整个培养过程中细胞不出现分化，不再形成组织。而组织培养意味着取自动物体的某类组织，在体外培养时细胞一直保持原本已分化的特性，该组织的结构和功能未发生明显变化。

3.2.1.1　细胞培养法

培养动物细胞一般可按以下步骤进行（无菌条件下）：①取出目的细胞所在组织，以培养液漂洗干净；②以锋利无菌刀割舍多余部分，切成小组织块；③将小组织块置于解离液（含蛋白酶类）中以离散细胞；④低速离心洗涤细胞后，将目的细胞吸移至培养瓶培养。

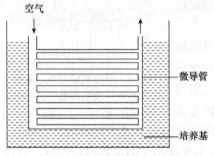

图 3-6　微导管培养系统示意图

由于绝大多数哺乳动物细胞趋向于贴壁生长，细胞长满瓶壁后生长速度显著减慢，乃至不生长，哺乳动物细胞的大量培养需提供较大的支持面。以下三种方法是专为大量培养哺乳动物细胞设计的。

（1）微导管培养法　将由硝酸纤维素或醋酸纤维素构成的外径不超过 1mm 的微导管平铺多层构成培养系统的核心装置。整套微管床浸没于培养基中。动物细胞贴附生长于微管床表面。管内的无菌空气经扩散可进入营养液中（图 3-6）。

（2）微载体培养法　用葡萄糖聚合物等制成与培养基密度基本相等的直径从几十微米到几百微米的小珠——微载体。将这些微载体与培养基混合均匀，通入无菌空气，动物细胞则贴附在微载体表面旺盛地生长。

（3）微胶囊培养法　本方法与前述植物人工种子类似。将一定量的动物细胞与褐藻酸钠混合后，滴到 $CaCl_2$ 溶液中，发生离子交换而逐渐硬化成半透性微胶囊。细胞在微胶囊内生长。

3.2.1.2　组织培养法

组织培养法与细胞培养法类似，主要区别在于省略了蛋白酶对组织的离析作用。其基本方法如下：①无菌操作取出目的组织，以培养液漂洗；②以锋利无菌刀割舍多余部分，将该组织分切成 $1\sim2mm^3$ 小块，移入培养瓶；③加入合适的培养基于 37℃静置培养。

3.2.1.3　培养物的传代

悬浮培养的细胞只需定期将其部分吸移到新鲜培养基中即可，比较方便。组织培养物的传代往往会遇到细胞贴壁生长的麻烦。在这种情况下可用物理法（培养液冲洗，刮刀刮取）或酶解法（0.25% 胰酶解析）剥离培养组织，视组织块大小进行适当切割后再漂洗、移置于新培养瓶中。

3.2.1.4　无血清培养

细胞无血清培养现状概述

上述细胞和组织的体外培养一般都需添加一定量的血清，不仅价格昂贵、容易混进污染物（包括病毒和病菌），而且其成分不能完全确定，不同批次的血清之间难以保证实验结果的可重复性。因此无血清培养日益受到重视，并已取得了较大的进展。

无血清培养基由于必须包括血清中的主要有效成分，其组成相当复杂，一般包括三大部分：①基础培养基，大多以 DME（Dulbecco's modified Eagle）培养基与 Ham F_{12} 培养基等量混合为基础培养基；②基质因子，包括纤粘素、血清铺展因子、胎球蛋白、胶原和多聚赖氨酸等；③生长因子、激素和维生素等约 30 种有机和无机微量物质，其中包括哺乳动物的绝大多数内分泌激素。

培养基配制过程烦琐是无血清培养的最大缺点。

3.2.1.5 培养物的长期保存

培养物的长期保存方法基本上有两大类：经典传代法和冷冻保存法。Carrel 是经典传代法的创始人之一和杰出代表，他在极简陋的条件下每隔几天把鸡胚心肌细胞传代一次。在令人难以置信的长达 34 年的时间里成功地无菌传代 3400 余次。经典传代法使培养物始终处于活跃生长状态，但手续较为烦琐，维持费用较高。冷冻保存法具有操作简便、保存期长的特点。现以其中的液氮保存法为例简介如下：①将成熟培养物（细胞）与 5%～10% 的甘油或二甲亚砜混匀，封装于若干个安瓿瓶中；②缓慢降温（1～3℃/min）至 −30℃；③继续降温（15～30℃/min）至 −150℃；④转移至液氮冻存，可无限期保存。

若安瓿瓶置于 −70℃冷存，保活期通常只有几个月。在 −90℃ 条件下，培养物可保存半年以上。

3.2.1.6 细胞、组织培养污染的防治

在进行细胞与组织培养的各个环节，都应如前所述十分重视灭菌与无菌操作。对一般性细菌污染可试用氨苄西林（终浓度 200μg/mL）或链霉素（终浓度 200μg/mL）除菌。若霉菌蔓延，除小心地铲除菌落（丝）外，还应在培养基中加制霉菌素达 100U/mL 以抑杀散落的孢子、菌丝。支原体的感染令人棘手，即使以 100μg/mL 的卡那霉素处理后也只能抑制其繁衍而未能根除。一般性的病毒侵染在正常情况下不大影响细胞的生理功能和实验结果。

3.2.2 动物细胞融合

细胞融合是研究细胞间遗传信息转移、基因在染色体上的定位，以及创造新细胞株的有效途径。有以下 3 条动物细胞融合的途径。

3.2.2.1 病毒诱导融合

自从 1958 年冈田善雄偶然发现已灭活的仙台病毒（HVJ，一种副黏液病毒）可诱发艾氏腹水瘤细胞相互融合形成多核体细胞以来，科学家已证实，其他的副黏液病毒和疱疹病毒也能诱导细胞融合。仙台病毒诱导细胞融合的方法如下。

双亲本细胞 ⟶ 分别制成细胞悬液 ⟶ 混合离心 （弃上清）⟶ 双亲细胞沉淀 （灭活仙台病毒悬液 ↓）⟶ 混匀

冰浴 20min
间歇摇动 ⟶ 细胞凝集 水浴 37℃，30min
间歇摇动 ⟶ 细胞融合 ⟶ 选择培养基培养

如果双亲本细胞都呈单层贴壁生长，则将它们混合培养后直接加入灭活的仙台病毒诱导融合即可。

该方法虽然较早建立，但由于病毒的致病性与寄生性，制备比较困难，同时该方法诱导产生的细胞融合率还比较低，重复性不够高，近年来已不多用。

3.2.2.2 化学诱导融合

1974 年，高国楠用聚乙二醇（PEG）成功诱导植物细胞原生质体融合。次年，Pontecorvo 即用该方法成功融合动物细胞。40 多年过去了，PEG 诱导融合一直为动植物细胞融合的主

要手段。对动物细胞而言，由于它们不具刚硬的细胞壁，它们的融合更加简便。关键在于亲本双方要有较明显可识别的筛选标志［基因和（或）性状］。

动物细胞的 PEG 融合方法与植物细胞融合（见 3.1.2.2）类似。但由于动物细胞质的 pH 多为中性至弱碱性，PEG 溶液的 pH 应调至 7.4～8.0 为宜，以相对分子质量为 1000～2000 的 PEG 为宜，浓度 30%～40% 即可。

3.2.2.3　电击诱导融合

方法参见植物原生质体的电击融合（见 3.1.2.2）。

在科学高度发达的今天，细胞融合已经比较容易做到，但这种融合的结果如何，一要经筛选，二要经检测才能清楚。与植物杂合细胞筛选的模式类似，动物杂合细胞筛选也可采用抗药互补性筛选和营养缺陷性筛选方法。此外，也有人采用温度敏感突变等特征进行筛选。总之，细胞株具备越多可识别的突变性状，也就越容易做到以它为亲本进行细胞融合和筛选。

3.2.3　单克隆抗体与杂交瘤技术

哺乳动物体内主要有两类淋巴细胞：T 淋巴细胞和 B 淋巴细胞。前者能分泌淋巴因子（如干扰素），发挥细胞免疫的功能；后者能分泌抗体，具有体液免疫的作用。由于外环境纷繁复杂，千差万别的抗原诱使 B 淋巴细胞群产生的抗体高达数百万种。抗原物质诱导 B 淋巴细胞产生抗体的部位称为抗原决定簇，一个抗原可以有多个抗原决定簇。但一个 B 淋巴细胞只能针对一个抗原决定簇生成抗体。这样多个 B 淋巴细胞都可以针对同一个抗原的不同抗原决定簇产生相应的抗体，这些抗体合在一起就称为多克隆抗体，而一个 B 淋巴细胞生成的抗体就是单克隆抗体。因为一种单克隆抗体只针对一个抗原决定簇，所以它具有很高的灵敏度和特异性，在分子诊断、疾病治疗等方面都具有重要意义。要得到单克隆抗体，理论上似乎很简单，只要从血液中把这种抗体分离出来就行了。然而，从血液中分离单克隆抗体，会面临三个障碍：一是单克隆抗体的浓度太低；二是不同的抗体结构类似，常规的分离方法很难区分；三是 B 淋巴细胞在体外不分裂，无法通过细胞培养的方式扩增 B 淋巴细胞。

1975 年，Kohler 和 Milstein 开发出了杂交瘤技术，将骨髓瘤细胞与 B 淋巴细胞融合，终于获得了既能产生单一抗体又能在体外无限生长的杂合细胞，在生物医学领域做出了重大贡献，由此荣获了 1984 年诺贝尔生理学或医学奖。杂交瘤细胞产生单克隆抗体示意图如图 3-7 所示。

3.2.3.1　动物免疫

单克隆抗体的制备中，首先应该用抗原对动物进行免疫以产生浆细胞（能分泌抗体的 B 淋巴细胞）。首次免疫动物的方式一般第一针采用皮下免疫，将抗原物质与佐剂（弗氏完全佐剂）混合后注射入动物皮下，4 周以后进行第一次加强免疫，一般采用将抗原物质与不完全佐剂（弗氏不完全佐剂）混合后注射入动物皮下，此后每隔 3 周进行一次加强免疫。首次免疫和三次加强免疫结束后，在融合前三天再进行一次冲击免疫，以增加脾内浆细胞的数量，直接将不加佐剂的抗原通过动物腹腔或者尾静脉注射入体内。在免疫动物的过程中，完成首次免疫和加强免疫后，都要取出少量血清进行抗体效价的检测，达到足够高的效价后再进行最后的冲击免疫。抗体效价的检测通常采用酶联免疫吸附试验（见 8.2.1.1）的方法进行。

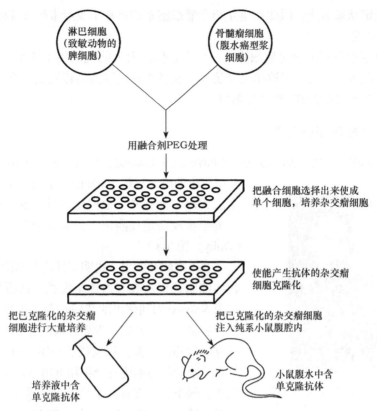

图 3-7　杂交瘤细胞产生单克隆抗体示意图（引自宋思扬，2011）

3.2.3.2　杂交瘤细胞的制备和选择

骨髓瘤细胞是 B 淋巴细胞癌变形成的，常见的骨髓瘤细胞系包括 Sp2/0、NS1、NSO、X63Ag8 等，这些细胞在体外可大量增殖，但本身不能产生抗体。杂交瘤细胞指的是将骨髓瘤细胞与上述免疫动物后产生的 B 淋巴细胞融合，形成既能在体外无限增殖又能分泌抗体的杂种细胞。具体方法是，在免疫动物结束后，处死小鼠取脾，分离得到 B 淋巴细胞，将鼠骨髓瘤细胞和 B 淋巴细胞以聚乙二醇（PEG）法或电击法诱导细胞融合。产生的融合细胞使用一定的筛选方法，彻底清除未融合的细胞，最终得到的细胞就是杂交瘤细胞。随后杂交瘤细胞可用 RPMI-1640 培养基及血清继续培养增殖。

3.2.3.3　单克隆杂交瘤细胞的筛选

从脾分离得到的 B 淋巴细胞包括两种：一是未产生抗体的 B 淋巴细胞，二是产生抗体的 B 淋巴细胞。这就相应地形成了两种杂交瘤细胞。抗体的产生与否可通过酶联免疫吸附试验（ELISA）的方法进行检测。能产生抗体的杂交瘤细胞产生抗体的能力还存在差异，有的只能产生效价低的抗体，而有的则产生效价较高的抗体，杂交瘤技术的关键就是将效价高的单克隆杂交瘤细胞筛选出来。筛选的方法可采用稀释法，就是将杂交瘤细胞逐级稀释成单个细胞，在一个培养孔中只有一个细胞，这个细胞分裂增殖形成的群体称为单克隆杂交瘤细胞。在此过程中，培养基需要添加白介素-6（IL-6）以促进杂交瘤细胞克隆的形成。如果这个杂交瘤克隆可产生高效价的抗体，就可以进一步扩大培养。值得注意的是，杂交瘤细胞是准四倍体细胞，遗传性质不稳定，随着每次细胞的有丝分裂，都可能丢失个别或部分染色体，直到细胞呈现稳定状态为止。因此在建立杂交瘤细胞系的过程中要经常检查抗体的效价，存优汰劣。

我国单克隆抗
体药物产业化
进展浅谈

获得较稳定的单克隆杂交瘤细胞后，可将它们注射入哺乳动物（如小鼠）腹腔，然后从腹水中分离、提取单克隆抗体；或者将它们移到培养瓶或生物反应器中培养，再从培养液中回收产生的抗体。

3.2.4 哺乳动物体细胞克隆

1997 年，苏格兰 PPL（Pharmaceutical Protein Ltd Limited）生物技术公司和英国爱丁堡罗斯林研究所的维尔穆特（Wilmut）博士等在世界著名权威杂志 *Nature* 上宣布，他们用一只 6 岁母羊的乳腺细胞的细胞核成功地克隆出一只雌性绵羊，并命名为多莉（Dolly，图 3-8）。

图 3-8　第一只体细胞克隆羊多莉
（1996 年 7 月出生，2003 年 2 月死亡，
http://www.people.com.cn/GB/
paper68/403/38790.html）

多莉的顺利诞生，说明了即使是高度分化的哺乳动物体细胞核仍然具有遗传全能性。此项技术因而荣登美国 *Science* 周刊评出的"1997 年十大科学发现"的榜首。从多莉诞生开始，世界各国掀起了一股使用体细胞核克隆动物的热潮。仅仅过了一年，1998 年，新西兰、日本、法国的体细胞克隆牛相继出生。同年，几位科学家在美国檀香山宣布，他们用卵泡细胞的细胞核克隆的小鼠已被再次克隆。"祖孙"三代 22 只克隆鼠组成的大家庭具有完全一致的遗传基础。从此以后，骡子、马、狗、猪、猫等克隆动物又相继问世。

中国科学家在动物体细胞克隆领域同样取得了骄人的业绩。2000 年，西北农林科技大学成功获得成年体细胞克隆山羊，标志着我国在体细胞克隆动物领域迈出了重要的一步。随后用体细胞克隆牛、水牛、黄羊、猪等也相继成功。值得一提的是，中国科学院动物研究所生殖生物学国家重点实验室研究员、国家"家畜体细胞无性繁殖研究"项目首席科学家陈大元还曾经主持过国宝大熊猫的克隆。因大熊猫的卵细胞难以获取，陈大元尝试采用异种卵细胞质核移植的方法，如将大熊猫的体细胞核移植入家兔卵细胞质中，虽然可发育至囊胚阶段，但后续的发育一直未能成功。细胞核外遗传信息的差异可能是造成异种细胞质克隆大熊猫失败的原因，虽然可用大熊猫的体细胞核替换家兔卵细胞核，但细胞质中的遗传信息，如线粒体 DNA 是无法替代的。

猴子是与人类最相近的灵长类动物。自多莉诞生以来，虽然各国都已克隆了多种动物，但猴子的体细胞克隆一直没有成功。2017 年 11 月，中国科学院神经科学研究所成功克隆出了两只体细胞克隆猴，取名为"中中"和"华华"（图 3-9）。国际权威学术期刊 *Cell* 于 2018年 1 月 25 日以封面文章形式在线发布该成果。克隆猴的成功，不仅仅是克隆技术的重大突破，还将为人的脑疾病、免疫缺陷、肿瘤、代谢等疾病的机理研究、干预、诊治提供有效的动物模型。

2019 年 1 月，中国科学院神经科学研究所又宣布成功克隆了经过基因组编辑的体细胞克隆猴。该技术首先使用基因组编辑技术敲除了控制生物节律的核心基因 *BMAL1*，获得了

BMAL1 缺失的猕猴。在此基础上，使用与"中中"和"华华"同样的克隆技术，成功地克隆了 5 只生物节律紊乱的体细胞克隆猴。这一成果标志着我国在创建疾病动物模式方面已经迈出了重要的一步（图 3-10）。

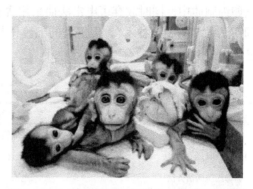

图 3-9　体细胞克隆猴"中中"和"华华"
（2017 年 11 月，新华社网，http://www.xinhuanet.
com/politics/2018-01/25/c_129798386.htm）

图 3-10　5 只 *BMAL1* 基因缺失的体细胞克隆猴
（中国科学院神经科学研究所供图，http://news.
sciencenet.cn/htmlnews/2019/1/422408.shtm）　（彩图）

3.2.4.1　多莉的克隆技术

　　克隆羊多莉没有父亲，却有三个母亲。首先从第一个母亲——6 岁的芬兰陶赛特白面绵羊的乳腺中提取乳腺细胞，然后再从第二个母亲——苏格兰黑面绵羊中提取卵母细胞并去核，用电击融合法促进乳腺细胞与去核卵母细胞融合，而后再用电击法激活融合细胞的分裂，在体外诱导此移植核卵细胞进行分裂，发育至 12～16 个细胞的桑椹期时，再移入第三个母亲—— 一头处于假孕状态的苏格兰黑面绵羊子宫内，完成剩余的发育过程，148 天经自然分娩产下多莉（图 3-11）。

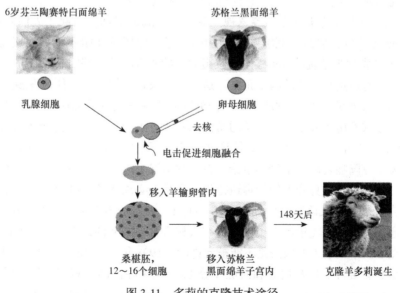

图 3-11　多莉的克隆技术途径　（彩图）

　　这个过程看似简单，其实仅将乳腺细胞的细胞核植入已去核绵羊卵细胞就重复了 277 次；在体外培养这宝贵的异核卵时，仅有 1/10（29 个）具有活力，能生长至胚胎发育的桑椹期或囊胚期。把这 29 个早期绵羊胚胎分别植入 13 只代孕苏格兰黑面母羊子宫中，最终仅产下一羔——多莉，成功率只有 0.36%。如此低的成功率，既说明了实验的艰难，更反映出技术上的不成熟。后来由日、美、英、意 4 国科学家组成的小组采用显微注射法，将体细胞核注入去核卵细胞质中，同时放弃了电击法而采用含有锶离子的化学试剂刺激法激活卵细胞的分裂，即所谓的"檀香山技术"，促进目的细胞核与卵细胞质的融合，将克隆成功率提高到 2.35% 左右（表 3-3）。

表 3-3　克隆羊多莉技术与檀香山技术对比

指标	克隆羊多莉	檀香山技术
供核体细胞	乳腺细胞	卵丘细胞
核植入卵母细胞方法	电融合	注射
卵母细胞激活方法	电击	化学方法，锶离子处理
成功率 /%	0.36	2.35

3.2.4.2　克隆羊多莉的意义与争议

克隆羊多莉的成功首先是理论上的突破。在克隆羊多莉诞生之前，哺乳动物的体细胞克隆一直未取得突破。对此结果的推测是，与两栖类动物不同，高度分化的哺乳动物体细胞核中，与胚胎发育有关的基因永久性失活，使得哺乳动物体细胞核不再具有全能性。但克隆羊多莉的诞生否定了这一说法，更新了我们对动物体细胞克隆的认识，为后来细胞重新编程及诱导多功能干细胞技术的推出奠定了基础。其次在生产实践上，遗传素质完全一致的克隆动物能为动物（人）生长、发育、衰老和健康等机理的研究提供大量模型；还有利于大量培养品质优良的家畜及转基因的哺乳动物，能为人类提供源源不断的廉价的药品、保健品甚至是能被人体接受的移植器官等。因此，它具有非常重要的意义。

但克隆羊多莉引起的争议也不容忽视。克隆羊多莉的成功，引起了人们对克隆人的担忧。尽管目前已经初步掌握了克隆哺乳动物的技术，但毕竟还很不成熟，成功率还太低。2002 年，美国麻省理工学院的 Yenes 同夏威夷大学的柳町隆藏用基因芯片研究了克隆鼠的上万个基因，发现有高达数百个基因不正常。这个发现较好地解释了为什么许多克隆动物在出生前和出生时会非正常死亡。2003 年 2 月，英国爱丁堡罗斯林研究所证实，多莉羊由于患进行性肺炎已经被实施了安乐死。绵羊通常能活到 11～12 岁，肺炎是老年绵羊常患的疾病。多莉 1996 年 7 月 5 日出生（1997 年 2 月论文发表），死亡时未足 7 岁。它的死亡进一步引发了科学家关于克隆哺乳动物早衰的争论。在这种情况下进行人类的克隆不仅不科学，而且是不道德的。此外，有关克隆人的伦理道德规范也是个必须严肃探讨的问题。鉴于担心极少数科学家擅自开展克隆人研究，1997 年 11 月 11 日，联合国教育、科学及文化组织第 29 届大会在巴黎通过一项题为《世界人类基因组与人权宣言》的文件，该文件明确指出，违背人的尊严，用克隆技术繁殖人的做法是不能被允许的。1998 年 1 月 12 日，法国、丹麦、瑞典、意大利、挪威、葡萄牙、罗马尼亚和西班牙等 19 个国家在法国巴黎签署了一项严格禁止克隆人的协议（*European Protocol on Banning Human Cloning*）。这是国际上第一个禁止克隆人的法律文件。这项协议规定，禁止各签约国的研究机构或个人使用任何技术创造与某一活人或死人基因相似的人，否则予以重罚。我国及美国、英国、德国、日本等国家政府也已明确表示反对克隆人。中国卫生部（现国家卫生健康委员会）前部长陈敏章宣布，中国对克隆人研究"不赞成、不参与、不资助，也不接受外来科学家从事这方面研究"。总之，科学发展是一把双刃剑，我们必须对有害于人类社会的研究进行严格管理和限制。

重大突破——
我国克隆猴
诞生

3.2.5 细胞重新编程与诱导多功能干细胞

1892 年，德国生物学家魏斯曼在他的《种质：遗传学原理》一书中断言，遗传信息只能从生殖细胞向体细胞进行传递，而不能逆向从体细胞向生殖细胞进行传递，体细胞分化一旦发生，将不能回到其未分化状态，这个论断称为"魏斯曼障碍"。但后来的研究表明，高度分化的体细胞也具有一定的可塑性，可沿着当初分化的途径重新回到分化前的状态，最终转化为多功能干细胞。克隆羊多莉的诞生就是一个例证。

3.2.5.1 细胞重新编程

细胞重新编程的理论基础就是细胞核的全能性，即细胞核具有指导细胞发育成完整个体的全套基因。克隆羊多莉的诞生意味着高度分化的细胞核可以重新激活相关的发育基因，直至发育为一个完整个体。

细胞重新编程技术就是在体外利用"重新编程因子"将成熟体细胞的分化记忆去除，使已经关闭的、有关细胞分化的基因重新表达，诱导体细胞重新回到早期干细胞状态，在此基础上诱导形成各种类型的细胞，用于替换体内损坏的或者失去功能的细胞。细胞重新编程技术克服了干细胞研究的伦理问题，对于再生医学具有重要意义。

3.2.5.2 诱导多功能干细胞的发现

在早期从事胚胎干细胞的研究，特别是人类胚胎干细胞的研究时，必须要破坏胚胎，从中分离胚胎干细胞，由此带来了一系列伦理道德的争议，这一争议极大地限制了人胚胎干细胞的研究。为了解决获取人胚胎干细胞所遇到的伦理道德问题，日本学者山中伸弥通过基因重新编程，让人类的普通皮肤细胞重返干细胞的状态，这种干细胞叫作诱导多功能干细胞（induced pluripotent stem cell，iPSC），是一种可在体外诱导形成多种组织器官的细胞。他首先在小鼠胚胎细胞中筛选出了 24 个与胚胎干细胞的功能密切相关的基因，推测如果将这些基因都转入成熟小鼠的成纤维细胞中，成纤维细胞也将具有胚胎干细胞的特性。结果表明，将这 24 个基因通过慢病毒表达载体导入小鼠成纤维细胞后，原本在成纤维细胞中不表达，而只在胚胎干细胞特异表达的 *Fbx15* 基因被激活。这些 *Fbx15* 基因表达的细胞具有胚胎干细胞的特性，并能永久传代。为了进一步鉴定这 24 个基因中哪些基因激活了 *Fbx15*，他又采用将这些基因逐个去除的方法，最终筛选出了 4 个基因，即 *Oct4*、*Sox2*、*c-Myc* 和 *Klf4*。这 4 个基因每一个都能单独激活 *Fbx15*，如果同时将这 4 个基因转入细胞，激活效果更强。但是，这种 iPSC 虽然在体外具有胚胎干细胞的特性，但当移植到小鼠胚胎时，并不能融入胚胎形成嵌合体，不具有生物学意义。于是，山中伸弥及其他学者又对这一技术加以改进，开发出了第二代能够融入胚胎形成嵌合体的 iPSC。他们发现，如果使用同样在胚胎干细胞中发挥重要作用的 *Nanog* 基因替代 *Fbx15* 作为筛选标志，筛选出的 iPSC 能够融入胚胎形成嵌合小鼠。在此基础上，山中伸弥又使用同样的策略成功地将人的皮肤成纤维细胞诱导成为多功能干细胞（图 3-12）。这一结果使得人诱导多功能干细胞进入临床成为可能。目前，除了人成纤维细胞外，人角质细胞、外周血细胞、肾小管上皮细胞等都有被成功诱导为多功能干细胞的报道。

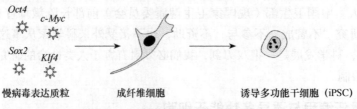

图 3-12　诱导多功能干细胞的制备

3.2.5.3　诱导多功能干细胞的改进及应用

诱导多功能干细胞的成功将极大地促进再生医学的发展。一方面可在体外获得大量诱导多功能干细胞，另一方面可以避免免疫排斥反应。如果胚胎干细胞来源于他人，即便诱导出了相应的组织细胞，也会因为患者体内的免疫系统而受到排斥。而如果诱导多功能干细胞来自于患者自身的细胞，就可以避免免疫排斥反应。

山中伸弥关于诱导多功能干细胞的第一篇论文发表于 2006 年，6 年后，鉴于他在这一领域内的突出贡献，山中伸弥与约翰·格登一起荣获了 2012 年诺贝尔生理学或医学奖，可见这一结果的重要性。但目前这一成果要广泛应用于临床，还有很多问题需要解决：一是成功获得诱导多功能干细胞的效率较低，按照山中伸弥的方法，成纤维细胞被诱导成为多功能干细胞的成功率只有 0.01%～0.1%。二是对基因变异的担忧，使用病毒表达载体将 *Oct4*、*Sox2*、*c-Myc* 和 *Klf4* 基因导入细胞，病毒序列会随机整合进入基因组，有可能造成基因突变。三是对诱发肿瘤的担忧，使用病毒载体很有可能激活癌基因，导致肿瘤发生，这是诱导多功能干细胞临床应用的最大障碍。导入的 4 个基因或多或少都与肿瘤的发生有关，特别是 *c-Myc* 本身就是一个癌基因，但如果去掉 *c-Myc* 基因，诱导多功能干细胞的成功率将显著下降。为了解决上述问题，科学家尝试使用小分子物质替代上述基因诱导多功能干细胞。例如，组蛋白脱乙酰化酶抑制剂丙戊酸可模拟 *c-Myc* 的作用，并能提高细胞重新编程的效率。我国学者也开发出了无须基因导入，使用 7 种小分子物质即可诱导出多功能干细胞的方法。还有人使用蛋白质也诱导出了多功能干细胞。虽然这项技术离实际应用还有很长一段路要走，但诱导多功能干细胞对于治疗诸如脊髓损伤、帕金森病等疾病具有重大意义。2018 年 8 月，日本政府批准了日本京都大学利用诱导多能干细胞治疗帕金森病的临床试验计划，这将是 iPSC 首次被用于治疗人类帕金森病。京都大学 iPSC 研究所提出，将以其所保存的健康捐赠者的 iPSC，诱导成约 500 万个可产生多巴胺的神经细胞，再将这些能分化成神经细胞的前体细胞移植到帕金森病患者脑部，以试验这种方法治疗帕金森病的有效性和安全性。2018 年 11 月，日本京都大学又利用 iPSC 培养出了可定向攻击癌细胞的"杀手 T 细胞"，拓展了癌症免疫疗法中 T 细胞的来源，这些成果无疑会强力推动现代生物医学的发展，更好地服务于人类。

诱导多功能干细胞治疗阿尔茨海默病的研究进展

3.2.6　免疫细胞工程——CAR-T 技术

CAR-T，全称是 chimeric antigen receptor T-cell immunotherapy，意思是嵌合抗原受体 -T 淋巴细胞免疫疗法，它的基本原理就是在体外对患者自身的免疫 T 淋巴细胞进行改造，使它能识别癌细胞并能清除癌细胞。

3.2.6.1　T 细胞的种类

T 淋巴细胞又称 T 细胞，之所以称为 T 细胞，是因为其主要来源于胸腺细胞（thymocyte）。

T 细胞执行细胞免疫的功能，按照功能和表面标志可以分为以下几种。

（1）细胞毒 T 细胞（cytotoxic T cell）　通过识别目标细胞表面的特殊抗原，对目标细胞进行杀灭，如被病毒感染的细胞及癌细胞等。此外，细胞毒 T 细胞还参与了器官移植后排异反应，它的主要表面标志是 CD8 糖蛋白。

（2）辅助 T 细胞（helper T cell）　一旦被激活，可分泌多种细胞因子，促进其他可产生直接免疫反应的细胞的增殖及分化，如激活细胞毒 T 细胞和巨噬细胞及帮助 B 细胞分化为浆细胞或记忆 B 细胞等。辅助 T 细胞的主要表面标志是 CD4 糖蛋白。

（3）调节 / 抑制 T 细胞（regulatory/suppressor T cell）　负责调节机体免疫反应。通常起着避免自体反应和关闭免疫反应防止过度免疫的重要作用。调节 / 抑制 T 细胞有很多种，目前研究最活跃的是 CD4$^+$/FOXP3$^+$或 CD4$^+$/FOXP3$^-$细胞。

（4）记忆 T 细胞（memory T cell）　在再次免疫应答中起重要作用。但暂时没有发现记忆 T 细胞存在非常特异的表面标志物。处于不同阶段的记忆 T 细胞，其表面标志物有很大不同。

CAR-T 技术就是要在细胞毒 T 细胞表面插入嵌合抗原受体（CAR），CAR 的形成就赋予了细胞毒 T 细胞识别肿瘤抗原的能力。当带有 CAR 受体的 T 细胞与特定肿瘤细胞结合后，CAR-T 细胞被激活，大量增殖，从而大量杀灭肿瘤细胞。

3.2.6.2　T 细胞的激活

在人体内，T 细胞本身并不能直接识别外界侵入的抗原，必须由其他细胞如树突状细胞捕获抗原后并在细胞内加工成抗原短肽，最后运送到树突状细胞细胞膜表面才能被 T 细胞识别。类似于树突状细胞这种功能的细胞称为抗原提呈细胞（antigen presenting cell，APC）。T 细胞需要同时激活两个信号通路，称为双信号系统（图 3-13），才能启动激活机制，获得增殖与分化的能力。首先，树突状细胞加工形成的抗原短肽在细胞内与主要组织相容性复合体（major histocompatibility complex，MHC）结合，然后被运送到树突状细胞表面，才能与 T 细胞表面的 T 细胞受体（TCR）结合，从而激活信号 1。而信号 2 是由树突状细胞表面的 B7 蛋白与 T 细胞表面的 CD28 受体结合产生一个共刺激信号（costimulatory signal）。这两条信号通路如果只激活其中的一条，T 细胞则不能对抗原发生反应。

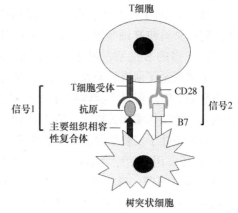

图 3-13　T 细胞激活的两个主要信号通路

3.2.6.3　CAR 的结构

CAR-T 技术就是将上述激活信号整合为一个，激活 T 细胞对癌细胞的毒杀作用。CAR 是一个跨膜蛋白，之所以称为嵌合抗原受体，是因为它的结构来源于不同蛋白质的组合。其胞外段包括：①一条信号肽，用于引导 CAR 进入内质网合成跨膜蛋白；②一个负责 TCR 与肿瘤相关抗原结合的区域，这个区域来源于单克隆抗体的一条重链和轻链可变区组成的单链（single-chain variable fragment，ScFv）。其跨膜区段来源于 CD28 受体的跨膜区段。其胞内段是整合了多个 T 细胞的激活信号的胞内段，除了 CD28 的胞内区段外，还包括

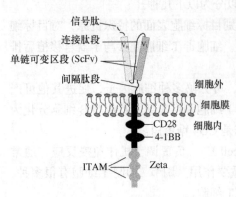

图 3-14　第三代 CAR 蛋白的结构

TCR 结合蛋白 Zeta 的胞内段，它含有三个免疫受体酪氨酸激活基序（immunoreceptor tyrosine-based activation motif，ITAM），一旦抗原与 CAR 结合后，ITAM 可迅速磷酸化，从而传递信号。近年来为了加强激活信号，CAR 蛋白又整合了 4-1BB 受体的胞内段，4-1BB 又称为 CD137，是肿瘤坏死因子受体超家族的重要成员，它介导的共刺激信号可增强 T 细胞的功能，提高 T 细胞对肿瘤细胞的监视和病毒感染的免疫防御作用。整合有上述组分的 CAR 蛋白就是目前在临床上广泛应用的第三代 CAR-T 治疗的分子基础（图 3-14）。

3.2.6.4　肿瘤特异性抗原

CAR-T 技术成功的前提是找到肿瘤特异性的抗原，但找到肿瘤特异性的抗原非常困难，即使找到，也不能保证所有肿瘤细胞都表达这个抗原（图 3-15）。这一障碍使得 CAR-T 疗法的发展受到了一定的制约。因此，大多数的 CAR-T 技术都以肿瘤相关性抗原作为靶点，但这往往会导致有"脱靶"的可能性，对正常细胞造成伤害。此外，肿瘤相关抗原必须避免选择分泌型抗原，这一限制也会增加 CAR-T 脱靶的可能性。

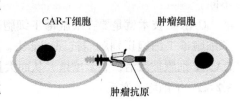

图 3-15　CAR-T 细胞与肿瘤抗原的识别

目前 CAR-T 技术在临床上最成功的应用是与 B 细胞病变有关的白血病治疗，包括急性 B 细胞白血病和 B 细胞淋巴瘤等。之所以成功，是因为无论是正常的 B 细胞，还是变成白血病或淋巴瘤的 B 细胞，都在细胞表面稳定地表达 CD19 抗原。针对 CD19 抗原的 CAR-T 技术，即使灭杀了所有正常及癌变的 B 细胞，也可以通过定期注射丙种免疫球蛋白来弥补正常 B 细胞的功能。但对于实体瘤的治疗，CAR-T 技术的应用进展缓慢，最重要的原因就是难以找到合适的实体瘤相关抗原，造成 CAR-T 技术治疗实体瘤的副作用大，治疗效果差。

目前还处于实验阶段的实体瘤相关抗原包括用于治疗肺部和前列腺癌的 ERRB2（HER-2/neu）抗原；用于治疗肾细胞癌的 CAIX 抗原；用于治疗肺癌和卵巢癌等的 Lewis Y 抗原等。为解决这一问题，目前正在开发同时针对肿瘤细胞两种抗原的 CAR-T 技术，同时针对两种抗原可有效降低 CAR-T 技术的脱靶效应。

3.2.6.5　治疗流程

一个典型的 CAR-T 治疗流程，主要分为以下 5 个步骤。

1）分离：从白血病患者身上分离 T 细胞。如果患者本身的 T 细胞发生病变，就只能从其他健康人体中提取 T 细胞。

2）修饰：用基因工程技术给 T 细胞加入一个能识别肿瘤细胞并且同时激活 T 细胞的嵌合抗体，即制备 CAR-T 细胞。

3）扩增：体外培养，大量扩增 CAR-T 细胞。一般一个患者需要几十亿，乃至上百亿个 CAR-T 细胞。

4）回输：把扩增好的 CAR-T 细胞回输到患者体内。

5）监控：严密监护患者，尤其是监控前几天身体的剧烈反应。因为 CAR-T 技术治疗的一个后遗症是会引发细胞因子释放综合征（cytokine release syndrome），其中白介素 -6（IL-6）是所释放的最主要的促炎性细胞因子。为应对这一副作用，在开始进行 CAR-T 技术治疗后，通常需要根据患者的症状注射 IL-6 的拮抗剂，如托珠单抗（Tocilizumab）或者司妥昔单抗（Siltuximab）以减缓副作用。

CAR-T 和免疫
细胞肿瘤治疗

整个疗程持续 3 周左右，其中细胞"提取—修饰—扩增"需要约 2 周，花费时间较长。

3.2.7 动物细胞制药工程

随着基因工程的兴起，在体外合成具有药用价值且源自生物体的重组蛋白质制品已成为生物制药领域内的主要手段。细菌曾作为合成重组蛋白质的主要宿主细胞，但在随后的生产中，人们认识到许多重组蛋白质在细菌中表达是没有活性的，这是因为某些重组蛋白质必须经过真核细胞所特有的翻译后修饰，如糖基化、折叠、酶切等过程才能发挥正常功能。

目前真核细胞表达系统主要包括三种，即酵母细胞、昆虫细胞及哺乳动物细胞表达系统。与酵母、昆虫细胞比，哺乳动物细胞表达重组蛋白质的优势在于可进行复杂的翻译后修饰，如二硫键的形成、高度均一的糖基化等，可有效提高药效，同时减少药物的副作用。这就使哺乳动物细胞成为一种重要的药物工程细胞，对临床诊断、治疗和预防有重要意义。

3.2.7.1 生产药物的主要动物工程细胞

目前已建立的可工业化生产药物的哺乳动物细胞系主要有：啮齿类动物细胞系，如中国仓鼠卵巢（CHO）细胞、仓鼠肾脏（BHK）细胞、小鼠骨髓瘤（NS0 或 SP2/0）细胞；人源细胞系，如人胚胎肾细胞 HEK293、人成纤维肉瘤细胞 HT-1080，以及目前正处于发展阶段的胎儿视网膜细胞 PER.C6、人羊水细胞 CAP 等。

（1）CHO 细胞　　是目前重组蛋白质生产领域最广泛使用的工程细胞。这主要是由于 CHO 细胞具有以下特点：①具有和人体细胞相似的翻译后修饰过程；②具有监管机构的认可；③过程较少的内源分泌性蛋白；④在无血清及限定培养基中可快速稳健地悬浮生长；⑤无病毒感染后所带来的安全性问题；⑥具有几十年来积累的知识和经验。

CHO 细胞系在 1957 年由美国学者 Theodore Puck 分离建立。1989 年，美国安进（Amgen）公司对其进行改进，首次被用来生产治疗贫血的红细胞生成素（Epogen）。从那以后，CHO 细胞就成为生物制药领域内的主力军，目前 60% 以上的生物药品是由这种细胞生产出来的。

（2）BHK 细胞　　常用来生产抗血友病的产品，如丹麦诺和诺德制药公司（Novo Nordisk）生产的诺其（NovoSeven），德国拜耳公司生产的凝血因子Ⅷ（Kogenate）等。

（3）NS0 或 SP2/0 细胞　　主要生产单抗类药物。例如，美国强生公司生产的目前在临床上被广泛应用的治疗类风湿关节炎的类克（Remicade），美国 Imclone 公司生产的治疗结直肠癌的爱必妥（Erbitux），美国医学免疫公司生产的预防小儿呼吸道病毒感染的帕利珠单抗（Synagis），英国葛兰素史克公司与美国人类基因组科学公司联合开发的治疗红斑狼疮的贝利木单抗（Benlysta）等都是由这两种细胞生产出来的。

（4）HT-1080 细胞　　它是一种肿瘤细胞，目前主要用于生产酶制品。例如，英国 Shire 生物制药公司生产的用于治疗黏多糖贮积症的艾杜硫酶（Elaprase）；用于治疗脂肪在体内逐渐积聚（法布里病）的药物 Replagal；用于治疗 I 型代谢病的 Vpriv 等。

（5）HEK293 细胞　　目前主要用于生产治疗血友病和糖尿病的药物。例如，美国百健艾迪公司开发的重组抗血友病因子（Eloctate、Alprolix）；瑞士 Octapharma 开发的抗血友病因子（Nuwiq）；美国礼来公司开发的降血糖药度拉鲁肽（Trulicity）等。

3.2.7.2　工程细胞的改进

利用动物细胞进行规模化生产重组蛋白质药物必须要解决的一个问题是，如何长期维持细胞的活力。细胞的活力包含两方面的含义，一是工程细胞的永生化，二是能持续高产重组蛋白质药物。因此就必须在基因水平上对细胞进行改进。

（1）工程细胞的永生化改进　　正常细胞都有一定的分裂次数，随着细胞分裂次数的增加，细胞会逐渐衰老直至死亡，如人体胎儿成纤维细胞最大的分裂次数为 50 次，这就是著名的海弗利克极限（Hayflick limit）。但在培养过程中，虽然大部分细胞会有分裂次数的限制，但仍有极少部分的细胞会发生染色体突变，形成非整倍性细胞，使细胞获得了永久分裂的能力，将这种发生突变细胞挑选出来进行培养，就形成了永生化的细胞系。CHO 永生化细胞就是通过这种方式建立的。CHO 细胞是从中国仓鼠卵巢组织中分离的成纤维细胞，它在体外的分裂次数达 78 次后仍然保持着分裂能力，并且染色体的数量和结构均保持正常（$2n=22$）。但此后的培养，CHO 细胞开始出现非整倍性的染色体变异（$2n-1$ 或 $2n+1$）。例如，目前在生物制药领域常用的 CHO-K1 细胞就呈现了染色体数目的多样性，大多数细胞为 21 条染色体，其中 8 条结构正常，而另外 13 条在结构上都有缺失、易位、重排等突变。还有少部分细胞分别具有 19 条、20 条、22 条、24 条、44 条染色体，说明了 CHO 细胞染色体变异的多样性。

细胞的永生化除了上述自发变异形成外，也可以通过转入癌基因形成转化细胞，使细胞具有永久分裂的能力。例如，HEK293、人羊水细胞 CAP 及胎儿视网膜细胞 PER.C6 就是通过转入腺病毒癌基因形成的转化的永生化细胞系。

（2）目的基因的定点插入　　重组蛋白质的基因转入工程细胞后，细胞开始表达重组蛋白质。但不同的细胞表达能力有很大的差别，即使是可高量表达的细胞在长期培养的过程中，也会出现表达能力逐渐降低的问题。其主要原因是重组蛋白质的基因整合入细胞基因组的位置不同，在长期的培养过程中，随着染色体的重排，插入位点的甲基化等因素造成目的基因的丢失或静默，使得重组蛋白质的表达量逐渐降低，直至停止。为解决这一问题，就需要将目的基因进行定点插入，避开那些不利于目的基因表达的位点。

另外，重组蛋白质的表达量除了与基因组插入位点有关外，还与插入基因的拷贝数有关。多拷贝的插入可以提高重组蛋白质的表达量，因此可以通过一定的方法诱导及筛选多拷贝插入的细胞系。

（3）抗细胞凋亡的改进　　工程细胞在进行大规模培养时，培养基中营养物质的消耗、细胞产生的有害物质的积累及细胞渗透压的变化等因素很容易诱发细胞凋亡。为解决这一问题，除了对细胞的培养环境进行严格控制外，还可以通过表达抑制细胞凋亡的基因，如 *Bcl-2*、*Bcl-xl*、*Mcl-1*、*EIB-19k*、*30Kc6*、*telomerase* 等，或者抑制促细胞凋亡的基因，如 *Bax*、*caspase* 等的表达，以减少细胞凋亡的发生。

（4）细胞周期的阻滞　　细胞周期包括间期和分裂期。重组蛋白质主要在间期的 G_1 期进行表达。延长 G_1 期可提高重组蛋白质的表达量。通常的做法是在工程细胞中表达 *p21* 或 *p27* 基因，可抑制细胞周期依赖性激酶的活性，从而将细胞周期阻滞在 G_1 期。

（5）分子伴侣（chaperone）的表达　　重组蛋白质大多为分泌型蛋白质，在细胞内合成时需要经过折叠、糖基化、膜泡运输等翻译后修饰过程。分子伴侣是细胞中的一大类蛋白质，在重组蛋白质的折叠过程中扮演着重要作用，它能够识别并帮助新合成的多肽链正确折叠、转运。通过表达 ERp57、calnexin/calreticulin、PDI 等分子伴侣可有效提高重组蛋白质的产量。

（6）蛋白质分泌过程的改进　　重组蛋白质在胞内依赖于膜泡运输，因而对与膜泡识别、融合有关的蛋白质，如 Sec1、Munc18、SNAP-23、VAMP8、sly1 等进行增强表达，也可有效地提高重组蛋白质的产量。

（7）工程细胞代谢产物的改进　　工程细胞在培养过程中产生的氨和乳酸对细胞的生长和重组蛋白质的生产都会产生副作用，这两种产物主要是培养基中谷氨酰胺和葡萄糖的代谢产物。为了减少氨的产生量，可以使用谷氨酸代替谷氨酰胺，以及增强谷氨酰胺合成酶的表达，以降低氨的产生。对于乳酸的产生，可通过表达丙酮酸羧化酶，或者抑制乳酸脱氢酶或丙酮酸脱氢酶激酶的活性来减少乳酸的产生量。

（8）重组蛋白质糖基化的改进　　糖基化影响重组蛋白质的可溶性、稳定性、生物活性及在血液中的半衰期。由于工程细胞特别是来源于啮齿类动物细胞的重组蛋白质的糖基化可能与人源细胞存在差异，因而就必须对啮齿类动物细胞产生的重组蛋白质的糖基化进行改进。

唾液酸又称 N-乙酰神经氨糖酸，常位于糖链的末端，对糖蛋白起到稳定、保护的作用。在肝脏组织中，末端没有唾液酸的糖蛋白会被肝细胞表面的脱唾液酸糖蛋白受体识别，引发糖蛋白的降解。因而为了维持重组糖蛋白的稳定性，就需要在糖链末端增加唾液酸。因此，可增加与唾液酸连接有关的糖基转移酶的表达量，如 GnT-Ⅳ、GNT-V、ST3Gal-Ⅳ、ST6Gal-Ⅰ 等。

3.2.7.3　工程细胞的大规模培养

（1）无血清培养　　对筛选出的工程细胞进行大规模的工业化培养时，培养基、培养条件等都需要严格控制。目前用于工程细胞大规模培养的反应罐最大已经可以达到 20 000L。但与实验室培养细胞不同，工程细胞的工业化培养采用无血清培养方式，培养基中只含有具有针对性的组分，包括多种生长因子和激素、微量元素等，而去除了血清中未确定的蛋白质、糖类、脂类及其他小分子物质。使用无血清培养可避免血清批次间的质量变动，提高细胞培养的可重复性；可以避免血清中可能含有的病毒、支原体等对细胞造成的毒性作用；可以降低细胞培养的成本。此外，最重要的是，重组蛋白质主要是以分泌蛋白的形式分泌在培养液中，无血清培养更有利于重组蛋白质的分离。

在培养过程中，根据工程细胞所处的阶段，使用的培养基也不相同。例如，细胞的增殖阶段不产生重组蛋白质，所使用的培养基主要以促进细胞增殖的增殖培养基为主；当细胞达到一定数量，就要控制细胞的分裂，所使用的培养基主要以促进细胞产生重组蛋白质的生产培养基为主。因此，就需要在基本培养基中添加相应的成分以满足细胞的需要。同时在此过程中需要对细胞的数量、代谢产物的积累等进行即时的监控。

（2）悬浮培养　　与实验室培养细胞不同，工业化生产药物的细胞都采用悬浮培养的模式。悬浮细胞可以在反应器中自由生长，且培养环境均一、取样操作简单，成本也较低；目前常用的工程细胞，除小鼠骨髓瘤细胞（NS0 或 SP2/0）本来就是悬浮性细胞外，CHO、BHK、HEK293、HT-1080、PER.C6 等细胞都来源于贴壁性细胞，经过多年的努力，上述细胞都已开发出了悬浮培养技术。此外，对于某些需要贴壁才能更好地产生重组蛋白质的细胞，也开发出了微载体悬浮培养工艺，使工程细胞贴附于载体的表面或内部，在反应器中悬浮培养。例如，促卵泡素和某些抗病毒疫苗就是将 CHO 细胞附着在微载体上生产出来的。

（3）流加培养及灌注培养　　流加培养（fed-batch），又称为补料分批培养，是当前重组蛋白质生产的主流培养模式。流加操作主要是根据细胞对营养物质的不断消耗和需求，连续或半连续地流加浓缩营养物，但整个培养过程中没有培养基流出，使细胞持续高密度的生长，从而达到高效生产的目的。添加的浓缩营养物包括氨基酸、维生素及微量元素。

流加培养工艺的关键技术主要包括细胞代谢的调控、培养基的优化设计、流加策略的选择及优化。流加培养工艺操作相对简便，可重复性强，减少了污染的机会，有利于产品批次间的稳定性和过程成本的控制。但流加培养模式最大的缺点是产能受限于发酵罐的尺寸，为了提高产能只有建造更大的发酵罐。

灌注培养是把细胞和培养基一起加入反应器后，在细胞增长和产物形成过程中，不断地将部分培养基取出，同时又连续不断地灌注新的培养基。在灌注培养中，细胞保留在反应器系统中，收获培养液的同时不断地加入新鲜的培养液。

灌注培养的主要优点是使用更小的设备表达更多的产物和有效改善产品质量，同时补料营养成分连续加入，有害代谢产物得以及时去除，细胞在生长过程中能够长时间维持高密度培养和高存活率，表达产物具备高度一致性。当反应体系内表达的是易降解或者半衰期很短的产品时，灌注的优势尤为明显。其缺点是产物稀释与收获液体积大。

动物细胞工程制药的研究进展

3.3 基因组编辑技术

基因组编辑是指在基因组水平上对目标基因进行特异性的"编辑"，实现对特定 DNA 片段的敲除、插入、修饰或者替换等，从而引起目标基因表达的变化，是目前研究基因功能的有效手段。其分子机制是利用分子剪刀，即位点特异性的核酸酶对基因组 DNA 进行剪切，造成在特定位点上的双链断裂。然后利用细胞自身拥有的对 DNA 双链断裂的修复机制，如非同源性末端连接及同源介导的双链 DNA 修复，在修复 DNA 断裂的同时，引入 DNA 突变。

为了获得定点酶切的核酸酶，通过生物技术手段，目前已开发出了三种可定点酶切的核酸酶，称为靶向核酸酶。其包括锌指核酸酶技术（zinc finger nuclease，ZFN）、转录激活因子样效应物核酸酶技术（transcription activator-like effector nuclease，TALEN）和成簇的规律间隔的短回文重复（clustered regularly interspaced short palindromic repeat，CRISPR）序列及其相关蛋白（CRISPR associated protein，Cas）系统，即 CRISPR/Cas 系统。ZFN 和 TALEN 是用氨基酸来识别 DNA 序列，操作步骤复杂，而 CRISPR/Cas 系统是 RNA 序列通过碱基互补配对原则来识别靶 DNA 序列，与 ZFN 和 TALEN 技术相比，具有成本低、制作简便、快捷高效的优点，因而在短期内迅速风靡于世界各地的实验室，成为基因组编辑的首要工具。

基因组靶向修饰技术研究进展

3.3.1 CRISPR/Cas 系统的研究历史

1987 年，日本学者石野良纯在从大肠杆菌中克隆碱性磷酸酶同工酶的基因时，在该基因

3′ 端的非编码区发现了 5 个连续且高度同源的重复序列（repeat）。每个重复序列由 29 个碱基组成，具有回文结构（图 3-16，画线区域），并且重复序列之间都由 32 个碱基组成的非重复序列（spacer）隔离开，形成了重复序列 - 间隔序列这样的结构单位。1992 年，西班牙学者 Mojica 在古细菌中也发现了这种重复序列与间隔序列的结构单位，并对其功能进行了初步研究。2001 年，他和 Jansen 将这些间隔排列的重复序列命名为 CRISPR 序列，中文翻译为 "成簇的规律间隔的短回文重复序列"。2007 年，美国学者 Barrangou 首次证实了 CRISPR 序列实际上是一种适应性免疫系统，如果在细菌的 CRISPR 序列中添加噬菌体的 DNA 片段，细胞就获得了对噬菌体的抗性。2008 年，Brouns 和 van der Oost 在大肠杆菌中发现了 Cas 蛋白复合体，其可切割 CRISPR 序列经转录后形成的前体 RNA，形成 crRNA（CRISPR-derived RNA），并证实了正是 crRNA 使得大肠杆菌拥有了抵抗噬菌体的抗性。2010 年，Garneau 证实嗜热链球菌中的 CRISPR/Cas 系统可切割噬菌体及质粒的 DNA。上述发现为 CRISPR/Cas9 系统的开发奠定了基础。

CGGTTTATCCCCGCT $\overset{GG}{\underset{AA}{}}$ CGCGGGGAACTC

图 3-16 CRISPR 序列

3.3.2 CRISPR/Cas 系统的结构与分类

通过对不同细菌中 CRISPR/Cas 系统做进一步的研究发现，一个完整的 CRISPR/Cas 系统在结构上分为三部分：① CRISPR 序列，包括重复序列和间隔序列；②前导序列（leader）；③ CRISPR 相关基因（CRISPR-associated gene，*Cas* gene）序列（图 3-17）。CRISPR 序列的长度为 23~50 个碱基，平均为 31 个碱基。间隔序列的长度为 17~84 个碱基，平均为 36 个碱基。一旦细菌被噬菌体感染，很快就有新的间隔序列出现在 CRISPR 序列中。

图 3-17 CRISPR/Cas 系统结构示意图

Cas 基因编码的蛋白质具有解旋酶和核酸酶的结构域，可以切割 DNA 或 RNA。不同的 CRISPR/Cas 系统具有不同的 Cas 蛋白组合，这些 Cas 蛋白在 CRISPR/Cas 系统抵御外来噬菌体入侵时发挥不同的作用。

CRISPR/Cas 系统分为三大类型，即 Ⅰ、Ⅱ、Ⅲ型。其中，Ⅰ、Ⅲ型 CRISPR 系统切割目的 DNA 双链的过程中需要多种 Cas 蛋白参与反应，形成的切割复合体结构复杂，目前在细菌和古细菌中都有发现。Ⅱ型系统组分较为简单，只需要一个 Cas9 蛋白来切割 DNA 双链，这个系统就是目前常用的 CRISPR/Cas9 系统。下面以 Ⅱ型系统为例加以介绍。

3.3.3 CRISPR/Cas9 系统的原理

CRISPR/Cas 系统抵御外来噬菌体入侵的过程可分为三个阶段：①间隔序列的获取；② CRISPR RNA（crRNA）的合成；③靶基因的干扰。

3.3.3.1 间隔序列的获取

当外源 DNA 入侵细菌时，其 CRISPR/Cas 系统会借助 Cas1 和 Cas2 蛋白从外源 DNA 上特异性地捕获一段被称为前间隔序列（proto spacer）的片段，前间隔序列被插入前导序列与第一个重复序列之间，然后伴随一次重复序列的复制，这样就形成了一段新的重复序列 - 间隔序列的结构。前间隔序列的获取并不是随机的，具有前间隔序列毗邻基序（protospacer adjacent motif，PAM）特征的序列才有可能作为前间隔序列被获取，并插入 CRISPR 序列中。PAM 由 3～5 个碱基组成，不同来源的 CRISPR/Cas 系统的 PAM 不同，即便是同一个菌种，不同的 CRISPR 基因座所对应的 PAM 序列也不相同。

Ⅱ型 CRISPR/Cas 系统的 PAM 位于前间隔序列的 3′ 端，它的碱基并不参与 CRISPR 序列的组成（图 3-18），其普遍的序列为 5′-NGG-3′，其中 N 代表任意碱基。

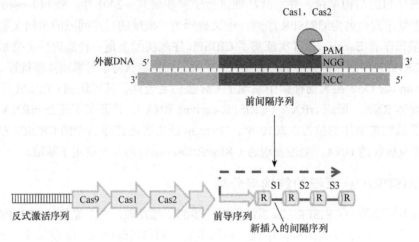

图 3-18　Ⅱ型前间隔序列的获取（引自 Sorek et al.,2013）

S1，S2，S3 为插入的间隔序列；R 为重复序列

3.3.3.2　CRISPR RNA 的合成

CRISPR 序列首先转录成一条长的 RNA 前体链，包括大部分的重复及间隔序列，称为 CRISPR 前体 RNA（pre-crRNA）。这条前体 RNA 链再被不同的 Cas 蛋白剪切成一个个由一个间隔序列（S）和部分重复序列（R）组成的小分子 RNA 链，即 crRNA。Ⅱ型 CRISPR/Cas 系统使用核糖核酸酶Ⅲ剪切前体 RNA，Cas9 也参与此过程，但具体作用还不清楚。与Ⅰ、Ⅲ型 CRISPR/Cas 系统不同，Ⅱ型 CRISPR/Cas 系统对 CRISPR 序列的剪切需要先合成一段小分子 RNA 序列，称为反式激活 crRNA（trans-activating crRNA，tracrRNA），它的编码序列或者位于 Cas 蛋白基因序列上游约 200 个碱基的位置，或者位于 Cas 蛋白基因序列与 CRISPR 序列之间。它的转录产物有 25 个碱基与 CRISPR 序列上的重复序列存在严格的碱基互补关系，Cas9 和核糖核酸酶Ⅲ只有在反式激活 crRNA 与 CRISPR 序列上的重复序列配对，形成双链 RNA 的条件下才能对 CRISPR 序列进行剪切，形成 tracrRNA-crRNA（图 3-19）。

3.3.3.3　靶基因的干扰

Ⅱ型 CRISPR/Cas 系统只有 Cas9 一个蛋白质与 tracrRNA-crRNA 结合。通过 crRNA 中的间隔序列与靶基因 DNA 的互补配对，以及 Cas9 蛋白的 C 端识别靶基因 DNA 上的 PAM 序列 NGG 即可激活 Cas9 蛋白的酶切活性，从而对靶基因进行编辑。

这一机制经过改进后，在包括人体细胞在内的真核细胞中同样可以发挥作用。这也是近年来许多学者对基因组编辑技术高度重视的根本原因。在实际应用中，先将 Cas9 蛋白的基因、CRISPR 的重复序列（R）及反式激活序列（tracrRNA）一起构建在一个表达质粒上。同时，在拟编辑的基因序列中寻找 PAM 为 5′-NGG-3′ 的特征序列，取该特征序列的上游 20 个碱基组成的片段充当间隔序列（S）。在体外合成这段 S 序列后，将其插入上述质粒中与

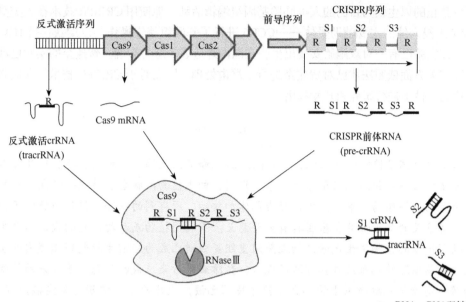

图 3-19　Ⅱ型 crRNA 的合成（引自 Sorek et al., 2013）

CRISPR 序列连接在一起。其转录产物即为 tracrRNA-crRNA，在 Cas9 蛋白的作用下，就可对靶基因 DNA 进行定点剪切，造成 DNA 双链断裂，进而引起碱基的缺失、插入等突变，从而达到靶基因干扰的目的。tracrRNA-crRNA 的转录产物称为单个向导 RNA（single guide RNA，sgRNA）。其之所以被称为单个向导 RNA，是因为 sgRNA 实际上是根据拟编辑的靶基因序列特征而设计的，所以它可以跟靶基因互补配对而将编辑位点锚定在拟编辑的位点上，因此它是一种导向探针，可以保证在正确的位点上对基因进行编辑（图 3-20）。

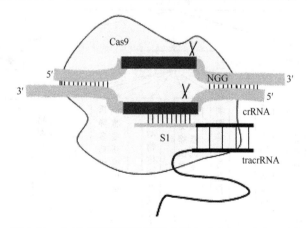

图 3-20　Cas9 对靶基因的剪切（引自 Sorek et al., 2013）

3.3.4　CRISPR/Cas9 技术的争议

与动物体细胞克隆技术一样，CRISPR/Cas9 技术虽然对于基因组编辑来说是一场革命，但如果运用不当，它也可能会导致意想不到的问题。特别是在人类胚胎上进行基因组编辑，将带来一系列伦理问题及不可预知的风险。2018 年 11 月，我国学者贺建奎逃避监管，违规实施国家明令禁止的以生殖为目的的人类胚胎基因组编辑活动，他使用 CRISPR 技术在人类受精卵中对 HIV 入侵人体的主要辅助受体——CCR5 进行了基因组编辑操作，以期获得抗 HIV 病毒的胎儿。该实验已有一对双胞胎女婴出生，在国内外造成了恶劣影响。贺建奎的实验已涉嫌违法，我国有关方面依照法律已对贺建奎进行了严肃处理。因而对于 CRISPR 技术，我们必须在法律允许的条件下进行研究和开发利用。

⬡ 小　结

本章主要介绍了植物细胞工程、动物细胞工程和基因组编辑技术的主要原理及在实践应用中的技术方法。植物组织培养可打破季节限制，利用植物细胞全能性这一特点，可在短期内培养大量的经济植物。单倍体植株经染色体加倍后，所得到的纯合二倍体植株对于筛选具有重要经济意义的双隐性纯合基因具有重要意义。而利用植物或动物细胞的代谢体系生产具有重要药用价值的植物次生代谢产物或药用重组蛋白质已成为当前生物制药领域内的主要技术手段。动物细胞的无血清培养可降低成本，预防血清污染造成的问题，是未来动物细胞培养的趋势。动物细胞融合催生的单克隆抗体技术已被广泛应用于科学研究与疾病治疗领域，带动了生物制药产业的兴旺，并已取得了重大的社会效益。哺乳动物体细胞克隆的成功为动物优良品种的保持，以及繁育用于科学研究的动物模型提供了技术保障，并且驱动了细胞重新编程的理论突破，为诱导多功能干细胞的开发和利用奠定了基础，这项技术将加快再生医学的发展。CAR-T 技术是癌症免疫治疗的一个里程碑，它的诞生为彻底治愈癌症提供了希望。以 CRISPR/Cas 系统为代表的基因组编辑技术将使得按照人类的意愿设计生命成为可能。

⬡ 本章思维导图

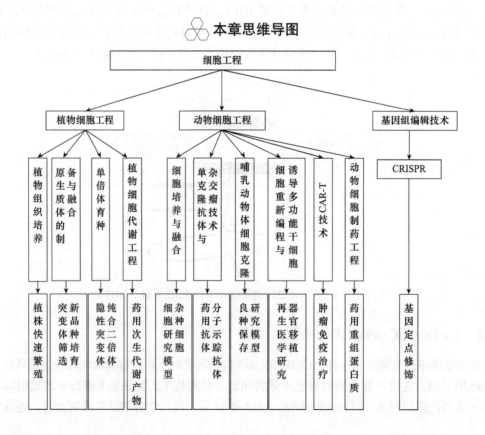

复习思考题

1. 如何用一片嫩叶经组织培养培育出众多的完整植株？

2. 如何从植物细胞培养中获得较高的次生代谢产物产量？

3. 单倍体植株形单体弱，为什么还有不少科学家热衷于诱发产生单倍体植株？

4. 如何获得能在体外大量生长、分泌单克隆抗体的杂交瘤细胞克隆？

5. 如何用体细胞克隆出一只哺乳动物？克隆动物有什么积极意义？

6. 诱导多功能干细胞是如何产生的？其生物学意义是什么？

7. 什么是 CAR-T 技术？其基本原理是什么？

8. 目前 CAR-T 技术还存在哪些缺陷？应如何改进？

9. 使用工程细胞生产药物，需要对工程细胞进行哪些改进？

10. CRISPR/Cas9 系统的原理是什么？

主要参考文献

李志勇. 2003. 细胞工程. 北京：科学出版社

潘瑞炽. 2001. 植物生理学. 4 版. 北京：高等教育出版社

宋思扬. 2011. 生命科学导论. 2 版. 北京：高等教育出版社

孙敬三. 1995. 植物细胞工程实验技术. 北京：科学出版社

王金发. 2010. 细胞生物学实验教程. 2 版. 北京：科学出版社

Lichtman E I, Dotti G. 2017. Chimeric antigen receptor T-cells for B-cell. Translational Research, 187: 59～82

Lai T F, Yang Y S, Ng S K. 2013. Advances in mammalian cell line development technologies for recombinant protein production. Pharmaceuticals, 6: 579～603

Rischer H, Häkinen S T, Ritala A, et al. 2013. Plant cells as pharmaceutical factories. Current Pharmaceutical Design, 19: 5640～5660

Sorek R, Lawrence C M, Wiedenheft B. 2013. CRISPR-mediated adaptive immune systems in bacteria and archaea annu. Rev Biochem, 82: 237～266

Wilmut I, Schnieke A E, Mcwhir J, et al. 1997. Viable offspring derived from fetal and adult mammalian cells. Nature, 385(6619): 810～813

Wilson S A, Roberts S C. 2012. Recent advances towards development and commercialization of plant cell culture processes for synthesis of biomolecules. Plant Biotechnol J, 10(3): 249～268

Wilson S A, Roberts S C. 2014. Metabolic engineering approaches for production of biochemicals in food and medicinal plants. Current Opinion in Biotechnology, 26: 174～182

Zhang C, Liu J, Zhong J F, et al. 2017. Engineering CAR-T cells. Biomarker Research, 5: 22

（叶 军 刘广发）

第四章

发 酵 工 程

○ 学习目的 ○

①掌握发酵工程的基本类型和基本原理。②了解典型发酵产品的生产工艺。③认识发酵的基本过程及常用的发酵设备。

发酵工程是生物技术的重要组成部分，是生物技术产业化的重要环节。它是一门将微生物学、生物化学和化学工程学的基本原理有机地结合起来，利用微生物的生长和代谢活动来生产各种有用物质的工程技术。由于它以培养微生物为主，又称微生物工程。

发酵（fermentation）最初来自拉丁语"发泡"（fervere），是指酵母菌作用于果汁或发芽谷物产生 CO_2 的现象。巴斯德研究了乙醇发酵的生理意义，认为发酵是酵母菌在无氧状态下的呼吸过程。生物化学上将发酵定义为"微生物在无氧时的代谢过程"。目前，人们把利用微生物在有氧或无氧条件下的生命活动来制备微生物菌体或其代谢产物的过程统称为发酵。

发酵技术有着悠久的历史，早在几千年前，人们就开始从事酿酒、制酱、制奶酪等生产。作为现代科学概念的微生物发酵工业，是在 20 世纪 40 年代随着抗生素工业的兴起而得到迅速发展的，而现代发酵技术又是在传统发酵技术的基础上，结合了现代的基因工程、细胞工程、分子修饰和改造等新技术。由于微生物发酵工业具有投资少、见效快、污染小、外源目的基因易在微生物菌体中高效表达等特点，日益成为全球经济的重要组成部分。据有关资料统计，在有些发达国家中，发酵工业的产值占国民生产总值的 5%。在医药产品中，发酵产品占有特别重要的地位，其产值占医药工业总产值的 20%，通过发酵生产的抗生素品种就达 200 多个。总之，发酵工业在与人们生活密切相关的许多领域中，包括医药、食品、化工、冶金、资源、能源、健康、环境等，都有着难以估量的社会效益和经济效益。

4.1 发酵工程概况

发酵工程的内容是随着科学技术的发展而不断扩大和充实的。现代的发酵工程不仅包括菌体和代谢产物的生产，还包括微生物机能的利用。其主要内容包括生产菌种的选育，发酵条件的优化与控制，反应器的设计及产物的分离、提取与精制等。

4.1.1 发酵类型

目前已知具有生产价值的发酵类型有以下 5 种。

4.1.1.1 微生物菌体发酵

这是以获得具有某种用途的菌体为目的的发酵。比较传统的菌体发酵工业，有用于面包制作的酵母菌发酵及用于人类食品或动物饲料的微生物菌体蛋白（见 7.1.1.3）发酵两种类型。新的菌体发酵可用来生产一些药用真菌，如香菇类、依赖虫蛹而生存的冬虫夏草菌、与天麻共生的密环菌，以及可获得名贵中药茯苓的多孔菌科的茯苓菌和担子菌的灵芝等。这些药用真菌可以通过发酵培养的手段来产生与天然产品具有同等疗效的产物。有的微生物菌体还可用作生物防治剂，如苏云金杆菌（*Bacillus thuringiensis*）、蜡样芽孢杆菌（*Bacillus cereus*）和侧孢芽孢杆菌（*Bacillus laterosporus*），其细胞中的伴孢晶体可毒杀鳞翅目、双翅目的害虫；丝状真菌的白僵菌（*Beauveria*）、绿僵菌（*Metarhizium*）可防治松毛虫等。所以某些微生物的剂型产品，可制成新型的微生物杀虫剂，并用于农业生产中。因此菌体发酵工业还包括微生物杀虫剂的发酵。

4.1.1.2 微生物酶发酵

酶普遍存在于动物、植物和微生物中。最初，人们都是从动植物组织中提取酶，但目前工业应用的酶大多来自微生物发酵，因为微生物具有种类多、产酶品种多、生产容易和成本低等特点。微生物酶制剂有广泛的用途，多用于食品工业和轻工业中，如微生物生产的淀粉酶和糖化酶用于生产葡萄糖，氨基酰化酶用于拆分DL-氨基酸等。酶也用于医药生产和医疗检测中，如青霉素酰化酶用来生产半合成青霉素所用的中间体6-氨基青霉烷酸，胆固醇氧化酶用于检查血清中胆固醇的含量，葡萄糖氧化酶用于检查血液中葡萄糖的含量等。

淀粉酶的分类及应用研究进展

4.1.1.3 微生物代谢产物发酵

微生物代谢产物的种类很多，已知的有38个大类（表4-1）。在菌体对数生长期所产生的产物，如氨基酸、核苷酸、蛋白质、核酸、糖类等，是菌体生长繁殖所必需的，这些产物叫作初级代谢产物。许多初级代谢产物在经济上相当重要，分别形成了各种不同的发酵工业。在菌体生长静止期，某些菌体能合成一些具有特定功能的产物，如抗生素、生物碱、细菌毒素、植物生长因子等。这些产物与菌体生长繁殖无明显关系，叫作次级代谢产物。次级代谢产物多为低分子质量化合物，但其化学结构类型多种多样，据不完全统计多达47类。其中抗生素按其结构类型相似性来分，可分为14类。由于抗生素不仅具有广泛的抗菌作用，还有抗病毒、抗癌和其他生理活性，因而得到了大力发展，已成为发酵工业的重要支柱。

表 4-1 微生物代谢产物的类型

产业	微生物代谢产物
医药	抗生素、药理活性物质、维生素、抗肿瘤制剂、基因工程药物、疫苗等
食品	氨基酸、鲜味增强剂、脂肪酸、蛋白质、糖与多糖类、脂类、核酸、核苷酸、核苷、维生素等
农业	动物生长促进剂、除草剂、植物生长促进剂、灭害剂、驱虫剂、杀虫剂等
轻工	酸味剂、生物碱、酶抑制剂、酶、溶媒、辅酶、表面活性剂、转化甾醇和甾体、有机酸、乳化剂、色素、抗氧化剂、石油等
其他	离子载体、抗代谢剂、铁运载因子等

4.1.1.4 微生物的转化发酵

微生物转化是利用微生物细胞的一种或多种酶，把一种化合物转变成结构相关的更有经济价值的产物。可进行的转化反应包括：脱氢反应、氧化反应、脱水反应、缩合反应、脱羧反应、氨化反应、脱氨反应和异构化反应等。最古老的生物转化，就是利用菌体将乙醇转化成乙酸的醋酸发酵。生物转化还可用于把异丙醇转化成丙醇、甘油转化成二羟基丙酮、葡萄糖转化成葡萄糖酸，进而转化成 2- 酮基葡萄糖酸或 5- 酮基葡萄糖酸；以及将山梨醇转变成 L-山梨糖等。此外，微生物转化发酵还包括甾类转化和抗生素的生物转化等。

4.1.1.5 生物工程细胞的发酵

这是指利用生物工程技术所获得的细胞，如 DNA 重组的"工程菌"及细胞融合所得的"杂交"细胞等进行培养的新型发酵，其产物多种多样。用基因工程菌生产的有胰岛素、干扰素、青霉素酰化酶等，用杂交瘤细胞生产的有用于治疗和诊断的各种单克隆抗体等。

4.1.2 发酵技术的特点

微生物种类繁多、繁殖速度快、代谢能力强，容易通过人工诱变获得有益的突变株；微生物酶的种类很多，能催化各种生物化学反应；微生物能够利用有机物、无机物等各种营养源，以及可以用简易的设备来生产多种多样的产品，不受气候、季节等自然条件的限制。因此，源于酒、酱、醋等酿造技术的发酵技术发展非常迅速，并具有以下特点：①发酵过程以生命体的自动调节方式进行，数十个反应过程能够在发酵设备中一次完成。②反应通常在常温常压下进行，条件温和，能耗少，设备较简单。③原料通常以糖蜜、淀粉等碳水化合物为主，可以是农副产品、工业废水或可再生资源（如植物秸秆、木屑等），微生物本身能有选择地摄取所需物质。④容易生产复杂的高分子化合物，能高度选择性地在复杂化合物的特定部位进行氧化、还原、官能团引入或去除等反应。⑤发酵过程中需要防止杂菌污染，大多数情况下，设备需要进行严格的冲洗、灭菌，空气需要过滤等。

4.1.3 发酵技术的应用

发酵过程的上述特点体现了发酵工程的种种优点。在目前能源、资源紧张，人口、粮食及污染问题日益严重的情况下，发酵工程作为现代生物技术的重要组成部分之一，得到越来越广泛的应用：①医药工业。用于生产抗生素、维生素等常用药物和人胰岛素、乙肝疫苗、干扰素、透明质酸等新药。②食品工业。用于微生物蛋白、氨基酸、新糖源、饮料、酒类和一些食品添加剂（柠檬酸、乳酸、天然色素等）的生产。③能源工业。通过微生物发酵，可将绿色植物的秸秆、木屑及工农业生产中的纤维素、半纤维素、木质素等废弃物转化为液体或气体燃料（酒精或沼气），还可利用微生物采油、产氢及制成微生物电池。④化学工业。用于生产可降解的生物塑料、化工原料（乙醇、丙酮、丁醇、癸二酸等）和一些生物表面活性剂及生物凝集剂。⑤冶金工业。微生物可用于黄金开采和铜、铀等金属的浸提。⑥农业。用于生物固氮和生产生物杀虫剂及微生物饲料，为农业和畜牧业的增产发挥了巨大作用。⑦环境保护。可用微生物来净化有毒的高分子化合物，降解海上浮油，清除有毒气体和恶臭物质，以及处理有机废水、废渣等。

乳酸发酵技术的最新研究进展

$$\boxed{4.2} \ \textbf{微生物发酵过程}$$

微生物发酵过程即微生物反应过程，是指由微生物在生长繁殖过程中所引起的生化反应的过程。

根据微生物的种类不同（好氧、厌氧、兼性厌氧），微生物发酵可以分为好氧性发酵和厌氧性发酵两大类。

（1）好氧性发酵 在发酵过程中需要不断地通入一定量的无菌空气，如利用黑曲霉（*Aspergillus niger*）进行的柠檬酸发酵，利用棒状杆菌（*Corynebacterium*）进行的谷氨酸发酵，利用黄单胞菌（*Xanthomonas*）进行的多糖发酵等。

（2）厌氧性发酵 在发酵时不需要供给空气，如乳酸杆菌（*Lactobacillus*）引起的乳酸发酵，梭状芽孢杆菌（*Clostridium*）引起的丙酮、丁醇发酵等。

此外，酵母菌是兼性厌氧微生物，它在缺氧条件下进行厌氧性发酵积累乙醇，而在有氧即通气条件下则进行好氧性发酵，大量繁殖菌体细胞，因此称为兼性发酵。

根据培养基状态的不同，微生物发酵可分为固体发酵和液体发酵。如果按照发酵设备来分，又可分为敞口发酵、密闭发酵、浅盘发酵和深层发酵。一般敞口发酵应用于繁殖快并进行好氧发酵的类型，其设备要求简单。例如，酵母菌生产，由于其菌体迅速而大量繁殖，可抑制其他杂菌生长。相反，密闭发酵是在密闭的设备内进行，所以对设备要求严格，工艺也较复杂。浅盘发酵（表面培养法）是利用仅装一薄层培养液的浅盘，接入菌种后进行表面培养，在液体上面形成一层菌膜。在缺乏通气设备时，对一些繁殖快的好氧性微生物可利用此法。深层发酵是指在液体培养基内部（不仅仅在表面）进行的微生物培养过程。

液体深层发酵是在青霉素等抗生素的生产中发展起来的技术。同其他发酵方法相比，它具有很多优点：①液体悬浮状态是很多微生物的最适生长环境；②在液体中，菌体及营养物、产物（包括热量）易于扩散，使发酵可在均质或拟均质条件下进行，便于控制，易于扩大生产规模；③液体输送方便，易于机械化操作；④厂房面积小，生产效率高，易进行自动化控制，产品质量稳定；⑤产品易于提取、精制等。因而液体深层发酵在发酵工业中被广泛应用。

4.2.1 发酵工业中的常用微生物

微生物资源非常丰富，广布于土壤、水和空气中，尤以土壤中为多。有的微生物从自然界中分离出来就能够被利用，有的需要对分离到的野生菌株进行人工诱变，得到突变株才能被利用。当前发酵工业所用菌种的总趋势是从野生菌转向变异菌，从自然选育转向代谢控制育种，从诱发基因突变转向基因重组的定向育种。发酵工业生产中常用的微生物主要是细菌、放线菌、酵母菌和霉菌，由于发酵工程本身的发展及遗传工程的介入，藻类、病毒等也正在逐步地成为发酵工业中采用的微生物。

4.2.1.1 细菌

细菌是自然界中分布最广、数量最多的一类微生物，属单细胞原核生物，以较典型的二分裂方式繁殖。细菌生长时，单环 DNA 染色质被复制，细胞内的蛋白质等组分同时增加1倍，然后在细胞中部产生一横断间隔，染色质分开，继而间隔分裂形成细胞壁，最后形成两个相同的子细胞。如果间隔不完全分裂就形成链状细菌。发酵工业生产中常用的细菌有：枯草芽孢杆菌（*Bacillus subtilis*）、乳酸杆菌（*Lactobacillus*）、醋酸杆菌（*Acetobacterium*）、棒状杆菌（*Corynebacterium*）、短杆菌（*Brevibacterium*）等，主要用于生产淀粉酶、乳酸、乙酸、氨基酸和肌苷酸等。

4.2.1.2 放线菌

放线菌因其菌落呈放射状而得名。它是一个原核生物类群，在自然界中分布很广，尤其在含有机质丰富的微碱性土壤中较多。大多腐生，少数寄生。放线菌主要以无性孢子进行繁殖，也可借菌丝片段进行繁殖。后一种繁殖方式见于液体沉没培养之中。其生长方式是菌丝末端伸长和分枝，彼此交错成网状结构，称为菌丝体。菌丝长度既受遗传的控制，又与环境相关。在液体深层培养中由于搅拌器的剪切力作用，常易形成短的分枝旺盛的菌丝体，或呈分散生长，或呈菌丝团状生长。放线菌的最大经济价值在于能产生多种抗生素。从微生物中发现的抗生素，有60%以上是放线菌产生的，如链霉素、金霉素、红霉素、庆大霉素等。发酵工业常用的放线菌主要来自以下几个属：链霉菌属（*Streptomyces*）、小单胞菌属（*Micromonospora*）和诺卡氏菌属（*Nocardia*）等。

4.2.1.3　酵母菌

酵母菌为单细胞真核生物，在自然界中普遍存在，主要分布于含糖质较多的偏酸性环境中，如水果、蔬菜、花蜜和植物叶片上，以及果园土壤中。石油酵母较多地分布在油田周围的土壤中。酵母菌大多为腐生，常以单个细胞存在，以发芽形式进行繁殖。母细胞体积长到一定程度时就开始发芽，芽长大的同时母细胞缩小，在母子细胞间形成隔膜，最后形成同样大小的母子细胞。如果子芽不与母细胞脱离就形成链状细胞，称为假菌丝。发酵工业上常用的酵母菌有：酿酒酵母（*Saccharomyces cerevisiae*）、假丝酵母（*Candida*）、类酵母（*Saccharomycodes*）等，主要用于酿酒、制造面包、制造低凝固点石油、生产脂肪酶，以及生产可食用、药用和饲料用的酵母菌体蛋白等。

4.2.1.4　霉菌

凡生长在营养基质上形成绒毛状、网状或絮状菌丝的真菌统称为霉菌。霉菌在自然界分布很广，大量存在于土壤、空气、水和生物体内外等处。它喜欢偏酸性环境，大多数为好氧性，多腐生，少数寄生。霉菌的繁殖能力很强，它以无性孢子和有性孢子进行繁殖，大多数以无性孢子繁殖为主。其生长方式是菌丝末端的伸长和顶端分枝，彼此交错成网状。菌丝的长度既受遗传的控制，又受环境的影响，其分枝数量取决于环境条件。菌丝或呈分散生长，或呈菌丝团状生长。发酵工业上常用的霉菌有：藻状菌纲的根霉（*Rhizopus*）、毛霉（*Mucor*）、犁头霉（*Absidia*），子囊菌纲的红曲霉（*Monascus*），半知菌类的曲霉（*Aspergillus*）、青霉（*Penicillium*）等，主要用于生产多种酶制剂、抗生素、有机酸及甾体激素等。

4.2.1.5　其他微生物

（1）担子菌　担子菌就是人们通常所说的菇类。担子菌资源的利用正越来越引起人们的重视，如多糖、橡胶物质和抗癌药物的开发。

（2）藻类　藻类是自然界分布极广的一大群自养微生物资源，许多国家已把它用作人类保健食品和饲料。培养螺旋藻，按干重计算每年每公顷养殖面积可收获60t，而种植大豆每公顷才可收获4t；从蛋白质产率看，螺旋藻是大豆的28倍。培养珊列藻，从蛋白质产率计算，每公顷养殖面积所得蛋白质是小麦的20～35倍。此外，还可通过藻类利用光能将CO_2转变为石油。培养单胞藻或其他藻类而获得的石油，可占细胞干重的35%～50%，合成的油与重油相同，可加工成汽油、煤油和其他产品。有的国家已建立培植单胞藻的农场，每年每公顷养殖面积培植的单胞藻按35%干物质为碳氢化合物（石油）计算，可得60t石油燃料（见9.3.3）。此项技术的应用，还可减轻工业生产而大量排放CO_2造成的温室效应。国外还有从"藻类农场"获取氢能的报道，大量培养藻类，利用其光合放氢作用来取得氢能（见9.5.1.1）。

螺旋藻研究
进展

图 4-1 为几种常见的发酵微生物。

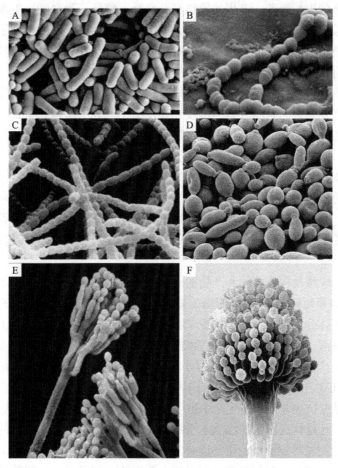

图 4-1　几种常见的发酵微生物

A，B. 分别为用于发酵酸奶的保加利亚乳杆菌和嗜热链球菌；C. 用于生产链霉素的链霉菌；D. 用于制作面包及酿酒的酿酒酵母；E. 用于生产青霉素的青霉菌；F. 用于制酱、生产酶制剂和有机酸等的曲霉菌

4.2.2　发酵工业常用的培养基

4.2.2.1　培养基的种类

培养基是人们提供微生物生长繁殖和生物合成各种代谢产物需要的多种营养物质的混合物。培养基的成分和配比，对微生物的生长、发育、代谢及产物积累，甚至对发酵工业的生产工艺都有很大的影响。依据其在生产中的用途，可将培养基分成孢子培养基、种子培养基和发酵培养基等。

（1）孢子培养基　　孢子培养基是供制备孢子用的。要求此种培养基能使微生物形成大量的优质孢子，但不能引起菌种变异。一般来说，孢子培养基中的基质浓度（特别是有机氮源）要低些，否则将影响孢子的形成。无机盐的浓度要适量，否则影响孢子的数量和质量。孢子培养基的组成因菌种不同而异。生产中常用的孢子培养基有麸皮培养基，大（小）米培养基，由葡萄糖（或淀粉）、无机盐、蛋白胨等配制的琼脂斜面培养基等。

（2）种子培养基　　种子培养基是供孢子发芽和菌体生长繁殖用的。营养成分应易被菌体吸收利用，同时要比较丰富与完整。其中氮源和维生素的含量应略高些，但总浓度以略稀薄为宜，以便菌体的生长繁殖。常用的原料有葡萄糖、糊精、蛋白胨、玉米浆、酵母粉、硫酸铵、尿素、硫酸镁、磷酸盐等。培养基的组成随菌种而改变。发酵中种子质量对发酵水平的影响很大，为使培养的种子能较快适应发酵罐内的环境，在设计种子培养基时要考虑与发酵培养基组成的内在联系。

（3）发酵培养基　　发酵培养基是供菌体生长繁殖和合成大量代谢产物用的。要求此种培养基的组成丰富、完整，营养成分的浓度和黏度适中，利于菌体的生长，进而合成大量的代谢产物。发酵培养基的组成要考虑菌体在发酵过程中的各种生化代谢的协调，在产物合成期，使发酵液 pH 不出现大的波动。

4.2.2.2　发酵培养基的组成

发酵培养基的组成和配比由于菌种不同、设备和工艺不同，以及原料来源和质量不同而有所差别。因此，需要根据不同要求考虑所用培养基的成分与配比。但是综合所用培养基的营养成分，不外乎是碳源（包括用作消泡剂的油类）、氮源、无机盐类（包括微量元素）、生长因子等几类。

（1）碳源　　碳源是构成菌体和产物的碳架原料及能量来源。常用的碳源包括各种能迅速利用的单糖（如葡萄糖、果糖）、双糖（如蔗糖、麦芽糖）和缓慢利用的淀粉、纤维素等多糖。多糖要经菌体分泌的水解酶分解成单糖后才能参与微生物的代谢。玉米淀粉及其水解液是抗生素、氨基酸、核苷酸、酶制剂等发酵中常用的碳源。马铃薯、小麦、燕麦淀粉等用于有机酸、醇等生产中。霉菌和放线菌还可以利用油脂作碳源，因此在霉菌和放线菌发酵过程中加入的油脂既有消泡又有补充碳源的作用。某些有机酸、醇在单细胞蛋白、氨基酸、维生素、麦角碱和某些抗生素的发酵生产中也可作为碳源使用（有的是作补充碳源）。

（2）氮源　　凡是构成微生物细胞本身的物质或代谢产物中氮素来源的营养物质，均称为氮源。它是微生物发酵中使用的主要原料之一。常用的氮源包括有机氮源和无机氮源两大类。黄豆饼粉、花生饼粉、棉籽饼粉、玉米浆、蛋白胨、酵母粉、鱼粉等是有机氮源，无机氮源有氨水、硫酸铵、氯化铵、硝酸盐等。

（3）无机盐和微量元素　　微生物的生长、繁殖和产物形成需要各种无机盐类如磷酸盐、硫酸盐、氯化钠、氯化钾，以及微量元素如镁、铁、钴、锌、锰等。其生理功能包括：构成菌体原生质的成分（磷、硫等）；作为酶的组成成分或维持酶的活性（镁、铁、锰、锌、钴等）；调节细胞的渗透压和影响细胞膜的通透性（氯化钠、氯化钾等）；参与产物的生物合成等。微生物对微量元素的需要量极微，一般 $0.1\mu g/mL$ 的浓度就可以满足要求。

（4）生长因子　　生长因子是一类微生物维持正常生活不可缺少，但细胞自身不能合成的某些微量有机化合物，包括维生素、氨基酸、嘌呤和嘧啶的衍生物及脂肪酸等。大多数维生素是辅酶的组成成分，没有它们，酶就无法发挥作用。其需要量甚微，一般为 $1\sim50\mu g/L$，甚至更低。各种微生物对外源氨基酸的需要量不同，这取决于它们自身合成氨基酸的能力。凡是微生物自身不能合成的氨基酸，一般需以游离氨基酸或小分子肽的形式供应。而嘌呤、嘧啶及其衍生物的主要功能是构成核酸和辅酶。酵母膏、牛肉膏、蛋白胨和一些动植物组织的浸液如心脏、肝、番茄和蔬菜的浸液，都是生长因子的丰富来源。

（5）水　　水是培养基的主要组成成分。它既是构成菌体细胞的主要成分，又是一切营养物质传递的介质，它还直接参与许多代谢反应。由于水是许多化学物质的良好溶剂，不同来源的水，如深井水、自来水、地表水内含的物质可能不同，这些物质将对发酵产生影响。因此，水的质量对微生物的生长繁殖和产物合成有着很重要的作用。发酵中使用的水有深井水、自来水和地表水。

（6）产物形成的诱导物、前体和促进剂　　许多胞外酶的合成需要适当的诱导物存在。而前体是指被菌体直接用于产物合成而自身结构无显著改变的物质，如合成青霉素 G 的苯乙酸，合成红霉素的丙酸等。当前体物质的合成是产物合成的限制因素时，添加前体能增加这些产物的产量，并在某种程度上控制生物合成的方向。在有些发酵过程中，添加某些促进剂能刺激菌株的生长，提高发酵产量，缩短发酵周期。在四环素发酵中加入溴化钠和 M- 促进剂（2- 巯基苯并噻唑），能抑制金霉素的生物合成，同时增加四环素产量。

4.2.3　发酵的一般过程

生物发酵工艺多种多样，但基本上包括菌种制备、种子培养、发酵和提取精制等几个过程。典型的发酵过程以霉菌发酵为例加以说明（图 4-2）。

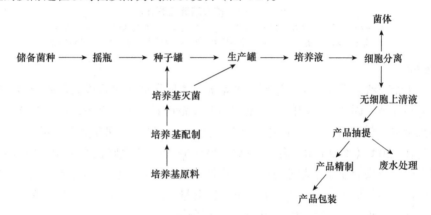

图 4-2　典型发酵基本过程示意图

4.2.3.1　菌种制备

在进行发酵生产之前，首先必须从自然界分离得到能产生所需产物的菌种，并经分离、纯化及选育后（或是经基因工程改造后的"工程菌"），才能供给发酵使用。为了能保持和获得稳定的高产菌株，还需要定期进行菌种纯化和育种，筛选出高产量和高质量的优良菌株。

4.2.3.2　种子扩大培养

将保存在砂土管、冷冻干燥管或冰箱中处于休眠状态的生产菌种接入试管斜面培养基上活化后，再经过茄子瓶或摇瓶及种子罐逐级扩大培养，获得一定数量和质量的纯种，这个全过程称为种子扩大培养，这些纯种培养物称为种子。

发酵产物的产量和成品的质量，与菌种性能及孢子和种子的制备情况密切相关。先让贮存的菌种进行生长繁殖，以获得良好的孢子，再用所得的孢子制备足够量的菌丝体，供发酵罐发酵使用。种子制备有不同的方式，有的从摇瓶培养开始，将所得摇瓶种子液接到种子罐进行逐级扩大培养，称为菌丝进罐培养；有的将孢子直接接入种子罐进行扩大培养，称为孢子进罐培养。采用哪种方式和多少培养级数，取决于菌种的性质、生产规模的大小和生产工艺的特点。种子制备一般使用种子罐，扩大培养级数通常为二级。种子制备的工艺流程如图 4-3 所示。对于不产孢子的菌种，经试管培养直接得到菌体，再经摇瓶培养后即可作为种子罐种子。

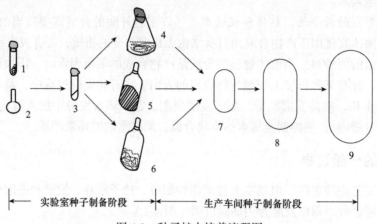

图 4-3　种子扩大培养流程图
1. 砂土孢子；2. 冷冻干燥孢子；3. 斜面孢子；4. 摇瓶液体培养（菌丝体）；
5. 茄子瓶斜面培养；6. 固体培养基培养；7, 8. 种子罐培养；9. 发酵罐培养

4.2.3.3　发酵

发酵是在无菌状态下对微生物进行纯种培养，本阶段微生物合成大量的产物，是整个发酵工程的中心环节。因此，所用的培养基和培养设备都必须经过灭菌，通入的空气或中途的补料都是无菌的，转移种子也要采用无菌接种技术。通常利用饱和蒸汽对培养基进行灭菌，灭菌条件是在 120℃（约 0.1MPa 表压）维持 20～30min。空气除菌则采用介质过滤的方法，可用定期灭菌的干燥介质来阻截流过的空气中所含的微生物，从而制得无菌空气。发酵罐内部的代谢变化（菌丝形态、菌浓度、糖含量、氮含量、pH、溶氧浓度和产物浓度等）是比较复杂的，特别是次级代谢产物发酵就更为复杂，受许多因素控制。

4.2.3.4　下游处理

发酵结束后，要对发酵液或微生物细胞进行分离和提取精制，将发酵产物制成符合要求的成品。

4.3　液体深层发酵

4.3.1　发酵的操作方式

根据操作方式的不同，液体深层发酵主要有分批发酵、连续发酵和补料分批发酵三种类型。

4.3.1.1　分批发酵

营养物和菌种被一次加入进行培养，直到结束放罐，中间除了空气进入和尾气排出，与外部没有物料交换。传统的生物产品发酵多用此过程，它除了控制温度和 pH 及通气以外，不进行任何其他控制，操作简单。但从细胞所处的环境来看，则有明显改变，发酵初期营养物过多，可能抑制微生物的生长，而发酵的中后期又可能因为营养物减少而降低培养效率；从细胞的增殖来说，初期细胞浓度低，增长慢，后期细胞浓度虽高，但营养物浓度过低也生长不快，总的生产能力不是很高。

分批发酵的具体操作如下（图4-4）：首先种子培养系统开始工作，即对种子罐用高压蒸汽进行空罐灭菌（空消），之后投入培养基，再通高压蒸汽进行实罐灭菌（实消），然后接种，即接入用摇瓶等预先培养好的种子，进行培养。在种子罐开始培养的同时，以同样程序进行主发酵罐的准备工作。对于大型发酵罐，一般不在罐内对培养基进行灭菌，而是利用专门的灭菌装置对培养基进行连续灭菌（连消）。种子培养达到一定菌体量时，即转移到主发酵罐中。发酵过程中要控制温度和pH，对于需氧微生物还要进行搅拌和通气。主罐发酵结束即将发酵液送往提取、精制工段进行后处理。

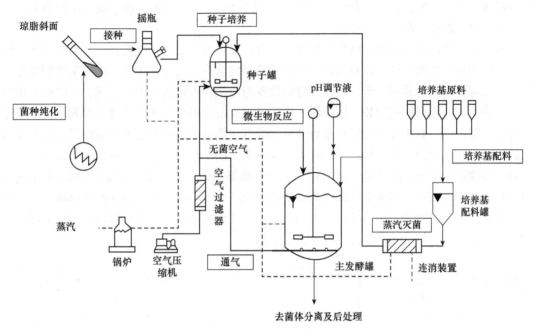

图4-4 典型的分批发酵工艺流程图（引自刘如林，1995）

根据不同发酵类型，每批发酵需要十几小时到几周时间。其全过程包括空罐灭菌、加入灭过菌的培养基、接种、发酵过程、放罐和洗罐，所需时间的总和为一个发酵周期。

分批培养系统属于封闭系统，只能在一段有限的时间内维持微生物的增殖，微生物处在限制性的条件下生长，表现出典型的生长周期（图4-5）。培养基在接种后，在一段时间内细胞浓度的增加常不明显，这一阶段为延滞期，是细胞在新的培养环境中表现出来的一个适应阶段。接着是一个短暂的加速期，细胞开始大量繁殖，很快到达指数生长期。在指数生长期，由于培养基中的营养物质比较充足，有害代谢物很少，细胞的生长不受限制，细胞浓度随培养时间呈指数增长，也称对数生长期。随着细胞的大量繁殖，培养基中的营养物质迅速消耗，加上有害代谢物的积累，细胞的生长速率逐渐下降，进入减速期。因营养物质耗尽或有害物质的大量积累，细胞浓度不再增大，这一阶段为静止期或稳定期。在静止期，细

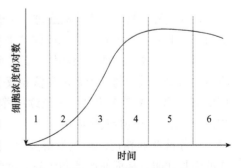

图4-5 微生物分批培养的生长曲线
1. 延滞期；2. 加速生长期；3. 指数生长期；
4. 减速期；5. 静止期；6. 衰亡期

胞的浓度达到最大值。最后由于环境恶化，细胞开始死亡，活细胞浓度不断下降，这一阶段为衰亡期。大多数分批发酵在到达衰亡期前就结束了。迄今为止，分批发酵仍是常用的发酵方法，广泛用于多种发酵过程。

4.3.1.2 连续发酵

所谓连续发酵，是指以一定的速率向发酵罐内添加新鲜培养基，同时以相同的速率流出培养液，从而使发酵罐内的液量维持恒定，微生物在稳定状态下生长。稳定状态可以有效地延长分批培养中的对数生长期。在稳定的状态下，微生物所处的环境条件，如营养物浓度、产物浓度、pH 等都能保持相对恒定，微生物细胞的浓度及其比生长速率也可维持不变，甚至还可以根据需要来调节生长速率。

连续发酵使用的反应器可以是搅拌罐式反应器，也可以是管式反应器。在搅拌罐式反应器中，即使加入的物料中不含有菌体，只要反应器内含有一定量的菌体，在一定进料流量范围内，就可实现稳态操作。罐式连续发酵的设备与分批发酵设备无根本差别，一般可采用原有发酵罐改装。根据所用罐数，搅拌罐式连续发酵系统又可分为单罐连续发酵和多罐串联连续发酵（图 4-6）。如果在反应器中进行充分的搅拌，则培养液中各处的组成相同，且与流出液的组成一样，成为一个连续流动搅拌罐式反应器（CSTR）。连续发酵的控制方式有两种：一种为恒浊器（turbidostat）法，即利用浊度来检测细胞的生长状况，通过自控仪表调节输入料液的流量，以控制培养液中的菌体浓度达到恒定值；另一种为恒化器（chemostat）法，它与前者相似之处是维持一定的体积，不同之处是菌体的密度不是直接控制的，而是通过恒定输入的养料中某一种生长限制基质的浓度来控制。

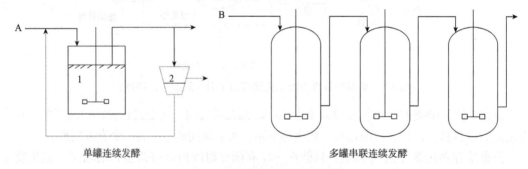

单罐连续发酵　　　　　　　　多罐串联连续发酵

图 4-6　搅拌罐式连续发酵系统

图 A 中虚线部分表示带循环系统的流程：1. 发酵罐；2. 细胞分离器

在管式反应器中，培养液通过一个返混程度较低的管状反应器向前流动（返混——反应器内停留时间不同的料液之间的混合），其理想型式为活塞流反应器（PFR，没有返混）。在反应器内沿流动方向的不同部位，营养物浓度、细胞密度、氧浓度和产率等都不相同。在反应器的入口，微生物细胞必须和营养液一起加到反应器内。通常在反应器的出口，装一支路使细胞返回，或者连接另一个连续培养罐（图 4-7）。这种微生物反应器的运转存在许多困难，基本上还未进行实际应用。

与分批发酵相比，连续发酵具有以下优点：①可以维持稳定的操作条件，有利于微生物的生长代谢，从而使产率和产品质量也相应保持稳定；②能够更有效地实现机械化和自动化，降低劳动强度，减少操作人员与病原微生物和毒性产物接触的机会；③减少设备清洗、准备和灭菌等非生产占用时间，提高设备利用率，节省劳动力和工时；④由于灭菌次数减

少，测量仪器探头的寿命得以延长；⑤容易对过
程进行优化，有效地提高发酵产率。当然，它也
存在一些缺点：①其是开放系统，加上发酵周期
长，容易造成杂菌污染；②在长周期连续发酵中，
微生物容易发生变异；③对设备、仪器及控制元
器件的技术要求较高；④黏性丝状菌体容易附
着在器壁上生长和在发酵液内结团，给连续发酵
操作带来困难。

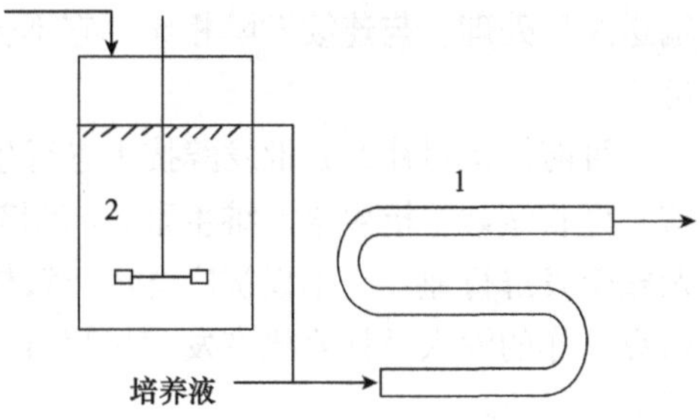

图 4-7　管式连续发酵
1. 管式反应器；2. 种子罐

　　由于上述情况，连续发酵目前主要用于研究工
作中，如发酵动力学参数的测定、过程条件的优化试验等，而在工业生产中的应用还不多。
目前主要用于面包酵母和饲料酵母的生产，以及有机废水的活性污泥处理等。另外，乙醇连
续发酵生产技术的应用也已获得成功。而新近发展的一种培养方法则是把固定化细胞技术和
连续培养方法结合起来，用于生产丙酮、丁醇、正丁醇、异丙醇等重要工业溶剂。

4.3.1.3　补料分批发酵

　　补料分批发酵又称半连续发酵，是介于分批发酵和连续发酵之间的一种发酵技术，是指
在微生物分批发酵中，以某种方式向培养系统补加一定物料的培养技术。通过向培养系统中
补充物料，可以使培养液中的营养物浓度较长时间地保持在一定范围内，既保证微生物的生
长需要，又不造成不利影响，从而达到提高产率的目的。

　　补料在发酵过程中的应用，是发酵技术一个划时代的进步。补料技术本身也由少次多
量、少量多次，逐步改为流加，近年又实现了流加补料的计算机控制。但是，发酵过程中的
补料量或补料率，目前在生产中还只是凭经验确定，或者根据一两个一次检测的静态参数
（如基质残留量、pH、溶解氧浓度等）设定控制点，带有一定的盲目性，很难同步地满足微
生物生长和产物合成的需要，也不可能完全避免基质的调控反应。因而现在的研究重点在于
如何实现补料的优化控制。

　　补料分批发酵可以分为两种类型：单一补料分批发酵和反复补料分批发酵。在开始时投
入一定量的基础培养基，到发酵过程的适当时期，开始连续补加碳源、氮源或（和）其他必
需基质，直到发酵液体积达到发酵罐最大操作容积后，停止补料，最后将发酵液一次全部放
出。这种操作方式称为单一补料分批发酵。该操作方式受发酵罐操作容积的限制，发酵周期
只能控制在较短的范围内。反复补料分批发酵是在单一补料分批发酵的基础上，每隔一定时
间按一定比例放出一部分发酵液，使发酵液体积始终不超过发酵罐的最大操作容积，从而在
理论上可以延长发酵周期，直至发酵产率明显下降，才最终将发酵液全部放出。这种操作类
型既保留了单一补料分批发酵的优点，又避免了它的缺点。

　　补料分批发酵作为分批发酵向连续发酵的过渡，兼有两者的优点，而且克服了两者的缺
点。同传统的分批发酵相比，补料分批发酵的优越性是明显的。首先，它可以解除营养物基
质的抑制、产物反馈抑制和葡萄糖分解阻遏效应（葡萄糖分解阻遏效应——葡萄糖被快速分
解代谢所积累的产物在抑制所需产物合成的同时，也抑制其他一些碳源、氮源的分解利用）。
其次，对于好氧发酵，它可以避免在分批发酵中一次性投入糖过多而造成细胞大量生长，耗
氧过多，以至通风搅拌设备不能匹配的状况。最后，它还可以在某些情况下减少菌体生成
量，提高有用产物的转化率。在真菌培养中，菌丝的减少可以降低发酵液的黏度，便于物料

输送及后处理。与连续发酵相比，它不会产生菌种老化和变异问题，其适用范围也比连续发酵广。

目前，运用补料分批发酵技术进行生产和研究的范围十分广泛，包括单细胞蛋白、氨基酸、生长激素、抗生素、维生素、酶制剂、有机溶剂、有机酸、核苷酸、高聚物等，几乎遍及整个发酵行业。它不仅被广泛用于液体发酵中，在固体发酵及混合培养中也有应用。随着研究工作的深入及计算机在发酵过程自动控制中的应用，补料分批发酵技术将日益发挥出其巨大的优势。

4.3.2 发酵工艺控制

发酵过程中，为了能对生产过程进行必要的控制，需要对有关工艺参数进行定期取样测定或进行连续测量。反映发酵过程变化的参数可以分为两类：一类是可以直接采用特定的传感器检测的参数，它们包括反映物理环境和化学环境变化的参数，如温度、压力、搅拌功率、转速、泡沫、发酵液黏度、浊度、pH、离子浓度、溶解氧、基质浓度等，称为直接参数。另一类是至今尚难以用传感器来检测的参数，包括细胞生长速率、产物合成速率和呼吸熵等。这些参数需要在一些直接参数的基础上，借助于计算机计算和特定的数学模型才能得到，因此称为间接参数。上述参数中，对发酵过程影响较大的有温度、pH、溶解氧浓度等。

4.3.2.1 温度

温度对发酵过程的影响是多方面的，它会影响各种酶反应的速率，改变菌体代谢产物的合成方向，影响微生物的代谢调控机制。除这些直接影响外，温度还对发酵液的理化性质产生影响，如发酵液黏度、基质和氧在发酵液中的溶解度及传递速率、某些基质的分解和吸收速率等，进而影响发酵的动力学特性和产物的生物合成。

最适发酵温度是既适合菌体的生长，又适合代谢产物合成的温度，它随菌种、培养基成分、培养条件和菌体生长阶段不同而改变。理论上，整个发酵过程中不应只选一个培养温度，而应根据发酵的不同阶段，选择不同的培养温度。但实际生产中，由于发酵液的体积很大，升降温度都比较困难，在整个发酵过程中，往往采用一个比较适合的培养温度，使得到的产物产量最高，或者在可能的条件下进行适当的调整。发酵温度可通过温度计或自动记录仪表进行检测，通过向发酵罐的夹套或蛇形管中通入冷水、热水或蒸汽进行调节。工业生产上，所用的大发酵罐在发酵过程中一般不需要加热，因为发酵中会释放大量的发酵热，在这种情况下通常还需要加以冷却，利用自动控制或手动调整的阀门，将冷却水通入夹套或蛇形管中，通过热交换来降温，保持恒温发酵。

4.3.2.2 pH

pH对微生物的生长繁殖和产物合成的影响有以下几个方面：①影响酶的活性，当pH抑制菌体中某些酶的活性时，会阻碍菌体的新陈代谢；②影响微生物细胞膜所带电荷的状态，改变细胞膜的通透性，影响微生物对营养物质的吸收及代谢产物的排泄；③影响培养基中某些组分和中间代谢产物的解离，从而影响微生物对这些物质的利用；④pH不同，往往引起菌体代谢过程的不同，使代谢产物的质量和比例发生改变。另外，pH还会影响某些霉菌的形态。

发酵过程中，pH的变化取决于所用的菌种、培养基的成分和培养条件。培养基中营养物质的代谢，是引起pH变化的重要原因，发酵液的pH变化乃是菌体产酸和产碱的代谢反应的综合结果。每一类微生物都有其最适的和能耐受的pH范围，大多数细菌生长的最适pH

为 6.3~7.5，霉菌和酵母菌为 3~6，放线菌为 7~8。而且微生物生长阶段和产物合成阶段的最适 pH 往往不一样，需要根据实验结果来确定。为了确保发酵的顺利进行，必须使其各个阶段经常处于最适 pH 范围之内，这就需要在发酵过程中不断地调节和控制 pH 的变化。首先，需要考虑和试验发酵培养基的基础配方，使它们有适当的配比，使发酵过程中的 pH 变化在合适的范围内。如果达不到要求，还可在发酵过程中补加酸或碱。过去是直接加入酸（如 H_2SO_4）或碱（如 NaOH）来控制，现在常用的是以生理酸性物质［如 $(NH_4)_2SO_4$］和生理碱性物质（如氨水）来控制，它们不仅可以调节 pH，还可以补充氮源。此外，用补料的方式来调节 pH 也比较有效。最成功的例子就是青霉素发酵的补料工艺，利用控制葡萄糖的补加速率来控制 pH 的变化，其青霉素产量比用恒定的加糖速率和加酸或碱来控制 pH 的产量高 25%。目前，已试制成功适合于发酵过程监测 pH 的电极，能连续测定并记录 pH 的变化，将信号输入 pH 控制器来指令加糖、加酸或加碱，使发酵液的 pH 控制在预定的数值。

4.3.2.3　溶解氧浓度

对于好氧发酵，溶解氧浓度是最重要的参数之一。好氧性微生物在进行深层培养时，需要适量的溶解氧以维持其呼吸代谢和某些产物的合成，氧的不足会造成代谢异常，产量降低。现在可采用覆膜氧电极来检测发酵液中的溶解氧浓度。

要维持一定的溶氧水平，需从供氧和需氧两方面着手。在供氧方面，主要是设法提高氧传递的推动力和氧传递系数，可以通过调节搅拌转速或通气速率来控制。同时要有适当的工艺条件来控制需氧量，使菌体的生长和产物形成对氧的需求量不超过设备的供氧能力。已知发酵液的需氧量，受菌体浓度、基质

溶解氧传感器
研究进展

的种类和浓度及培养条件等因素的影响，其中以菌体浓度的影响最为明显。发酵液的摄氧率随菌体浓度的增大而增大，但氧的传递速率与菌体浓度的对数成反比。因此可以控制合适的菌体浓度，使得产物的比生产速率维持在最大值，又不会导致需氧大于供氧。这可以通过控制基质的浓度来实现，如控制补糖速率。除控制补料速率外，在工业上，还可采用调节温度（降低培养温度可提高溶氧浓度）、液化培养基、中间补水、添加表面活性剂等工艺措施来改善溶氧水平。

发酵过程中各参数的控制很重要，目前发酵工艺控制的方向是转向自动化控制，因而希望能开发出更多更有效的传感器用于过程参数的检测。此外，对于发酵终点的判断也同样重要。生产不能只单纯追求高生产力，而不顾及产品的成本，必须把二者结合起来。合理的放罐时间是通过实验来确定的，就是根据不同的发酵时间所得的产物产量计算出发酵罐的生产力和产品成本，采用生产力高而成本又低的时间作为放罐时间。确定放罐的指标有：发酵产物的产量，发酵液的过滤速率，发酵液中氨基氮的含量，菌丝的形态，发酵液的 pH、外观和黏度等。发酵终点的确定，需要综合考虑这些因素。

4.3.3　发酵设备

进行微生物深层培养的设备统称发酵罐。一个优良的发酵装置应具有严密的结构，良好的液体混合性能，较高的传质、传热速率，同时还应具有配套而又可靠的检测及控制仪表。由于微生物有好氧与厌氧之分，其培养装置也相应地分为好氧发酵设备与厌氧发酵设备。对于好氧微生物，发酵罐通常采用通气和搅拌来增加氧的溶解，以满足其代谢需要。根据搅拌方式的不同，好氧发酵设备又可分为机械搅拌式发酵罐和通风搅拌式发酵罐。

4.3.3.1 机械搅拌式发酵罐

机械搅拌式发酵罐是发酵工厂常用的类型之一。它是利用机械搅拌器的作用，使空气和发酵液充分混合，促进氧的溶解，以保证供给微生物生长繁殖和代谢所需的溶解氧。比较典型的是通用式发酵罐。

通用式发酵罐是指既具有机械搅拌又有压缩空气分布装置的发酵罐。由于这种型式的罐是目前大多数发酵工厂最常用的，所以称为"通用式"。其容积可为 $20cm^3 \sim 200m^3$，有的甚至可达 $500m^3$。罐体各部有一定的比例，罐身的高度一般为罐直径的 $1.5\sim4$ 倍。发酵罐为封闭式，一般都在一定罐压下操作，罐顶和罐底采用椭圆形或碟形封头。为便于清洗和检修，发酵罐设有手孔或人孔，甚至爬梯，罐顶还装有窥镜和灯孔以便观察罐内情况。此外，还有各式各样的接管。装于罐顶的接管有进料口、补料口、排气口、接种口和压力表等；装于罐身的接管有冷却水进出口、空气进口、温度和其他测控仪表的接口。取样口则视操作情况装于罐身或罐顶。现在很多工厂在不影响无菌操作的条件下将接管加以归并，如进料口、补料口和接种口用一个接管。放料可利用通风管压出，也可在罐底另设放料口。

发酵罐的传热装置有夹套和蛇管两种。一般容积为 $5m^3$ 以下的发酵罐采用外夹套作为传热装置，而大于 $5m^3$ 的发酵罐采用立式蛇管作为传热装置。如果用 $5\sim10℃$ 的冷却水，也有发酵罐采用外蛇管作为传热装置。它是把半圆形钢或角钢制成螺旋形焊于发酵罐的外壁上而形成的。

在通用式发酵罐内设置机械搅拌的首要作用是打碎空气气泡，增加气-液接触面积，以提高气-液间的传质速率。其次是为了使发酵液充分混合，液体中的固形物料保持悬浮状态。通用式发酵罐大多采用涡轮式搅拌器。为了避免气泡在阻力较小的搅拌器中心部位沿着轴周边上升逸出，在搅拌器中央常带有圆盘。常用的圆盘涡轮搅拌器有平叶式、弯叶式和箭叶式三种，叶片数量一般为 6 个，少至 3 个，多至 8 个。对于大型发酵罐，在同一搅拌轴上需配置多个搅拌器。搅拌轴一般从罐顶伸入罐内，但对容积 $100m^3$ 以上的大型发酵罐，也可采用下伸轴。为防止搅拌器运转时液体产生漩涡，在发酵罐内壁需安装挡板。挡板的长度自液面起至罐底部为止，其作用是加强搅拌，促使液体上下翻动和控制流型，消除涡流。立式冷却蛇管等装置也能起一定的挡板作用。

通用式发酵罐内的空气分布管是将无菌空气引入发酵液中的装置。空气分布装置有单孔管及环形管等型式，装于最低一挡搅拌器的下面，喷孔向下，以利于罐底部分液体的搅动，使固形物不易沉积于罐底。空气由分布管喷出，上升时被转动的搅拌器打碎成小气泡并与液体混合，加强了气、液的接触效果。

发酵液中含有大量的蛋白质等发泡物质，在强烈的通气搅拌下将会产生大量的泡沫，导致发酵液外溢和增加染菌机会。消除发酵液泡沫除了可加入消泡剂外，在泡沫量较少时，可采用机械消泡装置来破碎泡沫。简单的消泡装置为耙式消泡桨，装于搅拌轴上，齿面略高于液面。消泡桨的直径为罐径的 $0.8\sim0.9$，以不妨碍旋转为原则。由于泡沫的机械强度较小，当少量泡沫上升时，耙齿就可以把泡沫打碎。也可制成半封闭式涡轮消泡器，泡沫可直接被涡轮打碎或被涡轮抛出撞击到罐壁而破碎，常用于下伸轴发酵罐，消泡器装于罐顶。

4.3.3.2 通风搅拌式发酵罐

在通风搅拌式发酵罐中，通风的目的不仅是供给微生物所需要的氧，同时还利用通入发酵罐的空气来代替搅拌器，使发酵液均匀混合。常用的有循环式通风发酵罐和高位塔式发酵罐。

循环式通风发酵罐是利用空气的动力使液体在循环管中上升，并沿着一定路线进行循环，所以这种发酵罐也叫空气带升式发酵罐（简称带升式发酵罐）。带升式发酵罐有内循环和外循环两种，循环管有单根的，也有多根的。与通用式发酵罐相比，它具有以下优点：①发酵罐内没有搅拌装置，结构简单，清洗方便，加工容易；②由于取消了搅拌用的电机，而通风量与通用式发酵罐大致相等，大大降低了动力消耗。

高位塔式发酵罐是一种类似塔式反应器的发酵罐，其高径比为 7 左右，罐内装有若干块筛板。压缩空气由罐底导入，经过筛板逐渐上升，气泡在上升过程中带动发酵液同时上升，上升后的发酵液又通过筛板上带有液封作用的降液管下降而形成循环。这种发酵罐的特点是省去了机械搅拌装置，如果培养基浓度适宜，而且操作得当的话，在不增加空气流量的情况下，基本上可达到通用式发酵罐的发酵水平。

4.3.3.3　厌氧发酵设备

厌氧发酵也称静止培养，因其不需供氧，所以设备和工艺都较好氧发酵简单。严格的厌氧液体深层发酵的主要特色是排除发酵罐中的氧。罐内的发酵液应尽量装满，以便减少上层气相的影响，有时还需充入无氧气体。发酵罐的排气口要安装水封装置，培养基应预先还原。此外，厌氧发酵需使用大剂量接种（一般接种量为总操作体积的 10%～20%），使菌体迅速生长，减少其对外部氧渗入的敏感性。乙醇、丙酮、丁醇、乳酸和啤酒等都是采用液体厌氧发酵工艺生产的。

图 4-8 为实验室及工业用机械搅拌式发酵罐，它们的结构类似，只是规模大小不同。

图 4-8　实验室（A）及工业用（B）机械搅拌式发酵罐 　　（彩图）

4.3.4　下游加工过程

从发酵液中分离、精制有关产品的过程称为发酵生产的下游加工过程。发酵液是含有细胞、代谢产物和剩余培养基等多种组分的多相系统，黏度通常很大，从中分离固体物质很困难。发酵产品在发酵液中的浓度很低，且常常与代谢产物、营养物质等大量杂质共存于细胞内或细胞外，形成复杂的混合物。欲提取的产品通常很不稳定，遇热、极端 pH、有机溶剂会分解或失活。另外，由于发酵是分批操作，生物变异性大，各批发酵液不尽相同，这就要求下游加工有一定的弹性，特别是对染菌的批号也要能够处理。发酵的最后产品纯度要求较高，上述种种原因使得下游加工过程成为许多发酵生产中最重要、成本费用最高的环节，如抗生素、乙醇、柠檬酸等的分离和精制占整个工厂投资的 60% 左右，而且有继续增加的趋势。发酵生产中因缺乏合适的、经济的下游处理方法而不能投入生产的例子很多。因此，下游加工技术越来越受到人们的重视。

下游加工过程由许多化工单元操作组成，通常可分为发酵液预处理和固液分离、提取、精制及成品加工 4 个阶段。其一般流程如图 4-9 所示。

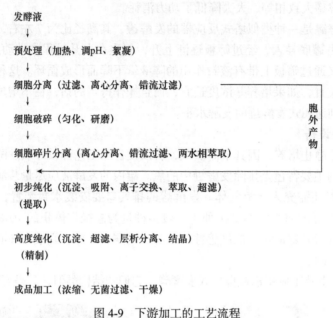

图 4-9　下游加工的工艺流程

4.3.4.1　发酵液预处理和固液分离

发酵液的预处理和固液分离是下游加工的第一步操作。预处理的目的是改善发酵液性质，以利于固液分离，常用酸化、加热、加絮凝剂等方法。固液分离则常用到过滤、离心等方法。如果欲提取的产物存在于细胞内，还需先对细胞进行破碎。细胞破碎方法有机械法、生物法和化学法，大规模生产中常用高压匀浆器和球磨机。细胞碎片的分离通常用离心、两水相萃取等方法。

4.3.4.2　提取

经上述步骤处理后，活性物质存在于滤液或离心上清液中，液体的体积很大，浓度很低。接下来要进行提取，提取的目的主要是浓缩，也有一些纯化作用。常用的方法如下。

1）吸附法：对于抗生素等小分子物质可用吸附法，现在常用的吸附剂为大网格聚合物，另外还可用活性炭、白土、氧化铝、树脂等。

2）离子交换法：极性化合物则可用离子交换法提取，该法也可用于精制。

3）沉淀法：沉淀法广泛用于蛋白质提取中，主要起浓缩作用，常用盐析、等电点沉淀、有机溶剂沉淀和非离子型聚合物沉淀等方法，沉淀法也用于一些小分子物质的提取。

4）萃取法：萃取法是提取过程中的一种重要方法，包括溶剂萃取、两水相萃取、超临界流体萃取、逆胶束萃取等方法。其中溶剂萃取法仅用于抗生素等小分子生物物质而不能用于蛋白质的提取，两水相萃取法则仅适用于蛋白质的提取而不适用于小分子物质的提取。

5）超滤法：超滤法是利用能截断一定分子质量的超滤膜而进行的溶质的分离或浓缩，可用于小分子物质提取中去除大分子杂质或大分子物质提取中的脱盐浓缩等。

4.3.4.3 精制

经提取过程初步纯化后，液体的体积大大缩小，但纯度提高不多，需要进一步精制。初步纯化中的某些操作，如沉淀、超滤等也可应用于精制。大分子（蛋白质）的精制依赖于层析分离，层析分离是利用物质在固定相和移动相间的分配情况不同，进而在层析柱中的运动速率不同，而达到分离的目的。根据分配机理的不同，分为凝胶层析、离子交换层析、聚焦层析、疏水层析、亲和层析等几种类型。层析分离中的主要困难之一是层析介质的机械强度差，研究生产优质层析介质是下游加工的重要任务之一。小分子物质的精制还可利用结晶操作。

4.3.4.4 成品加工

经提取和精制后，根据产品应用要求，有时还需要浓缩、无菌过滤和去热原、干燥、加稳定剂等加工步骤。浓缩可采用升膜或降膜式的薄膜蒸发，或者采用膜过滤的方法，对热敏性物质可用离心薄膜蒸发进行浓缩，对大分子溶液可用超滤膜过滤，对小分子溶液可用反渗透膜过滤进行浓缩。用截断分子质量为 10 000Da 的超滤膜可除去分子质量在 1000Da 以内的产品中的热原，同时也达到了过滤除菌的目的。如果最后要求的是结晶性产品，则上述浓缩、无菌过滤等步骤应放于结晶之前，而干燥则通常是固体产品加工的最后一道工序。干燥方法根据物料性质、物料状况及当地具体条件而定，可选用真空干燥、红外线干燥、沸腾干燥、气流干燥、喷雾干燥和冷冻干燥等方法。

热原和热原检测方法的研究进展

4.4 固 体 发 酵

某些微生物生长需水很少，可利用疏松而含有必需营养物的固体培养基进行发酵生产，称为固体发酵。我国传统的酿酒、制酱及天培（大豆发酵食品）的生产等均为固体发酵。另外，固体发酵还被用于蘑菇的生产、奶酪和泡菜的制作，以及动植物废料的堆肥等方面（表 4-2）。

表 4-2　固体发酵实例（引自 Smith，1996）

发酵案例	原料	所用微生物
蘑菇生产	麦秆、粪肥	双孢蘑菇、埃杜拉香菇等
泡菜	包心菜	乳酸菌
酱油	黄豆、小麦	米曲霉
大豆发酵食品	大豆	寡孢根霉
干酪	凝乳	娄格法尔特氏青霉
堆肥	混合有机材料	真菌、细菌、放线菌
花生饼素	花生饼	嗜食链孢霉
金属浸提	低级矿石	硫芽孢杆菌

续表

发酵案例	原料	所用微生物
有机酸	蔗糖、废糖蜜	黑曲霉
酶	麦麸等	黑曲霉
污水处理	污水成分	细菌、真菌和原生动物

固体发酵所用原料一般为经济易得、富含营养物质的工农业中的副、废产品，如麸皮、薯粉、大豆饼粉、高粱、玉米粉等。根据需要有的会对原料进行粉碎、蒸煮等预加工以促进营养物的吸收，改善发酵生产条件，有的需加入尿素、硫酸铵及一些无机酸、碱等辅料。

固体发酵一般都是开放式的，因而不是纯培养，无菌要求不高，它的一般过程为：将原料预加工后再经蒸煮灭菌，然后制成含一定水分的固体物料，接入预先培养好的菌种，进行发酵。发酵成熟后要适时出料，并进行适当处理，或进行产物的提取。根据培养基的厚薄可分为薄层和厚层发酵，用到的设备有帘子、曲盘和曲箱等。薄层固体发酵是利用木盘或苇帘，在上面铺 1～2cm 厚的物料，接种后在曲室内进行发酵；厚层固体发酵是利用深槽（或池），在其上部架设竹帘，帘上铺一尺[①]多厚的物料，接种后在深槽下部给予通气进行发酵。

固体发酵所需设备简单，操作容易，并可因陋就简、因地制宜地利用一些来源丰富的工农业副产品，因此至今仍在某些产品的生产上不同程度地被沿用着。但是这种方法有许多缺点，如劳动强度大，不便于机械化操作，微生物品种少、生长慢，产品有限等。因此，目前主要的发酵生产多为液体发酵。

4.5　典型产品的发酵生产

4.5.1　抗生素发酵生产

抗生素是生物体在生命活动中产生的一种次级代谢产物。这类有机物质能在低浓度下抑制或杀灭活细胞，这种作用又有很强的选择性。例如，医用的抗生素仅对造成人类疾病的细菌或肿瘤细胞有很强的抑制或杀灭作用，而对人体正常细胞的损害很小，这是抗生素能用于医药的原理。目前，人们在生物体内发现的 6000 多种抗生素中，约 60% 来自放线菌。抗生素主要用微生物发酵法生产，少数抗生素也可用化学方法合成。人们还对天然的抗生素进行生化或化学改造，使其具有更优越的性能，这样得到的抗生素叫半合成抗生素。抗生素不仅广泛用于临床医疗，也用在农业、畜牧业及环保等领域中。

青霉素作用机制的研究进展及其假说

青霉素是最早被发现并用于临床的一种抗生素。它于 1928 年为英国人 Fleming 发现的，20 世纪 40 年代投入工业生产，它能有效地控制伤口的细菌感染，在第二次世界大战期间挽救了数百万在战争中受伤者的性命。下面以青霉素为例简单介绍抗生素的发酵生产过程。

---

① 1 尺 $= \dfrac{1}{3}$ m

4.5.1.1 青霉素发酵生产菌株

最初由 Fleming 分离的点青霉（*Penicillium notatum*）只能产生 2U/mL 的青霉素。目前全世界用于生产青霉素的高产菌株，大都由菌株 Wis Q176（一种产黄青霉，*Penicillium chrysogenum*）经不同改良途径得到。20 世纪 70 年代以前，育种采用诱变和随机筛选方法，后来由于原生质体融合技术、基因克隆技术等现代育种技术的应用，青霉素工业发酵生产水平已达 85 000U/mL 以上。青霉素生产菌株一般在真空冷冻干燥状态下保存其分生孢子，也可以用甘油或乳糖溶剂作悬浮剂，在 -70℃冰箱或液氮中保存孢子悬浮液和营养菌丝体。

4.5.1.2 青霉素发酵生产培养基

（1）碳源 目前普遍采用淀粉经酶水解的葡萄糖糖化液进行流加。

（2）氮源 可选用玉米浆、花生饼粉、精制棉籽饼粉或麸皮，并补加无机氮源。

（3）前体 苯乙酸或苯乙酰胺，由于它们对青霉菌有一定的毒性，故一次加入量不能大于 0.1%，并采用多次加入方式。

（4）无机盐 包括硫、磷、钙、镁、钾等盐类，铁离子对青霉菌有毒害作用，应严格控制发酵液中铁含量在 30μg/mL 以下。

4.5.1.3 青霉素发酵工艺

发酵工艺流程：

冷冻管 → 斜面母瓶 ──孢子培养 25℃，6～7 天── 大米孢子 ──孢子培养 25℃，6～7 天── 一级种子罐

──种子培养 25℃ 40～45h，（1:2）vvm── 二级种子罐 ──种子培养 25℃，13～15h，（1:1.5）vvm── 发酵罐

──发酵 22～26℃，（1:1～1:0.8）vvm，6～7 天── 放罐 ──冷至 15℃── 提炼

（1）种子制备 种子制备阶段以生产丰富的孢子（斜面和大米孢子培养）或大量健壮的菌丝体（种子罐培养）为目的。为达到这一目的，在培养基中加入比较丰富的容易代谢的碳源（如葡萄糖或蔗糖）、氮源（如玉米浆）、缓冲 pH 的碳酸钙及生长所必需的无机盐，并保持最适生长温度（25～26℃）和充分通气、搅拌。在最适生长条件下，到达对数生长期时菌体量的倍增时间为 6～7h。在工业生产中，种子制备的培养条件及原材料质量均应严格控制以保持种子质量的稳定性。

（2）发酵培养 影响青霉素发酵产率的因素有环境因素，如 pH、温度、溶氧浓度、碳氮组分含量等；有生理变量因素，包括菌丝浓度、菌丝生长速率、菌丝形态等，对它们都要进行严格控制。发酵过程中 pH 一般控制在 6.4～6.6，发酵温度前期为 25～26℃，后期为 23℃，以减少后期发酵液中青霉素的降解破坏。此外，还要求发酵液中溶氧量不低于饱和溶解氧的 30%，通气比一般为（1:0.8）vvm（单位培养液体积在单位时间内通入的空气量）。

（3）发酵后处理 ①过滤：采用鼓式真空过滤器，过滤前加去乳化剂并降温。②提炼：用溶媒萃取法。将发酵滤液酸化至 pH2，加 1/3 体积的乙酸丁酯（BA），混合后以碟片

式离心机分离，得一次 BA 萃取液。然后以 NaHCO₃ 在 pH6.8～7.1 的条件下将青霉素从 BA 中萃取到缓冲液中。再调节 pH 至 2.0，将青霉素从缓冲液再次转入 BA 中，方法同上，得两次 BA 萃取液。③脱色：在两次 BA 萃取液中加活性炭脱色，过滤。④结晶：用丁醇共沸结晶法。将两次 BA 萃取液以 NaOH 溶液萃取，调 pH 至 6.4～6.8，得青霉素钠盐水浓缩液。之后加 3～4 倍体积的丁醇，进行真空蒸馏，将水与丁醇共沸物蒸出，则青霉素钠盐结晶析出，过滤，将晶体洗涤后干燥即得成品。

4.5.2　氨基酸发酵生产

氨基酸是构成蛋白质的基本单位，是人体及动物的重要营养物质，氨基酸产品广泛应用于食品、饲料、医药、化学、农业等领域。以前氨基酸主要由酸水解蛋白质制得，现在氨基酸的生产方法有发酵法、提取法、合成法、酶法等，其中最主要的是发酵法生产，用发酵法生产的氨基酸已有 20 多种。

谷氨酸是一种重要的氨基酸。我们吃的味精是以谷氨酸为原料生成的谷氨酸单钠的俗称，谷氨酸还可以制成对皮肤无刺激性的洗涤剂——十二烷基谷氨酸钠肥皂、能保持皮肤湿润的润肤剂——焦谷氨酸钠、质量接近天然皮革的聚谷氨酸人造革，以及人造纤维和涂料等。谷氨酸是目前氨基酸生产中产量最大的一种，同时谷氨酸发酵生产工艺也是氨基酸发酵生产中最典型和最成熟的。本书以谷氨酸为例简单介绍一下氨基酸的发酵生产。

4.5.2.1　谷氨酸发酵生产的菌种

谷氨酸发酵生产菌种主要有棒状杆菌属（*Corynebacterium*）、短杆菌属（*Brevibacterium*）、小杆菌属（*Microbacterium*）及节杆菌属（*Arthrobacter*）的细菌。除节杆菌属外，其他三属中有许多菌种适用于糖质原料的谷氨酸发酵。这些细菌都是需氧微生物，都需要以生物素为生长因子。我国谷氨酸发酵生产所用菌种有北京棒状杆菌（*C. pekinese*）AS1299，钝齿棒状杆菌（*C. crenatum*）AS1542、HU7251 及 7338、B9 等。这些菌株的斜面培养一般采用由蛋白胨、牛肉膏、氯化钠等组成，pH 为 7.0～7.2 的琼脂培养基，32℃培养 24h，冰箱保存备用。

4.5.2.2　谷氨酸发酵生产的原料制备

谷氨酸发酵生产以淀粉水解糖为原料。淀粉水解糖的制备一般有酸水解法和酶水解法两种。国内常用的是淀粉酸水解工艺：干淀粉加水调成一定浓度的淀粉乳，用盐酸调 pH 至 1.5 左右；然后直接用蒸汽加热，水解约 25min；冷却糖化液至 80℃，用 NaOH 调节 pH 至 4.0～5.0，使糖化液中的蛋白质和其他胶体物质沉淀析出；最后用粉末状活性炭脱色，在 45～60℃条件下过滤，即得到淀粉水解液。

4.5.2.3　菌种扩大培养

（1）一级种子培养　　采用液体培养基，由葡萄糖、玉米浆、尿素、磷酸氢二钾、硫酸镁、硫酸铁及硫酸锰等组成，pH 为 6.5～6.8，在锥形瓶内 32℃振荡培养 12h，贮于 4℃冰箱备用。

（2）二级种子培养　　培养基除用水解糖代替葡萄糖外，其他与一级种子培养基相仿。在种子罐内 32℃通气搅拌培养 7～10h，即可移种或冷却至 10℃备用。

4.5.2.4　谷氨酸发酵生产

发酵初期，菌体生长迟滞，2～4h 后即进入对数生长期，代谢旺盛，糖耗快，这时必须流加尿素以供给氮源并调节培养液的 pH 至 7.5～8.0，同时保持温度为 30～32℃。本阶段主要是菌体生长，几乎不产酸，菌体内生物素含量由丰富转为贫乏，时间约 12h。随后转入谷氨酸合成阶段，此时菌体浓度基本不变，糖与尿素分解后产生的 α- 酮戊二酸和氨主要用来合成谷氨酸。这一阶段应及时流加尿素以提供氨及维持谷氨酸合成的最适 pH（7.2～7.4），需要大量通气，并将温度提高到谷氨酸合成的最适温度（34～37℃）。发酵后期，菌体衰老，糖耗慢，残糖含量低，需减少流加尿素量。当营养物质耗尽、谷氨酸浓度不再增加时，及时放罐。发酵周期约为 30h。

4.5.2.5 谷氨酸提取

谷氨酸提取有等电点法、离子交换法、金属盐沉淀法、盐酸盐法和电渗析法，以及将上述方法结合使用的方法。国内多采用的是等电点 - 离子交换法。谷氨酸的等电点为 pH3.22，这时它的溶解度最小，所以将发酵液用盐酸调节 pH 到 3.22，谷氨酸就可结晶析出。晶核形成的温度一般为 25～30℃，为促进结晶，需加入 α 型晶种育晶 2h。等电点搅拌之后静置沉降，再用离心法分离即可得到谷氨酸结晶。等电点法提取了发酵液中的大部分谷氨酸，剩余的谷氨酸可用离子交换法进一步分离提纯和浓缩回收。谷氨酸是两性电解质，故与阳性或阴性树脂均能进行交换。当溶液 pH 低于 3.2 时，谷氨酸带正电荷，能与阳离子树脂进行交换。目前国内多用国产 732 型强酸性阳离子交换树脂来提取谷氨酸，然后在 65℃左右，用 NaOH 溶液洗脱，收集 pH3～7 的洗脱液再次进行等电点法提取。

4.5.3 维生素发酵生产

维生素是人体生命活动必需的要素，主要以辅酶或辅基的形式参与生物体各种生化反应。维生素在医疗中具有重要作用，如维生素 B 族用于治疗神经炎、角膜炎等多种炎症，维生素 D 是治疗佝偻病的重要药物等。此外，维生素还应用于畜牧业及饲料工业中。

维生素的生产多采用化学合成法，后来人们发现某些微生物可以完成维生素合成中的某些重要步骤，在此基础上，化学合成与生物转化相结合的半合成法在维生素生产中得到了广泛应用。目前可以用发酵法或半合成法生产的生物物质有维生素 C、维生素 B_2、维生素 B_{12}、维生素 D，以及 β- 胡萝卜素等。

维生素 C 又称抗坏血酸（ascorbic acid），能参与人体内多种代谢过程，使组织产生胶原质，影响毛细血管的渗透性及血浆的凝固，刺激人体造血功能，增强机体的免疫力。另外，由于它具有较强的还原能力，可作为抗氧化剂，已在医药、食品工业等方面获得广泛应用。维生素 C 的化学合成方法一般指莱氏法，后来人们改用微生物脱氢代替化学合成中 L- 山梨糖中间产物的生成，使山梨糖的得率提高了 1 倍，我国进一步利用另一种微生物将 L- 山梨糖转化为 2- 酮基 -L- 古龙酸，再经化学转化生产维生素 C，称为两步法发酵工艺。这种方法使得维生素 C 的产量得到大幅度提高，简单介绍如下。

第一步发酵是生黑葡萄糖酸杆菌（*Gluconobacter melanogenus*）或弱氧化醋酸杆菌（*Acetobacter suboxydans*）经过二级种子扩大培养，种子液质量达到转种液标准时，将其转移至含有山梨醇、玉米粉、磷酸盐、碳酸钙等组分的发酵培养基中，在 28～34℃条件下进行发酵培养。在发酵过程中可采用流加山梨醇的方式，其发酵收率达 95%，培养基中山梨醇浓度达到 25% 时也能继续发酵。发酵结束，发酵液经低温灭菌，得到无菌的含有山梨糖的发酵液，作为第二步发酵的原料。

第二步发酵是氧化葡萄糖酸杆菌（*G. oxydans*）和条纹假单胞杆菌（*Pseudomonas striata*）经过二级种子扩大培养，种子液达到标准后，转移至含有第一步发酵液的发酵培养基中，在28~34℃条件下培养60~72h。最后将发酵液浓缩，经化学转化和精制获得维生素C。

小　结

发酵工程是一门具有悠久历史，又融合了现代科学的技术，是现代生物技术的组成部分。现代的发酵工程不仅包括菌体生产和代谢产物的发酵生产，还包括微生物机能的利用，其主要内容为生产菌种的选育，发酵条件的优化与控制，反应器的设计及产物的分离、提取与精制等。工业生产上常用的微生物包括细菌、放线菌、霉菌和酵母菌等，根据微生物的种类不同，可以分为好氧性发酵和厌氧性发酵两大类；按照设备来分，发酵又可分为敞口发酵、密闭发酵、浅盘发酵和深层发酵，液体深层发酵在发酵工业中被广泛应用。根据操作方式的不同，液体深层发酵过程主要有分批发酵、连续发酵和补料分批发酵三种类型，它们有着各自的特点和应用范围。发酵过程中，为了能对生产过程进行必要的控制，需要对有关工艺参数进行定期取样测定或进行连续测量，这些参数包括温度、pH和溶解氧浓度等。用于微生物深层培养的设备称为发酵罐，包括多种类型，它应具有严密的结构，良好的液体混合性能，较高的传质、传热速率，同时还应具有可靠的检测及控制仪表。本章最后介绍了典型发酵产品的生产工艺，如青霉素、谷氨酸和维生素C的生产。

本章思维导图

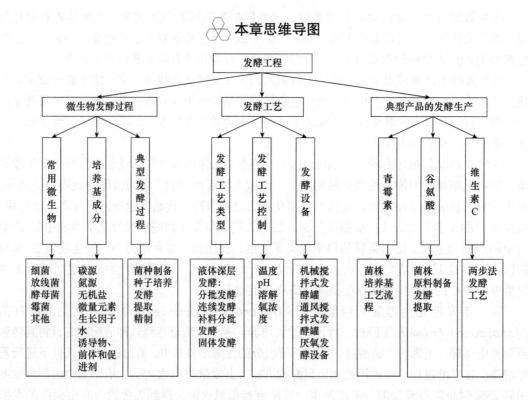

复习思考题

1. 微生物发酵有哪几种类型？
2. 发酵培养基由哪些成分组成？
3. 比较分批发酵、连续发酵和补料分批发酵的优缺点。
4. 下游处理过程分为哪几个步骤？相应的分离方法有哪些？
5. 简述青霉素的生产工艺。

主要参考文献

焦瑞身. 2003. 微生物工程. 北京：化学工业出版社

刘如林. 1995. 微生物工程概论. 天津：南开大学出版社

熊宗贵. 1995. 发酵工艺原理. 北京：中国医药科技出版社

姚汝华. 2005. 微生物工程工艺原理. 2版. 广州：华南理工大学出版社

俞俊棠，唐孝宣. 1992. 生物工艺学（上、下册）. 上海：华东化工学院出版社

朱圣庚. 1995. 生物技术. 上海：上海科学技术出版社

Smith J E. 1996. Biotechnology. 3rd ed. London：Cambridge University Press

（徐惠娟）

5 第五章
蛋白质工程与酶工程

学习目的

①了解蛋白质工程与酶工程概况，掌握蛋白质（酶）的生产和分离纯化的大致流程及方法。②对蛋白质（酶）的修饰改造方法、酶的人工模拟、酶的固定化和主要的酶反应器类型及生物传感器有一定的认识。

5.1 蛋白质工程与酶工程概况

5.1.1 蛋白质和酶

蛋白质是组成生物体的生物大分子之一，种类最多，含量最丰富，参与生物体内所有重要物质的组成及生理活动。在体内，蛋白质执行着酶的催化作用，使新陈代谢能有序地进行，从而表现出各种生命的现象；通过激素的调节代谢作用，以确保生物体正常的生理活动；产生相应的抗体蛋白，使人和动物具有防御疾病和抵抗外界病原侵袭的免疫能力；构建成各种生物膜，形成生物体内物质与信息交流的通路和能量转换的场所。总之，生物体的生长、发育、运动、繁殖等一切生命活动都离不开蛋白质，因此蛋白质是生命的物质基础，是生物生存的基本条件。

酶是一种具有高效性和特异性的生物催化剂，也是人类最早利用的一类蛋白质。早在4000多年前的中国夏禹时代，就已经出现利用微生物中的酶进行发酵的酿酒技术。西方关于酶利用的记载是约6000年前的古巴比伦人利用麦芽酿酒。但公认的酶的研究史是从1833年法国的帕耶恩（Payen）和珀索兹（Personz）发现第一个酶——淀粉酶开始的。随着对酶的深入研究，人们发现绝大多数酶是蛋白质，也有一些RNA具有催化功能，称为核酶。酶由于具有催化高效性和专一性及酶活力可以调控的特点，已经在人类的生活、生产中得到广泛的应用。到目前为止，对于天然酶的利用还多集中于蛋白质酶，不过对于核酶的研究已经显示了其在抗病毒和肿瘤治疗等生物医药领域中的应用前景。除了特殊说明外，本章中提到的酶均是蛋白质酶。

5.1.2 蛋白质工程与酶工程的定义

由于酶和蛋白质在生物体中的重要作用，酶在生产、生活中的应用自古就有，但大规模的开发和应用并成为一门学科是从20世纪六七十年代开始的。1971年第一次国际酶工程会议的召开，标志着酶工程学科和完善的技术体系的形成。酶工程是指酶制剂在工业上的大规模生产及应用，是酶学研究与其应用工程结合起来形成的一个新的技术领域。

蛋白质的最早利用是从古代的酿造技术对微生物酶的利用开始的。但随着科学技术的发展，蛋白质的利用已经扩大到酶的范围以外，如胰岛素、抗体、干扰素、白细胞介素等。20世纪80年代初，美国Gene公司的Ulmer博士，在 *Science* 上发表以 *Protein Engineering* 为题的专论，明确提出蛋白质工程的概念，标志着蛋白质工程的诞生。蛋白质工程是在分子生物学、结构生物学、生物信息学等学科的基础上，利用基因工程技术手段，改造天然蛋白质的性能，使其符合社会生产生活的需要。

5.2 蛋白质（酶）的生产

蛋白质的生产是指通过人工方式大量获得所需的蛋白质的过程。到目前为止，蛋白质的生产方法主要可以分为提取分离法、生物合成法及化学合成法。其中，提取分离法是最早采用的获得蛋白质的方法。提取分离法是采用各种提取、分离纯化技术从生物材料，包括动植物的组织、器官、细胞或者微生物细胞中将蛋白质提取出来，再进行分离纯化获得所需要的蛋白质的过程。现在仍有部分蛋白质的生产采用这种方法。例如，从植物组织提取的酶主要有蛋白酶、淀粉酶、氧化酶等，由动物器官提取的酶主要有胰蛋白酶、脂肪酶和用于奶酪生产的凝乳酶等。虽然从动植物组织、微生物细胞中提取蛋白质的方法简单易行，但此方法首先必须获得目的蛋白质含量丰富的生物材料，且由于生物材料中的生物分子成分复杂，要通过此方法获得大量的蛋白质，易受到原材料的限制及提取工艺的复杂性等很多因素的影响，有一定的局限性。20世纪50年代以后，随着发酵技术的发展，很多蛋白质都采用生物合成法进行生产。生物合成法是利用微生物细胞、植物细胞或动物细胞的生命活动而获得目的蛋白质的技术方法。生物合成法首先要经过筛选、诱变、细胞融合、基因重组等方法获得高产目的蛋白质的细胞，然后在人工控制条件的生物反应器中进行细胞培养，通过细胞内物质的新陈代谢作用，生成各种代谢产物，再经过分离纯化得到人们所需的蛋白质。自从1949年细菌 α-淀粉酶发酵成功以来，生物合成法就成为酶的主要生产方法。生物合成法与提取分离法相比，具有生产周期较短，酶的产率较高，不受生物资源、地理环境和气候条件等因素影响的优势。化学合成法是20世纪60年代中期出现的新技术。1965年，我国人工合成胰岛素的成功，开创了蛋白质化学合成的先河。但由于蛋白质的结构复杂，利用化学合成法生产蛋白质受到限制，难以工业生产。但利用化学合成法进行人工模拟酶研究是现代酶工程研究的一个趋势。

5.2.1 微生物发酵生产蛋白质（酶）

利用微生物细胞的生命活动合成所需蛋白质的方法称为发酵法。发酵法是当今生产蛋白质的主要方法。以微生物作为蛋白质生产的主要来源的原因有：①微生物生长繁殖快，生活周期短，产量高。一般来说，微生物的生长速率比农作物高500倍，比家畜高1000倍。②微生物培养方法简单，机械化程度高，易于管理控制。所用的培养基大都为农副产品，来源丰富，价格低廉，经济效益高。例如，同样生产1kg结晶的蛋白酶，如果从牛胰脏中提取需要1万头牛的胰脏，而由微生物生产则仅需数千克的淀粉、麸皮和黄豆粉等农副产品，在几天时间内便可生产出来。③微生物有较强的适应性和应变能力，可以采用适应、诱导、诱变及基因工程等方法培育出蛋白质（酶）产量高的新菌种或者基因工程菌。④发酵法获得的蛋白质（酶）较容易分离纯化。

微生物发酵产蛋白质（酶）首先必须选择合适的产蛋白质（酶）菌株，然后采用适当的培养基和培养方式进行发酵，使微生物生长繁殖并合成大量所需的蛋白质，再将发酵液中的蛋白质分离出来，并加以纯化，制成特定的蛋白质（酶）制剂。产蛋白质（酶）微生物包括细菌、放线菌、霉菌、酵母菌等。

5.2.1.1 优良的产蛋白质（酶）菌种的筛选

优良的产蛋白质（酶）菌种是提高蛋白质（酶）产量的关键，筛选符合生产需要的菌种是发酵产蛋白质（酶）的首要环节。一个优良的产蛋白质（酶）的菌种应具备以下几个条件：繁殖快、产酶量高、生产周期短；对底物和培养基的要求不苛刻；产蛋白质（酶）性能稳定、菌株不易退化、不易受噬菌体侵袭；产生的蛋白质（酶）容易分离纯化；不产生有毒物质和其他生理活性物质。

以产酶菌种为例，菌种的筛选方法主要包括以下几个步骤：含菌样品的采集，菌种分离，产酶性能测定及复筛等。对于产胞外酶的菌株，常采用分离和半定量测定相结合的方法来大致了解菌株的产酶性能。具体操作如下：将酶的底物和培养基混合倒入培养皿中制成平板，然后涂布含菌的样品，如果长出的菌落周围底物发生变化，即证明它产酶。对于产胞内酶的菌株，则可采用固体培养法或液体培养法来测定其产酶的性能。固体培养法是把菌种接入固体培养基中，保温数天，然后用水或缓冲液提取酶，测定其活力，这种方法主要适用于霉菌；液体培养法是将菌种接入液体培养基后，静置或在摇床上振荡培养一段时间（视菌种而异），再测定培养物中酶的活力，通过比较复筛，获得产酶性能较高的菌种。

5.2.1.2 基因工程菌（细胞）的构建

随着重组 DNA 技术的建立，人们越来越多地利用基因工程的方法将各种各样的蛋白质（酶）基因克隆到安全、生长迅速的微生物中进行高效表达，并通过发酵进行大量生产。特别是原有的产酶微生物为有害的或未经批准的菌株，重组 DNA 技术则更能显示出其独特的优越性。利用基因工程技术还可增加目的酶基因在克隆体中的拷贝数，进而提高酶蛋白的表达量。此外，运用基因工程技术可以改善原有酶的各种性能，如提高酶的稳定性、改变酶作用的最适温度、提高酶在有机溶剂中的反应效率和稳定性等。目前，世界上最大的工业酶制剂生产厂商丹麦诺维信公司（Novozyme），其生产酶制剂的菌种约有 80% 是基因工程菌。迄今已有 100 多种酶基因克隆成功，包括尿激酶基因、凝乳酶基因等。酶基因克隆及表达的大致步骤如图 5-1 所示。

基因克隆是酶基因工程的关键，基因克隆的原理与步骤在"第二章基因工程"中已有详细讨论。要构建一个具有良好产酶性能的菌株，还必须具备良好的宿主 - 载体系统。一个理想的宿

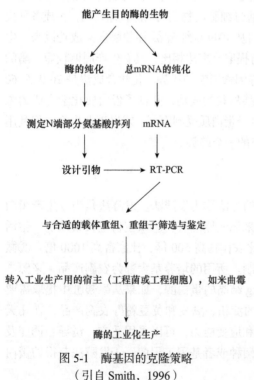

图 5-1　酶基因的克隆策略
（引自 Smith，1996）

主应具备以下几个特性：①所希望的酶占细胞总蛋白质量的比例要高，能以活性形式分泌；②菌体容易大规模培养，生长无特殊要求，且能利用廉价的原料；③载体与宿主相容，克隆酶基因的载体能在宿主中稳定维持；④宿主的蛋白酶尽可能少，产生的外源酶不会被迅速降解；⑤宿主菌对人安全，不分泌毒素。

纤溶酶原激活剂（plasminogen activator，t-PA）和凝乳酶是应用基因工程进行大量生产的成功例子之一。纤溶酶原激活剂是一类丝氨酸蛋白酶，能使纤溶酶原水解产生有活性的纤溶酶，溶解血块中的纤维蛋白，在临床上用于治疗血栓性疾病，促进体内血栓溶解。利用工程细胞生产的酶在疗效上与人体合成的酶完全一致，目前已用于临床。凝乳酶是生产乳酪的必需酶，最早是从小牛第四胃室（皱胃）的胃膜中提取出来的一种凝乳物质，由于它的需求量常受到动物供应的限制，而直接从微生物中提取的凝乳酶又常会引起乳酪有苦味，因此克隆小牛凝乳酶基因到微生物中发酵生产，在食品工业上具有重要的商业意义。利用酵母菌系统作为表达宿主产生的凝乳酶与从小牛胃中提取的天然酶的性质完全一致。

自然界蕴藏着巨大的微生物资源，但是迄今所发现的微生物中，有99%的微生物是在实验室内使用常规的培养方法培养不出的微生物。现在人们可以采用新的分子生物学方法直接从这类微生物中探索、寻找有开发价值的新的微生物菌种、基因和新的酶。目前科学家热衷于从极端环境条件下生长的微生物内筛选新的酶，主要研究嗜热微生物、嗜冷微生物、嗜盐微生物、嗜酸微生物、嗜硫微生物、嗜压微生物等。这就为新酶种和酶的新功能的开发提供了广阔的空间。目前在嗜热微生物的研究方面取得了可喜的进展。例如，耐高温的 α- 淀粉酶和 DNA 聚合酶等已获得广泛的应用。

5.2.1.3 微生物酶的发酵生产

微生物酶的发酵生产是指在人工控制的条件下利用微生物培养来生产所需的酶。其技术包括培养基的配制、发酵方式的选择及发酵条件的控制管理等。

（1）培养基　　由于酶是蛋白质，酶的生产过程也属于蛋白质的生物合成过程，微生物产酶的培养基的成分要有利于蛋白质的合成。首先，多数工业酶的合成受底物诱导和分解代谢物阻遏的双重调节作用，为提高酶产量，应在培养基中添加适量的诱导物，并设法尽量减少阻遏物的浓度。其次，各种营养物质的比例要适当，同时还应创造一个适于微生物生长和产酶的酸碱度环境。此外，还应注意到有利于有些微生物生长繁殖的培养基不一定有利于酶的合成，即细胞生长繁殖与产酶可能需要两种不同组分的培养基。培养基的组成包括碳源、氮源、无机盐类、生长因子等，在配制培养基时还应根据微生物的需要调节 pH。培养基的介绍详见 4.2.2。

（2）酶的发酵生产方式　　传统的酶的发酵生产方式有两种：一种是固体发酵，另一种是液体深层发酵。固体发酵法（见4.4）主要是用于真菌酶的生产，其中用米曲霉（*Aspergillus oryzae*）生产淀粉酶，以及用曲霉（*Aspergillus*）和毛霉（*Mucor*）生产蛋白酶在我国已有悠久的历史。这种培养方法虽然简单，但是操作条件不容易控制，物料利用不完全，劳动强度大，且容易染菌。随着微生物发酵工业的发展，现在大多数的酶是通过液体深层发酵（见4.3）培养生产的。液体深层发酵应注意控制温度、通气和搅拌、pH 等条件。

应用固定化细胞和固定化原生质技术分别生产胞外酶和胞内酶是近年来新兴的发酵产酶方法，与传统的液体或固体发酵技术相比，有许多突出的优点：首先，产酶细胞固定化后稳定性提高，可反复使用，可以在高稀释的环境下产酶，可实现自动化生产；其次，发酵液中含菌体较少，更有利于酶的分离纯化，酶的品质也相应地得以提升。特别是利用原生质技术生产胞外酶时，由于解除了细胞壁的透过屏障，胞内酶可以不断分泌到细胞外，酶的产量显著提高。葡萄糖氧化酶是一种胞内酶，广泛应用于葡萄糖检测和糖尿病的诊断，利用传统工艺生产葡萄糖氧化酶，不仅生产工艺复杂，而且产量和质量都难以符合要求，而采用固定化原生质技术生产，其产量明显提高，其胞外葡萄糖氧化酶比产率几乎接近利用相应的游离细胞生产的胞外和胞内葡萄糖氧化酶的比产率之和。

（3）提高酶产量的措施　　在酶的发酵生产过程中，为了提高酶的产量，除了选育优良的产酶菌株外，还可以采用一些与酶发酵工艺有关的措施，如添加诱导物、降低阻遏物浓度等。

1）添加诱导物：在发酵培养基中添加诱导物可诱导酶的生成，提高酶的产量。诱导物可以是酶的作用底物、反应产物和底物类似物。例如，青霉素可诱导青霉素酰化酶的合成，而纤维素二糖则可诱导纤维素酶的产生。

2）降低阻遏物浓度：降低阻遏物浓度可减少微生物酶在生产中受到代谢末端产物或分解代谢物的阻遏作用。例如，在β-半乳糖苷酶的生产中，就受到葡萄糖引起的分解代谢物的阻遏作用。只有在培养基中不含葡萄糖时，才能大量诱导产酶。为避免分解代谢物的阻遏作用，可采用难以利用的碳源，或采用分次添加碳源的方法使培养基中的碳源保持在不至于引起分解代谢物阻遏的浓度。对于受末端产物阻遏的酶，如在组氨酸的合成途径中，10种酶的生物合成受到产物组氨酸的反馈阻遏，若在培养基中添加末端产物组氨酸的类似物2-噻唑丙氨酸，解除组氨酸的反馈阻遏作用，可使这10种酶的产量增加10倍。

3）添加表面活性剂：在发酵生产中，非离子型的表面活性剂常被用作产酶促进剂，原因可能是它的作用改变了细胞的通透性，使更多的酶从细胞内透过细胞膜泄漏出来，从而打破了胞内酶合成的反馈平衡，提高了酶的产量。此外，有些表面活性剂对酶分子有一定的稳定作用，可以提高酶的活力。例如，利用霉菌发酵生产纤维素酶，添加1%的吐温可使纤维素酶的产量提高几到几十倍。

4）添加产酶促进剂：产酶促进剂是指那些能提高酶产量但作用机理尚未阐明的物质，它可能是酶的激活剂或稳定剂，也可能是产酶微生物的生长因子，或有害金属的螯合剂。例如，添加植酸钙可使多种霉菌的蛋白酶和橘青霉（*P. citrinum*）的5'-磷酸二酯酶的产量提高2～20倍。

5.2.2　动植物细胞培养生产蛋白质

自20世纪70年代以来，植物细胞培养和动物细胞培养技术的兴起和发展，使蛋白质的生产方法进一步发展。通过特定技术获得优良的动物或植物细胞，然后在人工控制条件的反应器中进行细胞培养，通过细胞的生命活动合成各种蛋白质，并经过分离纯化获得所需要的目的蛋白质。例如，利用大蒜细胞培养生产超氧化物歧化酶，利用人黑色素瘤细胞生产血纤维蛋白溶酶原激活剂等。

5.2.2.1　植物细胞培养生产蛋白质

植物细胞培养（见3.1）主要用于生产色素、药物、香精、酶等产物。迄今为止，植物来源的物质的生产大都采用提取分离法，但首先必须获得植物原材料，而植物原材料会受到一定条件的限制，如地理环境、气候条件等，因此发展植物细胞培养技术，生产各种植物来源的天然产物及酶，具有深远的意义和广阔的前景。目前利用植物细胞培养技术生产的酶已有十多种。

植物细胞培养技术首先从植物外植体中选育出植物细胞，再经过筛选、诱变、原生质体融合或DNA重组等技术获得优良的植物细胞。然后在人工控制条件下进行植物细胞培养，从而获得所需的产物。植物细胞可以通过机械捣碎或酶解的方法直接从外植体中分离得到，也可以通过诱导愈伤组织而获得，还可以通过分离原生质体后再经过细胞壁再生而获取。通常采用愈伤组织诱导方法获得所需的植物细胞。植物细胞培养方式有液体悬浮培养、固定化细胞培养等。

5.2.2.2　动物细胞培养生产蛋白质

动物细胞培养（见3.2.1）的主要目的是获得疫苗、激素、多肽药物、单克隆抗体、酶等功能性蛋白质。动物细胞培养是在20世纪50年代伊尔勒（Earle）等开始进行病毒疫苗的细胞培养的基础上，于20世纪60年代迅速发展起来的技术，1967年开发的适合动物细胞贴壁培养的微载体技术和1975年发明的杂交瘤技术，有力地推动了动物细胞培养技术的发展。

动物细胞可以通过采用离心分离技术、杂交瘤技术、胰蛋白酶消化处理技术等而获得。来自血液等体液中的动物细胞通常采用离心分离技术获得，杂交瘤细胞则要首先分离肿瘤细胞和免疫淋巴细胞，再在一定条件下将肿瘤细胞和免疫淋巴细胞进行细胞融合，然后筛选得到杂交瘤细胞；其他动物体细胞通常采用胰蛋白酶消化处理动物的组织、器官，使细胞分散成为悬浮液。动物细胞培养的方式有悬浮培养、贴壁培养和微载体培养等。来自血液、淋巴组织的细胞、肿瘤细胞和杂交瘤细胞等，可以采用悬浮培养的方式；存在于淋巴组织以外的组织器官中的细胞，它们具有锚地依赖性，必须依附在带有适当正电荷的固体或半固体物质的表面上生长，采用贴壁培养或微载体培养。

5.3　蛋白质（酶）的分离纯化

不管是以动植物或者微生物为原料通过提取分离法获得蛋白质，还是通过微生物发酵或动植物细胞培养的生物合成法获得蛋白质都需要将目的蛋白质制备出来，也就是将目的蛋白质从原料中提取出来，然后再与杂质分开，从而获得满足一定纯度要求的蛋白质制品。这个过程称为蛋白质的分离纯化。

5.3.1　蛋白质（酶）制剂分离纯化的一般流程

蛋白质的分离纯化步骤一般包括细胞破碎、抽提、纯化、纯度鉴定、浓缩、干燥等步骤。

（1）细胞破碎　　除了胞外酶的提取以外，所有胞内酶均需将细胞破碎后方可进一步抽提。破碎细胞有许多方法，动植物细胞常用高速组织捣碎机和组织匀浆器破碎。微生物细胞的破碎则有酶法、化学试剂法及机械、超声波等物理破碎法。细胞破碎时要注意降温，防止过热造成蛋白质或者酶变性。

（2）抽提　　通过适当的溶液或溶剂，使破碎后的细胞中的蛋白质充分溶解到缓冲液中并尽可能保持活性的过程，称为抽提。大多数蛋白质都可用稀盐溶液、缓冲液、稀酸或稀碱抽提，有时候抽提液还需要加入蛋白酶抑制剂、抗氧化剂、增溶剂等使蛋白质保持稳定。一些和脂类结合比较牢固或分子中非极性侧链较多的蛋白质难溶于水、稀盐、稀酸或稀碱中，可以用不同比例的有机溶剂提取。抽提时应注意温度，温度提高可以增大蛋白质的溶解性，但容易引起蛋白质变性或者被抽提液中自身蛋白酶水解，因此，大多数情况下，抽提最好在低温中进行。抽提液的 pH、抽提液的体积、抽提时间均对抽提率有所影响，抽提时还应避免剧烈搅拌等以防止蛋白质变性。

（3）纯化　　蛋白质的纯化一般分为粗分离纯化和细分离纯化。经过细胞破碎和抽提得到的粗提取液中物质成分十分复杂，物理化学性质相近的物质很多，且欲制备的目的蛋白质浓度一般很低，因此希望能较快速地除去大部分与目的蛋白质物理化学性质差异大的杂质，此时适合采用粗分离方法进行纯化。粗分离纯化方法一般要求：①要快速、粗放；②能较大地缩小体积；③分辨率不必太高；④负荷能力要大。沉淀分离、离心分离、过滤与膜分离是粗分离纯化常用的方法。经过粗分离纯化的蛋白质，如果还需要获得更高的纯度，则需要进一步进行细分离纯化。细分离纯化的主要方法是各种柱层析技术（见 5.3.5）。

（4）浓缩　　由于抽提液中或者纯化得到的蛋白质或酶的浓度一般都比较低，必须经过进一步浓缩以便于保存、运输和应用。浓缩是从低浓度蛋白质溶液中除去部分水分或者其他溶剂而成为高浓度的蛋白质溶液的过程。大多数纯化蛋白质的操作如沉淀分离、离心分离、过滤与膜分离、离子交换层析分离等能起到浓缩的作用，工业上常采用真空薄膜浓缩法以保证酶在浓缩过程中基本不失活。

（5）干燥　　含水量高的蛋白质或酶制剂即使在低温下也极不稳定，只能作短期保存。为便于蛋白质（酶）制剂长时间的运输、储存，防止蛋白质变性，往往需对蛋白质制剂进行干燥，制成含水量较低的制品，同时加入适当的稳定剂及填充剂。常用的干燥方法有真空干燥、冷冻干燥、喷雾干燥、气流干燥等。

5.3.2　沉淀分离法

沉淀是溶液中的溶质由液相变成固相析出的过程，是利用不同物质在溶剂中的溶解度不同而达到分离的目的。通过沉淀，将目的生物大分子转入固相沉淀或留在液相，而与杂质得到初步的分离，这种方法称为沉淀分离。沉淀分离是蛋白质纯化粗分离常用的一种方法。其优点是操作简便，成本低廉。

常用的沉淀方法有以下 4 种。

（1）中性盐沉淀法　　中性盐沉淀法也称为盐析法。盐析是在溶液中加入中性盐使蛋白质沉淀析出的过程。盐析法是利用不同蛋白质在不同盐浓度下溶解度不同的特性，通过在蛋白质的抽提液中添加一定浓度的中性盐，使目的蛋白质或其他杂蛋白盐析出来，从而使两者分离的方法。盐析法是在蛋白质的分离纯化中应用最早，而且至今仍然广泛使用的方法。

最常用的中性盐是硫酸铵，其溶解度大，分离效果好，不易引起蛋白质变性，价格便宜，废液不污染环境。但铵离子的存在会干扰蛋白质的测定，有时也用其他中性盐进行盐析。

（2）有机溶剂沉淀法　　有机溶剂沉淀法是利用蛋白质和其他杂蛋白在有机溶剂中的溶解度不同，通过添加一定量的有机溶剂使目的蛋白质或杂蛋白沉淀析出，从而使两者分离的方法。中性有机溶剂如乙醇、丙酮，可与水混溶，能使大多数球状蛋白质在水溶液中的溶解度降低而沉淀析出。但该法容易引起蛋白质变性，宜在低温下进行。

（3）等电点沉淀法　　等电点沉淀法是利用不同蛋白质的等电点不同，而蛋白质在等电点时溶解度最低的特性，通过改变溶液的 pH，使目的蛋白质或杂蛋白沉淀析出，从而使两者分离的方法。但此法单独应用较少,多与其他方法结合使用。

(4)选择性沉淀法 选择性沉淀法是选择一定条件使蛋白质溶液中存在的杂蛋白或者目的蛋白质沉淀从而使两者分离的方法,包括热变性沉淀和酸碱变性沉淀等,多用于除去某些不耐热的或在一定 pH 下易变性的杂蛋白。

5.3.3 离心分离法

离心分离是借助于离心机旋转所产生的离心力,使不同大小、不同密度的物质分离的过程。许多酶往往富集于某一特定的细胞器内,因此匀浆处理后应先通过离心得到某一特定的亚细胞成分,如细胞核、线粒体、溶酶体等,使酶先富集 10~20 倍,然后再对某一特定的酶进行纯化。离心时,离心力越大,所需的离心时间就越短。在条件许可时,可选用稍大的离心力,以节约离心时间,同时也减少酶变性的可能性。常用的离心方法有等速离心、差速离心、密度梯度离心(又称区带离心),其中差速离心一般适用于酶的粗分离或浓缩,密度梯度离心则只能用于少量酶的提纯精制。

5.3.4 过滤与膜分离

过滤是借助过滤介质将不同大小、不同形状的物质分离的技术。根据介质截留的物质颗粒大小不同,过滤可以分为粗滤、微滤、超滤和反渗透 4 类。根据过滤介质的不同,过滤又可以分为膜过滤和非膜过滤两类。非膜过滤是采用膜以外的物质如滤纸、多孔陶瓷等作为过滤介质,主要包括粗滤和部分微滤级别的过滤。膜过滤或者膜分离是借助具有一定孔径的高分子薄膜,将大小、性状特性不同的物质颗粒进行分离的技术,包括超滤、透析、反渗透及大部分微滤的方法。膜分离所使用的薄膜主要是由丙烯腈、醋酸纤维素、赛璐玢及尼龙等高分子聚合物制成的高分子膜。膜的孔径有多种规格可供选择。

5.3.5 层析分离

层析分离也称色谱分离,是一种物理的分离方法。层析由互不相溶的两个相组成,即固定相(固体或吸附在固体上的液体)和流动相(液体或气体)。层析时,利用混合物中各组分理化性质(如吸附力、分子形状和大小、分子极性、分子亲和力、溶解度等)的差异,使各组分不同程度地分布在两相中,随着流动相从固定相上流过,不同组分以不同速度移动而最终被分离。混合物的组分在两相中的分配情况,一般用分配系数(K_d)来描述。混合物各组分的分配系数差异越大,越容易被分离开。蛋白质纯化常采用柱层析技术,包括凝胶过滤层析、离子交换层析、亲和层析、疏水层析、吸附层析和层析聚焦等。

(1)凝胶过滤层析 凝胶过滤层析也称为排阻凝胶层析和分子筛层析。利用具有网状结构的高分子聚合物凝胶的分子筛作用,根据分离物质的分子大小不同来进行分离(图 5-2A)。分离蛋白质时,当含有多种蛋白质的混合溶液流经凝胶层析柱时,大分子蛋白质由于分子直径大,不能进入凝胶的微孔中,因而在凝胶颗粒间隙中移动,速度较快;小分子蛋白质则可自由出入凝胶颗粒的微孔内,路径加长,移动缓慢,从而使蛋白质混合液中各组分按照相对分子质量由大到小的顺序先后流出层析柱,达到分离的目的。

(2)离子交换层析 离子交换层析是利用离子交换剂作为固定相,可以吸附带相反电荷的离子,不同蛋白质由于等电点不同,在同一 pH 溶液中所带的电荷种类和(或)数量不

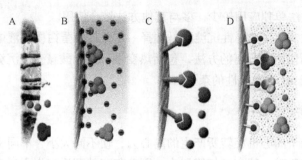

图 5-2 柱层析原理示意图
A. 凝胶过滤层析；B. 离子交换层析；C. 亲和层析；D. 疏水层析

同，因而与层析介质离子交换剂的结合能力不同（图 5-2B）。可以通过改变洗脱液的酸碱度或盐浓度梯度，削弱其结合能力，把结合在离子交换剂上的蛋白质分别洗脱下来，达到纯化的目的。离子交换层析是所有蛋白质纯化与浓缩方法中最有效的方法之一。

（3）亲和层析　　亲和层析是利用蛋白质与载体之间的专一性结合和可逆解离的性质来分离蛋白质，具有结合效率高、分离速度快的特点（图 5-2C）。亲和层析根据配基的不同，可分为生物亲和层析、免疫亲和层析、金属离子螯合亲和层析、拟生物亲和层析、凝集素亲和层析等。生物亲和层析是利用酶和底物、酶和抑制剂、激素和受体等生物分子的亲和力进行的。例如，以谷胱甘肽（GST）为配基可以吸附谷胱甘肽转移酶融合蛋白。免疫亲和层析是利用抗原和抗体的亲和力进行的，以抗原或者抗体作为配基。除此之外，还可以以蛋白 A 或者蛋白 G 为配基，对免疫球蛋白 IgG 可以专一性吸附。金属离子螯合亲和层析是利用生物分子中的某些基团与层析柱上的金属离子形成可逆性结合的一种亲和层析的方法。例如，Ni 柱可以亲和吸附蛋白质的组氨酸残基的咪唑基。拟生物亲和层析是模拟生物分子结构或者特定部位，以人工合成的配基为固定相吸附目的蛋白质。例如，一些有机染料如蒽醌化合物、偶氮化合物等，具有类似辅酶 NAD^+ 的结构，因此需要该辅酶的酶对这些染料有一定的亲和力，可以用来纯化该类酶。凝集素亲和层析是利用生物分子中的某些基团能与层析介质上的凝集素配基特异性可逆结合的一类亲和层析。凝集素是一类能与糖的残基专一可逆结合的蛋白质。凝集素亲和层析可以用于各种糖蛋白的分离纯化。

当蛋白质经亲和吸附后，可以通过改变缓冲液的离子强度或 pH 的方法，将蛋白质洗脱下来，也可以使用浓度更高的同一配体溶液或亲和力更强的配体溶液洗脱。

（4）疏水层析　　蛋白质分子表面大都有或强或弱的疏水区域，在不同环境下，与各种疏水介质产生强弱不同的结合，利用这个特性使蛋白质分离的方法称为疏水层析（图 5-2D）。疏水作用的强度随着盐浓度的增加而增加，因此在高盐浓度下大部分蛋白质被疏水介质所吸附，而当洗脱液的离子浓度逐渐降低时，蛋白质样品则按其疏水特性被依次洗脱下来，疏水性越强，洗脱时间越长。常用的疏水介质的配基有丁基、辛基、苯基等。

（5）吸附层析　　吸附层析是利用吸附剂对不同物质的吸附力不同而使混合物中各组分分离的层析方法。通常用于蛋白质分离纯化的吸附剂有硅藻土、氧化铝、磷酸钙、羟基磷灰石和活性炭等。

（6）层析聚焦　　层析聚焦是利用多缓冲离子交换剂为层析介质，当多缓冲液流过离子交换柱时，层析柱内会形成 pH 梯度，不同的蛋白质有不同的等电点，它们上柱后通过多缓冲液的洗脱，会按等电点顺序流出从而达到分离的目的。层析聚焦兼备了等电点聚焦电泳和离子交换层析的优点，既具有等电聚焦电泳的高分辨率，又具有柱内容量大的特点，具有较大的应用价值。

5.3.6　蛋白质纯度鉴定

蛋白质纯度鉴定是根据蛋白质分子的带电性、电荷量多少和分子质量大小等理化性质来鉴定。可通过电泳法、层析法、超速离心法、N 端分析法、免疫技术等方法鉴定蛋白质纯度。单独采用任何一种方法鉴定蛋白质纯度的结果只能作为蛋白质均一性的必要条件而不是充分条件。例如，通过电泳方法鉴定蛋白质纯度证明蛋白质是均一的时，并不能表明蛋白质就是绝对均一的，因为通过另一种方法可能检测到蛋白质还含有少量杂质，因此纯度是相对的，这种情况只能说蛋白质纯度达到了"电泳纯"，而不能说是纯蛋白。如果纯化的是酶，纯化后，应保留酶活性。

5.3.7　酶活力测定及纯化效果的评价

酶活力即酶活性，是指酶催化某个化学反应的能力。酶活力大小可以用在一定条件下，酶所催化的某一反应的反应速率来表示。酶催化的反应速率越快，酶活性越高，反之则越低。酶反应速率可以用单位时间内、单位体积中底物的减少量或产物的增加量来表示。酶活力测定的主要方法有分光光度法、测压法、旋光测量法、电化学法、荧光法、同位素测定法、酶联测定法等。

在酶的分离纯化过程中需要对酶的含量进行定量测定，酶活力单位是反映酶量的指标，是指在最适条件下，每分钟催化形成 1μmol 产物所需的酶量。酶的含量可以用一定质量或体积的生物材料含有多少酶活力单位来表示。为了比较酶制剂的纯度，常采用比活力这个概念，比活力是指每毫克酶蛋白所含的酶活力单位数。比活力反映酶的纯度，在酶的制备过程中，比活力越大，表示酶纯度越高。

对酶纯化效果的评价可以通过得率和纯化倍数两个指标来衡量。

$$得率＝（每次总活力 / 第一次总活力）\times 100\%$$
$$纯化倍数＝每次比活力 / 第一次比活力$$

在酶的提纯过程中每一步骤都必须测定酶的比活力及总活力，计算纯化倍数及得率，纯化倍数及得率是评价分离纯化方法是否合适的两个重要指标。纯化倍数反映了纯化方法的效率。得率反映了提纯过程中酶活力的损失情况。如果经过某个纯化步骤后比活力没有提高，则说明此步骤无效或不合适；但是如果比活力提高很多，而酶的总活力损失很大，则此步骤也不合适。因此，纯化后比活力提高得越多，总活力损失越少，则纯化效果就越好。但是实际上纯化倍数与得率不可能两者兼顾，纯化倍数越大，往往得率越低，得率越高时，纯化倍数可能就不够理想，应根据具体情况作相应的取舍。

5.3.8　蛋白质（酶）制剂的保存

蛋白质（酶）制剂依形态上的不同可分为两类：固体制剂和液体制剂。液体制剂生产简单，成本较低，使用方便，但需较大的储存空间。相比之下，固体制剂体积小，容易保存运输，比较稳定，故多数工业蛋白质（酶）制剂以此种形态保存。但无论是何种形态，其保存条件都应有利于维护蛋白质（酶）的天然结构，保存酶活力，以下几点必须特别注意。

（1）温度 蛋白质（酶）的保存温度一般在0~4℃，但有些酶在低温下反而容易失活，因为在低温下亚基间的疏水作用减弱会引起酶的解离。此外，0℃以下溶质的冰晶化还可能引起盐分的浓缩，导致溶液的pH发生改变，从而可能引起酶巯基间连接成为二硫键，损坏酶的活性中心，并使酶变性。

（2）缓冲液 大多数酶在特定的pH范围内稳定，偏离这个范围便会失活，这个范围因酶而异。例如，溶菌酶在酸性区稳定，而固氮酶则在中性偏碱区稳定。

（3）氧化/还原 由于巯基等酶分子基团或Fe-S中心等容易被氧化物氧化，故这类酶应加入巯基或其他还原剂加以保护，或者在氩气或氮气中保存。

（4）蛋白质的浓度及纯度 一般来说，蛋白质（酶）的浓度越高，蛋白质越稳定，制备成晶体或干粉更有利于保存。此外，还可通过加入酶的各种稳定剂，如底物、辅酶、无机离子等来加强酶的稳定性，延长酶的保存时间。

5.4 蛋白质（酶）分子的修饰与改造

酶具有催化效率高、反应条件温和、专一性强等特点，因此被广泛地应用于工业、农业、医药和环保等领域。目前自然界已发现的酶达数千种，但工业上常用的酶只有几十种。限制了酶被进一步开发利用的原因很多，究其根源还是酶的特性使然。酶一旦离开其特定的作用环境，常常变得不太稳定，不适应工业上生产工艺的条件；酶作用的最适pH条件一般在中性，但在工业生产和应用中，由于底物及产物带来的影响，pH常偏离中性范围，使酶难以发挥作用；在临床应用上，由于绝大多数的酶对人体而言都是外源蛋白质，易引起免疫反应而被识别降解。基于上述原因，人们希望通过各种人工方法修饰、改造酶，使其更能适应各方面的需要。

蛋白质的化学修饰是通过分子修饰的方法来改变已分离出来的天然蛋白质的结构，其目的在于改变蛋白质的一些性质，如提高酶的稳定性、延长体内半衰期等。而蛋白质分子的改造则是通过设计以改变蛋白质的结构。蛋白质分子的改造方案包括了理性设计和非理性设计。理性设计是利用各种生物化学、生物物理学、蛋白质晶体学、蛋白质光谱学等方法获得有关蛋白质分子的结构、特性和功能等信息，并以其结构功能关系为依据，采用改变（修饰）蛋白质分子中个别氨基酸残基的方法或者从头设计的方法对蛋白质分子进行改造，最后获得具有新性状的突变蛋白质或者新的蛋白质，该方案采用化学修饰、定点突变等方法。非合理设计或非理性设计（irrational design）是在事先不了解蛋白质分子的三维结构信息和催化机制，对蛋白质的结构与功能的相关性知之甚少的情况下，在实验室中人为地创造特定的进化条件，模拟漫长的自然进化过程（随机突变、基因重组、定向选择或筛选），创造基因多样性及特定的筛选条件，从而在大量随机突变库中定向选择或筛选出所需性质或功能的突变蛋白质（酶），达到定向改造蛋白质（酶）的目的。

5.4.1 化学修饰

从广义上说，通过化学基团的引入或除去，使蛋白质共价结构发生改变的过程称为化学修饰。因此，凡涉及共价或部分共价键的形成或破坏，从而改变蛋白质（酶）的性质均可看作蛋白质的化学修饰。对蛋白质进行化学修饰，一方面可以为研究其结构和功能关系提供实验依据；另一方面通过合适的化学修饰剂及修饰方法对蛋白质进行化学修饰，可以改造蛋白质，弥补它们的缺陷，还可以获得某些优良特性。例如，化学修饰酶可以提高酶对热、酸、碱和有机溶剂的耐性；改变酶的底物专一性和最适 pH 等酶学特性，降低医用酶的免疫原性和抗原性，甚至可以创造新的催化活性。

蛋白质化学修饰可以分为表面化学修饰和分子内部修饰。表面化学修饰又分为大分子修饰和小分子修饰。分子内部修饰又分为蛋白质主链修饰和氨基酸置换修饰。

5.4.1.1　表面化学修饰

（1）大分子修饰　　大分子修饰是利用水溶性大分子如聚乙二醇（PEG）、右旋糖酐、肝素、蔗糖聚合物等，与酶共价结合，使酶的空间结构发生某些精细的改变，从而改变酶的特性与功能的方法。例如，超氧化物歧化酶（SOD）是一类广泛存在于生物体的，可以消除氧自由基的金属酶，具有延缓衰老、消炎、抗肿瘤的效果，但是它在体内的半衰期短，稳定性差，且具有免疫原性，因此其临床应用受到限制。PEG 修饰超氧化物歧化酶后，其半衰期延长，由几分钟提高到数十小时；分子体积增大，不易被肾脏排除；PEG 连接形成的 PEG 膜屏障遮挡了抗原决定簇，降低了抗原性，抑制免疫反应的发生；且 PEG 保护层不易被蛋白酶水解。α-干扰素是治疗慢性乙型肝炎或慢性丙型肝炎的首选药物，可以有效地抑制或清除病毒，疗效持久，可阻止肝硬化或肝癌的发生。但普通干扰素体内半衰期短，只有 4h。长效干扰素派格宾是我国自主研发的 PEG 修饰第三代长效干扰素，也是我国上市的首个拥有自主知识产权的长效干扰素。它通过 40kDa 的聚乙二醇分子以 Y 形结构修饰干扰素 α-2b 的 134 位赖氨酸残基，使干扰素在体内更具稳定性，又不影响干扰素与受体的结合发挥其作用。

（2）小分子修饰　　小分子修饰是利用小分子化合物对蛋白质的侧链基团进行化学修饰，以改变蛋白质的性质。将胰凝乳蛋白酶表面氨基修饰成亲水性更强的—$NHCH_2COOH$ 并达到一定程度时，酶在 60℃ 时的热稳定性提高了 1000 倍，温度更高时稳定化效应更强，可以经受高温灭菌等极端条件，有利于在医疗上的使用。

5.4.1.2　分子内部修饰

（1）蛋白质主链修饰（肽链有限水解修饰）　　肽链的水解在限定的肽键上进行，称肽链有限水解。蛋白质的抗原性与其分子大小有关，大分子外源蛋白质往往具有较强的抗原性。小分子蛋白质或肽段抗原性较低或无抗原性。肽链有限水解后，分子质量减小，在保持酶活力的前提下，消除抗原性。酶蛋白的肽链被水解后可能：①引起酶活性中心的破坏，酶失去催化功能；②仍维持活性中心的完整构象，保持酶活力；③有利于活性中心与底物结合并形成准确的催化部位，酶活力提高。猪胰岛素和人胰岛素仅 B 链羧基端有一个氨基酸的差别。用蛋白水解酶将猪胰岛素 B 链末端丙氨酸水解下来，再在一定条件下接上苏氨酸，即可将猪胰岛素替换成人胰岛素，消除了抗原性。用胰蛋白酶对天冬酰胺酶进行修饰，切去 10 个氨基酸，活力提高了 5.5 倍。

（2）氨基酸置换修饰　　氨基酸置换修饰是通过选择性地化学修饰氨基酸侧链成分，将肽链上的某一个氨基酸置换成另一个氨基酸，引起酶蛋白空间构象的改变，从而改变酶的某些特性和功能的方法，也称化学突变法。例如，将枯草杆菌蛋白酶的活性位点丝氨酸修饰成半胱氨酸残基，从而得到巯基枯草杆菌蛋白酶（SBL）（图 5-3），它失去了最初的氨基水解活性，但保留了催化酯化反应的能

蛋白质化学修饰的研究进展

力，因此可以用于肽的合成。通过化学修饰法进行氨基酸置换难度大，成本高，但可以产生非蛋白质氨基酸，因此可以弥补蛋白质工程只能进行天然氨基酸置换的不足。

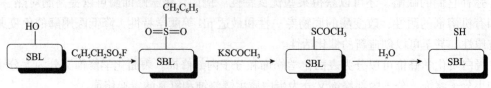

图 5-3　枯草杆菌蛋白酶氨基酸置换修饰（引自由德林，2011）

5.4.2　基因工程技术的定点突变

定点突变是在已知 DNA 序列中替换、增添或者缺失特定的核苷酸，从而改变蛋白质结构中的个别氨基酸残基，产生新性状的蛋白质。例如，将胰岛素 B 链 28 位的脯氨酸替换成天冬氨酸，形成六聚体的倾向比可溶性人胰岛素低，与可溶性人胰岛素相比，其皮下吸收速度更快，这就是一种速效胰岛素。应用定点突变技术来改造蛋白质或酶，首先需要得到蛋白质的三维结构信息和编码它的基因序列，同时应了解相应蛋白质结构与功能的关系，然后根据所希望得到的特性，利用生物信息学模拟及分子对接等手段设计出欲置换的氨基酸及其位置，并确定突变基因的碱基序列，通过重叠延伸 PCR 等方法，获得大量所需的突变基因，将上述突变基因进行体外重组，插入合适的表达载体中，通过转化、转导、基因枪等技术转入宿主细胞进行表达，就可以获得经过定点突变改造的新蛋白质。

自从 1982 年 Zoller 和 Smith 发明了寡聚核苷酸诱导的定点突变技术以来，多种定点突变的方法相继被发明出来，目前常用的定点突变技术主要有寡聚核苷酸诱导的定点突变、重叠延伸 PCR 和盒式突变等。

5.4.2.1　寡聚核苷酸诱导的定点突变

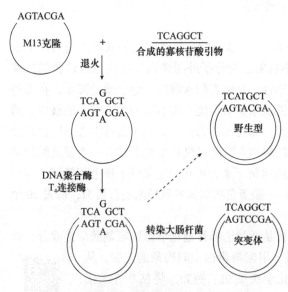

图 5-4　寡聚核苷酸诱导的定点突变示意图
（引自由德林，2011）

该法的原理是以人工合成带突变位点的寡聚核苷酸作为引物，利用 M13 噬菌体载体系统合成突变基因，也称为 M13 载体法。首先将待诱变的基因克隆在 M13 噬菌体载体上，制成单链模板，再人工合成一段改变了碱基顺序的寡核苷酸片段（8～18bp），以此作为引物（所谓的突变引物），在体外合成互补链，再经体内扩增基因，经此扩增出来的基因有 1/2 是突变了的基因，经一定的筛选便可获得突变基因，再转入合适的表达系统合成突变型的蛋白质（图 5-4）。在这个方法的基础上，人们已发展了一些改进的方法。

5.4.2.2　重叠延伸 PCR

该方法是利用两个互补的带有突变碱基的内侧引物及两个外侧引物，先进行两次 PCR 扩增，获得两条彼此重叠的 DNA 片段。两条片段由于具有重叠区，在体外变性与复性后可形成两种不同的异源双链 DNA 分子，其中一种带有 3′ 凹陷末端的 DNA 可通过 *Taq* DNA 聚合酶延伸而形成带有突变位点的全长基因。该基因再利用两个外侧引物进行第三次 PCR 扩增，便可获得人工定点突变的基因（图 5-5）。利用重叠延伸 PCR 技术可以对基因进行取代、插入、缺失突变。

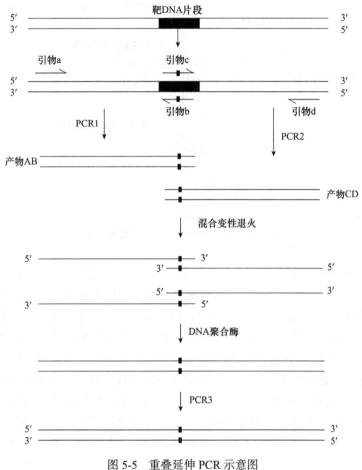

图 5-5　重叠延伸 PCR 示意图

5.4.2.3 盒式突变

盒式突变又称 DNA 片段取代，是利用目标基因中所具有的适当的限制酶切位点，用一段含基因突变序列的双链寡核苷酸片段（其突变位点两端含有与目标基因取代部位两端同样的限制酶切位点），来取代目标基因中的对应序列。将目标基因用限制性内切核酸酶酶切后与突变寡核苷酸片段混合，经变性后重新退火，带突变的寡核苷酸片段与目标基因中相对应的酶切黏性末端连接而将突变引入目标基因（图 5-6）。这个方法可以在一对限制酶切位点内一次突变多个位点。

5.4.3　蛋白质分子设计

上述介绍的蛋白质的化学修饰或者通过基因工程定点突变进行的蛋白质改造都需要借助

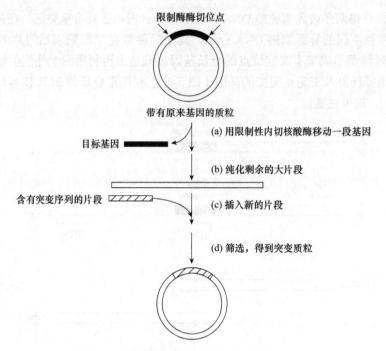

限制酶酶切位点

带有原来基因的质粒

(a) 用限制性内切核酸酶移动一段基因

目标基因

(b) 纯化剩余的大片段

含有突变序列的片段

(c) 插入新的片段

(d) 筛选，得到突变质粒

图 5-6   盒式突变示意图（引自由德林，2011）

已有的蛋白质三维构象，并结合已知的蛋白质残基的性质及规律来进行，也称为蛋白质分子的"小改"。蛋白质分子的"小改"是基于天然蛋白质结构的分子设计。除此之外，还有一类蛋白质分子是从头设计得到的，即全新蛋白质的分子设计。全新蛋白质的分子设计是以已知蛋白质结构及结构 - 功能关系为基础，从蛋白质一级结构出发，设计出自然界中不存在的具有特定空间结构或功能的全新蛋白质。根据设计目的的不同，全新蛋白质分子设计可分为结构的从头设计和功能的从头设计两类。蛋白质结构的从头设计首先选取某种主链骨架作为目标结构，如 α- 螺旋束、β- 折叠片（图 5-7）等，然后通过设计或者进行氨基酸随机组合等方法寻找能够折叠成这种结构的氨基酸组合。除了设计出具有目标结构的蛋白质以外，人们也希望设计出具有目标功能的蛋白质，如能结合特定的配体，催化新的反应。这类设计一般是在蛋白质结构设计成功的基础上，在设计出的一些结构简单、分子质量较小的蛋白质框架中加入辅酶等，从而构成具有一定功能的蛋白质功能元件。

5.4.4　蛋白质（酶）的定向进化

由于对多数蛋白质（酶）的三维结构、功能及其相互关系都不甚了解，人们就无法对其通过合理设计进行定点突变。非合理设计的酶定向进化技术的发展弥补了这一不足。酶的定向进化是利用了基因的可操作性，从一个或者多个已经存在的亲本酶（天然的或者人为获得的）出发，通过分子生物学

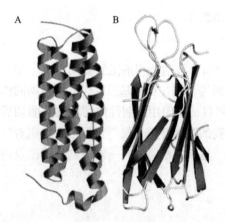

A   B

图 5-7   典型的四聚体 α-螺旋束（A）和 β- 折叠片（B）（Nelson and Cox，2013）

技术进行基因随机诱变构造一个人工突变酶库，然后在人工模拟恶劣环境下（如高温、高毒性）结合高通量的筛选技术从突变酶库中定向筛选出具备理想性状的酶蛋白突变体（如高活性、高选择性、高稳定性等）。接着，从筛选出的酶蛋白突变体中提取基因，并将其作为母本，进入下一轮酶基因突变库建立阶段，直至获得具有某种预期特征的优化酶，实现酶的定向进化（图 5-8）。在定向进化体系中，突变是随机的，但可通过选择特定方向的突变来限定筛选的方向，从而加快酶在某一特定方向的进化速度。另外，通过实验条件控制可缩小突变库的容量，减少工作量。酶的定向进化的实质是达尔文进化论在酶分子水平上的延伸和应用。在自然进化中，决定酶分子是否留存下来的因素可能是其存在的适应性，而在定向进化中是由人来挑选的，只有人们所需的酶分子才会被保留下来进入下一轮进化。酶分子定向进化的条件和筛选过程都是人为设定的，整个进化过程完全是在人为控制下进行的。

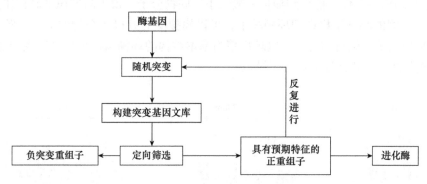

图 5-8　酶的定向进化基本过程

定向进化为酶的分子改造开辟了新途径，自 1993 年美国科学家 Arnold 首先提出酶分子的定向进化概念以来，酶的定向进化已被广泛应用于提高酶分子的催化活力及酶在高温或有机溶剂中的稳定性、创造新的酶活性、扩大底物限制性和改变光学异构体的限制性等方面。例如，Arnold 利用易错 PCR 对枯草杆菌蛋白酶进行体外定向进化研究。他们通过降低反应体系中 dATP 的浓度进行易错 PCR，经筛选得到的突变体 PC3 在 60% 二甲基甲酰胺（DMF）中的催化效率是野生型的 256 倍，将 PC3 再进行两个循环的定向进化，获得催化效率是野生型 471 倍的突变体。Arnold 由于在酶的定向进化工作中的突出成就，与另外两位科学家共同获得了 2018 年诺贝尔化学奖。

定向进化技术的
最新进展

5.5 | 酶的人工模拟

由于酶具有催化的高效性、专一性、反应条件温和的特性，其有了日趋广泛的应用，但同时酶易变性失活、价格贵等缺点又限制了它的开发利用，因此设计出一种像酶那样的具有高效催化作用但又能克服酶的不稳定性等缺点的催化剂是科学家一直追求的目标。因此，酶的人工模拟，即新型催化剂——人工模拟酶的研制和开发逐渐受到人们的重视。自 20 世纪

70年代以来，由于蛋白质晶体学、X射线衍射技术及光谱技术和动力学方法的发展，人们能够深入了解酶的结构和功能的关系，在分子水平上解释酶的催化机制，为人工模拟酶的发展注入了新的活力。根据酶的催化原理，模拟酶的生物催化功能，用有机化学和生物学的方法合成具有专一催化功能的比天然酶简单的非蛋白质分子或蛋白质分子，这就是人工模拟酶（mimic enzyme），又称人工合成酶（synzyme）。目前研究较多的环糊精模拟酶、分子印迹酶、抗体酶、纳米酶等均是人工模拟酶。

5.5.1 环糊精模拟酶

环糊精（cyclodextrin，CD）是由几个D-葡萄糖通过α-1,4-糖苷键连接而成的一系列环状低聚糖的总称，聚合度分别为6~8个葡萄糖，依次称为α-CD、β-CD、γ-CD。由于环糊精的特殊结构，它的上下两侧分别具有亲水性或极性，而洞穴内壁具有疏水性或非极性（图5-9）。该结构特点使其能识别捕捉一般大小的底物分子，模拟酶的识别底物作用。把类似于酶活性基团的小分子修饰到环糊精上，可以模拟酶对有机化合物的催化水解、转氨基及氧化还原作用等。到目前为止，以环糊精为基本结构的环糊精模拟模型已成功对水解酶、核酸酶、转氨酶、氧化还原酶进行了模拟。

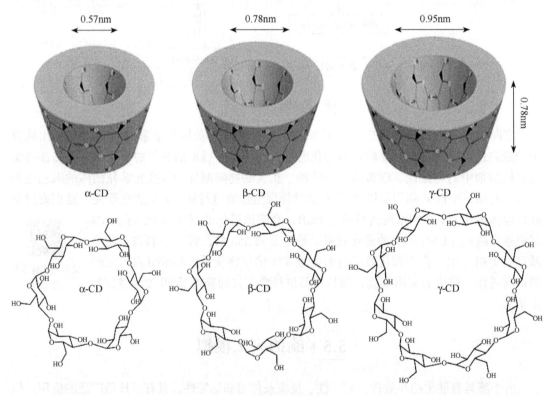

图 5-9 环糊精结构示意图

5.5.2 分子印迹酶

在自然界中，分子识别在生物体，如酶、受体和抗体的生物活性方面发挥着重要作用，这种高选择性来源于与底物相结合的部位的高特异性。类似于抗体和酶的高特异性结合部位能否通过某种方式在聚合物中产生呢？如果以一种化合物充当模板，与带有官能团的单体分子可以形成多重作用点，然后这些单体进行聚合，当模板分子去除后，此聚合物就留下了与模板分子相匹配的空穴。如果构建合适，这种聚合物就像"锁"一样对钥匙具有识别作用。这种技术称为分子印迹（molecular imprinting）技术，作为模板的化合物叫作印迹分子。通过分子印迹技术构建人工模拟酶模型，可以产生对底物的特异结合部位，并可以将催化官能团以确定的排列引入结合部位，从而制备出具有催化活性的聚合物。目前，印迹分子主要有底物、底物类似物、酶抑制剂、过渡态类似物、产物，以及某些天然的生物材料等。印迹分子与聚合物单体相互作用的类型有共价可逆结合及非共价结合。

5.5.3 抗体酶

抗体酶（ribozyme）是具有酶催化功能的抗体分子，本质为免疫球蛋白，在可变区被赋予了酶的属性，故又称为催化抗体（catalytic antibody）。它既具有抗体的高度选择性，又具有酶的高效催化效率。抗体酶具有典型的酶反应特性，抗体酶催化反应的专一性可以达到甚至超过天然酶的专一性；一般抗体酶催化反应速率比非催化反应快 $10^2 \sim 10^6$ 倍，有的反应速率已接近于天然酶促反应速率。抗体酶还具有与天然酶相近的米氏方程动力学及 pH 依赖性等。抗体酶的研究日新月异，迄今至少有 70 种不同的催化化学反应可以由抗体酶来实现。因此，抗体酶的发现为化学家寻找新的催化剂，进一步阐明酶的催化反应机制创造了全新的机会，也为生物学家用蛋白质工程研究酶的结构与功能的关系提供了一个条件。正是因为这些原因，抗体酶的研究才有了今天这样突飞猛进的发展。

5.5.4 纳米酶

纳米酶是一类既有纳米材料的独特性能，又有催化功能的模拟酶。纳米材料（1～100nm）是化学惰性物质。例如，Fe_3O_4 纳米材料通常被认为是一种无机的惰性物质，其磁性特征被广泛应用于蛋白质与核酸的分离纯化、细胞标记、肿瘤治疗及核磁共振成像等。纳米材料一般自身不具备生物效应，如果想让磁纳米材料具有催化活性，常常需要在其表面修饰一些酶或其他催化基团，从而使其获得催化功能。例如，通过含硒五肽对金纳米粒子进行修饰，可以获得具有谷胱甘肽过氧化物酶活性的模拟酶。尽管这种被修饰的金纳米颗粒也称为纳米酶，但其催化活性来自于其表面修饰的基团，而不是来自于纳米材料本身的特性。2007 年，中国科学家发现无机磁性纳米材料 Fe_3O_4 本身具有内在类似辣根过氧化物酶的催化活性，无须在其表面修饰任何催化基团，其催化效率和作用机制与天然酶相似。到目前为止，已经发现超过 40 种纳米材料自身具有酶活性。例如，二氧化铈纳米颗粒、二氧化锰纳米颗粒、氧化铜纳米颗粒、四氧化三钴纳米颗粒等都具有过氧化物酶催化活性。纳米酶作为一种新型的模拟酶，具有许多不同于传统模拟酶的特征，人们可以通过控制其尺寸、结构和表面修饰等来调节纳米酶的活性和功能。因此，纳米酶的研究和应用蕴含着巨大的潜能。

人工模拟酶的
研究与应用
进展

纳米酶的发现
与应用

5.6 | 酶的固定化

酶具有高效性、专一性、反应条件温和的优点，但在工业中使用则有如下缺点：酶在水溶液中易失活，不能反复使用，不易与产物分离，不利于产物的提纯和精制，成本高。理想的可用于工业的生物催化剂应既具有酶的催化特性，又具有一般化学催化剂能回收、反复使用等优点，并且生产工艺可以连续化、自动化。希望能设计一种方法，将酶束缚于特殊的相，使它与整体相（或整体流体）分隔开，但仍能进行底物和效应物（激活剂或抑制剂）的分子交换。早在 1916 年，Nelson 和 Griffin 就对吸附在人工载体氧化铝和焦炭上的蔗糖酶的催化特性进行研究，他们欣喜地发现，固定化后的蔗糖酶仍保持特有的催化活性，这一重要发现奠定了酶固定化技术的基石。1969 年，日本田边制药公司的研究人员利用固定化氨基酰化酶拆分外消旋氨基酸来生产 L-氨基酸，开创了固定化酶应用于工业生产的先例。1973 年，千畑一郎等科学家首次成功地应用固定化大肠杆菌（*Escherich coli*）天冬氨酸酶催化反丁烯二酸，进行工业化连续生产 L-天冬氨酸。

固定化酶曾被称为"水不溶酶"（water insoluble enzyme）或"固相酶"（solid phase enzyme），但后来发现这两种叫法均不准确，如果将酶放置于超滤膜中，酶就是液体状态，超滤膜外的底物仍可以通过超滤膜和封闭在超滤膜中的酶发生反应，所以 1971 年第一届国际酶工程会议正式建议采用"固定化酶"的名称。固定化酶（immobilized enzyme）是指在一定空间内呈闭锁状态存在的酶，能连续地进行反应，反应后的酶可以回收重复使用。与游离酶相比，固定化酶具有以下优点：①酶的稳定性得到改进；②酶可以反复利用；③可以管道化、连续化及自动化；④酶与产物易于分开，产物容易提纯；⑤反应所需的空间小。不过固定化酶也存在缺点：①固定化时，酶活力将有所损失；②增加了生产的成本，工厂初始投资大；③只能用于可溶性底物，而且较适用于小分子底物，对大分子底物不适宜；④与完整菌体相比不适于多酶反应，特别是需要辅助因子的反应；⑤胞内酶必须事先经过酶的分离及固定化。

人们在固定化酶的基础上又发展出了固定化细胞技术，从此作为固定化的对象已不局限于酶，也可以是微生物或动植物细胞和各种细胞器（见 3.1.4.3）。与固定化酶相比，固定化细胞无须将酶从细胞内提取出来，酶活力损失少，同时又可保持较高的细胞密度和较强的耐毒害能力，有助于反应器的长时间运作。

5.6.1 酶的固定化方法

酶的固定化方法很多，但对任何酶都适用的方法是没有的。制备固定化酶要根据不同情况（不同酶、不同应用目的和应用环境）来选择不同的方法。在众多因素中，固定化酶的稳定性是首要考虑的因素，酶与载体的结合稳定性直接影响到工业化生产的自动化和连续性的实现，尽可能选择成本较低的固定化方法，同时还要注意载体不能与反应液发生化学反应。已建立的固定方法按照结合的化学反应类型进行分类，可分为非化学结合法、化学结合法和包埋法三类。

5.6.1.1 非化学结合法

（1）物理吸附法　该法是酶通过氢键、疏水键等作用力吸附于不溶性载体的一种固定化方法，是制备固定化酶最早采用的方法。吸附的载体可以是石英砂、多孔玻璃、硅胶、淀粉、高岭土、活性炭等对蛋白质有高度吸附力的吸附剂。物理吸附法的优点是操作简单，条件温和，酶活力损失少；缺点是酶与载体相互作用力弱，酶易脱落等。

（2）离子结合法　　该法是通过离子效应，将酶分子固定到含有离子交换基团的固相载体上。离子交换剂的吸附容量一般大于物理吸附剂。常见的载体有多糖类离子交换剂和合成高分子离子交换树脂，如 DEAE- 纤维素（或葡聚糖凝胶）、CM- 纤维素、Amberlite CG-50、Dowex-50 等。最早应用于工业化生产的氨基酰化酶，就是使用多糖类阴离子交换剂 DEAE- 葡聚糖凝胶固定化的。

5.6.1.2　化学结合法

（1）共价结合法　　该法是酶以共价键结合于载体的固定化方法，即将酶分子上非活性部位功能团与载体表面反应基团进行共价结合的方法（图 5-10A）。具体操作时有两种途径：一是将载体的有关基团活化，然后与酶的有关基团发生偶联反应；二是在载体上接上一个双功能剂，然后将酶偶联上去。可与载体结合的酶功能团有 α- 氨基、ε- 氨基、γ- 羧基、巯基、羟基、咪唑基、酚基等，但参与共价结合的氨基酸残基应当不是酶催化活性所必需的。共价结合法的优点是酶与载体结合牢固，一般不会因底物浓度高或存在盐类等原因而轻易脱落。但反应条件苛刻，操作复杂，由于采用了比较激烈的反应条件，可能会引起酶蛋白高级结构变化而导致酶的失活，有时也会使底物的专一性发生变化。

（2）交联法　　交联法是利用双功能或多功能试剂使酶分子之间互相交联的固定化方法（图 5-10B）。此法与共价结合法一样也是利用共价键固定酶，所不同的是它不使用载体。参与交联反应的酶蛋白的功能基团有 N 端的 α- 氨基、赖氨酸的 ε- 氨基、酪氨酸的酚基、半胱氨酸的巯基和组氨酸的咪唑基等。能形成希夫碱的戊二醛、形成肽键的异氰酸酯、发生重氮偶合反应的双重氮联苯胺或 N,N'- 乙烯双马来亚胺等可作为交联剂。交联法操作简便，但反应条件比较激烈，固定化后的酶活力回收率一般比较低，常出现扩散限制，使用有一定难度。尽可能降低交联剂浓度和缩短反应时间有利于固定化酶比活性的提高。

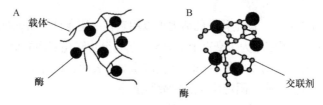

图 5-10　化学结合法固定化酶示意图
A. 共价结合法；B. 交联法

5.6.1.3　包埋法

包埋法是将酶包埋在高聚物凝胶网格中或高分子半透膜内的一种固定化方法（图 5-11）。前者称为网格型，后者称为微囊型。在包埋过程中，载体与酶蛋白的氨基酸残基一般不起结合反应，较少改变酶的高级结构，酶活力的回收率较高；但它仅适用于小分子底物和产物，因为只有小分子物质才能自由扩散进出高分子凝胶的网格。这种扩散阻力还会导致固定化酶动力学行为的改变和活力的降低。

（1）网格型　　用于凝胶包埋的高分子化合物可以是天然高分子化合物，如明胶、海藻酸钠、淀粉等，也可以是合成的高分子化合物，如聚丙烯酰胺、光敏树脂等。对于后者，通

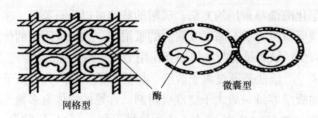

图 5-11　包埋法固定化酶示意图（引自罗贵民，2016）

常的做法是先把单体、交联剂和酶液混合，然后加入催化系统使之聚合；而前者则直接利用溶胶态高分子物质与酶混合凝胶化即可。但由于凝胶孔径并不规则，总有一些大于平均孔径的，时间一长，容易引起酶泄漏，因此，网格型包埋法常与交联法结合以达到加固的目的，如先用明胶包埋，再用戊二醛交联。

（2）微囊型　　微囊型包埋法是指将酶封闭在直径为 $1\sim100\mu m$ 的半透性高分子膜中的一种包埋方法。胶囊是一种物理屏障，低分子产物和底物可以自由通过，而酶和其他高分子物质不能通过。它的特点是可采用天然的酶，制备多酶体系进行连续的酶反应，其缺点是受扩散限制严重，制备成本高。常用的微囊制备方法有界面沉淀法、界面聚合法和二级乳化法。将酶包埋在已经成型的微胶囊内制成的胶囊酶，具有较高的潜在医学应用价值：一是胶囊化后酶仍可保持较高的活力，相应的载酶量也高；二是微囊半透膜可以阻止其他蛋白质的渗透和进入，避免药物在人体内引起过敏反应和被体内蛋白酶降解，酶在体内的半衰期得以延长。如若同时在载体上偶联适当的成分，还可使药物酶集中送到靶细胞。但这样成本较高，反应条件要求高。

5.6.2　固定化酶的技术指标

游离的酶被固定化以后，酶的催化性质也会发生变化。为考察它的性质，可以通过测定固定化酶的各种参数，来判断固定化方法的优劣及其固定化酶的实用性，常见的评估指标有以下几点。

（1）固定化酶的活力　　固定化酶的活力可以用它在一定条件下所催化的某一反应的反应初速率来表示。它的单位可定义为每毫克干重固定化酶每分钟转化底物的量：$\mu mol/(min\cdot mg)$。如果是酶膜、酶管、酶板，则以单位面积的反应初速度来表示，即 $\mu mol/(min\cdot cm^2)$。测定酶活力时要注明温度、搅拌速率、固定化原酶含量等条件。

（2）固定化酶的活力回收率　　固定化酶的总活力与用于固定化的游离酶的总活力之比称为固定化酶的活力回收率。

（3）固定化酶的半衰期　　即固定化酶的活力下降为初始活力一半所经历的连续工作时间，用 $t_{1/2}$ 表示。固定化酶的操作稳定性是影响其使用的关键因素，半衰期是衡量稳定性的指标。其测定方法与化工催化剂半衰期的测定方法相似，可以通过长期实际操作，也可以通过较短时间的操作来推算。

5.7 酶 反 应 器

以酶为催化剂进行反应所需要的容器及其附属设备称为酶反应器（enzyme reactor）。酶反应器不同于化学反应器，它是在低温低压下进行反应，反应的产能和耗能较少；也因不表现自催化方式而区别于一般的发酵反应器。酶反应器的类型很多，有不同的分类方法。按照结构的不同可以分为搅拌罐式反应器、鼓泡式反应器、膜反应器等；按照操作方式的不同可以分为分批式反应器、连续式反应器和流加分批式反应器。

酶反应器多种多样，选用特定的固定化酶的最合适的反应器型式，并无明确的准则，必须综合考虑各种因素（表5-1）。

表5-1　选择反应器型式时应考虑的因素（引自山根恒夫，1989）

序号	因素	序号	因素
1	催化剂的形状和大小	6	底物（溶液）的性质
2	催化剂的机械强度和相对密度	7	催化剂的再生、更换的难易
3	反应操作的要求（如pH是否可控制）	8	反应器内液体的塔存量与催化剂表面积之比
4	对付杂菌污染的措施	9	传质特性
5	反应动力学方程的类型	10	反应器制造成本和运行成本

5.7.1　酶反应器的基本类型

5.7.1.1　搅拌罐式反应器

搅拌罐式反应器（图5-12A，B）是具有搅拌装置的传统反应器，依据它的操作方式又可细分为分批式、流加分批式和连续式三种。它主要由反应罐、搅拌器和保温装置三部分组成，具有结构简单、酶与底物混合充分均匀、温度和pH易控制、能处理胶体底物和不溶性底物及催化剂更换方便等优点，常被用于饮料和食品加工工业。但搅拌动力消耗大，催化剂颗粒容易被搅拌桨叶的剪切力所破坏，酶的回收效率低。对于连续式搅拌罐，可在反应器出口设置过滤器或直接选用磁性固定化酶来减少固定化酶的流失。另外一种改进方法是将固定化酶颗粒装在用丝网制成的扁平筐内，作为搅拌桨叶及挡板，既改善了粒子与流体间的界面阻力，也保证酶颗粒不致流失。

5.7.1.2　填充床式反应器

把固定化酶填充在固定床中的反应器叫作填充床式反应器（图5-12C）。这一类型反应器是当前工业上使用得最广泛的固定化酶反应器。反应器工作时，底物按一定方向以恒定速度通过填充床，它具有单位体积的酶负荷量高、结构简单、容易放大、剪切力小、催化效率高等优点，特别适合于存在底物抑制的催化反应。但其也存在下列缺点：①温度和pH难控制；②底物和产物浓度会产生轴向分布，易引起相应的酶失活程度也呈轴向分布；③更换部分催化剂相当麻烦；④柱内压降相当大，底物必须加压后才能进入。填充床式反应器的操作方式主要有两种：一种是底物溶液从底部进入而由顶部排出的上升流动方式；另一种则是上进下出的下降流动方式。

5.7.1.3　流化床式反应器

流化床式反应器是一种装有较小颗粒的垂直塔式反应器（图5-12D）。底物以一定的流动速度从下向上流过，使固定化酶颗粒在流体中维持悬浮状态并进行反应，流体的混合程度介于搅拌罐式反应器和填充床式反应器之间。流化床式反应器具有传热与传质特性好、不堵

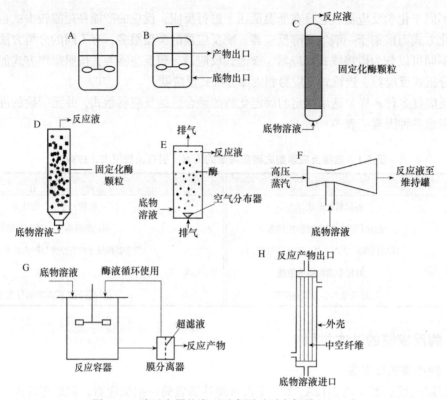

图 5-12　酶反应器的类型示意图（引自郭勇，2016）

A. 分批搅拌罐式反应器；B. 连续搅拌罐式反应器；C. 填充床式反应器；
D. 流化床式反应器；E. 鼓泡式反应器；F. 喷射式反应器；G. 游离膜反应器；H. 中空纤维反应器

塞、能处理粉状底物、压降较小等优点，也很适合于需要排气供气的反应，但它需要较高的流动速度才能维持粒子的充分流态化，而且放大较困难。目前主要被用来处理一些黏度高的液体和颗粒细小的底物，如用于水解牛乳中的蛋白质。

5.7.1.4　鼓泡式反应器

鼓泡式反应器是利用从反应器底部通入的气体产生的大量气泡，在上升过程中起到提供反应底物和混合两种作用的一类反应器，它是一种无搅拌装置的反应器（图 5-12E）。鼓泡式反应器可以用于游离酶的催化反应，也可以用于固定化酶的催化反应；既可以用于连续反应，也可以用于分批反应。

5.7.1.5　膜式反应器

膜式反应器是将酶催化反应与半透膜的分离作用结合在一起而成的反应器，既可用于游离酶的催化反应，也可用于固定化酶的催化反应。固定化酶膜式反应器可分为平板状或螺旋卷型反应器、转盘反应器、空心酶管和中空纤维反应器等。常用的是中空纤维反应器（图 5-12H）。酶被固定在外壳和中空纤维的外壁之间。底物透过中空纤维的微孔与酶分子接触，进行催化反应，小分子的产物再透过中空纤维微孔，进入中空纤维管，随反应液流出反应器。膜式反应器也可以用于游离酶的催化反应，底物溶液连续进入反应器和酶进行反应，反应后酶和反应产物一起进入膜分离器进行分离，小分子的产物透过超滤膜被排出，大分子的酶被截留，可以再循环使用（图 5-12G）。膜式反应器可以同时完成酶的催化反应和分离过程，但分离膜在使用一段时间后，酶和杂质容易吸附在膜上。

5.7.1.6 喷射式反应器

喷射式反应器是利用高压蒸汽的喷射作用，实现酶与底物的混合，进行高温短时催化反应的一种反应器，酶和底物在喷射器中混合，进行高温短时催化（图 5-12F）。

喷射式反应器适用于游离酶的连续催化反应，但只能用于那些耐高温酶的催化反应，酶一般不能回收利用。喷射式反应器结构简单、体积小、物料混合效果好、温度高、催化反应速率高、催化效率高，可在短时间内完成催化反应。喷射式反应器目前已在耐高温淀粉酶的淀粉液化反应中得到广泛应用。

尽管酶工艺在近几十年来有了显著的进展，但是在已知的 3000 多种酶中已被利用的酶还只是少数。目前工业上大规模应用的酶仅限于水解酶和异构酶两大类中的某些酶，而且大多是单酶系统。为了适应酶的开发利用的需要，酶反应器的研制也在提高层次。从第二代酶反应器的研制来看，主要包括以下三种类型：①含辅因子再生的酶反应器；②两相或多相反应器；③固定化多酶反应器。其中多相反应器在近几年进展较快。

5.7.2 酶反应器的设计原则

反应器设计的基本要求是通用和简单，为此在设计前应先了解：①底物的酶促反应动力学及温度、压力、pH 等操作参数对此特性的影响；②反应器的类型和反应器内流体的流动状态及传热特性；③需要的生产量和生产工艺流程。然后综合考虑酶生产流程和相应辅助过程及二者的相互作用和结合方式，在这个基础上，对所采用的整个工艺流程进行最优化分析，设计并制造出生产成本最低、产量和质量最高的酶反应器。

5.7.3 酶反应器的性能评价

反应器的性能评价应尽可能在模拟原生产条件下进行，通过测定活性、稳定性、选择性、产物产量、底物转化率等来衡量其加工制造质量。测定的主要参数有生产强度、空时、转化率等。

高生产强度是酶反应器设计的首要目标。酶反应器的生产强度高低是以每小时每升反应器容积所生产的产品克数表示的，它主要取决于酶的特性、浓度及反应器特性、操作方法等。使用高浓度酶及减少停留时间有利于生产强度的提高，但并不是酶浓度越高、停留时间越短越好。因为这样做会造成浪费，在经济上不合算，所以要提高酶反应器的生产强度，应权衡各方面利弊，合理而为。

空时是指底物在反应器中的停留时间，数值上等于反应器容积与底物溶液流速之比，又常称为稀释率，它是连续操作的重要工艺参数。当底物或产物不稳定或容易产生副产物时，应使用高活性酶，并尽可能缩短反应物在反应器内的停留时间。

转化率是指每克底物中有多少被转化为产物。在设计时，应考虑尽可能利用最少的原料得到最多的产物。同时，产物浓度的高低直接影响到分离提纯，也是决定回收成本高低的重要因素。只要有可能，使用纯酶和纯的底物及减少反应器内的非理想流动，均有利于选择性反应。

5.7.4 酶反应器的操作

5.7.4.1 微生物污染的预防

用酶反应器制造食品和生产药品时，生产环境通常需保持无菌，操作时要严格管理并经常检测。如若发生微生物的污染，滋生的微生物不仅会堵塞反应柱，而且产生的酶和代谢物可能进一步降解产物并产生令人厌恶的副产物，甚至能使固定化酶活性载体降解。为防止微生物污染，可在底物中添加适当的杀菌剂、抑菌剂、有机溶剂等物质，或隔一定时间用它们清洗或处理反应器；酶反应器在每次使用前后，应进行适当的消毒，可用酸性水或含过氧化氢、季铵盐的水反冲。在连续运转时也可周期性地用过氧化氢水溶液处理反应器，防止杂菌繁殖。

5.7.4.2　流动方式的控制

酶反应器在运作时，流动方式的改变会使酶与底物接触不良，造成反应器生产力下降；同时，流动方式的改变会造成返混程度发生变化，也为副反应的发生提供了机会。在连续搅拌罐式反应器或流化床式反应器中，可通过搅拌速度的控制及采用磁性固定化酶的方法来减少流动方式的改变。在填充床式反应器中，流动方式还与柱压降的大小密切相关，为减少压降作用，可以使用较大的、不易压缩的、光滑的珠型填充材料均匀填装。此外，由固体或胶体沉积物导致的壅塞也会直接影响到酶反应器的流动方式，严重时可造成固定化酶活性的丧失，它是限制固定化酶在食品、饮料和制药工业上应用的主要因素，可以通过改善底物的流体性质来解决。对于填充床式反应器，还可采用重新装柱、反冲洗、底物的高速循环等方法克服反应器壅塞。

5.7.4.3　恒定生产能力的控制

维持恒定的生产能力是酶反应器长期使用的先决条件，为此必须保持酶反应器的稳定性，主要通过减少酶活力的降低和酶从载体上的脱落、避免载体的磨损来实现。在使用填充床式反应器的情况下，可以通过反应器的流速控制来达到恒定的生产能力，但在生产周期中，单位时间产物的含量会降低。在反应过程中，随时间而出现的酶活性降低可通过提高温度、增加酶活性来补偿。现在普遍采用将若干使用不同时间或处于不同阶段的柱反应器串联，并结合上述方法之一来保持其恒定生产力。尽管每根柱的生产能力不断衰减，但由于新柱不断地代替活性已耗尽的柱，总的固定化酶量不随时间而变化。

5.8　生物传感器

随着生产力的高度发展和物质文明的不断提高，在工农业生产、环境保护、医疗诊断和食品工业等领域，每时每刻都有大量的样品需要分析和检验。这些样品要求在很短的时间内完成检测，有时甚至要求在线或在活体内直接测定。

由于固定化生物催化剂不仅保持了酶蛋白特有的高度识别能力，还能被反复使用，从而克服了过去酶法分析试剂费用高和化学分析烦琐、复杂的缺点，被广泛地应用于生产分析和临床化学检测。自20世纪60年代酶电极问世以来，生物传感器获得了巨大的发展，已成为酶法分析的一个日益重要的组成部分。生物传感器是一种由生物学、医学、电化学、光学、热学及电子技术等多学科相互渗透而成长起来的分析检测装置，具有选择性高、分析速度快、操作简单、价格低廉等特点，而且又能进行连续测定、在线分析，甚至活体分析，因此引起了世界各国的极大关注。

5.8.1　生物传感器的原理

生物传感器是用生物活性物质做成生物识别元件，再配以适当的换能器和检测器所构成的分析测试装置。它的工作原理以图 5-13 表示，当待测物质与生物识别元件特异性结合后，发生生物化学反应，产生的信息继而被相应的化学或物理换能器转化为可定量和可处理的电信号，再经二次仪表的放大和输出，便可知道待测物的浓度。

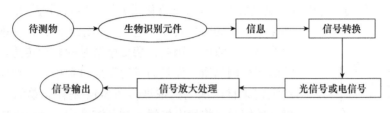

图 5-13　生物传感器的工作原理

生物识别元件是由对待测物质（底物）具有高选择性分子识别能力的膜构成的，是生物传感器中最关键的部位，它直接决定了传感器的功能和质量。用作分子识别元件的生物活性材料包括酶、抗体、抗原、核酸、微生物、细胞、细胞器、组织等，也可以是人工合成的分子印迹聚合物（molecular imprinted polymer，MIP）。虽然用作膜的材料差异很大，但都具有各自独特的分子识别功能。例如，葡萄糖氧化酶能从多种糖分子混合溶液中选择性地识别出葡萄糖，并把它迅速氧化为葡萄糖酸内酯，因此可以作为生物敏感膜的材料。

在生物传感器内，生物活性材料是固定在换能器上的。但无论使用何种方法，都应尽可能不破坏生物材料的活性。理想的固定化方法，应能延长材料的活性。

生物化学反应过程中产生的信息是多元化的，它可以是化学物质的消耗或产生，也可以是光和热的产生，因而与分子识别元件相结合的换能器的种类也是多样的，可以是电化学电极（电位、电流测量电极）、光电转换器（光纤、光敏管等）、半导体（场效应晶体管）、热敏电阻、压电晶体等（表 5-2）。目前研究得最多的是电化学生物传感器，在这类传感器中，由于换能器不同，又可分为电流型和电位型两种。例如，尿素传感器的分子识别元件是含有尿素酶的膜，其换能器是电位型平面 pH 电极，属于电位型传感器。当尿素在感应器内遇到尿素酶时，尿素立即被分解成氨并透过氨透膜到达 pH 电极的表面，使 pH 上升，从 pH 上升的程度即可以求出尿素的浓度。

表 5-2　生物学反应信息和换能器的选择（引自张先恩，2006）

生物学反应信息	换能器的选择	生物学反应信息	换能器的选择
离子变化	离子选择电极	光学变化	光纤、光敏管、荧光计
电阻变化、电导变化	阻抗计、电导仪	颜色变化	光纤、光敏管
质子变化	场效应晶体管	质量变化	压电晶体等
气体分压变化	气敏电极	力变化	微悬臂梁
热熔变化	热敏元件	振动率变化	表面等离子共振

5.8.2　生物传感器的分类

生物传感器根据分子识别元件材料的不同，可将生物传感器大致分为几类：酶传感器、组织传感器、微生物传感器、免疫传感器、基因传感器等。

5.8.2.1　酶传感器

酶传感器是问世最早、成熟度最高的一类生物传感器。它是利用酶的催化作用，在常温常压下将糖类、醇类、有机酸、氨基酸等生物分子氧化或分解，然后通过换能器将反应过程中化学物质的变化转变为电信号记录下来，进而推导出相应的生物物质的浓度。因此，酶传感器是间接型传感器，它不是直接测定待测物质，而是通过对反应过程中有关物质的浓度变化的测定来推断底物的浓度。图 5-14 是较简单的一种葡萄糖电极。使用时，将酶电极浸入样品溶液中，当溶液中的葡萄糖扩散进入酶膜后，便被膜中的葡萄糖氧化酶氧化生成葡萄糖酸，同时消耗氧，使得氧浓度下降，再由氧电极测定氧浓度的变化，即可推知样品中葡萄糖的浓度。

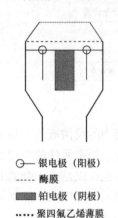

○— 银电极（阳极）
----- 酶膜
▓ 铂电极（阴极）
····· 聚四氟乙烯薄膜

图 5-14　葡萄糖氧化酶电极
（引自郭勇，2016）

5.8.2.2　组织传感器

组织传感器是利用动植物组织中多酶系统的催化作用来识别分子。由于所用的酶存在于天然组织内，无须进行人工提取纯化，因而较为稳定，制备成的传感器寿命较长。例如，可将猪肾组织切片覆盖在氨敏电极上制成可测定谷氨酰胺的传感器。这是因为猪肾组织内含有丰富的谷氨酰胺酶，这种电极的稳定性可保持一个月以上。目前已研制出利用猪肝、兔肝、鼠脑、鸡肾、鱼肝、马铃薯、大豆、生姜等动植物组织作为分子识别元件的各种组织传感器。

5.8.2.3　微生物传感器

微生物传感器是应用细胞固定化技术，将各种微生物固定在膜上的生物传感器。它主要可分为两大类：一类是利用微生物的呼吸作用，另一类是利用微生物内所含的酶。微生物细胞与组织一样含有许多天然的生物分子，能对酶起协同作用，传感器寿命也较长。此外，微生物传感器还特别适用于发酵过程中物质的测定，因为它不受发酵液中酶干扰物质的影响。至今已研制出可以测定葡萄糖、乙醇、氨、谷氨酸含量及生化耗氧量等的微生物传感器。

5.8.2.4　免疫传感器

免疫传感器是根据抗体与抗原之间的特异性识别和结合的功能原理而设计的。它克服了放射免疫法的缺点，无须使用昂贵的仪器和进行复杂的放射性废物处理。目前已有几种免疫传感器在应用方面获得了初步的成功。绒毛膜促性腺激素（HCG）传感器便是其中的一种，HCG 是鉴定怀孕与否的主要化合物。其传感器的制备是将 HCG 抗体固定在二氧化钛电极的表面制成工作电极，工作电极通过它与固定尿素的参比电极之间形成一定的电位差，当电解液中含有 HCG 时，工作电极的电位立即发生变化，从电位变化则可求出 HCG 的浓度。

5.8.2.5　基因传感器

基因传感器是依据核苷酸碱基序列互补的原理而设计出的基因探针传感器，也叫

DNA 传感器。基因传感器的生物识别元件一般为 10～30 个核苷酸的单链核酸分子，将已知序列的单链多核苷酸固定在特定的物质上（称为探针），当探针上的单链核酸与互补序列杂交形成双链分子时，表现出物理信号改变，可通过电子学等技术将信号放大而显示。基因传感器可用于病原探测、遗传病基因诊断等。例如，用可以识别人乳头瘤病毒（HPV）特定核酸序列的 DNA 探针制作的基因传感器可以用于 HPV 的检测。基因传感器与酶电极、微生物传感器和免疫传感器相比，具有特异性好、稳定性好、制备简单、灵敏度高等特点。

5.8.3　生物传感器的发展前景

近年来，生物传感器的研制和开发已取得了显著的进展。当前有关生物传感器研究的一个重要内容是研发能代替生物视觉、听觉和触觉等感觉系统的生物传感器，即仿生传感器。随着光导纤维生物传感器的发展，可以预料仿生传感器的研发将对仿生学的发展起到推波助澜的作用。未来，生物传感器的研制将继续往微型化、智能化、高通量化、多功能化、个性化、低成本化方向发展，实现即时检测、体内监测、在线监测和数据的自动采集一体化，进一步扩大在医学领域的应用。同时，科学家将不断地探索将生物传感器与其他先进的分析技术相结合，研制出各种更灵敏的新颖的生物传感器，如专业化的生物传感器、微型生物传感器、集成式生物传感器、生物相容性的（biocompatible）生物传感器、生物可接受的（bioaccessible）生物传感器、智能化生物传感器等。

全球生物传感器研发与应用态势分析

⬡　小　结

蛋白质工程与酶工程是蛋白质与酶的生产、改造和在工业上应用的技术学科。蛋白质（酶）的生产方法主要可以分为提取分离法、生物合成法及化学合成法。但大多数重要的商业用蛋白质（酶）是用基因工程微生物发酵生产的。除此之外，也通过动植物细胞培养生产蛋白质（酶）。蛋白质（酶）制剂制备的一般流程是破碎细胞、溶剂抽提、离心、过滤、纯化、纯度鉴定、浓缩、干燥。为了能更好地发挥蛋白质（酶）在工业上的应用价值，有时需要对蛋白质分子进行修饰与改造，使其具有更稳定、抵抗蛋白酶水解、降低抗原性等特性。蛋白质的修饰是通过化学修饰法进行的，蛋白质的改造可以通过基因工程定点突变技术进行，但需要对蛋白质的三维结构、功能及其相互关系有较全面的了解，蛋白质的定向进化技术弥补了这一不足。抗体酶、分子印迹酶等人工模拟酶的研制和开发逐渐受到人们的重视。酶的使用形态有游离态和固定化状态两种。酶的固定化有利于酶的反复使用，且有利于酶与产物的分离。酶的固定化方法有非化学结合法、化学结合法和包埋法三类。目前固定化酶在工业上得到较为广泛的应用，在医学和分析方面也将会有进一步的应用。固定化酶和固定化细胞最通用的反应器是填充床式反应器和流化床式反应器。自 20 世纪 60 年代酶电极出现以来，生物传感器已取得了巨大的发展，目前正朝微型化和智能化方向发展。迄今已发现的酶有 3000 多种，目前真正达到工业规模的酶只有数十种。因此，酶的开发、生产和应用的潜力很大，前景十分诱人。

◇ 本章思维导图

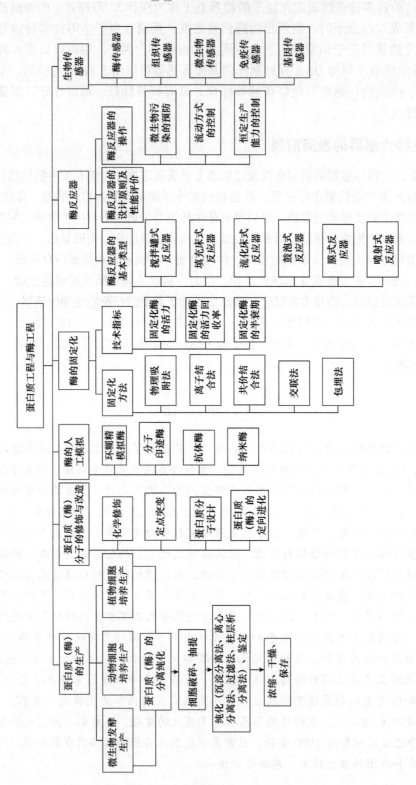

复习思考题

1. 什么是蛋白质工程与酶工程？为什么要进行蛋白质工程与酶工程研究？
2. 蛋白质（酶）的生产方式主要有哪些？
3. 酶纯化的一般步骤是什么？
4. 为什么要进行蛋白质（酶）的修饰和改造？
5. 定点突变的方法有哪些？举例说明定点突变在蛋白质分子改造中的应用。
6. 什么是蛋白质（酶）的定向进化？
7. 什么是人工模拟酶？
8. 酶的固定化方法有哪些，各有何优缺点？
9. 如何维持酶反应器恒定的生产力？
10. 生物传感器是由哪几部分组成的？

主要参考文献

高利增，阎锡蕴. 2013. 纳米酶的发现与应用. 生物化学与生物物理进展，40（10）：892～902

郭勇. 2016. 酶工程. 4 版. 北京：科学出版社

林影. 2017. 酶工程原理与技术. 3 版. 北京：高等教育出版社

罗贵民. 2016. 酶工程. 3 版. 北京：化学工业出版社

山根恒夫. 1989. 生物反应工程. 苏尔馥，胡章助译. 上海：上海科学技术出版社

汪世华. 2017. 蛋白质工程. 2 版. 北京：科学出版社

由德林. 2011. 酶工程原理. 北京：科学出版社

张先恩. 2006. 生物传感器. 北京：化学工业出版社

Gao L, Zhuang J, Nie L, et al. 2007. Intrinsic peroxidase-like activity of ferromagnetic nanoparticles. Nat Nanotechnol, 2 (9): 577～583

Isaac A M F, Karen Y P S A, Rafael R S, et al. 2015. Trends in biosensors for HPV: Identification and diagnosis. Journal of Sensors, (5): 1～16

Nelson D L, Cox M M. 2013. Lehninger Principles of Biochemistry. 6th ed. Berlin: W. H. Freeman & Co Ltd

Smith J E. 1996. Biotechnology. 3rd ed. London: Cambridge University Press

（石 艳）

第六章
生物技术与农业

6

学习目的

①了解现代生物技术在农业生产中的广泛运用。②认识生物技术在培育高产、抗病、抗逆植物新品系及优良生产性能的动物新品系。③学习现代生物技术在动植物快速繁殖、生物反应器等领域的应用。

农业是世界上规模最大和最重要的产业。其除了为人类生活提供食物以外，还可以提供纺织材料、建筑材料和医药材料等。随着世界人口的持续增长、耕地面积的缩小，以及人们对高生活品质的追求，人们对农业的要求不断提高。农业的发展在很大程度上依赖科学技术的进步以达到高产和高效的目的，现代生物技术可以在减少投入的情况下，获得更高产量和质量的农产品。

6.1 生物技术与种植业

植物光合作用的产物是人类直接或间接的食物来源，同时光合作用也释放出人类和动物呼吸作用所必需的氧气。植物所创造的产品与人类密不可分，长期以来人们在不断地寻求提高重要作物质量和产量的方法。在过去很长的一段时间里，有性杂交等传统育种方式取得了重大成功，为我们选育了大量高产优质的水稻、玉米、小麦、马铃薯等品种。但传统的育种方式是一个缓慢而艰辛的过程，而且存在许多难以突破的瓶颈。蓬勃发展的现代生物技术，如组织培养、单倍体育种、细胞融合及以分子生物学为基础的基因工程等，在培育作物新品种中发挥了越来越重要的作用，对提高作物产量和质量做出了巨大的贡献。2017 年，全球转基因作物种植面积已达 1.898 亿 hm^2（表 6-1）。其中包括大豆、玉米、棉花、番茄、油菜、甜菜、番木瓜、紫花苜蓿、水稻、马铃薯、苹果、茄子等多种作物。

单倍体育种技术研究进展

植物细胞融合及应用概述

表 6-1　2016 年和 2017 年全球转基因作物栽培面积（引自 ISAAA，2017）

作物	2016		2017		2017 年比 2016 年增（＋）减（－）情况	
	面积 /（ $\times 10^6 hm^2$ ）	比例 /%	面积 /（ $\times 10^6 hm^2$ ）	比例 /%	面积 /（ $\times 10^6 hm^2$ ）	比例 /%
马铃薯	91.4	50	94.1	50	＋2.7	3
玉米	60.6	33	59.7	31	－0.9	－1
棉花	22.3	12	24.1	13	＋1.8	8
油菜	8.6	5	10.2	5	＋1.6	19

续表

作物	2016		2017		2017 年比 2016 年增（＋）减（－）情况	
	面积 /（×10⁶hm²）	比例 /%	面积 /（×10⁶hm²）	比例 /%	面积 /（×10⁶hm²）	比例 /%
紫花苜蓿	1.2	<1	1.2	<1	+<1	<1
甜菜	0.5	<1	0.5	<1	−<1	<1
番木瓜	<1	<1	<1	<1	−<1	<1
其他*	<1	<1	<1	<1	+<1	<1
总计	185.1	100	189.8	100	4.7	+3%

* 包括转基因南瓜、马铃薯、茄子和苹果等

6.1.1 生物技术改良作物的抗逆性

植物的固着生长使其与环境间有着密不可分的关系。环境提供了植物体生长、发育、繁殖所必不可少的物质基础；但不适宜的环境条件或变化的环境又会给植物造成很大的伤害，这些不良环境包括生物胁迫（如病原体感染和食草动物的啃食）和非生物胁迫（如干旱、高温、冷害、营养匮乏、盐害及土壤中铝、砷、镉等有毒金属毒害）。在这些不利的环境条件下，植物要抵抗胁迫，出现生长不良甚至死亡，但同时也有一些植物发生遗传变异，以适应恶劣的环境条件，表现出一种抗逆性，如抗寒、抗冻、抗盐、抗虫害、抗病毒、抗真菌等。植物应对非生物和生物胁迫产生对应的抗性。在自然条件下，植物体的这种自发遗传变异是一个漫长且效率较低的过程，而逆性环境的出现是频繁的，对于农业生产来说，其关系到粮食安全的问题，等不起自然突变产生抗性品种。而现代生物技术可以高效、有目的地改良作物的抗性和品质，保证粮食的供给。

6.1.1.1 抗非生物胁迫

非生物胁迫主要是一些物理和化学环境因素对植物产生的逆境，盐碱、旱涝、高温、低温、强光、紫外线、农药残毒等环境逆境在一定程度上限制了具有经济价值植物的产量和种植范围。其中，干旱和高盐是导致农作物减产的主要环境因素，但是由于干旱、盐碱的抗性往往属于多基因控制，抗逆机理十分复杂。现代生物技术有望诠释非生物胁迫的分子机理，为干旱和高盐耐受性新品种的培育提供新的可能。

（1）逆境耐受性相关基因研究　目前用于该领域的基因大体有以下几类：①逆境诱导的植物蛋白激酶基因，如受体激酶基因、促分裂原活化蛋白激酶基因、核糖体蛋白激酶基因、转录调控蛋白激酶基因等；②编码细胞渗透压调节物质的基因，如 1- 磷酸甘露醇脱氢酶基因 *mtlD*、6- 磷酸山梨醇脱氢酶基因 *gutD*、海藻糖合成酶基因 *otsA* 与 *otsB*、甜菜碱合成酶基因 *BADH*、脯氨酸合成酶基因 *P5CR* 等；③超氧化物歧化酶（SOD）基因，SOD 可以消除在恶劣环境下植物产生的活性氧基（reactive oxygen species，ROS），如 *Mn-SOD* 基因等；④异黄酮途径相关酶基因，如苯丙氨酸解氨酶基因 *pal*、苯基苯乙烯酮合成酶基因 *CHS* 等，异黄酮可提高植物体抗氧化与抗紫外线的能力；⑤防治细胞蛋白质变性的基因，如来源于动物的热激蛋白族 HSP60、HSP70 的基因等；⑥转录因子编码基因，如 *DREB*（dehydration responsive element binding）、*myb*（MYB DNA-binding domain）、*bZIP*（basic-leucine zipper）、*Hsfs*（heat shock transcription factor）、*OXS*（oxidative stress）等。目前已获得了耐盐碱、耐旱的转基因烟草、玉米、水稻等。耐土壤农药残毒的转基因亚麻已在美国进行商业化生产。

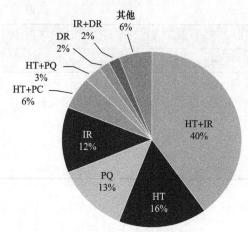

图 6-1　转基因作物的性状构成
（引自 ISAAA，2017）
HT. 抗除草剂；IR. 抗虫；DR. 抗病；
PC. 授粉控制；PQ. 品质改良

（2）抗除草剂基因工程　除草剂是一种植物生长的化学因素的逆境。施用除草剂是通过化学手段来控制杂草生长的有效方法，已成为现代化农业不可缺少的一部分。目前除草剂的年产量已跃居农药之首，因此利用转基因技术手段选育抗除草剂植物品种，已成为当今农业的重要研究课题之一。自转基因作物首次大规模商业化种植以来，耐除草剂性状始终是转基因作物的主要性状。在地广人稀、劳动力成本较高的国家和地区，该领域的研究尤为活跃。在 2017 年全球种植的 1.898 亿 hm² 转基因作物中，约 2/3 是抗除草剂转基因品种，包括大豆、玉米、棉花、油菜、甜菜及苜蓿等作物（图 6-1）。转基因大豆的种植面积占全球转基因种植面积的 50%，即 9410 万 hm²，其中的 6970 万 hm² 为抗除草剂，2440 万 hm² 为抗虫和抗除草剂。

6.1.1.2　抗生物胁迫

生物胁迫主要是有害昆虫、线虫、细菌、真菌、病毒、杂草等对农作物的伤害。其中昆虫对农作物的危害最大，但是重要农作物几乎难以找到具有较好抗虫性的种质资源，因此基因工程技术在该领域的应用研究最为活跃。能够感染农作物的病原体包括细菌、真菌、病毒等，其中病毒感染尤为严重，可以造成农作物生长缓慢、产量降低、品质减退等。

（1）抗虫基因工程　虫害是造成农业减产的重要原因之一，化学农药的使用虽然可以在一定程度上减少产量的损失，但长期大量使用农药不但费用较高，而且强大的选择压力易使具有抗药性的害虫突变体成为优势类群，即所谓的害虫产生抗药性，同时还会造成农药残留和环境污染。由于农作物抗虫性较好的基因有限，而植物基因工程可以跨物种将抗性基因转入农作物，能有效地避免化学杀虫剂所造成的负面影响。编码具杀虫活性产物的基因被导入农作物后，其表达产物可以影响取食害虫的消化功能，抑制害虫的生长发育甚至杀死害虫，从而使农作物获得对取食害虫的抗性。

目前用于植物抗虫基因工程的基因主要包括以下几类：①杀虫蛋白基因，如苏云金芽孢杆菌（*Bacillus thuringiensis*，Bt）杀虫晶体蛋白基因等。苏云金芽孢杆菌是一种来源于土壤的微生物，具有高度的杀虫活性。第二次世界大战之后，其被作为生物农药商品化应用。苏云金芽孢杆菌之所以能杀虫，是因为其芽孢形成过程中可产生一种杀虫结晶蛋白。这种毒蛋白对鳞翅目昆虫产生特异的毒性。它在昆虫消化道内的碱性条件下，裂解成为活性多肽并造成昆虫消化道损伤，最终可使昆虫死亡，而对其他生物则无害。②蛋白酶抑制剂基因，如豇豆胰蛋白酶抑制剂基因（*CpTI*）等。CpTI 蛋白是一个大约由 80 个氨基酸组成的小肽，属于丝氨酸蛋白酶抑制剂。CpTI 抗昆虫谱广，能抗鳞翅目、鞘翅目害虫等，几乎对所有的害虫都有效，而对人畜无害。③淀粉酶抑制剂基因，如菜豆 α- 淀粉酶抑制剂基因等。④植物外源凝集素类基因，如雪花莲外源凝集素（*GNA*）基因等。

苏云金芽孢杆菌杀虫晶体蛋白基因已经在转基因抗虫育种中得到广泛应用，目前已被导入了玉米、棉花、大豆、番茄、烟草、马铃薯、水稻、杨树等植物，其中玉米、棉花、大豆、番茄和杨树已经商品化生产。

我国抗虫棉花目前分为转基因单价抗虫棉和转基因双价抗虫棉。转基因单价抗虫棉是将Bt 杀虫蛋白基因经过改造，转到棉花中，使棉花细胞中存在专门破坏棉铃虫等鳞翅目害虫消化系统的物质，导致其死亡，而对人畜无害的一种抗虫棉。它标志着我国成为继美国之后，世界上独立自主研制成功抗虫棉的第二个国家。转基因双价抗虫棉是我国科学家将杀虫机理不同的两种抗虫基因（Bt 杀虫基因和修饰的豇豆胰蛋白酶抑制剂基因）同时导入棉花，研制成功的一种抗虫棉。由于这两种杀虫蛋白的功能互补且协同增效，使转基因双价抗虫棉不但可以有效地延缓棉铃虫对单价抗虫棉产生的抗性，还可增强抗虫性。

2017 年，全球生物技术陆地棉种植面积为 2410 万 hm^2，比 2016 年的增加了 8%（表 6-1）。1996～2016 年，种植生物技术棉花的农民的收入增加了 599 亿美元。2017 年，转基因的玉米种植了 5970 万 hm^2，其中包括单一抗虫性状 530 万 hm^2、抗虫和抗除草剂双抗性状 4810 万 hm^2。1996～2016 年种植转基因玉米的农民的收入增加了 637 亿美元，仅 2016 年就增加了 69 亿美元。

我国转基因水稻处于世界前列。农业部（现农业农村部）于 2009 年 8 月发放了'华恢1 号'在湖北省的生产应用安全证书。此次获得安全证书的转基因水稻品种是由华中农业大学张启发院士等科研人员培育而成的，拥有自主知识产权，是高抗鳞翅目害虫转基因水稻品系。2014 年再次获得农业转基因生物安全证书。2018 年 1 月，美国 FDA 发文认定，中国国产的转基因水稻'华恢 1 号'和'Bt 汕优 63'已在美国获得了食用许可。FDA 同时认为，来源于'华恢 1 号'稻米的人类食品和动物饲料在营养成分、安全性和其他相关参数上与常规稻米无实质性差异。因此，'华恢 1 号'稻米上市前无须经 FDA 的额外审查和批准。图 6-2为 2015 年福建省农业科学院的抗虫转基因水稻的田间试验。该田已多年没有喷施过农药，抗虫转基因水稻和作为对照的普通水稻间隔种植。照片 A、B、C 和 D 的拍摄时间分别为6 月 1 日、9 日、18 日和 30 日，从图 6-2 中可以看出，随着时间的推移，对照水稻在虫害的危害下逐渐枯黄死亡，而转基因抗虫水稻则生长良好。

图 6-2　抗虫水稻田间试验

A～D 的拍摄时间分别为 6 月 1 日、9 日、18 日和 30 日　　　　　　（彩图）

（2）抗病基因工程　　病害也是造成植物减产的重要原因之一，传统植物抗病育种在病害防治中发挥了重要作用，但由于植物病原菌致病小种进化相对较快，传统抗病育种手段往往因育种年限较长，使生产中应用的主要品种在较长时间内必须借助化学杀菌剂来进行病害防治。由于基因工程方法能在短时间内使植物获得抗性基因纯合的转基因植株，从而为植物抗病育种拓展了新的途径。

目前用于植物抗病基因工程研究的基因比较庞杂，抗病机理也很复杂，主要包括以下几种类型：①抗病基因，如水稻白叶枯病抗性基因 *Xa21* 等；②解毒酶类基因，如对烟草野火毒素具有解毒作用的 *ttr* 基因、对草酸毒素起作用的草酸氧化酶基因 *germin* 等；③抗菌肽及抗菌蛋白类基因，如溶菌酶基因 *HL*、天蚕素基因 *Cecropin*、兔防御素基因 *NP-1*、核糖体失活蛋白基因 *RIP* 等；④病程相关蛋白类基因，如几丁质酶基因、β-1,3- 葡聚糖酶基因等；⑤活性氧类基因，如葡萄糖氧化酶基因 *GO* 等；⑥植保素类基因，如 *stilbene* 合成酶基因等。

白叶枯病抗性基因 *Xa21* 具有抗病谱广的特点，可明显提高水稻品系对白叶枯病的抗性。该基因已通过遗传转化的方法和分子标记辅助育种的方法转入多个水稻栽培品种中。*ttr* 基因被导入烟草后，已获得了高抗烟草野火病的株系；将大麦的草酸氧化酶基因导入油菜后也增强了其对草酸的耐受性；转天蚕素基因 *Cecropin* 的烟草、广藿香均获得了对青枯病的抗性；几丁质酶基因和 β-1,3- 葡聚糖酶基因成功地介导了黄瓜对灰霉病、番茄对枯萎病的抗性；源于黑曲霉的葡萄糖氧化酶基因 *GO* 导入马铃薯后大大地提高了其对软腐病的抗性。

病毒是造成植物病害的另一个主要原因，自 1986 年将烟草花叶病毒（TMV）外壳蛋白基因导入烟草获得了第一例抗病毒转基因烟草后，植物抗病毒基因工程的研究日趋活跃。目前抗病毒基因工程研究的策略主要有以下几种：①病毒复制酶介导的抗性，主要利用源于病毒的复制酶基因干扰病毒的复制，如黄瓜花叶病毒复制酶基因、烟草花叶病毒复制酶基因、番木瓜环斑病毒复制酶基因等；②病毒外壳蛋白介导的抗性，主要是利用无毒性的病毒外壳蛋白抑制病毒的复制或激发宿主的抗性反应，如烟草花叶病毒外壳蛋白基因、黄瓜花叶病毒外壳蛋白基因、大麦黄矮病毒外壳蛋白基因等；③失活的病毒移动蛋白介导的抗性，主要是利用编码失去活性的病毒移动蛋白的基因干扰病毒的扩散和转移，如烟草花叶病毒移动蛋白基因等；④病毒基因相关序列介导的抗性，主要是利用病毒基因反义序列、核酶（一种能够特异性切割 RNA 的 RNA）基因等抑制病毒基因的复制、剪接和表达，如马铃薯卷叶病毒基因的反义序列等；⑤其他来源的基因介导的抗性，如核糖体灭活蛋白类基因、抗体基因等。

自从 1986 年首例转 TMV 外壳蛋白（coat protein，CP）基因获得的抗病性植株被报道以来，已经有 10 多属 30 余种病毒进行了转 CP 试验，番木瓜也是其中之一。1990 年，首例转番木瓜环斑病毒（PRSV）外壳蛋白基因番木瓜问世。1998 年，转基因番木瓜'虹'（'Rainbow'）和'日升'（'SunUp'）品种开始商业化应用，这是第一次实际应用的转基因水果作物。华南农业大学的研究人员将 PRSV 的复制酶基因转化入番木瓜中，转基因品系于 2006 年获政府批准，命名为'华农 1 号'，2007 年开始商业化种植。目前已有转烟草花叶病毒外壳蛋白基因的抗病毒马铃薯，转马铃薯卷叶病毒 17kDa 移动蛋白突变体基因的抗病毒马铃薯，转多种病毒外壳蛋白基因反义 RNA 序列的抗病毒烟草等。这些转基因抗病毒植物的获得大大拓宽了植物抗病毒研究的思路和视野，并创造了大量抗病毒新种质。

6.1.2　生物技术改良作物的性状与品质

随着人们生活水平的不断提高，植物产品的品质越来越受到重视。但植物的品质相关性状往往是受多基因控制的数量性状，而且往往与产量相关。在缺乏有效选择手段的条件下，利用常规杂交育种方法对多个基因进行操作，实现既高产又优质的育种目标的难度较大。外源物种基因资源的利用在很大程度上受到种间生殖隔离的限制，优良的外源基因常常是可望而不可即。然而，基因工程为有效利用外源基因、改良植物品质提供了全新的技术路线，并取得了一定的成效。

目前植物品质改良已经成为植物转基因技术的研究热点，主要包括植物蛋白质品质改良，淀粉或糖等碳水化合物品质改良，脂肪、维生素种类和含量改良，以及后熟品质改良等方面。

6.1.2.1　蛋白质、碳水化合物和脂肪品质改良

目前利用植物基因工程技术进行的相关研究主要集中在改良种子贮藏蛋白、淀粉、油脂等的含量和组成上。其改良途径主要有：①将氨基酸组成均衡或高含硫氨基酸的种子贮藏蛋白基因导入植物，如将玉米醇溶蛋白基因导入马铃薯等以改善其蛋白质的营养品质等；②将某些蛋白质亚基基因导入植物，如将小麦高分子质量谷蛋白亚基（HMW）基因导入小麦以提高面粉的烘烤品质等；③将与淀粉合成有关的基因导入植物，如将支链淀粉酶基因导入水稻以改善其蒸煮品质和口感品质等；④将与脂类合成有关的基因导入植物，如将脂肪代谢相关基因导入大豆、油菜以改善其油脂品质等。目前已有油脂改良的转基因大豆和油菜品种在美国获得商业化生产许可。

6.1.2.2　次生代谢的改良

植物细胞内的代谢途径都是由各种酶精细调控的。酶是蛋白质，是基因表达的产物，所以通过基因表达的调控可以调控植物细胞的代谢途径，包括代谢途径促进、抑制、延伸等，其中非常有名的就是"黄金大米"。"黄金大米"（golden rice），又名"金色大米"，是通过转基因技术将胡萝卜素转化酶系统转入大米胚乳中可获得外表为金黄色的转基因大米。其优于正常大米的主要功能是为人们增加维生素A的来源。食物中维生素A的缺乏影响着全球2.5亿人口，维生素A缺乏会导致失明和免疫水平低下。第一代"黄金大米"2000年问世，使用了来自黄水仙的基因，其中胡萝卜素含量为每克大米约含1.6μg。第二代"黄金大米"于2005年问世，是使用玉米中的对应基因培育出来的，第二代"黄金大米"中胡萝卜素的含量是第一代"黄金大米"的23倍，达到37μg/g。该项目负责人马歇尔认为第二代"黄金大米"能够提供人体每日需要摄入维生素A的量。"黄金大米"的直接受益者是贫困人群，所以"黄金大米"被称为"最人道的科技产品"。美国食品药品监督管理局于2018年5月24日宣布，经过基因改造的"黄金大米"可以安全食用。至此，世界上已经有加拿大、澳大利亚、新西兰和美国批准了"黄金大米"的种植生产。

近日，华南农业大学刘耀光等通过转基因技术，研究出了富含虾青素（又称虾红素）的"虾红大米"。虾青素是一种红色的酮类胡萝卜素，具有很强的抗氧化活性，有益于人体健康，被广泛用于食品和饲料中作为营养补充剂。然而，虾青素在大多数高等植物中无法产生。研究结果证明，只需转入4个基因就能够在水稻胚乳中从头合成虾青素，为植物合成生物学和作物生物强化提供了范例。

6.1.2.3　果品的后熟品质改良

果品的货架存放期将直接影响其商业价值，因此人们非常希望利用基因工程技术来改变果品的后熟品质。目前已分离到几个控制果品成熟的相关基因，如纤维素酶基因和多聚半乳糖醛酶基因，通过改变这些基因的表达，可以改变果实的成熟特性。例如，将反义多聚半乳糖醛酶基因导入番茄后可明显降低其成熟时的软化进程。目前已有这种转基因番茄品种在美国获得商业化许可。另一种降低果实收获后成熟和软化进程的方法是干扰乙烯的合成，主要利用乙烯合成的前体——氨基环丙烷羧酸（ACC）的分解基因及 ACC 合成酶基因或乙烯合成酶（EFE）基因的反义序列。例如，1996 年华中农业大学利用 *Anti-ACC*（*ACC* 反义基因）基因工程技术培育的耐贮存番茄'华番一号'获中国农业部农业生物基因工程安全委员会批准，成为中国首例批准的可商品化生产的农业生物基因工程产品。耐贮存转基因番茄是世界上最早批准进入商业化种植的转基因作物之一。截至目前，已有 11 个转基因番茄事件获得安全证书，美国、中国、墨西哥、日本、加拿大等国家批准了转基因番茄的种植或者食用、饲用。

6.1.2.4　观赏园艺植物的品质改良

鲜花外形、色泽及存活时间的改良将对年贸易额数十亿美元的鲜花产业产生巨大的影响。目前已可利用基因工程技术对类黄酮合成途径的有关酶进行操作来改变花色，而利用特殊启动子控制下的 *Mn-SOD* 基因过量表达增加内源氧的收集能力，也有望延长其保鲜期。世界上首例基因工程改变矮牵牛花色的实验是将玉米 *DFR* 基因导入矮牵牛 *RLO1* 突变体后，使二氢山萘酚还原，从而提供了花葵素生物合成的中间产物，使花色由白色变为淡砖红色，创造了矮牵牛的新花色系列。1990 年，van der Krol 等将外源的 *DFR* 基因转入矮牵牛中，结果它们的表达量不仅没有增加，反而有所下降，形成白色花或彩色花瓣。长春花 *F3'5'H* 基因在红色矮牵牛中表达能产生带深紫部分的深红色花。

6.1.3　分子标记技术在农业生产中的应用

分子标记多数是指 DNA 水平上可以识别的标记。随着分子生物学和分子遗传学的发展，分子标记在多个领域获得了长足的发展和应用。

分子标记辅助选择（marker-assisted selection，MAS）是利用分子标记与决定目标性状的基因紧密连锁的特点，通过检测分子标记，即可检测到目的基因的存在，达到选择目标性状的目的，具有快速、准确、不受环境条件干扰的优点；也可作为鉴别亲本亲缘关系、回交育种中数量性状和隐性性状的转移、杂种后代的选择、杂种优势的预测及品种纯度鉴定等各个育种环节的辅助手段。它可以从分子水平上快速准确地分析个体的遗传组成，从而实现对基因型的直接选择，进行分子育种。陈升等运用分子标记辅助的回交育种方法，将 *Xa21* 导入水稻恢复系'明恢 63'和'6078'中。

作物分子标记辅助选择育种的现状与展望

分子标记还可以通过遗传连锁分析对基因进行定位与克隆。其中水稻白叶枯抗性基因 *Xa21* 的定位及克隆是分子标记应用的典范。Ronald 等首先利用 123 个 DNA 标记和 985 条随机引物对含有 *Xa21* 的近等基因系进行 RFLP（见 8.2.2.5）和 RAPD 分析，将 *Xa21* 定位在第 11 号染色体的标记 RG103 和引物 RAPD248 之间的 1.2 厘摩尔根（cM）片段。随后，Song 等研究表明 *Xa21* 基因含有一个 3075bp 的可读框（ORF）及一个 843bp 的内含子。*Xa21* 基因的克隆为其利用奠定了基础，国内外多家实验室分别用农杆菌介导、基因枪转化或转育等方法将 *Xa21* 基因转入多个水稻主栽品种。其中含 *Xa21* 基因恢复系'明恢 63-Xa21'与不育系'珍汕 97A'进行杂交，获得了转基因 *Xa21* 杂交稻'汕优 63-Xa21'，分子生物学分析和抗性实验均表明该杂交稻对白叶枯病菌 *Xoo* 同时具有高抗性和广谱抗性，并且还保持了'汕优 63'的优良农艺性状。'明恢 63-Xa21'和'汕优 63-Xa21'两个转基因系已经通过农业部批准环境释放。

进入 21 世纪以来，随着遗传学、基因组学、分子生物学等领域的快速发展，设计育种（breeding by design）的理念被提出，其理念是根据需求聚合优异性状基因培育优异新品种。随后，分子设计育种（breeding by molecular design）的理念逐渐得到丰富和完善（图 6-3）。分子设计育种是在解析作物重要农艺性状形成的分子机理的基础上，通过品种设计对多基因复杂性状进行定向改良，以达到综合性状优异的目标。设计育种技术的突破依赖于遗传学、分子生物学和基因组学等学科的发展，特别是在基因水平上对产量、品质、抗逆性、营养高效等复杂性状形成的遗传机理的阐明。针对东北地区

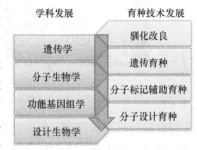

图 6-3 学科发展推动育种技术发展

最主要的优质米品种'稻花香'的稻瘟病抗性差、抗倒伏能力弱、稻谷出米率低、品种退化较严重等问题，李家洋等成功利用"水稻高产优质性状形成的分子机理及品种设计"理论基础与品种设计理念，育成了'中科 804'和'中科发'系列水稻新品种，实现了高产优质多抗水稻的高效培育。"水稻高产优质性状形成的分子机理及品种设计"研究成果于 2017 年获国家自然科学奖一等奖。

分子设计育种研究进展

6.1.4 植物生物反应器

表达一种蛋白质可以通过原核细胞如大肠杆菌，也可以通过真核细胞，如酵母菌、昆虫细胞和哺乳动物细胞等，还可以利用植物细胞。植物细胞是真核表达系统，有正确的转录与翻译体系，以及翻译后的修饰，可以得到有功能的蛋白质，且培养成本低廉。所以，利用植物生产功能蛋白质有着光明的前景。目前的研究热点集中在人类药用相关的疫苗和蛋白质，以及工业酶制剂等。

将农业和制药业有机整合，其产品为植物源重组药物。整个生产过程包含了基因克隆、蛋白质表达，原料种植、收获、运输、储藏，蛋白质提取、纯化、加工等技术（图 6-4）。水稻胚乳生物反应器以农业的形式完成原料生产，将通过发酵来合成蛋白质改为通过植物利用光合作用来完成，大大节约了生产成本和污水排放等问题。

首例植物来源的口服疫苗早在 1995 年即研发成功，是在烟草和马铃薯中表达的大肠杆菌热不稳定肠毒素 B 亚基（LTB），将其饲喂小鼠后能够引起血清 IgG 和分泌型 IgA 的合成，使小鼠获得了对大肠杆菌的免疫。此后，马铃薯块茎表达的诸如病毒衣壳蛋白 VP1、马铃薯和玉米表达的大肠杆菌毒素疫苗、水稻表达的霍乱疫苗等都进入了临床一期试验，在被试者体内引发了血清免疫。美国陶氏益农（Dow AgroSciences）公司研发的新城疫（一种禽类病毒病）疫苗于 2006 年获得美国农业部（USDA）许可，是获得许可的第一个植物来源的疫苗。以色列药品研发公司 Protalix 开发的在胡萝卜细胞中表达的葡糖脑苷脂酶，于 2012 年被

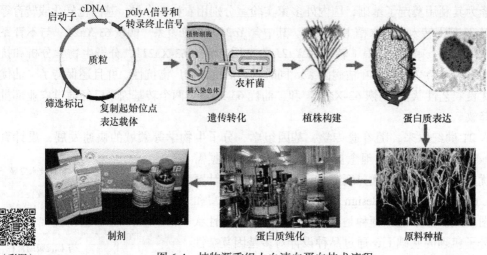

图 6-4　植物源重组人血清白蛋白技术流程

（彩图）

美国食品药品监督管理局批准上市，用于治疗 β-葡糖脑苷脂酶减少或缺乏引起的一种遗传代谢病——高雪氏病（Gaucher's disease）。

　　1989 年，人们首次在烟草中成功表达了人免疫球蛋白 G（IgG），证明植物中能够合成并正确组装这种多亚基的糖蛋白。欧洲科学家在转基因烟草中表达了中和人类免疫缺陷病毒（human immunodeficiency virus，HIV）的人单克隆抗体 2G12，欧盟以 2G12 作为案例，通过了植物生产重组药用蛋白的标准化生产规程，包括植物转化与筛选、种子库构建、遗传稳定性的保证、植株均一性、种植与收获等。德国批准了该转基因抗体的临床一期试验，并未发现明显的安全问题。这是首例获准进入临床试验的转基因植物表达的单克隆抗体，是转基因植物生产药物（plant-made pharmaceuticals，PMP）商业化进程中里程碑式的事件。埃博拉病毒引起的埃博拉出血热是死亡率很高的烈性传染病。美国 Mapp 公司研发了一种名为 ZMapp 的试验性生物药物，以转基因烟草表达的 3 种抗埃博拉病毒的人鼠嵌合单克隆抗体 mAbs 进行"鸡尾酒"疗法。2014 年 8 月在线发表于 *Nature* 上的一篇研究论文中指出，ZMapp 治愈了全部 18 只感染埃博拉病毒的恒河猴；在尚未开展临床试验的情况下，同年在利比里亚治愈了 2 名感染病毒的美国医疗援助人员，为抗埃博拉药物研发带来了希望。

　　武汉大学的杨代常通过水稻表达了人血清白蛋白并实现了产业化。人血清白蛋白具有多种临床应用价值，我国白蛋白需求量达到 210t/ 年。目前其主要从血浆中提取，但由于血浆的短缺，约 50% 依靠进口补充。杨代常等是以水稻胚乳作为"蛋白质生产车间"来表达和生产人血清白蛋白的。

6.1.5　植物细胞工程的应用

　　植物细胞全能性（totipotency）是指植物的每个细胞都包含着该物种的全部遗传信息，从而具备发育成完整植株的遗传能力。在适宜条件下，任何一个细胞都可以发育成一个新个体。植物细胞全能性是植物细胞培养和组织培养技术的理论基础（见 3.1.1）。

　　近年来，利用植物细胞培养技术及各种植物细胞固定化技术（见 5.6 及 3.1.4.3 等），就可以像固定化微生物那样，在预先设计的生物反应器中高效地、源源不断地生产出具有商业价值的次生代谢产物。例如，2010 年 10 月韩国和英国科学家报道从红豆杉形成层中分离和培养出了干细胞，并成功应用于抗癌药物紫杉醇的工业化生产。

植物细胞培养和组织培养技术可以不经过有性世代过程就可以产生出再生植株，即快速无性繁殖。该技术可以保持亲本的优良性状，可以用于优质亲本的快速繁殖，还可以广泛地应用于营养体繁殖植物生产脱毒植株。因为以营养体繁殖的植物，其生长点的细胞没有被病毒感染，脱毒技术就是分离生长点的细胞，通过组织培养获得不含病毒的植株。该技术在蝴蝶兰等花卉上已广泛应用并形成了产业化；在马铃薯、香蕉等作物脱毒种苗的生产上大量应用，提高了产量和品质，取得了巨大的经济效益。

单倍体育种技术是获得纯系的有效手段，而纯系又是杂种优势利用的基础。传统的纯系培育是通过多代自交，最终选出性状稳定的优良自交系。玉米要得到纯合的自交系一般需要4~6年甚至更长的时间，且产生的自交系虽是高度纯合但在理论上并非所有的等位基因100%纯合。然而，利用生物技术方法可以快速地获得纯系。具体来说就是利用各种有效方法产生单倍体后，再进行染色体人工或自然加倍，即可迅速获得稳定的纯系，然后通过杂交获得新品种的育种方法（见3.1.3）。而花粉组织培养技术是一条非常有效的获取单倍体的途径。通过花药离体培养等获得的单倍体，通过自然或人工的染色体加倍后可获得纯合的二倍体植株，即DH系（doubled haploid）。单倍体育种一般只需2年就能获得100%纯合的纯系，提高了育种效率，深受广大育种学家青睐。自从20世纪60年代用曼陀罗的花粉培养成植株后，单倍体育种首先在烟草上取得成功；我国也培育了水稻、烟草、小麦、茄子、甜椒等作物的新品种或品系。青贮玉米'京科932'就是结合单倍体育种技术和分子标记辅助选择而选育出的高产、优质、广适的玉米品种；具有高产、多抗、高配合力的玉米自交系'渝51'也是通过单倍体生物诱导技术选育而成的。

不同物种的细胞融合能够在细胞水平实现遗传物质的转移和重组，打破种属的界限（见3.1.2）。利用这一方法可以获得一些特殊的核质基因组合。例如，油菜与萝卜的胞质杂种，其中含有油菜的细胞核及叶绿体，同时又含有萝卜的控制雄性不育的线粒体。我国科学家通过原生质体融合技术将野生茄子中的抗黄萎病基因转到普通茄子中，获得抗黄萎病和抗青枯病的育种材料；用PEG融合法将甘薯原生质体与其近缘野生种的叶柄（或叶片）原生质体进行融合，从种间体细胞杂种植株中筛选出具有良好结薯性的种间体细胞杂种。

外源基因向植物细胞转移并能获得稳定表达的转基因植株，其中植物再生体系的建立非常重要，其核心就是植物细胞培养和组织培养。遗传转化技术可以突破传统杂交中种属的界限，使不同来源的基因进入植物细胞；植物再生体系可以使转化的细胞分化得到转基因植株。目前运用该技术已经创造了许多转基因植物品系。

6.1.6 生物农药

生物农药是可用来防治病、虫、草等有害生物的生物体本身或源于生物，并可作为"农药"的各种生理活性物质。生物农药本身由于具有对人畜毒性小、只杀害虫、与环境相容性好及病虫害相对不易产生抗性等优点，正在日益成为农药产业发展的新趋势。近年来，生物农药在它的主要研究领域——微生物农药、生物化学农药、转基因农药及天敌生物农药等方面都有不同程度的进展。

苏云金芽孢杆菌（*Bacillus thuringiensis*）是当前国内外研究最多、应用最广泛的杀虫细菌。对于苏云金芽孢杆菌的研究和开发已深入到分子生物学的深度，对其毒理学、血清学特点及遗传学和基因工程等方面都进行了广泛、深入的研究和探讨。当前我国主要集中在对 Bt 制剂生产工艺研究及特异菌株筛选、飞机喷洒防治等方面,并且在防治害虫的防治适期、使用浓度、使用次数、施用方法等方面积累起了一整套较为成熟的防治技术。苏云金芽孢杆菌制剂年产量已由 20 世纪 80 年代初的几十吨一跃而增加至目前的 2 万~3 万 t。

白僵菌(*Beauveria bassiana*)是用于防治多种鳞翅目害虫的真菌制剂,目前已进入工业化生产和较大规模应用的虫生真菌有球孢白僵菌、卵孢白僵菌、金龟子绿僵菌等。近年来,我国在白僵菌产业化生产方面取得了巨大突破,研制成功的"液固两相快速产孢子生产工艺",含孢量达到 150 亿~2000 亿个 /g,纯孢子粉剂可达 1000 亿个 /g。我国是使用白僵菌防治害虫面积最大、防治害虫种类最多的国家。据统计,我国应用和试用白僵菌防治了 40 多种害虫,每年防治面积约 4.45 万 hm^2。尤其是白僵菌成功地应用于防治松毛虫和玉米螟,取得了显著的成效。

昆虫病毒杀虫剂也是生物防治的重要手段之一,这类杀虫剂具有特异性强、毒力高、稳定性能好、安全无害等优点。进入 20 世纪 80 年代以后,这类杀虫剂的研究主要集中在昆虫病毒复合剂的研制、病毒的活体增殖、病毒的提取、基因工程病毒杀虫剂的研究及昆虫病毒培养等领域,并都取得了显著的成就。已进入大田试验的昆虫病毒有 50 余种,绝大多数为杆状病毒,如棉铃虫核型多角体病毒(NPV)、小菜蛾颗粒体病毒(GV)、黄地老虎颗粒体病毒、茶小卷叶蛾颗粒体病毒、舞毒蛾核型多角体病毒、杨尺蠖核型多角体病毒等。目前研究较多、应用较广的是核型多角体病毒、颗粒体病毒和质型多角体病毒。

6.2 生物技术与养殖业

农业动物为人类提供肉、蛋、奶,以及毛皮、绢丝等产品,以满足人类对动物蛋白质的营养需要或其他生活需要。生产农业动物的养殖业包括畜牧、水产和其他有关副业,涉及的动物门类有贝类、昆虫、鱼类、两栖类、爬行类和哺乳类。养殖业的发展和种植业一样需要大量的优良品种,需要不断地改良农业动物的生产性状,才能达到高产、优质、高效的目标。同作物育种一样,传统的动物育种技术主要是对与生产性状有关的表型性状的选择,通过直接选留或淘汰某些直观的表型性状来提高动物的生产性能,如产奶量、产蛋量、瘦肉率、生长速率等。由于动物不同于植物的生活方式和繁殖方式,农业动物尤其是大型家畜育种比作物育种存在更多的局限性,往往需要大量的种群和漫长的过程才能使选育的性状稳定下来。虽然传统的育种工作已经取得了很大的成就,养殖业的品种和产量有了很大的增长,但是随着人口的急剧增长和环境的日益恶化,养殖业依然面临着越来越大的压力。

现代生物技术的迅速发展为养殖业的革命提供了有效的技术手段。基因工程、细胞工程和胚胎工程技术的日臻成熟,给农业动物生产注入了前所未有的活力,短时间内大量繁殖优良动物品种或创造具有新性状的良种已不再是遥远的梦。

6.2.1 动物分子育种技术

优良品种在养殖生产中占有极其重要的地位,这也是人们不断进行品种改良的主要原因。动物品种改良的基础包括遗传理论、育种技术及种质资源。因此,在种质资源不变的条件下,育种技术决定了品种改良的进度,但育种技术的进步又依赖于遗传理论的发展。

遗传学应用于指导动物育种，经历了经典遗传学、群体遗传学、数量遗传学，发展到现在的分子数量遗传学；育种技术也经历了从表型选种、表型值选种、基因型值或育种值选种，发展到以 DNA 分子为基础的标记辅助选种、转基因技术和基因诊断试剂盒选种等分子育种技术。

与动物育种有关的现代生物技术包括动物转基因技术、胚胎工程技术、动物克隆技术及其他以 DNA 重组技术为基础的各种技术等。按照常规育种方法要改变家养动物的遗传特性，如增重速率、瘦肉率、饲料利用率、产蛋量、产奶量等，人们往往需要进行多代杂交或近交，固定优良性状，最后培育出人们期望的高产、优质的品种。目前大多数生产上所用的品种都是用这种交配与选择相结合的传统动物育种的方法选育出来的。然而，这种育种方法所需时间长，品种育成后引入新的遗传性状困难较大。因为带有新性状的品种可能同时也携带有害基因，杂交后有可能会降低原有性状，因此又需要重新进行多代杂交和严格选择。多年来，杂交选择一直是改良动物遗传性状的主要途径。但是随着现代生物技术的发展，传统的杂交选择法的各种缺陷日益明显，而现代分子育种技术却显示出越来越强大的生命力，逐渐成为动物育种的趋势和主流。通过各种现代生物技术的综合运用，结合传统的育种方法，可以大大加快育种进展。例如，利用 DNA 导入细胞的技术，通过胚胎工程，科学家可以把单个有功能的基因或基因簇插入到高等生物的基因组中，并使其表达，再通过有关分子生物学技术加以选择，从而获得具有目标性状的个体，培育出新品种。

6.2.1.1 动物转基因技术

（1）动物转基因技术的基本原理　　动物转基因技术是在基因工程、细胞工程和胚胎工程的基础上发展起来的。将外源基因导入动物的基因组并获得表达，由此产生的动物称为转基因动物（transgenic animal）。转基因技术利用基因重组，打破动物的种间隔离，实现动物种间遗传物质的交换，为动物性状的改良或新性状的获得提供了新方法。1982 年，美国华盛顿大学 R. D. Palmiter 教授等将大白鼠生长激素基因转移到小白鼠受精卵中，成功地育成个体比正常小白鼠大 1 倍的超级小鼠，开创了转基因动物研究的先河（图 6-5）。作为基因工程技术之一，动物转基因同样需

图 6-5　转基因超级鼠

要目的基因、合适的载体和受体细胞。由于动物细胞有别于植物细胞，绝大多数不具备发育的全能性，不能发育成为完整的个体，只有受精卵才可能发育成个体，所以要得到转基因动物还需要细胞工程和胚胎工程技术的配合。动物转基因的步骤是：外源基因的获得与鉴定；外源基因导入受精卵；转基因受精卵移植到母体子宫；胚胎发育；检测新基因的遗传性表达能力和遗传稳定性。

导入外源基因的方法主要有：①显微注射法。这是使用最早、最常用的方法。这种方法是用显微注射器直接把外源 DNA 注射到受精卵细胞的原核或细胞质中。如果能够成功地把 DNA 注射到原核中，可以得到较高的整合率。注射到细胞质的 DNA 因为与受体基因组结合的机会较少，整合率较低。哺乳动物常用注射原核的方法，鱼类和两栖类的卵是多黄卵，难以在显微镜下辨认原核，通常只能把 DNA 注射到细胞质中。也有人采用注射卵母细胞的方法制作转基因鱼，即先把外源 DNA 注射到卵母细胞，再让卵母细胞在体外成熟，然后受精。

显微注射法的优点是直观，基因转移率高，外源 DNA 长度不受限制，实验周期相对较短，常常成为导入外源基因的首选技术。不足之处是操作难度大，仪器要求高，导入的外源基因拷贝数无法控制。②病毒载体法。许多动物病毒在感染宿主细胞后会重组到宿主的基因组中。更重要的是动物病毒基因组的启动子能被宿主细胞识别，可以引发导入基因的表达。由于这些特征，一些病毒被选择作为目的基因的载体感染动物细胞，以期得到转染细胞。在转基因操作中，病毒载体可以直接感染着床前或着床后的胚胎，也可以先整合到宿主细胞内，再通过宿主细胞与胚胎共育感染胚胎。最常用的病毒载体是逆转录病毒（retrovirus）。病毒载体的优点是单拷贝整合，整合率高，插入位点易分析等；缺点是安全性和公众的接受程度还有待评价。③脂质体介导法。用脂质体作为人工膜包裹 DNA，以此作为载体将外源 DNA 导入细胞。④精子介导法。成熟的精子与外源 DNA 共育，精子有能力携带外源 DNA 进入卵里，并使外源 DNA 整合到染色体。这种能力使人们看到了提高动物转基因效率的希望，而且在家蚕新品种培育中得到广泛应用。精子作为转移载体的机制还在探索之中，但至少为大型动物转基因的研究又提供了一条新途径。

目前动物转基因技术发展迅速，转基因的成功率和对转入外源基因的调控能力不断提高。把基因组编辑技术（见 3.3）和体细胞克隆技术（见 3.2.4）结合起来，为转基因动物的制备提供了一个良好的平台。基因组编辑技术的发展也经过了漫长的探索历程，特别是人工改造限制性内切核酸酶的发现与应用，突破了同源重组的技术瓶颈，使得转基因技术取得了跨越式的发展。但是，同源重组在被广泛的应用过程中，逐渐暴露了其本身不可避免的缺陷。例如，同源重组的发生必须严格依靠不同 DNA 片段间的高度同源性，而且同源重组效率很低。2010 年，人工改造限制性内切核酸酶的出现，使得目的性干预基因编码过程成为可能。锌指转氨酶（zinc finger nuclease，ZFN）因能够识别并结合指定的基因位点，从而高效且精确地切割 DNA 靶点，极大地提高了定点整合率。另外，靶向修饰基因序列的类转录激活因子效应物核酸酶（TALEN）可特异性地识别 DNA 碱基对，并在特异位点对 DNA 链进行切割，从而导入新的遗传物质。TALEN 的发展应用，使一些基因组编辑的难题，如定点敲除、敲入或靶向修饰成为可能。2013 年，*Science* 杂志上的两篇基于 CRISPR/Cas9 基因组编辑技术在细胞水平上实现基因敲除的研究成果，将 Cas9 从理论推向了实践。CRISPR/Cas9 也作为第三代基因修饰技术被应用到转基因研究中。此技术的发明弥补了先前打靶率低、成本高、流程复杂等缺陷，为解决基因组编辑中基因敲除的定点突变、定点插入等技术瓶颈提供了新的解决思路。

基因编辑技术在基因治疗中的应用进展

CRISPR/Cas9 技术发展及其应用进展

（2）**转基因技术在动物生产上的应用**　　最早问世的转基因动物是转基因小鼠。转基因小鼠证明了生物技术可以改变动物的天然属性，从而显示了动物转基因技术的广阔前景。转基因技术应用于农业动物的主要目标是提高生产性能、提高抗病性等。除此之外，近年来用转基因动物作为生物反应器的研究越来越受到人们的重视，已逐步走向商品化生产。目前已有转基因鱼、鸡、牛、马、羊、猪等多种转基因动物成功的报道。

转基因鱼：20 世纪 80 年代中期国内外开始了转基因鱼的研究，转基因鱼是迄今为止最成功的转基因动物之一。鱼类因其产卵量大、体外受精、体外孵化等特点，大大简化了转基因操作的步骤。1984 年，我国学者朱作言首次用人的生长激素基因构建了转基因金鱼，目前已有鲫、鲤、泥鳅、鳟、大马哈鱼、鲇、罗非鱼、鲂等各种淡水鱼和海水鱼被用于转基因研究。转基因鱼的生产性研究主要集中在提高生长速度和抗逆性方面，在理论方面则对动物发育机理和基因功能研究提供了方法。生长激素能提高动物的生长速率，已经有转生长激素基因鲤明显提高了生长速率，显示出转基因鱼在渔业生产和水产养殖业的潜在经济价值。在提高抗性方面，抗冻蛋白基因被用来提高鱼类的抗寒能力。转抗冻蛋白基因技术有可能成为南鱼北养，扩大优质鱼种养殖范围的有效途径。转基因鱼研究还引进了反义 RNA 技术，有可能开辟鱼类抗病新途径。近年来陆续有转荧光蛋白基因的转基因鱼问世，成为培育观赏鱼和用于环境污染检测用鱼新品种的有效技术。转基因斑马鱼的问世深受科学研究者的喜爱，转荧光蛋白基因的转基因斑马鱼在水质检测中的应用相比传统的仪器检测具有方便、快速、高效等优点（图 6-6）。

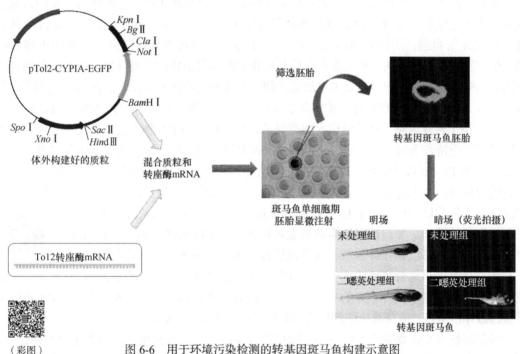

图 6-6　用于环境污染检测的转基因斑马鱼构建示意图

　　我国的转基因鱼研究已达到国际先进水平，由朱作言领导的研究组率先构建了由鲤和草鱼基因组件组成的"全鱼"基因载体，并培育出快速生长的转"全鱼"基因黄河鲤；建立了鱼类基因打靶定点整合技术。使用鱼类自身基因元件构建"全鱼"基因载体，可以解决基因表达强度的问题和推广转基因鱼的环境问题、伦理道德问题，在转基因鱼生产性应用中具有重要意义。

　　2015 年 11 月 19 日，美国食品药品监督管理局（FDA）在其官网公布，全球首例转基因食品动物——转基因三文鱼上市了。该转基因三文鱼是将大洋鳕鱼（*Zoarces americanus*）的抗冻蛋白基因的启动子序列和奇努克鲑（*Oncorhynchus tshawytscha*）的生长激素基因转移到三文鱼体内，调节激素的合成，使转基因三文鱼可以在寒冷的水域中生存，并且在冬天也能继续生长发育。巧妙的是，由于只转了启动子，三文鱼不会产生任何抗冻蛋白，完全不需要担心抗冻蛋白的安全性。这样一来，原本需要 3 年才能上市的三文鱼，现在只需要 18 个月就可以摆上餐桌了（图 6-7）。FDA 表示，基于科学结论的分析，转基因三文鱼对于环境是安全的，也可以安全食用。

（彩图）

图 6-7   转基因三文鱼（转基因鱼体的体重是正常鱼的 2～3 倍）（引自：吕浩然，2015）

转基因家禽：生产转基因动物的常规操作用于家禽是很困难的。这是因为鸟类的繁殖系统有别于其他动物。家禽卵的受精是在排卵时发生的，受精卵从输卵管排出需要超过 20h，其时已经开始卵裂，产出时的卵已有 6000 多个细胞。转基因家禽研究主要集中于转基因鸡。生产转基因鸡的方法可分为蛋产出前的操作和产出后的操作两种类型。蛋产出前的操作方法是在受精后第一次卵裂前取出单细胞的卵，在体外进行转基因操作，然后用代用蛋壳作为培养器皿在体外培养至孵化。英国学者 Perry 和 Sang 等用这种方法，体外显微注射外源 DNA，获得了转基因鸡。这种操作方法类似于杀鸡取卵，一个受精卵的成本是一只母鸡，而且转基因后受精卵需用人工蛋壳孵化，条件也很复杂，成本高、难度大。美国北卡州立大学 Mozdziak 和 Petitte 则采用蛋产出后的操作方法，以逆转录病毒为载体将外源基因注射到产出后的受精卵，孵化后也得到了转基因鸡。蛋产出后的操作方法可有多种，被认为较有前景的是胚胎干细胞法和原生殖细胞（primordial germ cell，PGC）法。原生殖细胞是鸟类配子的前体，实验证明原生殖细胞可以被从一个胚胎转到另一个胚胎发育。这两类细胞可以先在体外进行转基因操作，然后再导入鸡胚，得到转基因嵌合体，再进一步纯合得到完全转基因动物。由于家禽人工授精技术已经相当成熟，精子携带基因具有很好的可行性，不少研究者正在探讨以鸟类精子作为转基因载体的途径，有待解决的问题是提高精子携带外源 DNA 的能力。

生物工程中自动化显微注射技术研究进展

转基因技术在家禽生产上的应用，同样以提高抗病性和改良生产性状为主要目标之一。例如，用鼠的抗流感病毒基因 *Mx1* 导入鸡胚的成纤维细胞，细胞表现出了对流感病毒的抗性，提示了 *Mx1* 基因导入胚胎细胞产生抗病性的可行性。许多与鸡繁殖和生产有关的激素及生长因子基因已经被克隆，已有人将牛生长激素基因导入鸡的品系，获得了高水平表达牛生长激素的鸡，体重大于对照组。因此通过基因操作改变鸡的生产性状是可能的。对某些可以通过常规育种手段改良的性状，通过转基因法如导入其他物种的基因或许更有效。此外，鸡作为生物反应器具有突出的优点：第一，对鸡自身具有安全性。鸡的输卵管是一个自我封闭的系统，输卵管的漏斗部、膨大部分泌蛋白质，分泌的蛋白质不会再回到血液中，这样可以避免输卵管表达的外源蛋白质对鸡的健康造成危害。第二，鸡的输卵管是有效的蛋白质合成器，卵清蛋白启动子可调控其下游的外源基因的表达，合成的基因产物可进行正确的修饰和加工，产物的生物活性接近天然产品。第三，鸡输卵管表达外源蛋白质具有遗传稳定性，一旦获得可生产有价值蛋白质的动物个体，可用常规畜牧技术建立转基因鸡的家系。鸡作为生物反应器还具有哺乳动物所不具有的优点：第一，产物易收集，且不易污染。第二，鸡蛋成分简单，产物易分离。第三，鸡饲养成本低，世代间隔短。用鸡蛋生产珍贵的药物外源蛋白质，是转基因鸡生产的一个十分诱人的领域。

转基因家畜：家畜的转基因研究得益于小鼠的有关实验，进展较快。转基因猪、牛、马、羊、兔等家畜纷纷出现，并逐步走出实验室进入实用阶段。哺乳动物体外受精和胚胎移植技术为转基因家畜的成功提供了有效的技术手段。转基因家畜除了与其他转基因农业动物一样瞄准抗病性和生产性能以外，还因其与人的生物学相似性，在器官移植、药物生产和特殊疾病模型等方面显示出特殊的价值。

转生长激素基因以提高生长速率的研究已有不少报道。转生长激素基因的猪的饲料转化率、增重率提高，脂肪减少。转 *Mx1* 基因的猪抗流感病毒的能力增强。通过转基因方法解决器官移植中的超敏排斥反应的设想在转基因猪的研究中得到了令人鼓舞的结果。这个实验将人的补体（一类参与免疫排斥的蛋白质）抑制因子基因 *hDAF* 导入猪的胚胎，使其在内皮细胞、血管平滑肌、鳞状上皮等不同组织不同程度的表达，说明在供体组织中表达受体的补体抑制系统，克服补体介导的排斥反应是可行的。这个研究为异种器官移植展示了美好前景。转基因的家畜作为生物反应器生产新一代的药物已有许多例子，特别是乳腺作为生物反应器，产物已经进入市场。有关细节将在 6.2.5 讨论。

6.2.1.2 分子标记技术及应用

自 20 世纪 80 年代中后期以来，随着分子生物学、分子遗传学的迅速发展，以 DNA 分子标记为核心的各种分子生物技术不断出现。目前常用的分子标记已有十多种，如限制性片段长度多态性（restriction fragment length polymorphism，RFLP）、DNA 指纹（DNA finger print，DFR）、随机扩增多态性 DNA（random amplified polymorphic DNA，RAPD）、随机扩增微卫星多态性（random amplified microsatellite polymorphism，RAMP）、特异性扩增多态性（specific amplified polymorphism，SAP）、微卫星 DNA（microsatellite DNA）标记、小卫星 DNA（minisatellite DNA）标记、扩增片段长度多态性（amplified fragment length polymorphism，AFLP）、单链构型多态性（single strand conformation polymorphism，SSCP）、线粒体 DNA 的限制性片段长度多态性（mitochondrial DNA restriction fragment length polymorphism，mtDNA RFLP）、差异显示（differential display）法等。这些方法的应用，将大大促进动物分子育种工作的开展。

微卫星分子标记及其在动物遗传育种中的研究进展

这些方法可用于以下 6 个方面。

（1）构建分子遗传图谱和基因定位 目前用 DNA 分子标记已经构建了一些动物的分子遗传图谱，这些图谱将对动物的进一步开发利用提供重要的基础资料。

（2）基因的监测、分离和克隆 主要经济性状相关的基因和一些有害基因的监测、分离和克隆。

（3）亲缘关系的分析 DNA 分子标记所检测的动物基因组 DNA 差异稳定、真实、客观，可用于品种资源的调查、鉴定与保存，还可用于研究动物起源与进化、杂交亲本的选择和杂种优势的预测等。

（4）DNA 标记辅助选种 利用 DNA 标记辅助选种是一个很诱人的领域，将给传统的育种研究带来革命性的变化，成为分子育种的一个重要方面。目前许多研究都集中在各种 DNA 分子标记与主要经济性状之间的关系，从而寻找与经济性状相关的 DNA 标记作为选种指标，加快育种进展。

（5）性别鉴定与控制 一些 DNA 标记与性别有密切关系，有些 DNA 标记只在一个性别中存在。利用这一特点可以制备性别探针，进行性别鉴定。

（6）突变分析   由于大部分 DNA 分子标记符合孟德尔遗传规律，有关后代的 DNA 带谱可以追溯到双亲。后代中出现而双亲中没出现的带肯定来自于突变，进而可以推算动物在特定条件下的突变率。

6.2.2　动物繁殖新技术

现代动物繁殖新技术包括人工授精及精液的冷冻保存、胚胎移植、胚胎的冷冻保存、体外胚胎生产、胚胎分割、性别控制、发情、排卵及分娩控制和克隆技术等，其中人工授精和胚胎移植在现代畜牧业生产中发挥着极其重要的作用，尤其是人工授精技术，是迄今为止应用最广泛并最有成效的繁殖技术。

6.2.2.1　人工授精及精液的冷冻保存

人工授精就是利用合适的器械采集公畜的精液，经过品质检查、稀释或保存等适当的处理，再用器械把精液适时地输入到发情母畜的生殖道内，以代替公母畜直接交配而使其受孕的方法。它已成为现代畜牧业的重要技术之一，得到普遍重视和广泛应用，近年来已逐步扩展到特种经济动物、鱼类乃至昆虫等养殖业中，充分地显示了其发展潜力和多方面的优越性：①人工授精能最大限度地发挥公畜的种用价值，提高了公畜的配种效能。人工授精可利用公畜的一次射精量，给几头、几十头乃至上百头母畜授精。特别是冷冻精液技术的应用，更使优秀种公畜的利用年限不再受到寿命的限制，一头公牛的冷冻精液每年可配万头以上母牛，从而扩大了优良基因在时间和地域上的利用率。②由于人工授精能有效地提高优良公畜的利用率，因此就有可能对种公畜进行严格的选择，保留最优秀的个体用于配种，从而加速了育种工作的步伐，成为增殖良种家畜和改良畜种的有力手段。③由于人工授精减少了公畜的饲养头数，从而节约了饲养管理费用，降低了生产成本。④人工授精使用检查合格的精液，以保证质量，也便于掌握适时配种，并可提供完整的配种记录，及时发现和治疗不孕母畜，因此有助于解决母畜不孕问题和提高受胎率。⑤人工授精避免公、母畜直接接触，同时按操作规程处理精液和输精，因此可防止各种疾病，特别是生殖系统传染性疾病的传播。⑥可以克服公母畜因体格相差太大不易交配或生殖道某些异常不易受胎的困难。在杂交改良工作中，也可解决公母畜所属品种不同而造成不愿交配的问题。⑦经保存的精液便于运输、交流和检疫，可使母畜的配种不受地区的限制。为选育工作提供了选用优秀公畜配种的方便，为公畜不足地区解决了母畜配种的困难。⑧人工授精也是胚胎移植和同期发情技术中一项配套技术措施，可以按计划进行集中或定时输精。同时为开展远缘种间杂交试验研究工作提供了有效的技术手段。

6.2.2.2　胚胎移植

胚胎移植也称受精卵移植，它是将一头良种母畜配种后的早期胚胎取出，移植到另一头同种的生理状态相同的母畜体内，使之继续发育成为新个体，所以也有人通俗地叫人工受胎或借腹怀胎。胚胎移植实际上是由产生胚胎的供体和养育胚胎的受体分工合作共同繁殖后代。

胚胎移植技术的研究进展

胚胎移植的意义在于：①可以迅速提高家畜的遗传素质。超数排卵技术的应用，可以使一头优秀的母畜一次排出许多倍于平常的卵子数，免除了其本身的妊娠期和减轻了其负担，因而能留下许多倍于寻常的后代数。②保种和便于国际贸易。胚胎库就是基因库，这对我国的畜牧业可能更具有重要意义。我国有不少具有特殊优点的地方品种家畜可借胚胎冷冻长期保存，野生动物资源也可以利用这种方式长期保存，以防某些动物绝灭。而且家畜胚胎的国际贸易可省去活畜运输的种种困难。③使肉牛产双犊，提高生产率。由胚胎移植技术演化出来的"诱发双胎"的方法，即向已配种的母畜（排卵对侧子宫角）移植一个胚胎，或向未配种的母畜移植两个胚胎。这种方法不但提高了供体母畜的繁殖力，同时也提高了受体的繁殖率（受胎率和双胎率）。④防疫需要和克服不孕。例如，在养猪业中，为了培育无特异病原体（SPF）的猪群，向封闭猪群引进新的个体时，作为控制疾病的一种措施，往往采用胚胎移植技术代替剖腹取仔的方法。又如，在优良母畜容易发生习惯性流产或难产或由于其他原因不宜负担妊娠过程的情况下（如年老体弱），也可采用胚胎移植，使之正常繁殖后代。⑤胚胎移植是一种科学研究的基础手段。运用胚胎移植可研究受精作用、胚胎学、遗传学等基础科学。例如，体外受精、胚胎分割、细胞融合、基因转移及性别控制等生物工程研究要达到最终目的都必须通过胚胎移植这个基础手段。

6.2.2.3 胚胎的冷冻保存

在冷冻精子技术的基础上发展起来的胚胎冷冻技术进一步解决了胚胎移植中的一些重大难题。胚胎冷冻保存至少有以下的用途及潜在优越性：①可解决胚胎移植需要同期发情受体的数量问题；②可在世界范围内运输种质，同时用运输胚胎代替运输活畜还可以降低成本；③可建立种质库，也有利于转基因动物的种质保存，减少饲养和维持动物所需的巨额费用，避免世代延续可能产生的变异和意外事故产生的破坏；④可保存即将灭绝的畜种。总之，冷冻胚胎的推广，使世界范围内的良种推广大大简化。现在已有鼠、兔、牛、羊等十多种动物胚胎冷冻成功，其中有的种类的冷冻技术已经程序化，并出现了商品化的试剂盒。

胚胎冷冻保存技术包括胚胎的冷冻和解冻。抗冻剂的种类和浓度、加入抗冻剂的速度、解冻的速度、稀释的速度和温度都关系到冷冻胚胎的成败。抗冻剂的毒性、胚胎渗透压的变化及冰晶形成是保存胚胎必须考虑的因素。

6.2.2.4 体外胚胎生产

体外胚胎生产是指将原来在输卵管进行的精卵结合生成胚胎的过程人为地改在体外进行。它不仅具有理论研究意义，而且正逐渐成为一种有用的生物技术以提高胚胎移植的实用价值和效果。它至少有三个方面的意义：第一，提供大量胚胎进行商业性胚胎移植。在欧洲和日本，奶牛犊比肉牛犊便宜，体外生产肉牛胚胎移植给奶牛，达到用奶牛生产肉牛的目的，在经济上是合算的，生双犊就更赚钱。第二，为克隆胚胎提供核受体并进行胚胎切割前的体外早期培养以降低成本。第三，为某些研究提供大量已知准确发育时期的胚胎。体外生产胚胎的工艺过程包括卵母细胞体外成熟、体外受精和胚胎培养。

（1）卵母细胞体外成熟　　在家畜，尽管体内成熟的卵母细胞体外受精后胚胎发育良好，但未成熟的卵母细胞体外受精则不能完成胚胎发育。如果让这些细胞在体外成熟，体外受精胚发育率将大大改善。目前，牛体内成熟卵母细胞体外受精的囊胚率受不同培养条件的影响，为20%～63%。自超排牛卵巢获取的未成熟卵母细胞发育率明显高于未超排牛的。要提高体外成熟卵母细胞的质量和数量，主要应解决以下问题：了解控制卵母细胞成熟的机理，卵母细胞和合适培养体系的选择。体外培养胎儿卵巢被认为是将来的发展方向，因为胎儿卵巢在体外培养可以像活体睾丸产生精子一样不断产生卵母细胞。

（2）体外受精　　精子必须先获能才能完成体外受精的过程。已应用多种方法进行精子体外获能。一般来说，凡能促使钙离子进入精子顶体，使精子内部 pH 升高的刺激均可诱发获能。目前牛、绵羊、猪和山羊体外受精率都已高达 70%～80%。

（3）胚胎培养　　各种家畜体内成熟的卵母细胞由体外受精产生的胚胎，在 1～2 细胞期移植到本种个体输卵管内发育到囊胚期的比例都很高。牛胚胎在兔和羊的输卵管内发育也很好。但是，体外成熟的卵母细胞体外受精并体外发育到囊胚期的比例还很低，而且囊胚的发育能力也不如体内胚胎。为此，人们开始研究影响胚胎体外发育的各种因子，这项工作还在探索之中。

体外生产胚胎技术已经开始走上商业化，用于生产可移植胚和细胞移植，大大降低了成本。

6.2.2.5　胚胎分割

高等动物如何由一个受精卵经细胞分裂、分化并发育为一个完整的个体，一直是人们致力研究的课题。胚胎分割是研究细胞分化、早期胚胎发育和胚胎细胞全能性的有力手段。所谓胚胎分割是指将一枚胚胎用显微手术的方法分割成二分、四分甚至八分胚，经体内或体外培养，然后移植入受体子宫中发育，以得到同卵双生或同卵多生后代（图 6-8）。这是动物克隆技术的一种，也是胚胎工程的一种基本技术。其意义在于获得遗传上同质的后代，为遗传学、生物学和育种学研究提供有价值的材料。在家畜中，通过胚胎分割，增加可移植胚的数量，有助于提高家畜的繁殖力，促进优良品种的推广。20 世纪 70 年代以来，随着胚胎培养和移植技术的发展，哺乳动物胚胎分割取得了突破性进展，并在多种动物获得成功，目前我国牛、羊胚胎分割技术已达到国际先进水平，并已开始在生产中应用。

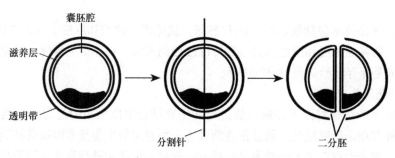

囊胚腔　滋养层　透明带　分割针　二分胚

图 6-8　胚胎分割示意图

6.2.2.6　性别控制

动物的性别控制（sex control）是指通过人为地干预或操作，使动物按人们的愿望繁殖所需性别后代的技术。性别控制的技术主要采用两条途径，即 X 精子与 Y 精子的分离和胚胎性别鉴定。通过对家畜的性别进行控制，可以达到以下效果：①提高畜牧业的经济效益。由于人工授精技术的普及，公畜的需求量越来越少，因而不论是奶牛、奶山羊、犬、兔，还是家禽，均以雌性后代价值较雄性为高。尤其是奶畜，雌性后代的价值是雄性的数十倍甚至近百倍，而公犊和公羔往往一出生就被淘汰。如果能人为控制多产雌性后代，其经济效益的提高不仅体现在雌性本身，还可以节省怀公犊（羔）母畜本年度的饲料消耗量。在肉牛、绵羊和猪则以雄性增重快、肉质优，因此往往希望通过性别控制多产雄性后代。可见，实现家畜性别控制，就能成倍，乃至数十倍

家禽性别控制
的研究进展

地提高畜牧业的经济效益。②减少性连锁遗传病的发病率。③加快珍稀动物的繁殖、保种进程。④加快奶畜群的更新。

常用的性别控制与鉴定方法如下。

（1）X精子与Y精子的分离　　家畜性别是在受精时决定的，因此分离动物精液中X精子和Y精子，是解决家畜性别控制的关键。人们根据X、Y两种精子在形态、密度、活力、表面膜电荷等方面的差异，采用了流式细胞分类法、沉降法、密度梯度离心法、凝胶过滤法、电泳法、免疫学方法等种类繁多的精子分离技术，对家畜的精子进行分离。其中流式细胞仪分离法分离X、Y精子的准确率在90%以上。精子分离后受精效果，以及产生后代性别的准确性均较为满意。除了上述方法外，也有学者尝试用不同的温度解冻冻精，从而控制后代性别比例。其原理是X、Y精子对不同温度的敏感性不一样，其在不同的解冻温度下活力和苏醒速度也不一样，故导致了后代性别比例不同。这种方法虽然在不同类别、品种家畜中会有所区别，其准确度也不是很高，但因其操作性强等特点，有可能成为普通养殖户进行性别控制优先选择的方法。

（2）胚胎性别鉴定　　胚胎性别鉴定主要是通过鉴定胚胎的性别，以控制出生的性比。胚胎性别鉴定方法主要有细胞学方法、免疫学方法、分子生物学方法等。

1）细胞学方法：细胞学方法是经典的胚胎性别鉴定方法。胚胎的核型是固定的（XX或XY），各种家畜的染色体数目虽然不一样，但在早期胚胎发育过程中雌性胚胎中的一条X染色体处于暂时失活状态。因此，从胚胎取出部分细胞直接进行染色体分析或体外培养后在细胞分裂中期进行染色体分析，可对胚胎进行性别鉴定，其准确率可达100%。

2）免疫学方法：利用H-Y抗血清或H-Y单克隆抗体检测胚胎上是否存在雄性特异性H-Y抗原，从而鉴定出胚胎的性别。通常用间接免疫荧光法检测胚胎H-Y抗原以确定胚胎性别。

3）分子生物学方法：通过雄性特异性 *SRY* 基因和PCR技术检测染色体上 *SRY* 基因的有无，有则判断为雄性，无则判断为雌性。该方法是近年来发展起来的一种性别鉴定的新方法。也可以从胚胎取下少量细胞提取DNA，并将其与Y染色体特异DNA序列（DNA探针）杂交（见2.5.4.1），结果如为阳性，则为雄性胚胎，否则为雌性胚胎。

从理论上讲，控制家畜性别的其他途径还有：①激活卵母细胞、繁殖孤雌生殖的后代；②给卵子注射经性别鉴定的精子；③胚胎性别鉴定后选用所需性别的胚胎作为核移植供体，克隆生产所需性别的胚胎等。

6.2.2.7　发情、排卵及分娩控制

发情和排卵控制是有效地干预家畜繁殖过程，提高繁殖力的一种手段。它包括诱发发情、同期发情和超数排卵等技术。例如，人们为了最大限度地提高母畜的繁殖效能，希望在非配种季节或哺乳乏情期使母畜发情配种，或使产单胎的绵羊能够产双胎；为了商品家畜的成批生产，使一群母畜在特定的时间内同时发情，就可利用某些外源激素对母畜处理即可达到目的，使母畜按照要求在一定时间发情、排卵和配种，即为发情控制。

诱发发情即人工引起母畜发情，是指在母畜乏情期内（如绵羊的非繁殖季节、母猪哺乳期、奶牛产后长期不发情时）用外源激素或其他方法引起母畜正常发情并配种的繁殖方法。

同期发情即同步发情（estrus synchronization），它利用某些激素制剂人为地控制并调整

一群母畜同期发情的进程，使之在预定的时间内集中发情，以便有计划、合理地组织配种。同期发情的优越性在于：①有利于推广人工授精技术，特别是能更迅速、更广泛地应用冷冻精液进行人工授精。②由于同期发情时，配种、妊娠分娩等过程相对集中，这样便于商品家畜和畜产品成批上市，有利于更合理地组织生产，对于节约劳力和费用及现代畜牧业的管理有很大的实用价值。

排卵控制包含着控制排卵时间和控制排卵数两个方面的问题。精确地说，控制了发情自然也就控制了排卵时间，但这里所说的控制排卵时间，实际上是利用外源促排卵激素进行诱导排卵，以代替在体内促性腺激素影响下发生的自然排卵。控制排卵数是指利用外源激素增加排卵数。通常在进行胚胎移植时，对供体母畜需要进行超数排卵处理。或者限制性地适当增加排卵数，以达到产多胎的目的。例如，使母羊由原来产单胎增加为产双胎，或使通常产双羔的增加为产三羔。超排和诱发产多胎看起来虽只是量的差异，但目的完全不同。超排卵后必然进行移植，诱发产多胎则属自然妊娠。

诱发分娩就是在认识分娩调控机理的基础上，利用外源激素模拟发动分娩的激素变化，调整分娩进程，促使分娩提前到来。在高度集约化大规模的生产体制中，诱发分娩便于有计划地生产，有计划地组织人力、物力进行有准备的护理工作，可减少或避免新生仔畜和孕畜在分娩期间可能发生的伤亡事故。诱发同期分娩可为下一个繁殖周期进行发情同期处理建立可靠的前提，同时也为分娩母畜之间新生仔畜的调换、为仔畜并窝或为孤儿仔畜寻找养母提供了机会和可能性，并可将分娩控制在工作日和上班时间内，避免假日和夜间的分娩，便于安排人员护理。

6.2.3　生物技术在饲料工业上的应用

生物技术在饲料中的研究与应用，对于推动我国在 21 世纪的畜牧业高效、持续和稳定地发展，具有重要的经济价值和深远的战略意义。生物饲料是指以饲料和饲料添加剂为对象，以基因工程、蛋白质工程、发酵工程等技术为手段，利用微生物发酵工程开发的新型饲料资源和饲料添加剂，主要包括饲料酶制剂、抗菌蛋白、天然植物提取物等。以生物饲料为饲料的开源节流是一种新的有效途径。此外，应用生物饲料产品可降低畜禽粪氮、粪磷排放量，大幅减轻养殖带来的环境污染。

6.2.3.1　发酵工程技术在饲料工业上的研究与应用

大多数饲料用酶制剂、添补氨基酸、维生素、抗生素和益生菌是由微生物发酵工程技术生产的。由特异微生物发酵生产的饲用酶制剂包括 β-葡聚糖酶、戊聚糖酶和植酸酶等。前两种酶制剂添加于以大麦、小麦、黑麦、燕麦和淀粉为主的家禽饲料中，能分解饲料中的抗营养因子葡聚糖和戊聚糖，提高养分的消化利用率，从而提高饲料吸收效率。在鸡、猪饲料中添加植酸酶，能明显提高以植物性原料为主的饲料中植酸磷的消化利用率，降低无机磷的添加量，而且能提高氨基酸和其他矿物元素的消化利用率。目前，国外学者正利用转基因技术和特殊包被技术研制耐高温和耐胃内酸性环境的高活性植酸酶，并已取得一定进展。例如，转基因技术生产的植酸酶因质量更高、价格更低而越来越多地应用于畜禽饲料中。

目前，由特异微生物发酵生产的饲用添补氨基酸主要有赖氨酸、甲硫氨酸、色氨酸和苏氨酸。在畜禽饲料中使用外源氨基酸，可降低饲料粗蛋白水平，减少非必需氨基酸的超过量，改善饲料氨基酸的平衡性，使人们研究与应用畜禽饲料的"理想氨基酸平衡模型"成为可能，因而可进一步提高动物的生产性能，同时减少氮排出对环境的污染。由微生物发酵生产的维生素 A、维生素 C、维生素 D、维生素 E 等各种维生素除传统上普遍用于纠正畜禽的维生素缺乏症外，目前还广泛用于增强动物的抗应激、抗病和改善肉质上。

在畜禽饲料中添加抗生素，可通过抑菌抗病、促进养分吸收等途径促进畜禽的生长，改善饲料转化效率，给养殖业带来显著的经济效益。但使用抗生素易产生耐药性和组织残留，造成环境污染、最终危及人类的健康。益生菌是一类可在动物和人体应用的单一的或多种混合的活的微生物培养物，这些微生物包括真菌、酵母菌和细菌，正常情况下来源于动物肠道，可能通过在胃肠道的黏膜细胞上抢先附着，并大量繁殖，建立优势菌群，从而抑制有害微生物的生长，进而保护动物健康、促进其生长。益生菌具有与抗生素相似的功能，而无抗生素的耐药性和组织残留问题。在许多方面，益生菌可视为抗生素的天然替代物，饲用益生菌有很好的应用前景。

6.2.3.2　寡肽、寡糖添加剂在饲料工业上的研究与应用

最新研究表明，某些氨基酸组成的寡肽能在动物胃肠道中不被水解、不受抗营养因子的干扰而直接被吸收，且比单个氨基酸的吸收速率快。此外，某些寡肽能刺激瘤胃内纤维分解菌的生长及在动物体内发挥激素功能，故以寡肽作为饲料添加剂正引起人们的兴趣，这方面的研究正在继续深入。糖等碳水化合物传统上是供给动物作能源的，但最新的研究表明，寡糖不仅能刺激益生菌的生长、抑制有害微生物的生长、提高机体的免疫功能、增强抗病力，而且能有效地破坏饲料中的黄曲霉毒素，消除此毒素对动物的有害影响。寡糖添加剂既有抗生素的作用，又没有抗生素的抗药性和残留问题，还有抗生素不具备的特性，因此有人把此类添加剂也称为"益生素"（prebiotics）。由于寡糖添加剂的应用效果受到寡糖种类、饲料组成和饲养条件等很多因素的影响而效果不恒定，目前该类添加剂还处于试验研究阶段，距实际应用还有较大的差距，因而需要人们做大量的前期工作，以使该类添加剂能有效地代替畜禽饲料中的抗生素。

6.2.4　畜禽基因工程疫苗

基因工程疫苗是指使用 DNA 重组技术，把天然的或人工合成的遗传物质定向插入细菌、酵母菌或哺乳动物细胞中，使之充分表达，经纯化后而制得的疫苗。常规疫苗（全病毒灭活苗、减毒活疫苗）制备工艺简单，价格低廉，且对大多数畜禽传染病的防治是安全有效的，但也有一些病毒需要基因工程技术开发新型疫苗，它们包括：①不能或难以用常规方法培养的病毒，如新城疫弱毒株在鸡胚成纤维细胞中生长不良；②常规疫苗效果差或反应大，如传染性喉气管炎疫苗；③有潜在致癌性或免疫毒性作用的病毒，如白血病病毒、法氏囊病病毒、马立克氏病病毒；④能够降低成本，基因工程技术可简化免疫程序的多价苗，如传染性支气管炎血清型多且各型疫苗之间交叉保护性差，可将几种病毒抗原在同一载体上表达而生产出一次接种预防多种疾病的多价苗。基因工程可以生产无致病性的、稳定的细菌疫苗或病毒疫苗，还能生产与自然型病原相区分的疫苗，提供了一条研制疫苗更加合理的途径，将有助于畜禽传染病的预防和治疗。

目前基因工程疫苗主要有以下几种。

（1）基因工程亚单位疫苗　将编码某种特定蛋白质的基因，经与适当质粒或病毒载体

重组后导入受体细菌、酵母或动物细胞，使其在受体中高效表达，提取所表达的特定多肽，加免疫佐剂即制成亚单位疫苗。

（2）基因工程活载体病毒疫苗　　这类疫苗是将外源目的基因用重组 DNA 技术克隆到活的载体病毒中制备疫苗，可直接用这种疫苗经多种途径免疫畜禽。例如，以鸡痘病毒为载体的新城疫病毒 F 和 HN 基因重组活载体病毒疫苗已在美国获得商业许可。

（3）合成肽疫苗　　合成肽疫苗是一种仅含免疫决定簇组分的小肽，即用人工方法按天然蛋白质的氨基酸顺序合成保护性短肽，与载体连接后加佐剂所制成的疫苗，是理想的安全新型疫苗。目前合成肽苗的研究方向主要是发展合成肽多价苗，预防畜禽多种传染性疾病。

（4）基因缺失活疫苗　　通过基因工程手段在核酸水平上造成毒力相关基因缺失，从而达到减弱病原体毒力，又不丧失其免疫原性的目的。基因缺失的活疫苗的复制能力并不明显降低，故其所导致的免疫应答不低于常规的弱毒活疫苗。

（5）核酸疫苗　　核酸疫苗是将编码某种抗原蛋白的外源基因（DNA 或 RNA）直接导入家禽或家畜细胞内，并通过宿主细胞的表达系统合成抗原蛋白，诱导宿主产生对该抗原蛋白的免疫应答，以达到预防和治疗疾病的目的。核酸疫苗具有诸多优点，如制备简单、免疫保护力增强、免疫应答持久、应用较安全等。

虽然常规方法制备的疫苗仍然在预防畜禽传染病上占有主导地位，但新型基因工程疫苗及其与常规疫苗联苗和多价苗是今后畜禽疫苗发展的趋势。

6.2.5　动物生物反应器

动物生物反应器是指将外源目的基因导入并整合到动物基因组中，该外源基因可以遗传给后代，并能够表达相应的目标蛋白，所获得的个体表达系统就是动物生物反应器。这样的一个具有动物生物反应器功能的转基因动物，其体内可以合成所需的蛋白质，并通过乳汁、尿液、血液、精液、蛋清或蚕丝等分泌产生。与微生物中表达外源蛋白质的技术相比，动物生物反应器能对真核蛋白质进行加工，产生具有生物活性的蛋白质药物，可以表达传统方法难以表达的蛋白质，且纯化简单、投资少、成本低，对环境没有污染。转基因动物就像天然原料加工厂，只要投入饲料，就可以得到人类所需的药用蛋白。畜牧业由此开辟出一个全新天地。

转基因动植物
生物反应器研
究进展及应用
现状

6.2.5.1　乳腺生物反应器

乳腺生物反应器是通过转基因动物的乳腺，大规模生产供人类疾病治疗和保健用的药用蛋白质或其他生物活性物质。哺乳动物乳汁中蛋白质含量为 30～35g/L，一头奶牛每天可以产奶蛋白约 1000g，一只奶山羊可产奶蛋白约 200g。由于转基因牛或羊吃的是草，挤出的是珍贵的药用蛋白质，生产成本低，可以获得巨大的经济效益。

许多药用蛋白质已经通过乳腺生物反应器生产出来。首例是荷兰人研制的转人乳铁蛋白基因的牛。乳铁蛋白能促进婴儿对铁的吸收，提高婴儿的免疫力、抵抗消化道感染。接着又培育出促红细胞生成素的转基因牛，红细胞生成素能促进红细胞生成，对肿瘤化疗等红细胞减少症有积极疗效，是目前商业价值最大的细胞因子之一。英国科学家成功培育了 α_1- 抗胰蛋白酶转基因羊，α_1- 抗胰蛋白酶具有抑制弹性蛋白酶的活性，用于治疗囊性纤维化和肺气肿。很多科学家把蜘蛛丝叫作"生物钢"。转基因蜘蛛羊是独一无二的（图6-9），因为它们能产生普通的蜘蛛丝，这种构成蜘蛛网的同样物质由它们的乳腺产生。2006年，欧洲批准了第一个由转基因羊生产的重组人抗凝血酶用于临床。我国科学家也成功培育了乳汁中含有活性人凝血因子IX的转基因绵羊。正在研制的乳腺生物反应器药物还有人骨胶原蛋白、人溶菌酶谷氨酸脱羧酶等。

6.2.5.2 血液生物反应器

外源基因在血液中表达的转基因动物叫作血液生物反应器，外源基因表达的产物可以直接从血清中分离出来。由于血液循环系统与动物的健康密切相关，故不能在血液中表达有可能会影响动物健康的蛋白质，如细胞分裂素、组织血纤维溶酶因子等外源产物。目前该反应器主要用来生产人血红蛋白、血清蛋白、抗体、干扰素和胰蛋白酶等重组蛋白。转基因动物的血液生产人的血红蛋白可以解决血液来源问题，同时避免了血液途径的疾病感染。例如，转基因猪表达出人血红蛋白，虽然采血没有挤奶方便，但血液的巨大市场及猪的迅速繁殖能力展现出了良好的前景。

6.2.5.3 膀胱生物反应器

膀胱生物反应器的原理是膀胱上皮（urothelium）顶端表面可表达尿血小板溶素（uroplakin）的膜蛋白，将外源基因插入其5′端调控序列中，从而指导外源基因在尿中表达。相比乳腺和血液生物反应器，膀胱生物反应器生产目的产物周期短，使用周期长，尿液容易收集，且尿中几乎不含脂肪和其他蛋白质，容易纯化。不过，目前的膀胱生物反应器应用还比较少，主要用来合成人生长激素。

6.2.5.4 家禽生物反应器

目前，家禽生物反应器主要是对禽蛋进行研究。因为禽蛋产量高、周期短，卵清蛋白启动子是最强的组织特异性启动子之一；蛋白质成分简单、易分离提纯，且外源基因表达的产物直接进入蛋中，不参与机体的代谢活动。理论上来说，转基因家禽是比较理想的生物反应器，目前已应用于生产免疫球蛋白和干扰素等。

6.2.6 核移植技术及其在养殖业中的应用

核移植（nucleic translation，NT）是将动物早期胚胎或体细胞的细胞核移植到去核的受精卵或成熟卵母细胞中，重新构建新的胚胎，使重构胚发育为与供核细胞基因型相同后代的技术，又称动物克隆技术。

核移植的基本技术流程已在3.2.4中叙述，这里不再重复。动物克隆技术发展迅速，在生产和生活中已产生了广阔的应用前景。克隆技术除了与基因治疗结合，使得全面、彻底、高效的遗传病治疗成为可能，以及利用克隆技术可以产生人体所需的器官等在医学上的重要应用外，其在动物生产上还有着十分重要的作用。主要表现在以下三个方面。

6.2.6.1 克隆具有巨大经济价值的转基因动物

自从显微注射法建立以来，对受精卵细胞的原核进行DNA显微注射，一直是获得转基因动物的唯一手段，但转基因整合到动物基因组的效率很低，只有0.5%~3%经显微注射的受精卵可以产生转基因后代。而对大动物，如羊、猪等转基因整合到基因组的水平更低。基因打靶与核移植技术相结合后为生产乳腺生物反应器提供了绝好的途径。该法的优点在于：使基因转移效率大幅度提高，转基因动物后代数迅速扩增，所需动物数减少为原来的2/5。

对于与性别有关的性状（如利用乳腺生物反应器生产蛋白质必须在雌性个体完成）可以进行人为控制。转基因克隆动物技术优于传统的显微注射法的另一个表现是它能实现显微注射法不能实现的大片段基因转移，更重要的是在胚胎移植前就已选好了阳性细胞作为核供体，这样最终产生的后代100%是阳性的。

6.2.6.2　快速扩大优良种畜

在畜牧业上，采用体细胞为核供体进行细胞核移植是扩大优良畜种的有效途径。畜牧业的效率主要来自动物个体的生产性能和群体的繁殖性能，我们可以选用性能良好的个体进行体细胞核移植。例如，为了获得高产奶牛，可以取高产奶牛的体细胞进行体外培养，然后将体细胞核注入去核卵母细胞中，使其发育到多细胞胚胎，再把它移入普通奶牛的体内。这样生产出的奶牛具有高产的优良性状，从而加快育种速度并减少种畜数量，更好地实现优良品质的保存。

6.2.6.3　挽救濒危动物

通过动物克隆技术增加濒危动物个体的数量，对于避免该物种的灭绝有重要的意义。尽管实际工作中还存在着诸如野生濒危动物与普通动物相比，目前存在世上的数量极少，可供做克隆实验的个体就更少，还有许多濒危野生动物的生长过程、生活习性等并未被人类所掌握，以及有些濒危动物的特殊生活环境，造成了科学家在克隆它们的过程中会遇到许多意想不到的事情等困难。目前也有诸多成功的案例。例如，爪哇野牛，别名白臀野牛，它们是主要分布在东南亚的野生牛种。爪哇野牛被世界自然保护联盟列为受到"严重威胁"的物种，因为爪哇野牛的数量在过去的15～20年里减少了约85%。2003年，为了保护该物种，美国研究人员利用冷冻20多年的爪哇野牛皮肤细胞成功克隆出了两头爪哇野牛。

◈ 小　结

农业生物技术是指运用基因工程、发酵工程、细胞工程、酶工程及分子育种等生物技术，改良动植物及微生物品种生产性状，培育动植物及微生物新品种，生产生物农药、兽药与疫苗的新技术。现代生物技术已广泛应用于农业生产，正从根本上改变着传统农业的技术手段和运作方法，并已产生了巨大的经济效益。本章详细介绍了生物技术在种植业和养殖业方面的一些应用方法、应用实例及各自的特点。种植业方面的生物技术介绍包括：作物生物逆境和非生物逆境抗性性状改良，作物的营养、储存、观赏等性状的改良和植物次生代谢调控，分子标记技术及其在品种改良上的应用，植物生物反应器，植物细胞工程的应用和生物农药等。现代生物技术的迅速发展为养殖业的革命提供了有效的技术手段。现代生物技术在养殖业方面的应用介绍主要包括：动物分子育种技术、动物转基因技术和DNA标记技术在动物育种中的应用；胚胎移植、胚胎分割、性别控制、发情、排卵及分娩控制等动物繁殖技术的应用，动物饲料工业、畜禽基因工程疫苗、动物生物反应器制作，以及核移植技术及其在养殖业中的应用等领域。

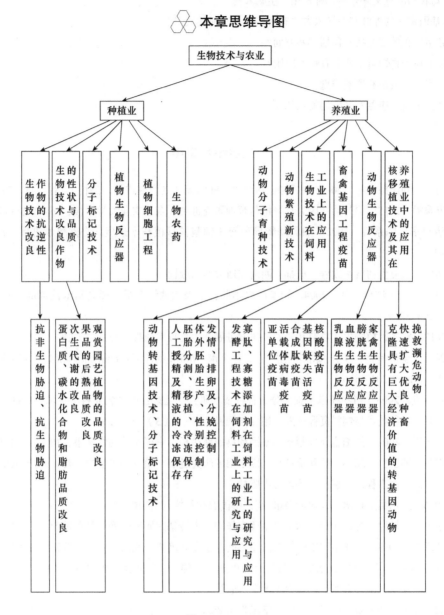

复习思考题

1. 简述植物基因工程的概念，试比较植物基因工程与常规植物遗传育种的异同点。

2. 举例说明基因工程在作物非生物逆境抗性性状改良中的应用。

3. 举例说明基因工程在作物生物逆境抗性性状改良中的应用。

4. 植物基因工程在改良植物次生代谢途径中有哪些方面的应用？

5. 分子标记在作物育种方面有哪些应用？

6. 举例说明植物生物反应器有哪些方面的应用。

7. 植物组织培养在农业生产中有哪些应用？

8. 简述生物农药的意义并列出几种常用的生物农药。

9. 动物转基因常用的外源基因导入方法有哪些？各有何优缺点？

10. 动物胚胎工程的主要技术包括哪些方面？

11. 生物技术在动物饲料工业上有哪些应用？

12. 畜禽基因工程疫苗有哪些类型？

13. 何谓动物生物反应器？其应用前景如何？

主要参考文献

白辉，李莉云，刘国振，等. 2006. 水稻抗白叶枯病基因 *Xa21* 的研究进展. 遗传，28：745～753

崔宁波，宋秀娟. 2015. 国外转基因大豆种植与育种研究进展. 东北农业大学学报，46：103～108

韩毅冰，潘兴华，陈系古. 2002. 哺乳动物异种间体细胞核移植技术进展. 自然科学进展，12（4）：344～349

胡一鸣. 2015. 农业生物技术教程. 成都：西南交通大学出版社

刘巧泉，姚泉洪，王红梅，等. 2004. 转基因水稻胚乳中表达铁结合蛋白提高稻米铁含量. 遗传学报，31（5）：294～299

刘蓉蓉. 2017. 转基因植物生产疫苗和药物的研发进展. 生物技术通报，33：17～22

吕浩然. 2015. 全球首例！美国批准转基因三文鱼上市. https://tech.sina.com.cn/d/i/2015-11-20/docifxkw-uwx0231126.shtml[2019-6-10]

陆维忠，郑企成. 2003. 植物细胞工程与分子育种技术研究. 北京：中国农业科学技术出版社

罗明朗. 1998. 生物技术与饲料资源开发. 粮食与饲料工业，3（3）：22～26

汤家铭，成国祥. 2002. 体细胞介导制备转基因动物的新途径. 中国实验动物学报，10（3）：188～192

温莉娴，周菲，邹玉兰. 2018. 抗除草剂转基因水稻的研究进展. 植物保护学报，45：954～960

夏启中. 2017. 基因工程. 北京：高等教育出版社

杨代常. 2016. 在水稻上种出"人血清白蛋白". 中国农村科技，6：30～33

姚丽，刘家勇，吴转娣，等. 2013. 禾本科主要农作物抗虫转基因研究进展. 甘蔗糖业，2：37～42

叶纪明，刘绍仁. 1999. 浅谈中国农药存在的主要问题及发展趋势. 北京：中国农业科学技术出版社

余泓，王冰，陈明江，等. 2018. 水稻分子设计育种发展与展望. 生命科学，30：1032～1037

张惠展. 2016. 基因工程. 上海：华东理工大学出版社

张怡. 2002. 胚胎干细胞研究进展. 生物医学工程学杂志，19（2）：340～343

赵辉，贺萍萍，郭静远，等. 2017. 应用现代生物技术防治番木瓜 RNA 病毒研究进展. 分子植物育种，15：4590～4599

征曰良，宋杰，仲跻峰，等. 2002. 哺乳动物细胞核移植的研究进展. 生物学通报，37（3）：5～7

中国科学技术协会. 2016. 农学学科发展报告（2014—2015）. 北京：中国科学技术出版社

Desmond S T N. 2002. An Introduction to Genetic Engineering. 2nd ed. Cambridge: Cambridge University Press

Moore K, Thatcher W W. 2006. Major advances associated with reproduction in dairy cattle. J Dairy Sci, 89: 1254～1266

Paine J A, Shipton C A, Chaggar S, et al. 2005. Improving the nutritional value of Golden Rice through increased pro-vitamin A content. Nat Biotechnol, 23: 482～487

Prather R S. 2006. Nuclear remodeling and nuclear reprogramming for making transgenic pigs by nuclear transfer. Transgenic Res, 15: 405~407

Shen C, Zhou Y X, Ruan J P, et al. 2018. Generation of a Tg(*cyp1a-12DRE: EGFP*) transgenic zebrafish line as a rapid *in vivo* model for detecting dioxin-like compounds. Aquat Toxicol, 205: 174~181

Soler E, Thépot D, Rival-Gervier S, et al. 2006. Preparation of recombinant proteins in milk to improve human and animal health. Reprod Nutr Dev, 46(5): 579~588

Thamthiankul S, Moar W J, Miller M E, et al. 2004. Improving the insecticidal activity of *Bacillus thuringiensis* subsp. *aizawai* against *Spodoptera exigua* by chromosomal expression of a chitinase gene. Appl Microbiol Biotechnol, 65(2): 183~192

The Acquisition of Agribiotech Applications(ISAAA). 2017. Global status of commercialized biotech/GM crops in 2017. ISAAA Aannual Report-2017

Zhu C, Ruan L, Peng D, et al. 2006. Vegetative insecticidal protein enhancing the toxicity of *Bacillus thuringiensis* subsp. *kurstaki* against *Spodoptera exigua*. Lett Appl Microbiol, 42(2): 109~114

Zhu Q L, Qian Q. 2017. Development of 'purple endosperm rice' by engineering anthocyanin biosynthesis in the endosperm with a high-efficiency transgene stacking system. Molecular Plant, 10: 918~929

（陈 亮 左正宏）

7 第七章

生物技术与食品

学习目的

①食品工业是生物技术应用的重要领域,掌握现代生物技术在食品领域中的主要应用。②认识现代生物技术如基因工程、发酵工程、细胞工程、酶工程及蛋白质工程与食品产业的关系和发展趋势。③学习生物技术在食品生产、加工、包装和检测过程中的重要作用。④了解未来食品工业的发展趋势等。

食品生产是世界上最大的工业之一。在工业化国家,食品消费至少占家庭预算的20%~30%。食品产业链主要开始于农业生产中的作物种植或动物饲养,终止于消费者对它们的利用。除了蔬菜和水果,大部分食品原材料需要某种程度的加工,如谷类和肉类。农产品和消费者之间的环节是食品加工业,通过它们,相对庞大的、易腐烂的粗制的农产品,转变成货架上便利而美味的食品和饮料。保鲜技术的进步及运输的便利,使得人们可品尝到一年四季的季节性食品,不受季节和原产地的限制。

食品生物技术产业主要涉及发酵食品产业、食品添加剂与配料的生物制造产业及生物健康与功能食品相关产业等,另外还涉及食品生物技术在食品包装、质量安全检测、食品生产废弃物处理等方面的应用。

食品生物技术的最早应用可追溯到几千年前,那时就已经有面包、奶酪、葡萄酒和啤酒等发酵食品。传统的酿造技术和发酵技术属于传统的食品生物技术,自 20 世纪 70 年代以来,由于重组 DNA 技术的发明,食品生物技术开始进入快速发展阶段。生物工程下游技术、细胞固定化技术、细胞融合技术、代谢工程等众多技术的发展,也对现代食品生物技术的快速发展起了极大的推动作用,从而明确提出了现代食品生物技术的概念。进入 21世纪,我国食品工业发展迅速。目前,食品产业逐渐由农业主导型向工业主导型转变;食品工业也正在由传统食品加工业向现代食品制造业转变。通过开发新生物资源,利用基因和代谢工程的手段,现代生物技术在营养和功能食品开发、食品保藏及安全检测等方面的应用前景广阔。

7.1 生物技术与食品生产

7.1.1 超级稻、单细胞蛋白、人造肉与转基因食品

7.1.1.1 粮食与蛋白质的需求

目前世界上面临的主要问题之一是人口爆炸,在发展中国家尤为突出。2015 年全世界人口数已超过 73 亿,若不加以控制,到 2050 年将突破 97 亿。传统农业将不能提供足够的食

物来满足人类的需求。联合国粮食及农业组织（FAO）发布的《2017年世界粮食安全和营养状况》的报告（以下称报告）显示，2016年，全球饥饿人口数量达到8.15亿，比上年增加3800万人。然而，FAO 2017年发布的研究报告指出，未来全世界人口将激增，人类将面临人口暴增、气候变迁、资源枯竭等三个危机夹击，重要的粮食出口国的环境也将出现恶化。未来粮食产量的短缺幅度将继续扩大，人类必须在粮食上推动科技创新才能把缺口补起来。这份报告还提出警告，人类如果不能尽快推动粮食系统的改造，帮助因战乱或贫穷面临饥饿的人口，到了2050年全球会面临毁灭性的饥荒。

无论发达国家或不发达国家，其饮食结构都有从谷物类向肉类转移的趋势，这就导致了个人的粮食消耗量大增，因为通过饲养动物获得的肉类，每千克需消耗3～10kg的粮食。因此，通过生物技术提高粮食的产量是解决粮食危机，满足人们日益增加的食物需求的关键。

7.1.1.2 超级稻计划

20世纪90年代后期，美国学者布朗抛出所谓的"中国威胁论"，撰文说到21世纪30年代，中国人口将达到16亿，到时谁来养活中国，谁来拯救由此引发的全球性粮食短缺和动荡危机。然而，袁隆平先生认为："中国完全能解决自己的吃饭问题，中国还能帮助世界人民解决吃饭问题。"早在1986年，袁隆平就在其论文《杂交水稻的育种战略》中提出将杂交稻的育种朝着由繁至简且效率越来越高的方向发展，杂种优势利用朝着越来越强的方向发展。

发展超级杂交水稻保障国家粮食安全

1998年，超级稻研究被列为国家"863计划"重点项目，超级稻计划又叫超高产水稻育种计划，袁隆平出任首席责任专家。超级稻研究与推广在近十几年来，为促进我国水稻连续多年增产、单产不断攀升做出了重要贡献。2018年超级杂交稻高产示范现场观摩会在河北省邯郸市举行，袁隆平及其团队培育的超级稻品种'湘两优900'（'超优千号'）再创亩产纪录：经第三方专家测产，该品种的水稻在试验田内亩产1203.36kg。目前，世界上20%的水稻采用袁隆平的杂交稻品种，并已经在中亚、东南亚、北美、南美试验试种，为解决世界粮食安全及短缺做出了卓绝贡献（图7-1）。

图7-1 超级杂交稻

中国科学院院士张启发牵头的科研团队还提出了"绿色超级稻"的设想和计划。其基本目标是：在不断提高产量、改良品质的基础上，力争水稻生产中基本不打农药，少施化肥并能节水抗旱。其基本思路是：将品种资源研究、基因组研究和分子技术育种紧密结合，加强重要性状生物学的基础研究和基因发掘，进行转基因品种改良，培育大批抗病、抗虫、抗逆、营养高效、高产、优质的新品种。绿色超级稻研究将有助于中国最终形成"少种、多收、高效、环境友好"的水稻生产新格局，达到促进农业结构调整、提高稻作产出与投入比、合理利用自然资源、减少环境污染和增加稻农经济收入的目的。

杂交稻与绿色超级稻

7.1.1.3 单细胞蛋白

蛋白质的快速生产也是食品生产的研究重点，利用微生物作为蛋白质生产工厂已获得成功。这就是所谓的单细胞蛋白（single cell protein，SCP）的开发，它是指"生产"蛋白质的生物大都是单细胞或丝状微生物个体，而不是多细胞复杂结构的生物如动物、植物等。

通过发酵获取酵母菌、细菌、霉菌，以及培养蘑菇、单细胞藻类等微生物，进一步由此制取大量的蛋白质。微生物含有丰富的蛋白质，按其干重计算，酵母菌含蛋白质40%~60%，霉菌含30%，细菌含70%，藻类含60%~70%，可为人类提供日益短缺的蛋白质。通过微生物获取蛋白质要比种植业和养殖业快

单细胞蛋白生产及应用研究进展

得多。微生物蛋白质的必需氨基酸略高于大豆蛋白质，是较优质的蛋白质，世界年产量已超过3000万t，发展前景非常可观。

SCP可在人和动物对蛋白质需求上起到补充作用。在人的饮食中，SCP可作为食品添加剂，以改善食物口味，并可代替动物蛋白质。由于人体不太容易消化核酸，而微生物含有较多的DNA和RNA，核酸代谢会产生大量的尿酸，可能导致肾结石或痛风，因此单细胞蛋白产品在食用前要先经加工去除大量的核酸。在动物饲养上，SCP因其富含蛋白质、风味温和、容易储存等特点，可代替传统的蛋白质添加剂，如鱼粉、豆粉等。特别是在水产养殖业，如养虾、养鱼等方面，SCP已被广泛应用。

微生物比任何动物都能更有效地合成蛋白质（表7-1）。把250kg的牛与250kg的微生物进行比较，牛每天能产生200g的蛋白质，而在同样时间，在理想的生长条件下，微生物理论上能合成25t的蛋白质。用微生物生产SCP的优点见表7-2。

表 7-1   不同生物的物质加倍时间（引自 Smith，1996）

生物体	时间	生物体	时间
细菌和酵母菌	20~120min	猪	4~6周
霉菌和藻类	2~6h	小牛	1~2个月
草本植物	1~2周	婴儿	3~6个月
鸡	2~4周		

表 7-2   用微生物生产 SCP 的优点

1. 在最佳条件下，微生物能以惊人的速率生长，有些微生物的生产量每隔0.5~1h增加1倍
2. 微生物比植物和动物更容易进行遗传操作；它们更适宜于大规模筛选高生长率的个体，更容易实施转基因技术
3. 微生物有相当高的蛋白质含量，蛋白质的营养价值高
4. 微生物能在相对小的连续发酵反应器中大量培养，占地小，不依赖气候
5. 微生物的培养基来源很广泛、低廉，特别是利用废料，如有些微生物能利用植物的"残渣"——纤维素作原料

工农业生产的下脚料中有些物质是可以回收并加以利用的，如稻秸、蔗渣、糖蜜、动物粪便和其他有机废物等。这些废料数量巨大，会给环境带来很大的污染。因此，利用这些废料来生产SCP是一举两得的事情（表7-3），既减少了排污费用，又可得到可食用的蛋白质。

表 7-3   用来源丰富的工农业下脚料生产 SCP 的优点

1. 减少环境污染
2. 在大部分国家和地区，许多工农业下脚料都能很便宜地得到，因此能保证供应
3. 废料转化为蛋白质和能源
4. 解决需大量依赖进口蛋白质的难题
5. 利用来源丰富的下脚料为原料，避免像以石油废料为原料带来的安全问题

食用菌是屈指可数的可把微生物直接作为人类食物的例子之一。联合国粮食及农业组织（FAO）统计数据显示，全球食用菌的产量由 2010 年的 3025.6 万 t 增长至 2016 年的 4795.6 万 t，消费量稳步攀升。蘑菇类真菌富含蛋白质、多糖、维生素及其他有效成分，如香菇（*Lentinus edodes*）、双孢蘑菇（*Agaricus bisporus*）、灵芝（*Ganoderma lucidum*）等还是医疗保健佳品。营养学家认为，食用菌的营养价值达到"植物性食品"的顶峰。250g 干蘑菇就相当于 500g 瘦肉、750g 鸡蛋或 3kg 牛奶蛋白质的含量，而且必需氨基酸齐全、含量高、组成合理，易被人体吸收利用。

人们还对利用藻类生产 SCP 的兴趣日增，因为它们只需要 CO_2 作为碳源，以阳光为能源进行光合作用，就可以在开放的池塘中很好地生长。在日本，小球藻（*Chlorella*）和栅藻（*Scenedesmus*）有作为食物来源的长期历史。日本人把小球藻作为冰淇淋、面包等食品蛋白质和维生素的添加剂。在非洲和墨西哥，人们普遍食用螺旋藻（*Spirulina*）。螺旋藻在 1974 年的联合国世界粮食会议上被确定为重要蛋白质源。研究表明，螺旋藻干粉的蛋白质含量高达 60%～72%，相当于大豆的 1.7 倍、小麦的 6 倍、玉米的 9.3 倍、鸡肉的 3.1 倍、牛肉的 3.5 倍、鱼肉的 3.7 倍、猪肉的 7 倍、蛋类的 4.6 倍、全脂奶粉的 2.9 倍。螺旋藻富含维生素 B_1、维生素 B_2、维生素 B_3、维生素 B_6、维生素 B_{12} 及维生素 E 等。

7.1.1.4 人造肉

2019 年伊始，汉堡王在美国的 59 家门店开售人造肉汉堡。紧随其后，食品巨头雀巢也公布了人造肉汉堡包的计划。很多投资机构也相当青睐人造肉，作为目前最大的三家人造肉品牌，Beyond Meat、Impossible Foods、Memphis Meats 都获得了大规模的投资。尤其是 Beyond Meat 作为人造肉第一股于 2019 年 5 月 2 日在纳斯达克挂牌上市，首次公开募股（IPO）当日股价暴涨 163%。

何为人造肉？人造肉分为两类：一类是"素肉"，另一类是"培育肉"。

"素肉"是以植物（如大豆蛋白）为原料，尽可能地模仿真正肉类的味道和营养成分。上述公司主打产品就是这类主要成分为黄豆血红蛋白的大豆蛋白肉。"素牛肉"是把豌豆蛋白和椰子油组合在一起，制成素肉饼。为了在口感上模仿得更像，素肉饼还添加了一些改性的小麦淀粉和马铃薯淀粉，特别是加入了一种类似血红素的物质"heme"，使人造肉的口感、质感都与一般牛肉相近，并能释放类似血色的色泽。这些精细化的操作，让人造肉汉堡足以以假乱真，连汉堡王的员工都分不清。因为其富含大量的蛋白质和少量的脂肪，所以人造肉被认为是一种健康的食品。

当前，最引人关注的是"培育肉"。如果说，"素肉"是用植物蛋白质"拼"出来的，那么，"培育肉"则是用动物细胞"种"出来的。早在 2013 年，荷兰科学家马克·波斯特就利用动物干细胞制造出了人造肉。研究人员用糖、氨基酸、油脂、矿物质和多种营养物质"喂养"干细胞，让它不断"长大"。具体步骤是首先抽取出动物身上的"肌肉母细胞"（myoblast），然后将其放在培养液中生长，接着倒入支架，放入生物反应器当中，借此培育出动物肌肉纤维。这些人工培养出来的肌肉，最后将被用来制作肉类食品。利用动物的细胞组织，直接在实验室中培养出一种"人造肉"，完全摆脱了饲养和屠宰动物的传统肉类的生产方式。然而，这种人造肉的技术还不够成熟，制造成本每千克高达 1 万美元，因此，当前的人造肉主要是"素肉"。但从长远看，"培育肉"无疑代表人造肉的未来。

研究人员探索消费者对人造肉的接受度

7.1.1.5 转基因食品

随着世界人口的迅猛增长，传统的农业生产技术如杂交技术和诱导突变技术已不能满足人们对食物质和量日益增长的需求。为了解决这些问题，人们把目光投向了具有广阔发展前景的生物技术产品——转基因食品。科学家对利用基因工程手段改善农作物的品质，如口感、营养、质地、颜色、形态、酸甜度及成熟度等方面具有浓厚的兴趣。利用转基因技术可以有目的地将有利的遗传物质转移到生物细胞内，使这些有机体获得有利的特性，如具有产量高、营养高和抗逆能力强等优点。

转基因技术应用于食品生产具有很多优点：①可延长水果、蔬菜的货架期及感官特性。例如，转基因番茄具有更长的货架期，可延长其熟化、软化和腐烂过程；也可以使转基因的水果和蔬菜具有更好的风味、色泽、质地，更长的货架期和更好的运输及加工特性。②可提高食品的品质。采用基因工程技术还可以提高食品中维生素（如类胡萝卜素、黄酮类、维生素 A、维生素 C、维生素 E 等）的含量。例如，"黄金大米"就是转了胡萝卜素合成基因的大米。通过基因工程技术还可增加食品中必需氨基酸（如甲硫氨酸、赖氨酸）的含量，提高食品的功能特性，拓宽植物蛋白的使用范围。③提高肉、奶和畜类产品的数量和质量。例如，转牛生长激素（recombination bovine somatotropin，rBST）基因的牛可提高乳牛的产奶量；转基因动物不仅使产奶或产肉量增加，而且可得到具有特殊功能的奶或肉类产品，如去乳糖牛奶，低脂牛奶，低胆固醇、低脂肪肉食品及含特殊营养成分的肉类食品等。④可增加农作物的抗逆能力。基因工程处理过的农作物，其产量提高且抗虫害、抗病毒能力强，耐酸、耐盐和耐恶劣环境（高温、霜冻、干旱等）能力强。许多抗虫害的苹果，抗病毒的哈密瓜、黄瓜，抗除草剂的玉米、番茄、马铃薯、大豆等都已投放市场。基因工程还可使农作物提高固氮能力，减少化肥的使用量，降低生产成本。⑤生产可食性疫苗或药物。例如，转基因香蕉可用来生产肝炎、霍乱、痢疾、腹泻或其他易感染的肠道疾病的疫苗。

转基因食品的营养学评价研究进展

转基因食品的话题，曾经在科研、经济、贸易乃至政治、文化伦理领域引起过激烈争论（见 12.1）。总而言之，科技产业界倾向于支持在良好的科研基础上把转基因技术应用于食品生产，而多数绿色环保人士则持反对态度。要将转基因技术完美地应用到动植物源食品的生产改良中，还需要相关工作人员不断努力，需要科研人员和公众进行更多的沟通。下面以代表性转基因食品——转基因大豆和转基因鱼为例作介绍。

转基因大豆的研制是为了配合草甘膦除草剂的使用。除草剂有选择性的和非选择性的，草甘膦是一种非选择性的除草剂，抗草甘膦转基因作物是目前全球播种面积最大的转基因作物。草甘膦杀死植物的原理在于破坏植物叶绿体或者质体中的 5- 烯醇丙酮莽草酸 -3- 磷酸合成酶（EPSPS）。通过转基因的方法，让植物产生更多的 EPSPS，就能抵抗草甘膦，从而让作物不被草甘膦除草剂杀死。有了这样的转基因大豆，农民就不必像过去那样使用多种除草剂，而是只需要草甘膦一种除草剂就能杀死各种杂草，因此转基因大豆得以低成本大规模种植。这种转基因大豆于 1994 年被美国食品药品监督管理局批准，较早成为商业化大规模推广的转基因作物之一（图 7-2）。抗草甘膦转基因作物是目前全球播种面积最大的转基因作物。当前除了大豆之外，还有很多其他抗草甘膦的转基因作物，包括油菜、棉花、玉米等。

我国近几年大量进口的美国大豆已占垄断地位。据统计，我国 2017 年全年进口大豆量

（彩图）

图 7-2 抗除草剂（草甘膦）转基因大豆

在 9500 万 t 左右，这里面毫无疑问几乎都是转基因大豆。那么中国为什么要大量进口转基因大豆呢？一是自身产量不足，据国家统计局公布的数据，我国豆类产量仅 1916.9 万 t，而我国每年消耗近亿吨的豆类，如此巨大的差量只能靠进口了。二是进口的比本土便宜，2018 年 3 月 2 日到港进口大豆价位是 3420 元 /t（1.71 元 / 斤 [①]），而国内大豆市场价在 1.8~1.9 元 / 斤。三是关于转基因大豆的安全性问题，我们应当看清一个事实，自从转基因大豆于 1996 年在美国商业化种植以来，至今已有 20 多年，尚未发现科学有力的安全性质疑证据。目前关于转基因大豆的争论更多地体现在市场竞争上。

2015 年 11 月 19 日，美国食品药品监督管理局在其官网公布里程碑事件：全球首例转基因食品动物——转基因三文鱼上市了（见 6.2.1.1）。该转基因三文鱼是在大西洋三文鱼里转入了来自奇努克三文鱼的基因，该基因可以使它生长得更快。转基因三文鱼生长仅需 18 个月，而自然生长的三文鱼至少需要 3 年。FDA 表示，基于科学结论的分析，转基因三文鱼对于环境是安全的，也可以被安全地食用。实际上，中国是世界上第一个成功研发转基因鱼的国家，领先美国 3 年。1985 年，中国科学院水生生物研究所朱作言院士带领团队在世界上首次成功进行了农艺性状转基因研究，提出了转基因鱼形成的模型理论，研制出世界首批转基因鱼，可惜由于种种原因至今仍未将其产业化。随着转基因技术的发展、人们对其认可程度的提高，越来越多的转基因肉食会在将来"走"上餐桌。

转基因鱼及其
安全性

7.1.2 食品和饮料的发酵生产

发酵的一个重要作用是防止有机物腐败。另一个重要作用是使口味平淡的原料发生感观的、物理的和营养方面的变化，改善风味和维生素成分，使某些植物性原材料获得肉类的质地和口感，并且无病原微生物，无毒害。发酵的食物包括面包、乳酪、泡菜、酱油等；发酵的饮料包括啤酒、葡萄酒、白兰地、威士忌和非酒精饮料如茶、咖啡、可可等。

7.1.2.1 酒精饮料

公元前 800 年，埃及人和巴比伦人就用大麦和产于欧洲的黑麦制得的酸面团发酵生产酒精饮料。我国用霉菌酿制米酒的历史，有文字记载的，至少可以上推到公元前 10 世纪，当时国王喝的酎酒就是用米酿成的。东汉时曹操还向皇帝写过关于用米酿甜酒的报告。《齐民

[①] 1 斤 =500g

要术》中也详细记载了用米做甜酒的方法。到了宋代，用米酿酒的方法更多了，技术也更高明了。直到 19 世纪末，法国科学家研究了中国的酒曲，才知道用霉菌糖化淀粉制酒的技术。

　　酒精发酵的原材料主要包括两种，即糖类物质（水果汁、树汁、蜂蜜等）和淀粉类物质（谷类或块根类等），后者需要在发酵前水解成单糖。当这些底物与适当的微生物一起发酵，最终会得到酒精（乙醇）含量从百分之几到 20% 或更高的酒。酸性 pH 可抑制微生物的生长，使得产品更加稳定与安全，这类酒可直接饮用，但人们更习惯将它们存放一定时间，使得它们的口感更好。进一步蒸馏可提高酒精浓度，得到各种类型的酒，如威士忌、白兰地、伏特加、松子酒、朗姆酒、高粱酒等，它们的酒精含量可高达 40%～70%。

　　用粮食酿酒，先得把粮食中的淀粉分解成葡萄糖（这叫糖化），再使葡萄糖发酵生成乙醇（这叫乙醇发酵）。我国酿酒跟西方各国所用的方法不同：我国是用"曲"酿酒，而西方是用麦芽和酵母菌。用曲酿酒的时候，因为曲中既有起糖化作用的霉菌，又有起乙醇发酵作用的酵母菌，糖化和乙醇发酵两个过程连续而又交叉地进行，粮食就变成酒了。这种酿酒方法叫作复式发酵法，酿成的酒香气浓郁，风味醇厚。不经过蒸馏的就是甜酒，因为其中既有乙醇又有糖。

　　利用传统遗传学及现代的原生质体融合和重组 DNA 技术来改进酒类发酵中所用的酵母菌特性，可以提高酵母活性，增加发酵能力。目前科学家已将枯草杆菌（*Bacillus subtilis*）淀粉水解酶的基因克隆到啤酒酵母中，使原来只能依赖单糖进行乙醇发酵，变成能利用淀粉进行发酵。

7.1.2.2　奶制品

　　从世界范围来看，发酵的奶制品占所有发酵食品的 10%。现在人们已知这些发酵主要是乳酸杆菌（*Lactobacillus*）在起作用，使牛奶能方便保藏和运输。

　　乳酸杆菌对奶制品有很多好处：①乳酸杆菌对人无害，但对许多不良细菌有抑制作用，因此使奶制品能保存。②可改善奶制品的口味和质地。③更重要的是，它们对正常肠道微生物生态有着十分有利的作用。乳酸杆菌在奶中生长时，将乳糖转变为乳酸，还会发生其他反应，使奶制品具有独特的口味和外观，如奶油、酸奶和各种奶酪。

　　奶酪的生产是奶制品业中最主要的产品。目前世界上奶酪年产量超过 25 万 L。从牛奶生产奶酪，其本质是一种脱水的过程，这样使牛奶蛋白（酪蛋白）和脂类浓缩 6～12 倍。多数奶酪蛋白生产的主要过程是：①通过乳酸菌将乳糖转化为乳酸。②蛋白质水解和酸化联合作用使酪蛋白凝结。蛋白质水解是由于凝乳酶（chymosin）的作用，凝乳酶使蛋白质形成一种凝胶。凝胶分离出来后，经切块、脱水、压成一定形状、熟化成奶酪。

　　奶酪生产的一个重要生物技术革新是将重组 DNA 技术应用于奶酪生产上。在 20 世纪 60 年代，商业用的粗制凝乳酶有六大来源：三种来自动物（小牛、成年的牛或猪），三种来自真菌。现在通过基因工程获得了经遗传修饰的微生物，它们可生产与动物相同的凝乳酶。它成分单一，并且作用时间更容易把握，由此生产出的奶酪在商业上已经成功。

7.1.2.3　蔬菜发酵（腌制）

　　水果和蔬菜可以用盐和酸保存，而酸主要是细菌产生的乳酸，如用卷心菜腌制成的泡菜，腌制的黄瓜和橄榄等。

　　在制作泡菜时，先将切碎的卷心菜放盐封好，隔绝空气，盐可改变渗透压，使糖从菜叶中渗出。然后乳酸杆菌开始繁殖，产生乳酸，降低 pH，阻止有害菌的生长。精确控制温度

（7.5℃）、盐浓度（2.25%）和保证不透气，就可做成很好的能长期保存的泡菜，它是一种有营养、口味好的食品。至于黄瓜和橄榄的腌制，主要采用更高的盐浓度（5%～8%），微生物的作用与泡菜大致相同。

7.1.2.4 谷类食品发酵

自罗马时代以来，面包就是主要的谷类发酵食品。在欧洲，小麦和黑麦是广泛使用的谷类面粉，常与水或牛奶、盐、脂肪、糖和其他各种成分一起混合，再加入酵母菌。其在发酵时释放出 CO_2 并膨胀成为酸面团。除了酵母产生的酶起重要作用外，其他酶如淀粉酶的加入也可帮助发酵，有利于面包的烘烤和存放。现代生物技术将利用更多改良的酶来控制这一复杂过程。

应用现代遗传学的原理来改良酵母菌，使它们的活性更高，生产的面包风味和品质更好。有些国家，面包的发酵是用梅林假丝酵母（*Candida milleri*）和旧金山乳杆菌（*Lactobacillus sanfrancisco*）一起发酵，在印度次大陆是用链球菌（*Streptococcus*）和片球菌（*Pediococcus*）来发酵谷类和豆粉的混合物。在亚洲，人们广泛用米作为发酵原料。在南美洲，人们主要以玉米来发酵，并以之为主食。

7.1.2.5 豆类发酵

大豆是用于发酵的主要豆类，发酵使这些豆类易于被消化，破坏了不易消化的成分和会在消化道引起胃肠胀气的化合物。在我国，黄豆的发酵可用来生产酱油、酱、豆腐乳、臭豆腐等。下面以酱油的制作为例介绍豆类的发酵。

制作酱油用的原料是植物性蛋白质和淀粉质。植物性蛋白质取自大豆榨油后的豆饼，或溶剂浸入油脂后的豆粕，也有的以花生饼、蚕豆代用，传统生产中以大豆为主；淀粉质原料普遍采用小麦及麸皮，也有的以碎米和玉米代用，传统生产中以面粉为主。原料经蒸熟冷却，接入纯培养的米曲霉（*Aspergillus oryzae*）菌种制成酱曲，将酱曲移入发酵池，加盐水发酵，待酱醅成熟后，以浸出法提取酱油。制曲的目的是使米曲霉在曲料上充分生长发育，并大量产生和积蓄所需要的酶，如蛋白酶、肽酶、淀粉酶、谷氨酰胺酶、果胶酶、纤维素酶、半纤维素酶等。这些酶是产生酱油独特风味的主要因素。例如，蛋白酶及肽酶将蛋白质水解为氨基酸，产生鲜味；谷氨酰胺酶把成分中无味的谷氨酰胺变成具有鲜味的谷氨酸；淀粉酶将淀粉水解成糖，产生甜味；果胶酶、纤维素酶和半纤维素酶等能将细胞壁完全裂解，使蛋白酶和淀粉酶水解得更彻底。同时，在制曲及发酵过程中，从空气中落入的酵母菌和细菌也进行繁殖并分泌多种酶。

酱油发酵过程中也可添加纯培养的乳酸菌和酵母菌。由乳酸菌产生适量乳酸，由酵母菌发酵生产乙醇，以及由原料成分、曲霉的代谢产物等所生产的醇、酸、醛、酯、酚、缩醛和呋喃酮等多种成分，虽多属微量，但能构成酱油复杂的香气。此外，由原料中蛋白质的酪氨酸经氧化生成黑色素，以及淀粉经淀粉酶水解成的葡萄糖与氨基酸反应生成类黑素，使酱油产生鲜艳且有光泽的红褐色。发酵期间的一系列极其复杂的生物化学变化所产生的鲜味、甜味、酸味、酒香、酯香与盐水的咸味相混合，最后形成色香味和风味独特的酱油。

在上面所讨论的所有食品与饮料的发酵中，特定的微生物起着必不可少的作用。此外，现在已在所有这些发酵过程中应用促酵物，从而能更好地控制和得到均一的产品。在一些发酵产品中，微生物成为食品的一部分，并被摄入体内；在另一些产品，如葡萄酒、啤酒、醋和酱油等中，微生物细胞被离心或过滤除去，以消除浑浊。

7.1.3　新型甜味剂

甜味剂可用于软饮料、糖果、点心、果酱、果冻、冰淇淋、罐头食品、烘烤食品、发酵食品、腌制食品和调味剂及肉类制品，是一个真正有赖于生物技术革新的广大市场。美国和欧洲的甜味剂年人均消耗量约为 57kg 蔗糖等同物。

目前人们食用的甜味剂主要是甜菜糖和蔗糖。随着工业生产技术的发展和人民生活水平的提高，一方面，食糖的生产量已满足不了不断增长的市场需要；另一方面，人们认识到食糖摄入过多对人体健康有着不良的影响。因此在 20 世纪 70 年代以后，用化学合成法或生物技术开发出了一系列的甜味物质，已成为食品添加剂的一个主要类型。糖精是化学合成的，曾广泛使用多年，但现在越来越受到新的、天然的、低热值甜味剂的挑战。而利用生物技术方法则发展了最受市场欢迎的甜味剂——阿斯巴甜（aspartame），它是一种二肽（L-天冬氨酰 -L-苯丙氨酸甲酯），在合成过程中，最贵的成分是苯丙氨酸，现在已大部分由发酵生产，从而降低了生产成本。阿斯巴甜在安全性上是研究得最完全的一种食品添加剂，经过 100 次以上的研究，证明是很安全的。它不升高血糖，特别适合于糖尿病、高血压、肥胖症、心血管疾病患者使用。世界市场上阿斯巴甜的年消费增长率在 20% 以上，大大超过人工甜味剂的年平均增长速度。由于生产工艺的不断改进，阿斯巴甜的生产成本持续下降。目前应用阿斯巴甜获得相同甜度的成本比蔗糖低 30%～50%，再加上健康的因素，因此在国外阿斯巴甜已在多种食品尤其是软饮料，如汽水、果汁、可乐、运动饮料、牛奶、酸奶等中被广泛应用。

一种从非洲竹芋（*Thaumatococcus daniellii*）的浆果中提取的蛋白质索马甜（thaumatin）是目前已知最甜的化合物（表 7-4）。它在日本与欧洲销售很广。人们正在研究利用遗传工程菌来生产这种蛋白质。

表 7-4　传统的和替代的甜味剂的甜度比较（引自 Smith，1996）

产品	相对甜度	产品	相对甜度
蔗糖	1.0	阿斯巴甜	200
55% 高果糖浆	1.4	糖精	300～650
甜蜜素（cyclamate）	50	天丙甲酯	2000
安赛蜜（acesulfame K）	150	索马甜	3000

7.1.4　其他食品添加剂

7.1.4.1　醋

醋是一种水溶性液体，含至少 4% 的乙酸，少量的糖、乙醇和盐；酿造食醋是指以粮食、果实、酒类等含有淀粉、糖类、乙醇的原料，经微生物酿造而成的一种酸性液体调味品。发酵用菌通常是酵母菌和醋酸杆菌（*Acetobacter*）。

目前高浓度（15%*m/V*）的醋在国际市场上大受欢迎。而至今我国市场上始终未见到乙酸含量大于 10% 的深层发酵食醋的产品，有一个很重要的原因是不具备能适应高浓度乙酸条件下进行发酵的醋酸杆菌菌株。此外，北方的食醋生产大多采用生料制醋工艺，很容易受到由原料、容器和空气带来的各种微生物的污染，其中包括野生酵母菌，它们会抑制酿造用的酵母菌的生长，从而损害发酵的正常进行甚至导致失败，这可以通过选育具有嗜杀性的酵母菌加以解决。因此必须注意菌株筛选和育种，可采用多次回交、基因突变和细胞融合等手段来培育嗜杀酵母菌和适应高浓度乙酸条件下进行发酵的醋酸杆菌菌株。

除了菌株选育外，采用固定化活细胞（见5.6）发酵法可以有效提高生产效率。例如，Arira等运用固定化醋酸杆菌酿制食醋，可缩短发酵延缓期，醋化能力能提高9～25倍。

7.1.4.2 食用有机酸

食用有机酸是很重要的食品添加剂。常用的有柠檬酸、乙酸、乳酸、葡萄糖酸、苹果酸和酒石酸等。这些有机酸都需要通过微生物的发酵制成。其中以柠檬酸的产量和用量最大。柠檬酸在食品工业中的用途广泛，如饮料、糖果、果酱的生产，以及水果保存等。2016年，我国的柠檬酸年总产量已超过116万t，它是以糖蜜为原料，通过黑曲菌（Aspergillus niger）发酵生产的。其他有机酸分别利用了醋酸杆菌（Acetobacter）、德氏乳杆菌（Lactobacillus delbrueckii）、葡糖杆菌（Gluconobacter）、曲霉（Aspergillus）和根霉（Rhizopus）等发酵而成。

7.1.4.3 氨基酸和维生素

全球氨基酸市场呈现逐年增长的趋势，年均复合增长率维持在5.6%左右；我国是氨基酸生产大国，2017年氨基酸年产量已达到542万t，同比增长17.8%，总产值达到445亿元人民币。氨基酸在食品与饮料工业中，常作为鲜味剂和营养添加剂使用。作为鲜味剂的有谷氨酸和天冬氨酸的钠盐。作为营养添加剂的有甲硫氨酸、赖氨酸、色氨酸、半胱氨酸、苏氨酸和苯丙氨酸等。谷氨酸和赖氨酸是发酵生产的两种主要氨基酸，分别由棒状杆菌（Corynebacterium）和短杆菌（Brevibacterium）生产。通过广泛筛选突变株，已培育了一些高产菌株，重组DNA技术还可进一步提高菌株的生产能力。

目前我国维生素年产量超过30万t，占世界份额的60%以上。维生素通常是生物体内酶的辅酶或辅基，因此维生素缺乏将会影响酶的活性，并进而影响生物体的代谢功能，严重的维生素缺乏将导致产生多种疾病，所以维生素常用作食物的补充物。目前维生素大多由微生物生产。例如，在维生素C的生产上，我国采用二步发酵法，即先通过化学反应将葡萄糖氢化为山梨醇，经过第一次细菌发酵法来生成山梨糖，之后再经过第二次的细菌发酵转化为KGA（2-keto-gulonic acid），然后进行一系列化学反应异化为维生素C。用二步发酵法来生产维生素C，简化了莱氏化学法的化学合成步骤，生产过程中避免使用大多数有毒的化学制剂，还让制药成本大大降低。但是这种工艺还有待进一步完善，因为其不可以直接用葡萄糖作为发酵原料，而且二步发酵法所涉及的菌群极多，工艺较为繁杂，采用基因工程技术制造出能直接以葡萄糖为维生素发酵原料的菌种，是将来维生素产业的发展趋势。

7.1.4.4 低聚糖

低聚糖是指2～10个分子的单糖组成的低聚合度糖。食品中使用的低聚糖大多由微生物生产，是微生物分泌到胞外的一种物质。生产用的细菌主要是假单胞菌（Pseudomonas）和肠膜明串珠菌（Leuconostoc mesenteroides）。它们可使食品更黏稠或形成凝胶，稳定食品结构，改善外观和口味。研究表明，低聚糖还具有多方面的生理功能，如促进双歧杆菌的生长、调节肠道的微生态平衡、抗龋齿、改善便秘、预防结肠癌等。

7.2 　生物技术与食品加工

7.2.1 　酶与食品加工

近年来，现代生物技术在食品加工中的一个主要应用是酶的应用。酶是大部分食品和饮料发酵的一个重要因素。食品加工业中应用的酶大部分是来自特定的微生物，这些酶中 60% 属于蛋白质水解酶类，10% 属于糖水解酶类，3% 属于脂肪水解酶类，其余部分为较特殊的酶类。由于酶具有能在接近室温的条件下起反应、不需高温高压、高度特异性、副产物少、安全性好等优点，越来越得到食品工业者的重视，其应用范围也得以不断地拓宽。例如，蛋白酶类已在阿斯巴甜蛋白糖的生产中发挥了作用；胆固醇降解酶被用于分解食品中的胆固醇；葡萄糖异构酶被大量地应用于高果糖浆的生产。酶可以促进甚至取代机械加工，在工业生产上已基本用酶来水解淀粉。酶还可以改良保健食品中的有效成分。例如，在牛奶中添加乳糖酶，可以充分使乳糖降解为半乳糖和葡萄糖，以利于人体充分吸收，从而避免因乳糖无法穿透肠黏膜，以致滞留在肠道中被细菌发酵后积聚水和气体，造成腹胀或腹泻。酶还可以改良食品形态。例如，转谷氨酰胺酶是一种催化酰基转移反应的酶，它能够通过形成蛋白质分子间共价键，从而催化蛋白质分子聚合和交联，因而它能使食品原料碎片结合在一起。例如，把低价值的猪肉、鱼肉等肉类的碎片与配料混合在一起，在酶的作用下，改变它们的结构、形状、特性，制成多种食品，大大提高它们的市场价值，如做成各种鱼酱、汉堡、肉卷、鲨鱼鳍仿制品等。

总之，酶在食品工业中的应用可以增加食品产量，提高食品质量，降低原材料和能源消耗，改善劳动条件，降低成本，甚至可以生产出用其他方法难以得到的产品，促进新产品、新技术、新工艺的兴起和发展。食品加工业中的常用酶见表 7-5。

表 7-5 　食品加工业中的常用酶

工业	酶
酿造	α-淀粉酶、β-淀粉酶、蛋白酶、木聚糖酶、木瓜蛋白酶、淀粉转糖苷酶
奶制品	动物/微生物凝乳酶、乳糖酶、脂酶、溶菌酶
肉制品	转谷氨酰胺酶、中性蛋白酶、脂肪酶
面包	α-淀粉酶、木聚糖酶、蛋白酶、磷酸酯酶 A 和 D、脂肪氧合酶
果汁饮料	果胶酯酶、多聚半乳糖醛酸酶、果胶水解酶、半纤维素酶
淀粉和糖	淀粉葡糖苷酶、木聚糖酶、异构酶、淀粉酶、纤维素酶

7.2.2 　生物技术与农副产品深加工及综合利用

食品工业总产值与农业总产值之比是衡量一个国家食品工业发展水平的重要标志。我国食品工业总产值与农业总产值之比为（0.3～0.4）:1，远低于发达国家（2～3）:1 的水平。我国粮食、油料、豆类、果品、肉类、蛋类、水产品等产量均位居世界第一位，但加工程度很低，仅为 25% 左右，也远远低于发达国家 70% 以上的水平。

生物技术对农副产品的深加工和综合利用方面的应用主要有：①选育和推广适宜贮藏加工的品种，以便向食品、医药行业提供更多易贮藏的工业原料。②淀粉类的深加工和综合利用，为新型糖源、变性淀粉、玉米油、发酵乙醇、淀粉塑料、环状糊精等现有或有待开发的新产品提供充足的原料。③肉、奶、水产品的加工利用和肉类保鲜方面，肉类的重点在于提高综合品质及瘦肉、嫩肉和肥肉的综合利用；奶制品方面的重点是发酵乳制品、双歧杆菌发酵乳等；水产品方面的重点是从鱼的内脏、鱼眼、精巢和卵巢中分离提取有效成分，不断推出保健制品和药物制品。④绿色食品添加剂的研制与开发，重点在防腐、抗氧化、保鲜、营养强化、复合添加剂等方面。⑤麦秸、稻草、豆秸、木屑、枝叶、玉米秆、薯蔓等植物纤维素资源，通过生物转化，生产一些重要的生物产品。

7.2.3 生物技术与食品包装

随着现代食品工业的发展与人们生活和生产方式的改变，用已有的包装技术很难满足人们对包装的要求。现代生物技术在食品包装中的应用将促进食品包装行业的创新，推动包装行业的发展。现代生物技术在食品包装上的应用主要是创造有利于食品保质的环境，利用酶工程技术制造有特殊功能的包装材料，使其能抗氧化、杀菌、延缓食品变质速度等；利用基因工程技术生产可降解塑料；还有包装检测指示剂在食品包装中的应用等。

7.2.3.1 酶工程在食品包装中的应用

酶是一种催化剂，它可用于食品包装而产生特殊的保护作用。研究表明，食品都是由于酶的作用而变质糜烂的。可用于食品包装的酶的种类很多，这里重点介绍两种酶在食品包装中的应用。

微生物导致的腐败变质和氧化是食品腐变的两大重要因素，除氧是食品保藏中的必要手段，葡萄糖氧化酶（EFAD）具有对氧非常专一的理想抗氧作用，是一种理想的除氧方法。它能防止氧化变质的发生或者延缓已经发生了的氧化变质。国外已采用各种不同的方式将它应用于茶叶、冰淇淋、奶粉、罐头等产品的除氧包装，并设计出各种各样的片剂、涂层、吸氧袋等用于不同产品的除氧。每瓶啤酒只需加入 10U EFAD，就可使溶解氧从 2.5mg/L 降为 0.05mg/L，去氧率达 98%，去氧效果之佳是其他同类产品所无法比拟的。

溶菌酶最大的特点是消除微生物的繁殖。其在食品包装上被用作防腐剂，对人体无毒害，可以替代一些对人体有害的化学防腐剂。溶菌酶可用于清酒的防腐，研究发现：15mg/kg 溶菌酶的防腐效果与 250mg/kg 的水杨酸相当，还可有效避免水杨酸对胃肠的刺激，是一种良好的防腐剂。溶菌酶在含食盐、糖等的溶液中稳定，耐酸、耐热性强，可用于水产、香肠、奶油、生面条的保藏，可有效延长保藏期。

将溶菌酶固定在食品包装材料上，生产出有抗菌功效的食品包装材料，以达到抗菌保鲜功能。肉制品软包装时，如果在产品真空包装前添加一定量的溶菌酶（1%~3%），然后巴氏杀菌（80~100℃，25~30min），可获得很好的保鲜效果，同时可以有效防止高温灭菌处理后制品脆性变差甚至产生蒸煮味。

7.2.3.2 基因工程在食品包装中的应用

塑料作为四大包装材料之一，由于其质轻、强度好，用量逐年递增。但用石油产品制成的传统塑料的降解周期长达 300~500 年，造成了严重的白色污染问题，给地球环境带来了巨大负担。生物塑料，即 PHA（聚 β-羟基脂肪酸酯）的化学性质与传统石化塑料相似，可以在 50% 以上石油基塑料应用领域发挥替代作用，完全可以用来做成塑料袋、塑料餐具、塑料瓶等。更重要的是，生物塑料降解很快，在土壤中 3~6 个月就能降解，同时其他微生物分解这种生物塑料以后还能繁殖得更快，使土地更加肥沃。因此，可降解塑料成为当今的研究热点。PHA 是一类微生物合成的大分子聚合物，结构简单，但其生产成本依然太高，用细菌发酵生产的成本至少是化学合成聚乙烯的 5 倍，这严重限制了 PHA 在商业上的应用。目前，清华大学的生物可降解塑料研发团队用新兴的"合成生物学"技术，重构 PHA 生产过程，使生产总成本比现有技术降低一半，该技术将在 2018 年开始 5 万～10 万 t 规模的量产，走在了世界的最前列。PHA 粒料已经被应用于可降解农膜、一次性的木粉共混及纯 PHA 餐具、彩色 3D 打印丝、电纺纤维、购物袋等终端产品。

7.2.3.3 包装检测指示剂在食品包装中的应用

反映商品质量的信息型智能包装技术，主要是利用化学、微生物学和动力学的方法，通过指示剂的颜色变化记录包装商品在保质周期内商品质量的改变。其主要研究成果有包装渗漏指示剂和保鲜指示剂。目前，记录包装内环境的变化，采用渗漏指示剂。这种指示剂的关键意义在于具有直接给出有关食品质量、包装和预留空间气体、包装的贮藏条件等信息的能力。例如，包装破损信息指示技术，包装破损是包装商品在生产、仓储、运输、销售过程中最严重的质量问题，特别是对于食品包装，该指示剂以氧敏性染料为基础，适用于气调包装（MAP）食品质量的控制。该指示剂中还含有吸氧成分，可延长食品的货架寿命，并能防止指示剂与 MAP 中残留的 O_2 发生反应。还有的利用漆酶催化酶促反应，指示剂遇氧发生反应产生快速的颜色变化，从而显示包装体破损信息。

包装商品质量信息指示技术，如保鲜指示剂——肌红蛋白指示剂，是将肌红蛋白指示剂贴在内装新鲜禽肉的包装浅盘的封盖材料内表面，其颜色变化与禽肉质量相关联。保鲜指示剂通过对微生物生长期间新陈代谢的反应，直接指示出食品的微生物质量。

生物技术在食品工业中的应用

7.3 生物技术与食品检测

食品安全是食品产业的基石，食品必须无毒、无害，符合应当有的营养要求，对人体健康不造成任何急性、亚急性或者慢性危害。但是近几年，国内外食品安全问题经常被暴露出来。例如，瘦肉精、毒奶粉等给人体造成了巨大的伤害，也从某种程度影响了社会的稳定。因此，努力解决食品安全问题及完善食品检验的工作是十分必要的。

7.3.1 免疫学技术的应用

食品中一些大分子或小分子可以直接或间接成为抗原，使免疫学技术成为研究和检测食品的快速、灵敏、专一、高效的方法。抗原抗体的作用是免疫学的基础。抗原抗体特异性结合的结果，可以通过酶促显色反应、荧光反应、放射性同位素等方法来显示，由此建立了一系列敏感而实用的检测技术。

免疫学技术已在食品生产及科研中得到了广泛的应用。其应用范围包括：检测食品中农药等有害物质的残留；食品成分的检测，包括食品中诸如蛋白质等营养成分、香气成分及某些不期望成分的检测等；食品生产和加工过程中定性或定量检测腐败微生物及其酶等；食品安全性的检测，如病原微生物或微生物毒素、杀虫剂、抗生素及食品掺假物等的检测。

免疫测试方法可以测试许多含量极低的物质，如微量残留物、真菌毒素、抗生素、激素、细菌毒素等。

沙门氏菌（*Salmonella*）是一种重要的人畜共患传染病病原，主要寄生在人和动物的肠道，引起人的食物中毒、急性胃肠炎和动物腹泻。因此，不管是食品卫生还是动物检疫，沙门氏菌是必检项目之一。目前出现了许多基于酶联免疫反应的检测方法，包括酶免疫测定（EIA）、酶联免疫吸附测定（ELISA）（见 8.2.1）等。最新的检测方法是采用特殊材料制成固相载体。例如，先用聚酯布（polyester cloth）结合单克隆抗体放置在层析柱的底部富集鼠伤寒沙门氏菌（*S. typhimurium*），然后直接做斑点印迹试验。还有的用单克隆抗体结合到磁性粒子（直径 28nm）上，用来检测卵黄中的肠炎沙门氏菌（*S. enteritidis*）。此外，英国的 Bio Merienx 公司推出的一种全自动沙门氏菌 ELISA 检测系统，其原理是将捕捉的抗体包被到凹形金属片的内面，吸附被检样品中的沙门氏菌。其仅需把样品加到测定孔中就行了，其余全部为自动分析，耗时仅 45min，而用传统的方法需要 5 天，因而节省了大量的时间和劳力。

食品在储藏过程中会受到霉菌等微生物的污染，其结果不仅导致感官品质和营养价值的降低，更重要的是某些霉菌能产生毒素。对霉菌的检测一般采用培养、电导测量、测定耐热物质（如几丁质）及显微观察等方法，均烦琐而费时，而用 ELISA 方法可以快速检出食品中的霉菌。一种专一的竞争 ELISA 微量试验碟，检测黄曲霉毒素 B_1 的灵敏度可达 25pg。对黄曲霉毒素检测专用的免疫试剂盒已成为世界各地分析实验室常规使用的方法。

免疫学技术在灵敏、快速、特异性强的基础上，向简便、易操作及自动化发展，如各种免疫试剂盒、免疫试纸、免疫试验碟等。

7.3.2 分子生物学技术的应用

现代生物学，尤其是分子生物学的飞速发展，也为食品检测提供了先进的技术手段。其中的 PCR 技术（见 2.2.2.2），由于具有快速、特异、灵敏的特点，在检测食品中致病微生物和追踪传染源方面已被广泛应用。该方法尤其适合于那些培养困难的细菌和抗原性复杂的细菌的检测鉴定。

上述提到的沙门氏菌也可以采用 PCR 检测试剂盒来检测，结果发现，用该试剂盒检测人工感染和自然发病的动物血液、粪便中的沙门氏菌，其阳性率均比培养法高，且培养法检测阳性的样品在 PCR 法中均为阳性，而且 PCR 法仅需几小时，大大缩短了检测时间。

单核细胞增生李斯特菌（*Listeria monocytogenes*）是一种聚集性的革兰氏阳性杆菌。在李斯特属的所有细菌中，单核细胞增生李斯特菌似乎是唯一的人类病原菌，已发生过几次食物污染单核细胞增生李斯特菌而引起的食物中毒。PCR 已成为单核细胞增生李斯特菌检测的技术基础。检测的目标基因是单核细胞增生李斯特菌细胞溶素 A（*hlyA*）基因，而这是单核细胞增生李斯特菌呈现毒性所必需的。

另外，食品掺假问题也可以利用 PCR 技术对某个物种的特有基因进行扩增，判断食品中是否存在该物种成分，检测动物源性成分和植物源性成分，进而判断食品的真实性。

新近发展起来的生物芯片技术是一种典型且具有代表性的现代化检验技术。该技术以 DNA 探针和信息技术为基础，再运用光引导蚀刻原位合成技术，可以很好地评估食品的安全性和食品质量。

与传统的分析方法相比，生物芯片具有明显的优势，一个生物芯片就可以同时实现多个分析样品的检测，且分析检测时使用较少试剂即可得出结果，具有高通量、高精密度的优点。生物芯片在病原微生物的快速检测和有害物污染或药物残留检测中的应用概况见表7-6及表7-7。但生物芯片技术也有不足，比如检验成本较高，不利于该技术的推广应用。

生物芯片技术及其在食品检测中的应用

表 7-6　生物芯片技术在病原微生物检测中的应用概况（引自苏焕斌等，2018）

病原微生物	样品	芯片类型	探针对象	检出限	灵敏度
空肠弯曲杆菌	禽肉	基因芯片	DNA 片段	—	0.37ng/μL
大肠杆菌	禽肉	微阵列芯片	DNA 片段	1000CFU/mL	—
沙门氏菌	鸡肉	微阵列芯片	DNA 片段	100CFU/mL	—
鼠伤寒沙门氏菌	猪肉	微流控芯片	沙门氏菌抗体	37CFU/mL	—
大肠杆菌	水样	微阵列芯片	蛋白质	106CFU/mL	—
李斯特菌	肉类	流式微球 - 液相芯片	单克隆抗体	6CFU/g	—

表 7-7　生物芯片技术在食品有害物污染或药物残留检测中的应用概况（引自苏焕斌等，2018）

有害物	样品	芯片类型	探针对象	检出限	灵敏度
赭曲霉素 A	咖啡	微阵列芯片	水溶性肽	0.3μg/L	—
可卡因	火锅底料	纳米芯片	DNA 适配体	—	300ng/mL
抗生素	牛奶	微阵列芯片	蛋白质		
青霉素 G	血液	微阵列芯片	青霉素酶		
黄曲霉毒素 B$_1$	玉米、花生等	蛋白质芯片	单克隆抗体	0.05pg/mL	0.02ng/mL
黄曲霉毒素 M$_1$	玉米、花生等	蛋白质芯片	单克隆抗体	4.94pg/mL	0.48ng/mL
呕吐毒素	玉米、花生等	蛋白质芯片	单克隆抗体	107.50pg/mL	2.21ng/mL
T-2 毒素	玉米、花生等	蛋白质芯片	单克隆抗体	11.58pg/mL	0.12ng/mL
玉米赤霉烯酮	玉米、花生等	蛋白质芯片	单克隆抗体	29.78pg/mL	0.06ng/mL
氯霉素	猪肉等	蛋白质芯片	BSA*蛋白结合物	40ng/mL	—
克伦特罗	猪肉等	蛋白质芯片	BSA 蛋白结合物	50ng/mL	—
呕吐毒素	饲料	蛋白质芯片	酪蛋白与呕吐毒素偶联物	2.5ng/mL	—

*BSA：牛血清白蛋白

7.3.3　生物传感器技术的应用

生物传感器选用选择性良好的生物材料（如酶、DNA、抗原等）作为分子识别元件，当待测物与分子识别元件特异性结合后，所产生的复合物（或光、热等）通过信号转换器变为可以输出的电信号、光信号等并予以放大输出，从而得到相应的检测结果。生物传感器由于具有较好的敏感性、特异性，操作简便，反应速度快等优势，正逐步挑战传统检测方法的主体地位。

食品行业工作者一直渴求一套快速、可靠、简便的检测系统，用生物传感器来检测可满足这些要求。生物传感器可大大缩短检测时间。例如，用抗葡萄球菌肠毒素的抗体作为检测器件做成了一个实时生物传感器，用于检测牛奶、热狗等食品中的葡萄球菌

（*Staphylococcus*）肠毒素，灵敏度可达 10～100ng/g，而且检测过程不超过 4min。用抗多氯化联苯（PCB）多克隆抗体制作的敏感膜光纤免疫传感器对牛奶等进行多氯化联苯测定，下限为 10ng/mL，时间仅几十秒到几分钟。

生物传感器研究进展及其在食品检测中的应用

随着计算机技术、微制造技术和生物材料的不断发展，生物传感器技术在食品工业领域的应用将会越来越广泛。

7.3.4 转基因食品的检测

转基因食品已逐步进入普通百姓的生活，为保护广大消费者的权益，满足其选择权和知情权及出于国际贸易的需要，转基因食品的检测越来越受到重视。

由于转基因物质有可能在耕种、收获、运输、储存和加工过程中混到食品中，对食品造成偶然污染。因此，不论是对转基因食品贴示标签，或是对转基因与非转基因原料进行分别输送，转基因原料和食品的检测都是必不可少的。另外，要区分转基因与非转基因食品，对转基因食品进行选择性标记、对食品中转基因含量的多少加以限制，也需要准确、有效的检测技术。

转基因食品的检测方法是对转基因食品进行确定、生产和管理的必要手段。转基因产品的检测，其实质就是检测转基因产品中是否存在外源 DNA 序列或重组蛋白产物。转基因农作物的种类多、数量大，所以检测难度很大。与庞大的植物基因组相比，转基因作物中外源 DNA 的含量实在是太小了，这就要求检测技术的灵敏度非常高。

由于转基因生物的特征是含有外源基因和表现出导入基因的性状，因此，目前国际社会对植物性转基因食品的检测采用的技术路线有两条：一是检测插入的外源基因，主要应用 PCR 法、DNA 印迹法及 RNA 印迹法、生物芯片技术（见 2.5.4.1 及 8.2.2.1）等；二是检测表达的重组蛋白，主要采用 ELISA、蛋白质印迹法及生物学活性检测等。

7.3.4.1 转基因食品的 PCR 检测

聚合酶链反应（PCR）技术应用于转基因食品的检测，其敏感、快速、简便的特点是其他检测技术所无法比拟的。PCR 技术是当前检测转基因食品的常用方法，目前它对转基因食品的定量检测方法日趋成熟，而对特定转基因生物的 DNA 进行定量检测的研究也迅速发展。目前大多数植物性转基因产品中含有花椰菜花叶病毒（CaMV）的 35S 启动子和根癌农杆菌（*Agrobacterium tumefaciens*）的 NOS 终止子（T-NOS）这两个基因片段，因此 PCR 技术已用于检测转基因大豆、马铃薯等产品中的 CaMV 35S 启动子、T-NOS 和某些常用的目的基因，建立了 PCR 定性检测方法。PCR 技术也可用于定量检测，以大豆作为检测体，检出下限可以在 0.01% 之内，检测精度为 99%。在定量检测中可采用专用的实时 PCR（real-time PCR）装置，因该法可将极微量的 DNA 扩增 100 万倍以上，检出灵敏度高，比以蛋白质为基础的免疫法敏感 100 倍。1995 年出现的以标记特异性荧光探针为特点的荧光定量 PCR（fluorescence quantitative PCR，FQ-PCR）技术，集 PCR 和探针杂交技术的优点为一体，直接探测 PCR 过程中的荧光变化，获得 DNA 模板的准确定量结果。整个过程实行闭管式实时测定，扩增与检测同时完成，既简化了操作步骤又使扩增产物交叉污染得以杜绝，提高了检测的特异性。

虽然 PCR 技术在转基因食品检测中具有明显的优势，但也有其不足，某些情况下，也可能会出现假阴性或假阳性的结果（检测物质本身含有转基因物质，而未被检出；或是本身没有转基因物质，而被检出有转基因成分）。例如，有些植物和土壤微生物中也含有 CaMV 35S 启动子、T-NOS 和其他被检测基因，以及样品在生产、加工、运输过程的偶然污染都会造成假阳性结果。

7.3.4.2 转基因食品的 ELISA 检测

转基因食品也可以通过转基因的表达产物——蛋白质进行检测，ELISA 方法是检测转基因作物中的重组蛋白产物的常用方法。在美国和日本已经出现了定量检测转基因"新"蛋白质的试剂盒。这种方法具有操作简便、结果准确等特点，其不足是检测范围有限，主要应用于原料和半成品分析，在终产品分析方面灵敏度低于 PCR 法。另外，该项技术还需要特殊的抗体和"新"蛋白质的表达，而食品中这类"新"蛋白质的含量极低，常在 $10^{-9} \sim 10^{-6}$ g，甚至 10^{-12} g 数量级；且在食品生产和加工过程中蛋白质常会发生变化，在待检样品的转基因背景不清楚的情况下难以有效应用；该分析方法同时还需要有熟练的操作技术。由于以上原因，ELISA 在转基因检测应用上受到了一定的限制。

7.3.4.3 转基因食品的生物芯片检测

目前，对转基因产品检测的传统方法都有一定的局限性，不适合对食品中大量不同的转基因成分进行快速检测。生物芯片技术则可以对大量的基因成分同时进行高通量的检测。国内外已开发出了利用 10 种以上常见转基因外源基因制备的可视化生物芯片，能够一次性检测多种转基因食品。该方法操作方便，结果直观明了，灵敏度高，因此在转基因食品的检测中具有极大的应用前景。

转基因食品检测技术的进展研究

7.4 | 生物技术与未来食品工业

目前，现代生物技术作为食品产业领域最具发展前景的前沿核心技术之一，其对于有效转变我国食品产业经济增长方式和实现食品产业的可持续发展具有重要意义。近年来，我国在食品生物技术领域，特别是功能微生物学、微生物生态学、现代发酵技术、酶学、风味化学、生物大数据信息学等相关领域的科学发展和技术进步，加强了对中国食品工业的支撑力度，促进了生产效率和规模的增加，提高了产品质量和安全性。特别是在中国传统食品领域，越来越注重运用现代生物技术改造传统的食品产业，强化对中国传统食品生产过程的科学调控，使其朝着规范化和现代化方向发展。

新时代食品工业呈现出以下新特点。

第一，食品生产模式发生"绿色位移"。生命科学和生物技术的发展使农业和工业（特别是医药、食品、化工等领域）均发生着重大变革，农业和工业之间的界限日益模糊，"农工业"和"工农业"正悄然兴起。毫无疑问，新时代农业将是食品工业的第一生产车间，在这个车间里虽仅能看到绿色的田野和悠闲的牛、羊，听不到机器的轰鸣声，却能利用转基因动植物生产各种工业产品，如促红细胞生成素（EPO）、疫苗及各种生物活性成分等，即食品生产模式发生"绿色位移"。

第二，食品加工"重心前移"。组织培养、基因工程和细胞工程等生物技术的应用使食品产业的加工重点从生产后移到生产前甚至整个生产过程。目前，食品工业这种"重心前移"的趋势已日益明显，而且这种工作重心向"上游"的延伸更有利于食品安全和质量的保证。

第三，"食品安全"的内涵发生变化。人们对"食品安全"的关注将不仅包括传统意义上的"无毒"和"卫生"等概念，还包括对转基因食品的关注。人们的食品安全意识将空前强化。

第四，食品产业实现综合利用和零排放。采用基因工程、细胞工程、酶工程和发酵工程等生物技术对食品工业的下脚料进行综合利用，消除"三废"的环境污染，实现"零排放"是 21 世纪食品工业的奋斗目标。

第五，食品健康化和功能化带动食品产业升级。随着人们生活水平的提高，食品健康概念深入人心，从而带动了功能食品的发展。功能食品在我国也称为保健食品，保健食品及功能性原料制造业在食品工业中处于高利润顶端，2017 年我国保健食品工业总产值约为 4000 亿元，并以每年 15% 左右的增速在发展。

⬡ 小 结

食品与人类的生存、发展息息相关，本章从各种食品的生产入手，说明生物技术的应用，介绍了超级稻计划的进展、单细胞蛋白的来源、转基因食品的发展、发酵食品的种类及制作工艺、新型甜味剂和其他食品添加剂的生产等。现代生物技术在食品加工上的应用涉及各种酶，主要是制造有利于食品保质的环境，利用生物技术制造有特殊功能的包装材料等。生物技术在食品检测中也有广泛的应用，这里主要介绍了免疫学技术、DNA 分子检测技术和生物传感器技术，还介绍了转基因食品的检测等。未来食品发展的趋势应予以关注，食品健康化和功能化是带动食品产业升级的关键。现代生物技术的应用不仅有助于实现食品的多样化，而且有助于开发生产特定的营养功能食品。

⬡ 本章思维导图

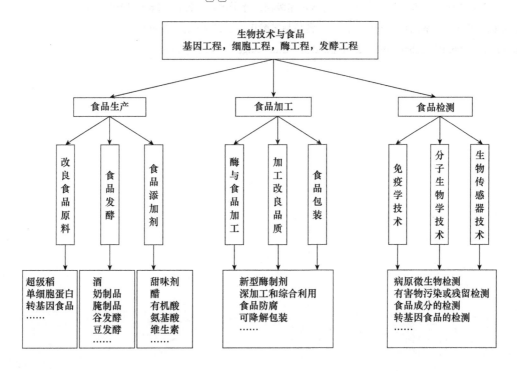

复习思考题

1. 超级稻计划和绿色超级稻计划的目标分别是什么?
2. 什么是单细胞蛋白? 简述它的几种来源。
3. 举例说明食品发酵的用途。
4. 谈谈现代生物技术在食品包装上的应用。
5. 食品检测中生物技术的应用有哪些?
6. 你对转基因食品有什么看法?
7. 谈谈现代生物技术在食品工业上的应用和发展趋势。

主要参考文献

陈峰, 李建平, 陈天鹏. 2015. 健康食品技术发展现状与趋势. 中国食品学报, 15 (5): 1~10

陈新, 向红, 向贤伟. 2004. 包装信息技术应用研究. 包装工程, 25 (6): 116~117

崔卜方. 2017. 食品检验中生物技术的应用分析. 现代食品, 11: 40~42

京讯. 2018. 关注生物可降解塑料. 绿色包装, 2: 77~80

苏焕斌, 张燕, 彭宏威. 2018. 生物芯片在食品安全检测中的应用研究进展. 食品安全质量检测学报, 9 (11): 2756~2761

王守伟, 陈曦, 曲超. 2017. 食品生物制造的研究现状及展望. 食品科学, 38 (9): 287~292

夏文水, 高沛, 刘晓丽, 等. 2015. 酶技术在食品加工中应用研究进展. 食品安全质量检测学报, 6 (2): 568~574

肖景华, 罗利军. 2010. 水稻分子育种与绿色超级稻. 分子植物育种, 8 (6): 1054~1058

徐茂军. 2001. 转基因食品安全性评价. 食品与发酵工业, 27 (6): 62~65

Smith J E. 1996. Biotechnology. 3rd ed. London: Cambridge University Press

(章 军)

8 第八章

生物技术与人类健康

○ **学习目的** ○

①认识医学领域是现代生物技术应用最广泛、成绩最显著、发展最迅速的领域。②了解生物技术对疫苗生产、疾病诊断、生物制药等领域的影响。③了解生物技术对人类健康、延长人类寿命、提高生活质量所具有的不可估量的作用。

目前，医药卫生领域是现代生物技术应用得最广泛、成绩最显著、发展最迅速、潜力最大的一个领域。这是因为生物技术可以在许多方面改进医药的生产、开发新的药品资源、改善医疗手段，从而提高整个医疗水平。它可以提供过去常规方法不能生产的药品或制剂；替代化学合成法或组织提取法等生产成本昂贵的药品生产技术；构建新的组织或器官以替代缺损或坏死的组织或器官；提供灵敏度高、反应专一、实用性强的临床诊断新试剂和新方法；提供安全性能好、免疫能力强的新一代疫苗。因此，生物技术是提高生命质量、延长人类寿命的重要技术手段。生物技术在医药卫生领域的主要产品包括：疾病预防的疫苗、疾病诊断的单克隆抗体、基因探针、疾病治疗的生物药品，以及其他一些新的治疗手段。

8.1 生物技术与疫苗

8.1.1 疫苗概况

利用疫苗对人体进行主动免疫是预防传染性疾病最有效的手段之一。它可以在接受疫苗者的体内建立起对入侵物质感染的免疫抗性，从而保护疫苗接受者免受相应病原体的侵染。注射或口服疫苗可以激活体内免疫系统，产生相应的抗病原体的抗体。这样，如果以后再遇到相应的侵入，免疫系统仍会被激活，使入侵的病原体被中和失活或致死而排出体外，从而使其致病性降低或消失。目前，已有几十种用于人类主要传染性疾病的疫苗（表 8-1），这些疫苗的使用为人类控制传染性疾病起到了很大的作用，其对人类健康的保障作用，是其他任何药物都无法比拟的。

表 8-1 已用于人类疾病预防的主要疫苗（菌苗）

小儿麻痹疫苗	麻疹疫苗	卡介苗（结核病）
白喉 - 百日咳 - 破伤风疫苗	乙型肝炎疫苗	乙型脑炎疫苗
流行性脑炎疫苗	甲型肝炎疫苗	流行性感冒疫苗
狂犬病疫苗	风疹疫苗	腮腺炎疫苗
麻疹 - 风疹 - 腮腺炎疫苗	出血热疫苗	腺病毒（Ad4、Ad7）疫苗

水痘疫苗	黄热病疫苗	轮状病毒腹泻疫苗
伤寒疫苗	钩端螺旋体疫苗	霍乱疫苗
鼠疫疫苗	斑疹伤寒疫苗	布氏杆菌疫苗
炭疽杆菌疫苗	痢疾疫苗	链球菌肺炎疫苗
嗜血杆菌流感疫苗	痘苗（天花）	纽莫法 23（肺炎）疫苗
乳头瘤病毒疫苗	轮状病毒疫苗	破伤风类病毒疫苗
疟疾疫苗	肺结核疫苗	抗 HIV 疫苗

　　人类利用疫苗预防传染病可追溯到公元 10 世纪，我国宋代就有了人工种痘法预防天花的记载。到了明代则已广泛种植痘苗。1796 年，英国医生 Jenner 在总结前人发现的基础上发现牛痘也可感染人，但症状轻微，被牛痘感染的人可终生获得对天花的免疫能力。因此，他开始改用更为安全的牛痘代替人痘接种。牛痘的发明和推广，开创了人类使用疫苗抗击疾病的先河。随着技术的进步，以及世界各国人民的共同努力，1980 年 5 月，第三十三届世界卫生大会庄严宣告全世界已消灭天花。这是人类利用疫苗战胜烈性传染病的一项伟大壮举。

　　1949 年以后，我国免疫规划工作也迅猛发展，取得了巨大的进步，在全世界享有盛誉。目前我国已根除了天花，消灭了脊髓灰质炎，使白喉和百日咳等疾病发病罕见。

　　根据 2005 年出台的、2016 年修订的《疫苗流通和预防接种管理条例（2016 修正）》，第一类疫苗是指政府免费向公民提供，公民应当依照政府的规定受种的疫苗，包括国家免疫规划确定的疫苗，省、自治区、直辖市人民政府在执行国家免疫规划时增加的疫苗，以及县级以上人民政府或者其卫生主管部门组织的应急接种或者群体性预防接种所使用的疫苗；第二类疫苗是指由公民自费并且自愿受种的其他疫苗。第二类疫苗作为第一类疫苗的有效补充，在控制相应传染病和满足不同人群需求方面发挥了积极作用。2016 年，我国卫生部将预防乙肝、结核、脊髓灰质炎、百日咳、白喉、破伤风、麻疹、流行性腮腺炎、风疹、流行性乙型脑炎、流行性脑脊髓膜炎、甲肝共 12 种传染性疾病的 14 种疫苗列入了儿童计划免疫，由国家免费提供疫苗（表 8-2），另有部分疫苗为自费疫苗（表 8-3）。

表 8-2　国家免疫规划疫苗儿童免疫程序表（2016 年版）

疫苗种类		接种年（月）龄														
名称	缩写	出生时	1月	2月	3月	4月	5月	6月	8月	9月	18月	2岁	3岁	4岁	5岁	6岁
乙肝疫苗	HepB	1	2					3								
卡介苗	BCG	1														
脊灰灭活疫苗	IPV				1											
脊灰减毒活疫苗	OPV					1	2								3		
百白破疫苗	DTaP				1	2	3				4						
白破疫苗	DT																1
麻风疫苗	MR								1								
麻腮风疫苗	MMR										1						
乙脑减毒活疫苗	JE-L								1		2						
或乙脑灭活疫苗[a]	JE-I								1、2			3			4		

续表

疫苗种类		接种年（月）龄															
名称	缩写	出生时	1月	2月	3月	4月	5月	6月	8月	9月	18月	2岁	3岁	4岁	5岁	6岁
A群流脑多糖疫苗	MPSV-A							1		2						
A群C群流脑多糖疫苗	MPSV-AC												1			2
甲肝减毒活疫苗	HepA-L										1					
或甲肝灭活疫苗[b]	HepA-I										1	2				

注：a. 选择乙脑减毒活疫苗接种时，采用两剂次接种程序。选择乙脑灭活疫苗接种时，采用四剂次接种程序；乙脑灭活疫苗第1、2剂间隔7～10天。b. 选择甲肝减毒活疫苗接种时，采用一剂次接种程序。选择甲肝灭活疫苗接种时，采用两剂次接种程序

表 8-3 部分自费疫苗

疫苗名称	初种	复种
流感病毒疫苗	6月龄以上	
水痘减毒活疫苗	12月～12周岁	
轮状病毒疫苗	1～3岁每年口服1次	3～5岁1次
B型流感杆菌疫苗	2～6月龄	1岁
霍乱弧菌疫苗	流行区	
水痘疫苗	1～12岁1次，13岁以上2次	
HPV疫苗 Cervarix	9～45岁（中国）	第1、2个月后复种第2、3剂
HPV疫苗 Cardasil	20～45岁（中国）	第2、6个月后复种第2、3剂
HPV疫苗 Cardasil-9	16～26岁（中国）	第2、6个月后复种第2、3剂

限于当前国民经济发展水平和卫生经费投入，目前纳入我国儿童免疫规划的疫苗种类比较有限，而截至2014年我国需要个人自费接种的第二类疫苗共有36种。近年来，随着城乡居民经济能力的提升和卫生意识的提高，我国的第二类疫苗使用的数量和种类均有大幅度的提高。国家疾病预防控制中心通过对中国免疫规划信息管理系统（NIPIS）采集的数据进行分析发现，2014年全国各省份报告接种第二类疫苗的平均品种数（中位数）为35种，共接种10 615万剂，较2013年增长了13.54%，全国平均接种剂次为783.31剂/万人，较2013年增加了13.44%。不过，第二类疫苗的总体接种水平与第一类疫苗相比，仍存在显著的差距。

19世纪中叶，法国科学家Pasteur首先发明了细菌的纯种培养技术及减毒疫苗的制备技术，并首先用于牛、羊的炭疽病预防。1885年6月，Pasteur用其制备的狂犬病疫苗挽救了一个被疯狗咬伤的男孩的生命。这是减毒疫苗首次应用于人类。之后，利用巴斯德建立的减毒、弱化或灭活病原体制作疫苗的技术，科学家发明了许多人用传染病疫苗，有的还一直沿用至今，如百日咳杆菌疫苗、白喉杆菌疫苗、破伤风杆菌疫苗、结核杆菌疫苗（卡介苗）、脑膜炎双球菌疫苗、脊髓灰质炎病毒疫苗、麻疹病毒疫苗、乙型脑炎病毒疫苗等。这类用病原体减毒或弱化的疫苗称为第一代疫苗。

第一代疫苗的使用，对人们预防传染病的传播做出了不可磨灭的贡献，但第一代疫苗在生产和使用中具有不安全性及对某些传染病使用效果不甚理想。所谓的不安全性是指疫苗生产过程中必须大量繁殖病原体，对工作人员是个严重的威胁；并且在使用中偶见减毒或灭活

不彻底而导致被免疫者被感染的报道。因此，科学家一直在寻找更安全、更有效的新一代疫苗。自 20 世纪 70 年代以后，随着基因工程技术的发展，人们开始利用基因工程技术来生产疫苗。基因工程疫苗在生产和使用上是安全的。这是因为基因工程疫苗是将病原体的抗原（某种蛋白质）基因克隆在细菌或真核细胞内，利用细菌或细胞生产病原体的抗原。利用这种抗原而不是病原体本身作为疫苗，所以它是安全的。人们还可以利用基因工程技术，构建成所谓的多肽疫苗，即将病原体的具有免疫原性的肽段通过基因工程或人工合成的办法制备成疫苗。这种疫苗去除了抗原的反应原性（毒副作用），因此是更为安全的疫苗。还可以将同一病原体的不同抗原决定簇（多肽），重组在一个基因上以表达含不同抗原决定簇的多表位抗原，从而提高免疫效果；也可以将不同病原体的抗原克隆于同一工程菌或工程细胞，以表达不同病原体的抗原，制备成所谓的多价疫苗。基因工程疫苗被称为第二代疫苗，下面主要讨论第二代疫苗。

疫苗开发中的技术进展及新策略

8.1.2　免疫系统及疫苗的作用机理

（1）免疫系统　　在日常生活中，我们随时随地都有可能接触到病原微生物，但是通常情况下我们的机体都能免受这些微生物的侵害。究其原因，是因为人体具有非常强大而完美的防御体系，即免疫系统。该系统由众多的免疫器官组成，免疫器官又包含多种免疫细胞，而免疫细胞可分泌各种免疫分子，从而构成以免疫分子为基础的多层面的立体防御网络。该网络可预防各种异己成分的入侵，维持机体内环境的稳定，保证人体的健康。免疫系统分为两大类：一类是非特异性免疫系统；另一类是特异性免疫系统或称获得性免疫系统。我们主要讨论特异性免疫系统。

特异性免疫系统包括中枢免疫器官、外周免疫器官、各种免疫细胞和免疫分子。

1）中枢免疫器官是各种免疫细胞发生、分化、成熟的场所，包括骨髓和胸腺两个器官。骨髓是造血器官，也是各种免疫细胞的发源地；胸腺是 T 淋巴细胞分化成熟的场所。

2）外周免疫器官是淋巴细胞接受抗原刺激并产生免疫应答的器官，包括淋巴结、脾脏、淋巴小结及全身弥散的淋巴组织。

3）免疫细胞是执行免疫识别、免疫应答、免疫记忆功能的主要细胞群体。它包括淋巴细胞、单核细胞、树突状细胞、巨噬细胞、多形核细胞、辅助细胞等。其中能接受抗原刺激而活化、增殖、分化成特异性免疫应答细胞的有 T 淋巴细胞和 B 淋巴细胞。

4）免疫分子是由免疫细胞分泌的参与免疫应答和免疫调节功能的分子，包括抗原（antigen，Ag）、抗体（antibody，Ab）、细胞因子（cytokine，CK）等。抗原是一类能刺激机体免疫系统使之产生特异性免疫应答，并能与相应应答产物，即抗体和致敏淋巴细胞在体内或体外发生特异性结合的物质，也称免疫原。抗体是机体在抗原刺激下发生特异性免疫应答过程中产生的，能够与相应抗原发生特异性结合的免疫球蛋白。细胞因子是由活化的免疫细胞和某些基质细胞分泌的，介导和调节免疫及炎症反应的小分子多肽。主要包括淋巴因子（lymphokine）和单核因子（monokine）。

（2）体液免疫和细胞免疫　　根据抗原作用于机体后所引起的特异性免疫反应的机理及功能的差异，将特异性免疫反应分为体液免疫和细胞免疫两大类。

1）体液免疫。抗体是免疫应答中的重要产物，具有免疫功能，且主要存在于血液、组织液、外分泌液等体液中，因此将抗体介导的免疫称为体液免疫。体液免疫主要通过抗体与体液中的病原（细菌、病毒、毒素）结合形成复合物，直接消灭病原。

2）细胞免疫。抗原进入机体后，通过刺激免疫应答可产生致敏的 T 淋巴细胞，这些细胞可通过破坏被病原体感染的细胞而杀灭病原体，达到抗感染的目的，因此将这种由 T 淋巴细胞介导的免疫称为细胞免疫（见 3.2.6.1）。

（3）疫苗的作用原理　　疫苗作为带有病原（病原微生物及其代谢产物）信息的抗原成分，进入机体以后首先被机体识别，继而将其加工成抗原信息，这一信息通过多种免疫细胞的参与传递给效应细胞，最终产生特异性抗体和致敏淋巴细胞，特异性抗体和致敏淋巴细胞可消灭进入机体的相应的病原，从而保护疫苗接受者免受这些病原体的侵染。

树突状细胞是免疫系统的"信号处理器"，肩负着捕获抗原、加工抗原信息和传递抗原信息的重任。树突状细胞产生于骨髓，通过血液循环移动至非淋巴组织。当外界抗原进入机体后，树突状细胞迅速移动并聚集在抗原部位，吞噬抗原物质并被激活。激活的树突状细胞离开非淋巴组织器官，经淋巴液转移到淋巴器官，随之将抗原水解并将抗原信息递呈给 T 淋巴细胞。T 淋巴细胞一方面可激活 B 细胞，使之分化成熟为浆细胞并产生抗体，抗体可直接与进入体液中的病原（细菌、病毒、毒素）结合而消灭病原，从而起到体液免疫的作用；另一方面，T 淋巴细胞可刺激产生致敏淋巴细胞，通过破坏被病原体感染的人体细胞而杀灭病原体，从而起到细胞免疫的作用。为了便于理解和记忆，现将以上机理总结成图 8-1。

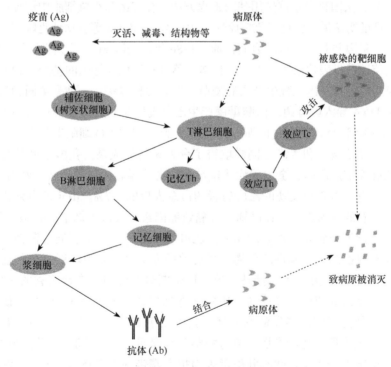

图 8-1　疫苗的作用原理
Tc. 细胞毒性 T 淋巴细胞；Th. 辅助性 T 淋巴细胞

8.1.3　病毒性疾病的疫苗

8.1.3.1　肝炎病毒疫苗

病毒性肝炎是目前世界上广为流行的传染病之一。已发现的肝炎病毒已达 6 种，分别用甲、乙、丙、丁、戊、庚命名。还有另外两种分别用己、辛（也称输血传播病毒，transfusion transmitted virus，TTV）命名的病毒，尚不能最终确定是否与肝炎有关。全世界估计肝炎病毒携带者多达5亿人。每年新患者多达5000多万人。其中又以乙型肝炎为最，携带者估计达3.5亿人。乙肝病毒（HBV）携带者有可能转变成慢性肝炎，慢性肝炎病毒携带者的肝癌发生率是非携带者的100倍，在全世界范围内有60%以上的肝癌发病与乙肝病毒有关。

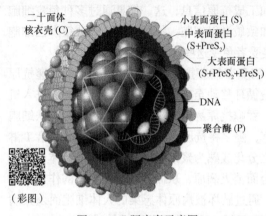

图 8-2　乙肝病毒示意图

（彩图）

由于乙型肝炎（hepatitis B，图 8-2）的猖獗和严重危害，世界各国均将乙型肝炎的监测和预防作为医学研究的重点。1982年，乙肝疫苗首次在美国面市，但由于当时生产的乙肝疫苗是从人携带者的血液中分离出的病毒经灭活后制成的，因而受到血液来源和技术的限制，制成的疫苗数量少、价格昂贵、难于推广，并且由于其是血源制品，安全上没有保障。为避免受艾滋病病毒的污染，有些国家已禁止使用乙肝血源性疫苗。为此，科学家将眼光瞄准了基因工程疫苗。

1980年5月，法国科学家首先用基因工程方法，在细菌和小鼠细胞中诱导产生乙肝病毒的蛋白质，并且证明该蛋白质具有免疫原性。1981年，Edman等成功地克隆了乙肝病毒表面抗原（HBsAg）基因并获得大量的表面抗原。1986年，美国 FDA 首先批准了 Merck 公司基因工程乙肝疫苗（酵母表达系统）上市。日本、英国和以色列等国的基因工程乙肝疫苗也很快地陆续上市。目前用基因工程生产乙肝疫苗主要有两种方法：一种是美国和日本等国家采用的，将重组 DNA 导入酵母菌，由酵母菌产生乙肝抗原而制成的疫苗；另一种是以色列等国家采用的，将重组 DNA 导入仓鼠细胞（CHO 细胞），由 CHO 细胞生产疫苗。

我国在乙肝疫苗研究和生产上同样取得了令人瞩目的成果。我国乙型肝炎感染情况相当严重，在乙肝疫苗推广前，全国无症状携带者约占抽样总人口的1/10，约有3000万人为慢性乙型肝炎患者，每年新发现的乙肝患者约占总人口的0.7%。由于乙肝病毒又是慢性肝炎、肝硬化、肝癌的病因之一，在已知的肝癌致癌因素中仅次于烟草。我国每年有30多万人死于肝癌，占世界肝癌死亡总数的40%。乙肝病毒传染途径主要通过阳性血源污染及母婴传播。为了有效控制乙肝病毒的传播，最有效的方法之一是阻断医院内的血源传播，更重要的是给每年约1700万新生儿接种疫苗，以阻断母婴传播。在台湾省的一项10年研究结果表明，乙肝疫苗的使用已经使儿童中的病毒携带者从10%下降到1%。研究者希望这一巨大改变也将使儿童中肝癌发病率下降。我国已于1992年在新生儿中开展此项免疫计划。2008年，全国人群乙型肝炎血清流行病学调查表明，我国乙肝病毒免疫预防工作取得了显著成绩。全国1~59岁人群乙肝病毒表面抗原携带率为7.18%。城市、农村人群乙肝病毒表面抗原携带率差异不显著，西部地区携带率高于东部地区。1~4岁携带率最低，为0.96%。5~14岁人群为2.42%。15~59岁人群携带率最高，达8.57%。1~4岁人群乙肝病毒表面抗原携带率明显低于15~59岁人群。然而要彻底消灭乙肝病毒则需要40~50年坚持不懈的努力。

甲型肝炎是一种经由消化道传染的流行较广的病毒性肝炎。甲肝病毒（HAV）经口进入体内后，经肠道进入血流，引起病毒血症，约 1 周后才到达肝（甲型肝炎潜伏期平均为 30 日），随即通过胆汁排入肠道并出现于粪便之中。HAV 在肝内复制的同时，也进入血循环引起低浓度的病毒血症。目前甲肝疫苗在我国已经成为儿童计划免疫接种的疫苗之一，市场上的甲肝疫苗主要有甲肝灭活疫苗和减毒活疫苗两类。国内基因工程空壳（不带病毒的遗传物质）甲肝病毒及痘苗活病毒疫苗（将甲肝病毒的抗原基因插入减毒的牛痘病毒基因组中，构建重组病毒，经它感染可不断分泌甲肝抗原，达到长期免疫的目的）也显示了很好的免疫原性。

　　甲型和乙型肝炎是目前已知的所有病毒性肝炎中发病率最高、危害比较严重的传染性疾病，也是包括我国在内的许多国家的主要传染病。2001 年，美国 FDA 首先批准了甲乙型肝炎联合疫苗。2005 年初，我国也批准了我国自行研制的甲乙型肝炎联合疫苗，这也是我国自主研制开发生产的第一支甲乙型肝炎联合疫苗。该疫苗的使用可同时预防甲型肝炎、乙型肝炎两种疾病，具有减少接种次数、减轻接种痛苦、降低接种费用等优点。

　　戊型肝炎是乙型肝炎和甲型肝炎之外的又一种重要的病毒性肝炎，病原体为戊型肝炎病毒（HEV），它主要经胃肠道传播，偶尔经输血传播，在临床症状上与甲型肝炎相似，患者有明显的乏力、食欲减退、恶心、呕吐，部分患者可出现黄疸。临床观察，有一半的患者会出现发热，一般体温在 38～39℃，消化道症状比较轻，多数患者食欲减退。它也是所有病毒性肝炎中病死率最高的，达 2.5%～5%。对孕妇和胎儿的危害最为严重，妊娠晚期病死率可高达 15%～25%，并且极易发生早产、流产和死胎。

　　1992 年，我国的调查发现戊型肝炎在我国人群的总流行率至少为 17%（包括隐性）。2002 年，我国全国戊型肝炎发病报告为 6800 例，2003 年为 9600 多例，2004 年截至 11 月为 1.4 万例，戊型肝炎已经成为我国普遍流行、危害严重的疾病之一，同时我国已经被列为戊型肝炎发病和死亡引起的经济负担最为严重的国家之一。戊型肝炎的病死率位居目前各种病毒性肝炎的首位，为甲型肝炎的 5～10 倍。更为严重的是，研究表明，戊型肝炎病毒几乎无所不在，垃圾场、屠宰场污水、猪圈外排水道、污染的食物（如贝壳、猪肉等）、动物粪便，甚至在一些超市的动物内脏中都发现了戊型肝炎病毒的存在，人的主要感染源是猪。2004 年 11 月，上海科研人员从 39 只待售商品猪的胆囊中查出 4 只携带戊型肝炎病毒，12 月厦门科研人员从 24 份市售猪肝中检测到 13 份带有戊型肝炎病毒。与严重急性呼吸综合征、禽流感一样，戊型肝炎也是一种人畜共患病，可以从动物身上传播给人。而此前猪、鼠、猴、牛、羊、鸡、猫及狗等多种动物已被科研人员发现存在戊型肝炎病毒感染，这就会对人们器官移植、饲养宠物及吃猪肉等造成潜在威胁。

　　接种疫苗是预防戊型肝炎的最好办法。厦门大学国家传染病诊断试剂与疫苗工程技术研究中心的科研人员经过艰苦的联合攻关，在国际上首次成功研制出了戊型肝炎疫苗。11.3 万人、30 余万针次的疫苗接种研究证明，该疫苗具有良好的安全性和保护性。目前该疫苗已投产并投放市场，成为世界上第一个用于预防戊型肝炎的疫苗。

　　丙型肝炎是由丙型肝炎病毒（HCV）所引起的，是通过输血或血制品、破损的皮肤和黏膜、静脉注射毒品、性传播、母婴传播等传染引起的。丙型肝炎病毒感染后，大部分患者转为慢性肝炎，其中部分患者可发展为肝硬化甚至肝癌。目前尚无特效治疗药物或预防方法，对感染者的危害远大于乙肝病毒感染。因此，研制一种高效、安全、价廉的丙肝疫苗，是目前世界各国科学家面临的当务之急。但由于丙型肝炎病毒突变率高，尤其是包膜区的多变性，目前已知至少存在 6 种不同基因型的病毒，各型之间的异源性高达 25%～30%，给丙型肝炎疫苗的研究带来了重重困难。这也是为什么至今仍未见有丙型肝炎疫苗上市的原因之一。虽然近年来在研制 HCV 疫苗上取得了一些进展（如利用 HCV 进化过程中较为保守的 C 蛋白或将 HCV 蛋白掺入重组的病毒来感染昆虫细胞等），但目前 HCV 疫苗的发展还是处于一个早期阶段，提高疫苗的免疫应答水平及效价成为 HCV 疫苗研制中的关键问题，同时疫苗的安全性评价也成为急需解决的问题。据报道，一种新型丙型肝炎疫苗在英国牛津大学进行的初期临床试验中取得了良好的效果。这项最新试验结果发表在 2014 年的《科学 转化医学》杂志上。

8.1.3.2 艾滋病病毒疫苗

艾滋病（acquired immune deficiency syndrome，AIDS）全称为人类获得性免疫缺陷综合征，是由人类免疫缺陷病毒（HIV，图 8-3）的感染引起的。由于艾滋病的迅速蔓延，已给人类的健康带来了极大的威胁。2018 年，联合国艾滋病规划署颁布艾滋病全球疫情报告，报告显示，截至 2017 年底，全球存活的艾滋病病毒感染者和艾滋病患者估计为 3690 万人，新增感染者 200 万人，相关死亡 100 万人。截至 2016 年 9 月底，我国累计报告艾滋病病毒感染者和患者 65.4 万例，新增感染者 54 360 人。专家认为，从长远看，疫苗是对付艾滋病最好的办法。艾滋病疫苗的研究是目前国际上基因工程疫苗研究投入最大的项目。

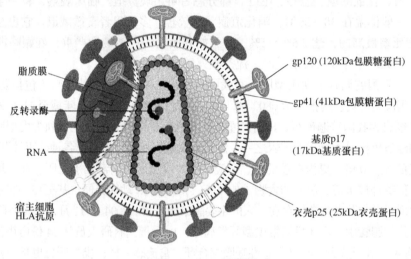

图 8-3 HIV 示意图

艾滋病的病原体是 HIV，HIV 属于反转录病毒科（*Retroviridae*）的慢病毒亚科（*Lentivirinae*）。感染后，HIV 主要在人的淋巴系统复制、增殖，再释放入血液，使人的免疫功能严重受损。最后，往往死于不可治愈的机会感染（如卡氏肺囊虫肺炎）或罕见的肿瘤（如波氏肉瘤）等。

根据遗传学和血清学的特征，HIV 分为 HIV-1 和 HIV-2 两型。两者核酸序列相差 40%，HIV-1 型对人的致病性、传染性、肌体复制能力、母婴传播概率、引起临床症状的严重程度均比后者强，不少地区包括中国在内，均发现一个人同时感染上 HIV-1 和 HIV-2。目前，用猴艾滋病毒（SIV）种系发现人类感染进化史，再用生物数理方法推算，认为 SIV 是 HIV-1 和 HIV-2 的来源。从猴到人，病毒的传导时间在 20 世纪 30 年代左右。对 20 多种 SIV 进行研究，结果发现一些已能在人的白细胞中生长，推测对人类致病的 HIV 还可能存在 HIV-3、HIV-4 或更多。

世界上流行的 HIV/AIDS，根据其病毒特性，特别是 gp120V3 环进行 PCR 扩增及序列测定，已确定 HIV-1 有 3 组 12 个亚型，即 M 组的 A、B、C、D、E、F、G、H、I 和 J 亚型，O 组的 O 亚型和 N 组的 N 亚型。HIV-2 也至少有 6 个亚型。不同国家和地区有其优势亚型。

1986 年，人们开始研制 HIV 的疫苗，到目前为止，全球有 100 多个艾滋病疫苗进入 I 期或 II 期临床研究。概括来说，目前研究的疫苗主要有：HIV 灭活病毒粒子疫苗（inactivated viruses vaccine）、减毒活病毒疫苗（live attenuated viruses vaccine）、合成肽疫苗、活载体疫苗（live vector based vaccine）和核酸疫苗。但由于艾滋病病毒与丙型肝炎病毒相类似，具有多型善变的特点，因此对艾滋病疫苗的研究并不顺利，研制 HIV 疫苗有很大的难度，最后进入 III 期临床的并不多。

8.1.3.3　其他病毒性疾病疫苗

小儿麻痹症是由脊髓灰质炎病毒引起的中枢神经系统疾病。据世界卫生组织报道，发达国家由于使用疫苗，小儿麻痹症已能得到很好的控制，但发展中国家仍然是公众健康的主要威胁。在进行有效接种计划的国家，虽然小儿麻痹症的病例很少，但偶尔仍有几例使用减毒疫苗引起小儿麻痹症的报道。因此，开发更安全的疫苗仍具有实际意义。经研究发现，脊髓灰质炎病毒衣壳蛋白 VP_1、VP_2 和 VP_3 在实验动物身上能诱导产生相应的中和抗体，使其获得对病毒的免疫能力，并已制成了注射用的小儿麻痹症疫苗（脊髓灰质炎疫苗）。在日本，则通过基因工程方法改变脊髓灰质炎病毒的基因结构，获得了一个弱化了的脊髓灰质炎病毒，用它研制成了小儿麻痹症口服疫苗。故而，目前市面上用来预防脊髓灰质炎的疫苗主要有两种：口服脊灰减毒活疫苗（OPV）和注射型脊灰灭活疫苗（IPV，包括含 IPV 成分的联合疫苗）。

狂犬病是一种由狂犬病病毒引起的中枢神经系统急性传染病。目前，狂犬病仍在全世界 87 个国家和地区流行，估计每年因狂犬病而死亡者达 35 000 人。狂犬病疫苗是继天花之后，人类最早应用的第二个疫苗。狂犬病死亡率为 100%，促使人们对狂犬病疫苗的制备和使用进行大量的研究。狂犬病疫苗经历了脑组织细胞培养、基因工程、合成肽及抗独特型抗体疫苗等几个发展阶段。由于脑组织疫苗可引起严重的神经系统副作用，目前大多已停止使用。细胞培养疫苗具有良好的抗原性、副作用少，在控制人类狂犬病方面发挥着重要的作用。为了克服减毒疫苗的潜在危险，曾使用基因工程方法在大肠杆菌、酵母菌及哺乳动物细胞中表达狂犬病毒糖蛋白，但由于免疫性较差、产量较低，最后转而采用狂犬病毒 - 痘活疫苗重组病毒作为疫苗，最近又发展了动物实验效果较好且更为安全的金丝雀痘病毒活疫苗。

EB（Epstein-Barr）病毒是 5 种疱疹病毒之一，在非洲，这种病毒主要侵染 B 淋巴细胞引起波克梯氏（Burkitt's）淋巴瘤，在地中海地区及包括我国在内的亚洲地区则主要侵染口、咽上皮细胞引起鼻咽癌。现在已成功地构建 EB 病毒膜抗原的重组痘苗病毒，以及中国仓鼠表达系统，并完成了成人、儿童和幼儿的免疫观察。

人乳头瘤病毒（human papilloma virus，HPV）是一种属于乳多空病毒科的乳头瘤空泡病毒 A 属，是球形 DNA 病毒，能引起人体皮肤黏膜的鳞状上皮增殖甚至癌变。2017 年 10 月 27 日，世界卫生组织国际癌症研究机构公布的致癌物清单显示，人乳头瘤病毒 6 和 11 型、人乳头瘤病毒 β 属（5 和 8 型除外）和 γ 属在 3 类致癌物清单中。我国每年约有 13.15 万新发现的宫颈癌，发病率和死亡率有增加的趋势，且宫颈癌发病年龄在年轻化，可以预见 HPV 感染在我国造成的损失巨大，HPV 疫苗是预防女性生殖道 HPV 感染疾病的有效手段。

宫颈癌早期筛查及 HPV 预防性疫苗最新进展

全球首支 HPV 疫苗已于 2006 年在美国上市，7 年间，100 多个国家和地区通过应用 HPV 疫苗大幅降低了 HPV 患病率和癌前病变的发生率。在我国已上市两种 HPV 疫苗：一种是 2 价疫苗，针对 HPV-16 和 HPV-18 两型病毒，这两种病毒占了中国女性宫颈癌的70%；另一种是4价疫苗，除了针对2价疫苗中包含的两种HPV病毒外，还针对HPV-6和HPV-11这两型病毒。4价疫苗不仅可预防70%的宫颈癌，还可预防90%的尖锐湿疣。此外，还有9价HPV疫苗（Gardasil-9疫苗）。2018年4月20日，美国药企默沙东在美国食品药品监督管理局药品审评中心提交的9价HPV疫苗上市申请获得了受理。该疫苗可防止4价HPV疫苗中未包含的5种hrHPV（HPV-31、HPV-33、HPV-45、HPV-52和HPV-58），可预防约90%女性宫颈癌及80%～95%其他HPV相关肛门生殖器癌症。2018年4月28日，我国国家药品监督管理局有条件批准用于预防宫颈癌的9价HPV疫苗在中国上市。

引起流行性感冒的流感病毒在世界范围内广泛流行。由于流感病毒与丙型肝炎病毒类似，极易发生变异。其包膜蛋白的快变性使得流感病毒能逃避中和抗体的作用，因而出现流感的周期性大流行。到目前为止，有效控制流感病毒流行的方法仍是疫苗免疫，成年人接种流感病毒疫苗可产生70%～90%的保护率，在儿童、老年人等易感人群中，疫苗保护率也可达到30%以上。自20世纪40年代灭活流感疫苗上市至今，已开发出3价流感疫苗（trivalent influenza vaccine，TIV）及4价灭活裂解流感疫苗（quadrivalent influenza vaccine，QIV）。目前，国内流感疫苗上市产品多为TIV，QIV仍在临床研究中，尚无上市产品。

除此之外，目前正在研制或已上市的基因工程病毒性疾病疫苗还有疱疹病毒疫苗、流行性出血热病毒疫苗、风疹病毒疫苗、轮状病毒疫苗等（表8-4）。

表8-4 已投入使用或即将投入使用的重组疫苗（改自瞿礼嘉等，1998）

病原体	疾病（主要医学特征）
病毒类	
巨细胞病毒（cytomegalovirus，CMV）	感染婴幼儿和免疫功能低下的患者
登革热病毒（dengue-fever virus）	登革出血热
甲型肝炎病毒（hepatitis A virus）	高烧、肝损坏、低死亡率
乙型肝炎病毒（hepatitis B virus）	长期肝损坏、高死亡率
丙型肝炎病毒（hepatitis C virus）	肝炎、肝硬化、肝癌
戊型肝炎病毒（hepatitis E virus）	肝炎
单纯疱疹病毒II类（herpes simplex virus type 2）	生殖器官溃疡
人类免疫缺陷病毒（human immunodeficiency virus，HIV）	获得性免疫缺陷综合征（艾滋病）
流感病毒A和B（influenza virus A and B）	急性呼吸系统感染
日本脑炎病毒（Japanese encephalitis virus）	脑炎
副流感病毒（parainfluenza virus）	上呼吸道感染
狂犬病毒（rabies virus）	急性中枢神经系统疾病
呼吸道合胞病毒（respiratory syncytial virus）	出现上下呼吸道病斑
轮状病毒（rotavirus）	急性婴幼儿肠胃炎
水痘-带状疱疹病毒（varicella-zoster virus）	水痘（出现轻微的内部及外部病斑）
黄热病毒（yellow fever virus）	心脏、肾脏和肝脏病斑
EB病毒（Epstein-Barr virus）	Burkitt's淋巴瘤、鼻咽癌等
麻疹病毒（measles virus）	病毒血症、皮疹
出血热病毒（hemorrhagic fever virus）	肾综合征出血热
人乳头瘤病毒（human papilloma virus）	宫颈癌及其他生殖器相关疾病

续表

病原体	疾病（主要医学特征）
细菌类	
百日咳杆菌（*Bordetella pertussis*）	百日咳
破伤风杆菌（*Clostridium tetani*）	破伤风（颈部和颌部肌肉痉挛）
致腹泻大肠杆菌（*E.coli* enterotoxin trains）	腹泻
流感嗜血杆菌（*Haemophilus influenzae*）	脑膜炎、败血症
麻风分枝杆菌（*Mycobacterium leprae*）	麻风病（外周神经感觉丧失、毁容）
结核分枝杆菌（*M. tuberculosis*）	结核病
淋病奈瑟球菌（*Neisseria gonorrhoeae*）	淋病（性传播）
脑膜炎奈瑟球菌（*N. meningitidis*）	脑膜炎（脑和脊髓液感染）
伤寒杆菌（*Salmonella typhi*）	伤寒
志贺菌属（*Shigella*）	痢疾
A 组链球菌（*Streptococcus* group A）	猩红热、风湿热、咽喉感染
B 组链球菌（*S.* group B）	脓毒、尿道感染
肺炎链球菌（*S. pneumoniae*）	肺炎、脑膜炎
霍乱弧菌（*Vibrio cholerae*）	霍乱
白喉杆菌 - 百日咳杆菌 - 破伤风梭菌（*Corynebacterium diphtheriae-Bordetella pertussis-Clostridium tetani*）	白喉、百日咳、破伤风
空肠弯曲菌（*Campylobacter jejuni*）	胃肠炎
寄生虫类	
利什曼原虫属（*Leishmania* spp.）	出现内部和外部病斑
盘尾丝虫（*Onchocerca volvulus*）	失明
疟原虫属（*Plasmodium* spp.）	疟疾
血吸虫（*Schistosoma mansoni*）	血吸虫病（痢疾和肝脏损坏）
锥虫属（*Trypanosoma* spp.）	昏睡病
吴策线虫（*Wuchereria* sp.）	丝虫病（淋巴管和腺体发炎）
弓形虫（*Toxoplasma gondii*）	弓形虫病

8.1.3.4　基因工程多价疫苗

所谓基因工程多价疫苗是指利用基因工程的方法将多种病原体的相关抗原融合在一起，产生一种带有多种病原体抗原决定簇的融合蛋白，或将多种病原体相关抗原克隆在同一个载体（多价表达载体）上，达到同时对多种相关疾病进行免疫的目的。美国于 1986 年 10 月首先研制了一种含有疱疹病毒、肝炎病毒和流感病毒的疫苗。

法国科学家则将脊髓灰质炎病毒外壳蛋白基因和乙型肝炎病毒表面抗原基因融合在一起，由哺乳动物细胞表达而制成疫苗。我国已构建了完整的痘苗病毒天坛株多价载体表达系统，并同时表达了乙型肝炎病毒 SS1 蛋白、麻疹病毒 HA 和 F 蛋白及白细胞介素-2。

8.1.4　细菌性疾病的疫苗

由于细菌和其他病原体的表面结构相对病毒而言比较复杂并处于动态状态，在大多数情况下这种性质不利于基因工程疫苗的开发，并且细菌感染在大多数情况下可用抗生素控制，因此目前使用的细菌基因工程疫苗没有病毒疫苗广泛。除了已经列入国家计划的百日咳、白喉、破伤风、结核（卡介苗）等疫苗外，还有一些疫苗没有列入国家计划。

8.1.4.1 霍乱弧菌疫苗

霍乱是由霍乱弧菌感染而引起的烈性肠道传染病。从 1917 年起，世界上有记载的霍乱大流行就有 7 次。据世界卫生组织报道，有 35 个国家受到第 7 次（1984～1985 年）霍乱流行的影响。仅 1984 年，就有 19 个非洲国家受其影响。例如，马里共和国在 1985 年 1～7 月就有 500 多人死于霍乱。

霍乱不是一种侵袭性感染，病菌不进入血液，只局限在肠道内，但它在肠道内繁殖并释放毒素。霍乱弧菌分泌的肠毒素是一种不耐热的原型肠毒素。该毒素由 1 个 A 亚基和 5 个 B 亚基组成。A 亚基刺激腺苷酸环化酶，产生环腺苷酸（cAMP）并在小肠黏膜细胞内积累，导致大量水和电解质排出，引起剧烈腹泻，导致严重脱水、酸中毒而死亡。B 亚基则能促使 A 亚基进入细胞。A 亚基和 B 亚基均能诱导机体产生中和抗体。

霍乱疫苗接种已有 100 多年的历史，传统疫苗是采用肌肉注射的灭活或减毒霍乱弧菌菌体苗。20 世纪 60 年代霍乱流行区控制试验表明，其效果不佳，副作用大，已被 WHO 宣布不再推荐此疫苗的应用。根据霍乱弧菌的致病机理，科学家利用基因工程技术研制了重组 B 亚单位疫苗。孟加拉现场试验表明，该疫苗对霍乱的保护作用至少可持续 3 年。特别有意义的是，在霍乱流行区，该疫苗可使危及生命的严重患者减少 50%，因此被认为是一种有效的疫苗，且能对肠毒性腹泻、旅行者腹泻有保护作用，是已被 WHO 推荐应用的疫苗。

我国中国人民解放军军事医学科学院生物工程研究所经过 10 多年的研究，研制出了国家一类新药 rBS-WC 口服霍乱疫苗，并已上市。这种疫苗可产生抗细菌和抗病毒的协同免疫，经口服后还可产生肠道局部与全身的免疫作用。口服霍乱疫苗的保护率达 85%，副作用小，免疫效果好。

8.1.4.2 麻风杆菌疫苗

麻风是由麻风分枝杆菌引起的慢性传染病。这是 1873 年由 Hansen 最早确定的人类第一个致病菌。但由于这种细菌仍然未能在体外培养，因而严重地阻碍了对麻风病的诊断、免疫学和治疗学方面的研究，也严重地阻碍了疫苗的开发。

1976 年，人们发现犰狳是除了人之外唯一可以让麻风杆菌自由增殖的动物。这使麻风疫苗的研制成为可能。之后，从 20 世纪 70 年代中期至 80 年代中期，人们对麻风减毒疫苗进行了许多研究，并在人及犰狳中进行了对比接种观察，发现麻风疫苗与卡介苗（一种常用的结核病疫苗）联合使用效果更佳。这种疫苗既可以预防健康者受麻风杆菌的感染，也可以控制或减轻已被感染者的病情发展和病型的恶性转化。应该指出，由于麻风病的潜伏期特别长，可达 5～25 年，但是一种有效的疫苗对一位可检查出来的麻风结节病患者的抑制只有十几年。也就是说，10～15 年后才能看出抗麻风结节疫苗的预防效果。

在第一代麻风疫苗研究开始一年之后，Curtiss 和 Shepard 就提出过设想：利用基因工程的方法生产合适有效的麻风疫苗。美国 Whitehead 生物医学研究所和麻省理工学院生物学系等单位合作，将麻风杆菌的 DNA 片段重组到大肠杆菌的 β-半乳糖苷酶基因上，将这种融合基因再重组到 λgt11 载体中，由此获得了 β-半乳糖苷酶和麻风杆菌基因编码的蛋白质的融合蛋白。Bloom 等则将麻风杆菌的基因克隆到活的卡介苗中制备成多价疫苗。

通过基因工程技术制备的麻风疫苗可以作为抗原，还可以用来发展特异血清流行病检查。这种检查可以诊断早期麻风感染。因此，可以在第一临床症状出现之前进行检查，从而进行早期治疗，并能预防神经系统的进一步损伤和畸形的恶化。

8.1.4.3 幽门螺杆菌疫苗

自从 Warren 等于 1983 年首次成功分离幽门螺杆菌（HP）以来，大量的研究结果证实 HP 是慢性胃炎和消化道溃疡的主要病原体。由于慢性胃炎可发展为黏膜萎缩、异型增生，最终导致胃癌，故世界卫生组织（WHO）将之列为Ⅰ级生物致癌原。一些资料表明，人类 HP 的感染可达 40%～60%，故 HP 疫苗的研究在上述疾病的防治上具有重要的意义。

幽门螺杆菌的灭活全细胞或经超声波破碎后的无细胞提取物均具有一定的免疫原性。实验证明，它们都可以作为疫苗保护机体免受 HP 的攻击。但由于 HP 大量培养仍有一定的难度，其疫苗发展为普及型疫苗仍有困难。1995 年，Lee 等报道用 HP 的尿素酶及大肠杆菌不耐热肠毒素为佐剂免疫小鼠，可产生保护性抗体。但由于尿素酶是 HP 的一种重要胞外酶，它的作用是分解尿素产生氨，使局部 pH 升高，以利于 HP 的生长，这种免疫并不能直接杀灭幽门螺杆菌。HP 的尿素酶疫苗在瑞士已进入Ⅱ期临床观察阶段。

在基因工程细菌病疫苗研究与应用方面，还有致腹泻大肠杆菌疫苗、痢疾疫苗、鼠伤寒沙门氏菌疫苗、淋球菌疫苗、脑膜炎双球菌疫苗等（表 8-4）。

8.1.5 寄生虫病的疫苗

8.1.5.1 疟原虫疫苗

疟原虫是引起疟疾的一种寄生虫。疟疾是一种广泛传播的人类寄生虫病。据世界卫生组织估计，亚热带地区至少有 3.5 亿人受疟疾的折磨，而整个世界则达 8 亿人，每年有 1.5 亿例发生。在非洲每年有 50 多万 1 岁以下儿童因患疟疾而死亡，5 岁以下儿童的死亡人数则达每年 100 万。

干扰性疟疾疫苗的研究进展

引起人类疟疾的有 4 种疟原虫：恶性疟原虫，它是疟疾引起死亡的病因；间日疟原虫，传播范围也不小，发病率很高；而三日疟原虫和卵形疟原虫则流行较少。

由于疟原虫及其传播媒介蚊子的抗药性的获得，其疫苗的研究显得更重要。目前，疟原虫的基因工程疫苗有抗子孢子疫苗（如抗 CSP 蛋白质疫苗）、抗裂殖子疫苗、抗配子母细胞疫苗等。

8.1.5.2 血吸虫疫苗

血吸虫是引起血吸虫病的病原体。该病是一种严重威胁人类健康的慢性消耗性疾病，流行于亚洲、非洲和拉丁美洲的 75 个国家。世界上有 5 亿～6 亿人口受到该病影响。尽管吡喹酮的疗效及安全性较好，但除非长期重复用药，否则难以控制再感染的发生。在 1991 年世界卫生组织召开的血吸虫病疫苗研究策略研讨会上，与会者一致认为血吸虫病疫苗的研究是必要的、可行的。

感染人类的血吸虫主要有三种，即埃及血吸虫、曼氏血吸虫及日本血吸虫。血吸虫基因工程疫苗主要有两大类：一类是虫体蛋白质，如 28kDa 蛋白和 25kDa 蛋白的基因工程疫苗就具有良好的抗原性；另一类是酶性抗原，如谷胱甘肽 S- 巯基转移酶（GST）、3- 磷酸甘油醛脱氢酶（GAPDH）、超氧化物歧化酶（SOD）、磷酸葡萄糖同分异构酶（TPI）等候选抗原。

寄生虫的 DNA 疫苗也是 20 世纪 90 年代之后寄生虫疫苗研究的一个主要方向，目前正在研究的有血吸虫、疟原虫、利什曼原虫、小隐孢子虫等寄生虫 DNA 疫苗（表 8-4）。

8.1.6 治疗性疫苗

治疗性疫苗是有别于传统的对传染病有预防作用的疫苗，是指具有积极治疗意义的一类新型疫苗。1995 年前，医学界普遍认为，疫苗只作预防疾病用。随着免疫学研究的发展，人们发现了疫苗的新用途，即可以治疗一些难以治疗的疾病。从此，疫苗兼有了预防与治疗的双重作用。治疗性疫苗不仅具有预防疾病的作用，而且能够在已感染或已患病的个体激发特异性的免疫应答，清楚已经感染的病原体和细胞，达到治疗疾病的目的。

治疗性疫苗和预防性疫苗虽然都是通过激发免疫系统起作用的，但二者在设计思路和原理上具有明显的不同。预防性疫苗主要针对健康的人群，目的是预防，其普遍性、安全性和有效性是非常重要的，因此靶抗原主要以病原体或其自身的组成成分为主；而治疗性疫苗则是针对少数感染或患病个体，目的是治疗，因此它注重的是个体的病理学特殊性，针对性较强，靶位的选择趋于特殊性。

治疗性疫苗根据其激活免疫特性的不同，分为非特异性疫苗和特异性疫苗两种。非特异性疫苗是指用于增强肌体免疫系统活性的疫苗；特异性疫苗则是指用于治疗某一特定疾病的疫苗。

由于治疗性疫苗研究的时间较短，目前对其有效性和安全性的评价还没有形成一套成熟的系统，除少数处于临床试验阶段外，大多还处于研究阶段。目前研究比较多的包括病毒性疾病的治疗性疫苗，如针对丙型肝炎、乙型肝炎、艾滋病等的疫苗；肿瘤疫苗，这类疫苗大多属于非特异性疫苗；自身免疫性疾病疫苗，如针对多角性硬化病、系统性红斑狼疮等的疫苗；心血管疾病疫苗，如针对动脉粥样硬化和高血压的疫苗；认知性疾病疫苗，如针对朊病毒疾病、亨廷顿舞蹈症、阿尔茨海默病等的疫苗。

红斑狼疮生物疗法的研究进展

肿瘤疫苗是近年来肿瘤疾病的新兴治疗手段之一，其种类繁多，疗效显著，有着良好的应用前景。肿瘤疫苗可分为全细胞疫苗、多肽疫苗、基因工程疫苗和单克隆抗体疫苗等类别。2011～2017 年，有 15 个肿瘤疫苗类新药获批上市，实现了基础研发到临床应用的迈进，为肿瘤的治疗模式带来了令人振奋的变革。

靶向新抗原的个体化肿瘤疫苗——免疫疗法最新进展

8.2　生物技术与疾病诊断

现代生物技术的开发应用，为医疗卫生领域提供了崭新的诊断、监测技术。人们对疾病，特别是传染病的诊断，一个很重要的问题就是如何尽早检测感染因子的种类，因为它对疾病的针对性治疗及其预后有着极其重要的意义。传统的传染病诊断技术，一是根据临床症状判断，但这必须要求被感染者发病，有了临床症状才可进行诊断，况且有些疾病的临床表现非常相似，不具有典型症状，有时难以判断；二是先对病原物质进行分离培养，对培养物进行一系列的生理生化检测，从而确定病原体的种类，但这种方法需要花费较多的时间，成本高、速度慢、效率低，况且有些如病毒类、衣原体类的病原体至今仍没有有效的体外培养方法，从而影响了疾病的诊断。因此，利用现代生物技术发展快速、灵敏、操作简便的新的诊断技术在疾病防治上具有积极的意义。

8.2.1　ELISA 技术与单克隆抗体

8.2.1.1　ELISA 技术的原理

ELISA 技术称为酶联免疫吸附测定（enzyme linked immunosorbent assay）技术。1971年，瑞典的 Engvall 等分别以纤维素和聚苯乙烯试管作为固相载体吸附抗原或抗体，结合酶技术建立了酶免疫吸附法。1974 年，Voller 等又将固相支持物改为聚苯乙烯微量反应板，使 ELISA 技术得以推广应用。

ELISA 是酶免疫测定（EIA）的一种，其原理是将酶与抗体（原）交联形成酶 - 抗体（原）复合物，常用的酶有辣根过氧化物酶（HRP）、碱性磷酸酯酶（AP）或脲酶等。另外，将抗原或抗体吸附在以聚苯乙烯制成的微孔滴定板上，使之固相化，免疫反应和酶促反应均在其中进行。利用抗原与抗体的特异结合，以及酶将无色底物催化成有色底物，并根据在一定范围内，酶量与颜色呈正相关的关系进行检测。根据底物颜色的有无及颜色的深浅判断阴性或阳性反应，以及反应强度，可以用于定性或定量分析。

8.2.1.2 常用的 ELISA 诊断技术

目前常用于检测抗原或抗体的 ELISA 有以下两种。

（1）测定抗体的间接 ELISA　　病原体或其他外源大分子物质进入机体后都可能刺激机体产生相应的抗体，所以可以通过检测某种病原体的相应抗体来判断机体是否曾经被某种病原体感染，达到诊断的目的。

该方法首先将已知定量的抗原（如某个病原体的蛋白质）吸附（也称包被）在微孔滴定板的微孔内，加入待检测的样品，如患者血清，反应一定时间。此时，如血清中有该病原体蛋白质的抗体，将被吸附在微孔板上。洗涤以去除未结合的蛋白质（抗体）。加入酶标二抗（抗抗体，如血清为人血清，则二抗为抗人抗体的抗体），同样保温、洗涤后加入无色的酶底物，保温一定时间进行酶促反应，观察反应后颜色的有无及深浅来判断反应结果。若有颜色反应，说明检测样品中含有相应的抗体，是阳性反应。根据颜色深浅，还可进行定量分析。反之，若为无色，说明样品中无相应抗体，为阴性反应（图 8-4A）。

间接法的优点是只要变换包被抗原就可利用同一酶标二抗建立检测相应抗体的方法。间接法成功的关键在于抗原的纯度。在制备抗原时应尽可能予以纯化，以提高试验的特异性。另外，由于患者血清中含有大量的非特异性 IgG，而 IgG 的吸附性很强，非特异性 IgG 可直接吸附到固相载体上，有时也可吸附到包被抗原的表面。因此在间接法中，抗原包被后一般用无关蛋白质（如牛血清白蛋白）再包被一次，以封闭（block）固相上的空余间隙。

（2）测定抗原的双抗体夹心 ELISA　　病原体及其大分子物质进入机体后都可能成为一种抗原，所以检测机体内的抗原同样可以判断机体是否感染了相应的病原体。

该方法是将抗原免疫第一种动物（如兔子、小鼠、山羊、绵羊或豚鼠中的一种）获得第一种抗体。将第一种抗体吸附在微孔板上，加入待测样品（如人的血清或其他）经保温反应后洗涤。如果待测样品中含有相应的抗原，则该抗原将被吸附在抗体上从而保留在微孔板上。加入用相同抗原免疫另一种动物产生的抗体（第二种抗体），同样的保温洗涤后，第二个抗体也将与抗原结合而保留在微孔板上。最后加入抗第二种抗体的酶标二抗，保温、洗涤后，将使酶标二抗也结合在微孔板上。加底物显色后判定反应结果。判定方法同上（图 8-4B）。

双抗体夹心 ELISA 适用于测定二价或二价以上的大分子抗原，但不适用于测定半抗原及小分子单价抗原，因其不能形成两位点夹心。在制备双抗体夹心 ELISA 所需的两种抗体时，可针对抗原分子上两个不同抗原决定簇制备单克隆抗体（见 8.2.1.4），这样可以大大提高抗体的特异性，从而尽可能地避免假阳性。

8.2.1.3 基因工程抗原

根据上述常用 ELISA 技术的原理，我们知道 ELISA 检验必须首先制备大量的抗原。如

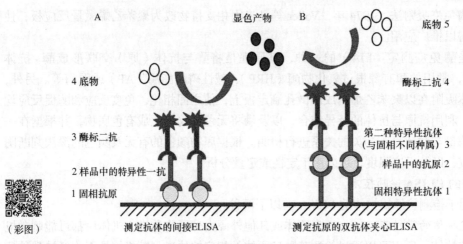

图 8-4　ELISA 检测原理示意图

A：1. 将抗原吸附于固相载体表面，洗涤去除未吸附的抗原；2. 加待测样品，保温，形成抗原 - 抗体复合物，洗涤除去其余的杂蛋白质；3. 加酶标二抗，保温，洗涤；4. 加入底物，根据颜色的深浅分析抗体的量。B：1. 将抗原免疫第一种动物获得的抗体吸附于固相表面，洗涤除去未吸附的抗原；2. 加待测样品，保温，形成抗原 - 抗体复合物，洗涤除去杂蛋白质；3. 加抗原免疫第二种动物获得的抗体，保温，形成抗体 - 抗原 - 抗体复合物，洗涤除去多余的抗体；4. 加酶标二抗（抗第二种动物抗体的抗体），保温，洗涤；5. 加入底物，根据颜色的深浅分析抗原的量

果用间接 ELISA 测定抗体，首先需要制备抗原并将之包被于微孔板上，才可用来检测抗体；如果用双抗体夹心 ELISA 检测抗原，则必须首先要用抗原免疫动物制备第一及第二抗体，才可以用来检测抗原。所以抗原制备是 ELISA 技术的一个关键问题。传统的抗原制备方法一般有两种：一是体外培养病原体，再将病原体收集，经一系列处理后制成；二是对于不能进行体外培养的病原体，只能从受感染的动物或患者的组织分离收集病原体，再经一系列的处理后制成。这两种方法存在着一些明显的缺点。首先，抗原生产过程本身就有很大的危险，因为制造抗原时，要大量培养病原体，如果这些病原体逸出，将会造成很大危害；其次，产品的质量难以控制和标准化，从而导致各批次产品质量的差异；最后，生产费用高，特别是那些体外不能培养的病原体更是如此。

利用基因工程技术可以克服上述的不足。如同疫苗生产一样，将抗原基因克隆在细菌或真核细胞表达系统中，由这些表达系统生产大量的抗原。生产过程不必接触病原体，也便于标准化生产，成本低廉。必要时，还可利用基因工程技术，将编码不同抗原决定簇的 DNA 片段重组在一起构成一种带有多个强抗原决定簇的抗原，以提高其抗原性。

8.2.1.4　多克隆抗体与单克隆抗体

ELISA 技术除了要制备抗原检测抗体外，有时还必须制备抗体，用于检测抗原。抗体的制备可以将上述制备的抗原直接免疫动物，在被免疫的动物的血清中将会含有相应的抗体，通过一系列的纯化技术就可获得相应的抗体。但由于一个抗原往往会有多个抗原决定簇，由此方法制备的抗体是一种含有可分别与多个抗原决定簇结合的多种抗体的混合物，这种混合物称为多克隆抗体。利用多克隆抗体进行疾病的诊断，至少有几方面的缺点：①特异性较低。这是由于不同的病原体之间可能会有相似的抗原决定簇，这种多克隆抗体将会与不同的病原体产生的抗原进行反应，其假阳性率较高。②产品质量难以控制。这是因为被免疫的动物的个体差异，同种抗原免疫后，其产生的分别识别不同抗原决定簇的抗体的含量会有不同，而且各批次的抗体之间也会有差异。③生产过程费时、步骤多、成本高。

单克隆抗体是利用细胞融合技术，在体外大量培养融合细胞，由融合细胞产生大量的抗体（见 3.2.3）。由于单克隆抗体只识别某一特定的抗原决定簇，它具有特异性强、成分均一、灵敏度高、产量大、容易标准化生产等优点而明显优于多克隆抗体。目前世界上已建立的单克隆抗体品种数以万计，其中数千种已经上市。

单克隆抗体虽然主要用于病原体感染的体外诊断，但其应用远不仅于此，其应用范围相当广泛，包括以下几点。

1）鉴定微生物病原体：包括细菌性、病毒性、寄生虫性传染病的临床诊断，以及食品、环境等可能污染物的病原体检验。

2）确定激素水平：用于评价内分泌功能及妊娠试验，特别是早孕的检验。

3）检测肿瘤相关蛋白质：通过检测与肿瘤相关的蛋白质，如癌胚抗原、甲胎蛋白等，对肿瘤进行早期诊断，以及治疗后的疗效评价。

4）检验血液中的药物含量：包括检测违禁药物，检测治疗药物，如庆大霉素、环孢素等的浓度以确定最佳用药量。

5）肿瘤检测：利用某些肿瘤可能表达某种特异性抗原，如癌胚抗原，制备特异的单克隆抗体，用于肿瘤的早期诊断。

6）其他领域的应用：包括动植物病原体的检测；分离某些贵重的生物活性物质等。

7）疾病的治疗：用于移植排斥、肿瘤及一些自身免疫性等疾病的治疗（详见 8.3.3）。

8.2.2 DNA 诊断技术

1978 年，Kan 和 Dozy 首先应用羊水细胞 DNA 限制性片段长度多态性（RFLP）做镰状细胞贫血的产前诊断，从而开创了 DNA 诊断的新技术。40 多年来，DNA 诊断技术取得了飞速的发展，建立了多种多样的检测方法，这些检测方法可以用于遗传性疾病、肿瘤、传染性疾病等多种疾病的诊断。表 8-5 为 DNA 诊断技术与免疫学诊断技术的比较。

表 8-5　DNA 诊断技术与免疫学诊断技术的比较

项目	DNA 诊断技术	免疫学诊断技术
检测对象	病原体基因或与遗传病有关的基因	特异的抗原（如病原体蛋白、肿瘤抗原）
基本原理	碱基互补配对及双螺旋可变性、复性	抗原抗体的特异性反应
灵敏度	基因探针法：pg 水平（10^{-12}） PCR 探针法：fg 水平（10^{-15}）	ng 水平（10^{-9}）
特异性	很强	相对较弱
诊断意义	①可早期诊断（只有少量微生物） ②反映传染情况（阳性说明体内有活微生物，有传染性）	①诊断相对较晚（有大量抗原或抗体） ②反映继往接触史（多数阳性结果只能说明曾经有感染，不能判断此时体内是否有活的微生物）
相关技术	基因探针杂交、基因体外扩增（PCR）、电泳、DNA 测序、差异显示等	ELISA、免疫荧光技术、放射免疫技术、流式细胞技术（FACS）、组织切片技术
适用范围	理论上适合于任何与基因有关的疾病，适用范围很广	适合于能在体内引起特异性免疫反应的疾病，适用范围相对较窄

8.2.2.1 DNA 探针杂交技术

DNA 之所以能形成双股螺旋，一个很重要的原因就是有碱基互补配对形成的氢键。核酸的变性是指连接核酸双螺旋的碱基之间的氢键断裂,使双螺旋结构解开,但并不涉及两条链内部核苷酸间磷酸二酯键的断裂。引起核酸变性的因素很多,由温度升高而引起的变性称为热变性。例如,将 DNA 的稀盐溶液加热到 50℃以上几分钟,双螺旋结构即被破坏,氢键断裂,DNA 分子的两条链彼此分离。变性后的 DNA 丧失了生物学活性。能使 50%DNA 分子发生变性的温度称为解链温度(melting temperature,T_m),一般 DNA 的 T_m 值在 70~85℃。T_m 值与分子中 G-C 含量有关,即 G-C 配对数越多,则 T_m 值越高,反之越低。由于溶液酸碱度的改变而引起的变性称为酸碱变性。乙酸、丙酮等有机溶液及尿素也都能引起核酸的变性。变性 DNA 在撤除变性因素(温度、酸碱度、有机溶剂等)的情况下,两条彼此分离的链又可通过碱基互补配对形成氢键而恢复双螺旋结构,这一过程称为复性或退火。复性后的 DNA 可基本恢复原有的理化性质及生物学活性。核酸的变性和复性是一可逆过程,可反复进行。核酸杂交技术正是利用 DNA 的这些基本原理将不同来源的 DNA 加热变性后,只要两条多核苷酸链的碱基有一定数量能彼此互补,就可以经退火处理形成新的杂交体双螺旋结构。这种根据碱基互补配对原理而使不同来源、有部分互补序列的两条单链相互结合形成异源双链的技术称为核酸杂交。核酸杂交不仅限于 DNA 和 DNA 单链之间,RNA 与 DNA 之间、RNA 与 RNA 之间都可通过杂交形成双链(见 2.5.4.1,图 2-18)。

根据这一基本原理,人们设计出了一大类基因诊断方法,其基本思路是:将已知序列的特定基因(如某微生物或遗传疾病的特异基因片段)用同位素、荧光素或酶进行标记,制备成一种诊断试剂,即基因探针。由于基因探针在适当条件下可与同源序列互补形成杂交体,使基因探针与待检组织细胞内的基因片段发生杂交反应,通过探针上的标记(同位素、荧光素或酶)观察探针是否与标本 DNA 结合,从而可判断标本 DNA 中是否有与探针一致的片段,最终对标本是否有遗传性疾病或被某种微生物感染做出诊断(图 8-5)。核酸探针根据核酸性质不同可分为 DNA 探针、RNA 探针、cDNA 探针及寡核苷酸探针等几类。DNA 探针又有单链和双链之分。根据标记方法不同又可分为放射性探针和非放射性探针两大类。并非任意的核苷酸片段都能作为核酸探针,理想的核酸探针应具有高度特异性、易于标记和检测、灵敏度高、稳定且制备方便等特点。

8.2.2.2　PCR 技术

聚合酶链反应(PCR)技术是一项体外扩增特异 DNA 片段的技术(见 2.2.2.2)。这种方法除了可以用于基因工程目的基因的制备外,还可用于某些疾病的诊断。

寻找传染性因子的特异 DNA 序列,以这段 DNA 序列作为靶序列,设计特异引物,对待测样品进行 PCR 扩增。如果检测出了相应的扩增带,则判定为阳性反应。反之,若无扩增带,则为阴性反应。目前,能够利用 PCR 技术进行检验的传染性因子有结核分枝杆菌、淋球菌、多种导致腹泻的肠道传染性细菌、丙型肝炎病毒、人类免疫缺陷病毒、人嗜 T 淋巴细胞病毒、乙型肝炎病毒、巨细胞病毒、人乳头状瘤病毒、肠道病毒、肺炎支原体等几乎所有已知的传染性因子。表 8-6 列出了可进行 DNA 诊断的部分传染性因子。若传染性因子的遗传物质是 RNA,则需先把 RNA 逆转录为 cDNA(complementary DNA),再进行 PCR 扩增检测,这种 PCR 称为逆转录 PCR(reverse transcription PCR,RT-PCR)。例如,2019 年 12 月开始席卷全球的新型冠状病毒(SARS-CoV-2)就是一种带正链的单链 RNA 病毒(+ssRNA),我们正是利用 RT-PCR 技术对其感染的患者进行确诊。

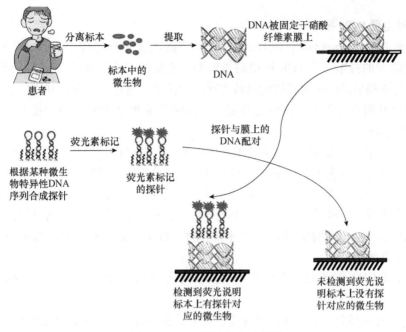

图 8-5　DNA 探针杂交示意图

表 8-6　可进行 DNA 诊断的部分传染性因子（引自陈仁彪和冯波，1997）

病毒	细菌	寄生虫	病毒	细菌	寄生虫
单纯疱疹病毒	大肠杆菌	锥虫	细小病毒	葡萄球菌	孢子虫
肝炎病毒	沙门氏菌	丝虫	鼻病毒	淋病奈瑟菌	
巨细胞病毒	耶尔森氏菌	疟原虫		立克次氏体	
腺病毒	分枝杆菌	血吸虫		霍乱弧菌	
风疹病毒	弯曲菌	利什曼原虫		幽门螺杆菌	
EB 病毒	军团菌	阿米巴原虫		梅毒螺旋体	
轮状病毒	博代氏杆菌	旋毛虫		衣原体	
乳头状瘤病毒	弧菌	小泰氏梨浆虫		支原体	
人免疫缺陷病毒	链球菌	弓形虫			

　　PCR 技术也可被用来进行遗传性疾病的诊断。有些遗传病是由基因的缺失引起的。例如，α- 地中海贫血的巴氏胎儿水肿综合征，是由于编码 α- 珠蛋白的 α_1 和 α_2 基因缺失引起的。选择特异的引物对这一缺失区域进行扩增，如果是非缺失的正常个体将会得到一定大小的扩增片段。反之，具有缺失的遗传病个体没有扩增片段产生或扩增的片段较小。

　　由于大多数遗传性疾病缺乏有效的治疗手段，对于具有某种遗传病的家系的胎儿进行产前诊断，对患病胎儿实施人工流产或引产可以避免遗传病患儿的出生，从而达到优生的目的。表 8-7 列出了一些可利用 DNA 诊断的遗传性疾病。

表 8-7　可利用 DNA 诊断的遗传性疾病（引自吕建新和尹一兵，2010）

镰状细胞贫血	地中海贫血症	杜氏 / 贝氏肌营养不良症
血友病	苯丙酮酸尿症	威尔逊氏症
葡糖 -6- 磷酸脱氢酶（G6PD）缺乏症	脆性 X 综合征	视网膜包囊素变性
性别发育异常	亨廷顿舞蹈症	

8.2.2.3　实时定量 PCR 技术

实时定量 PCR（quantitative real-time PCR）是在 PCR 扩增过程中，通过荧光对 PCR 进程进行实时监控的技术。在 PCR 扩增的指数期，模板的 C_t 值（荧光值达到阈值时 PCR 的循环次数）与该模板的起始拷贝数的对数存在线性关系，通过内参或者制作标准曲线，便能对样品中特定基因进行相对定量或绝对定量。实时定量 PCR 常用的检测技术主要是 SYBR Green 法和 TaqMan 探针法。

实时定量 PCR 技术是 DNA 定量技术发展中的一个里程碑。利用该技术，可以对样品中的 DNA 或 RNA 进行定量和定性分析。绝对定量可以分析样品中基因的拷贝数和浓度，相对定量可以分析两个或多个样品之间基因表达水平的差异。目前实时定量 PCR 技术已经被应用于基础医学研究、疾病研究、临床诊断和药物研发等领域。在疾病诊断方面，能利用传统 PCR 检测的样品都能被实时定量 PCR 技术所代替。目前，实时定量 PCR 技术的应用主要集中在以下几个方面。

1）DNA 或 RNA 的绝对定量分析。例如，对各种病原微生物或病毒 DNA 或 RNA 含量的检测。

2）基因表达差异分析。例如，对肿瘤患者中某些肿瘤标志物含量的检测等。

3）基因分型。例如，单核苷酸多态性（SNP）或基因突变检测、DNA 甲基化检测等。

8.2.2.4　数字 PCR 技术

数字 PCR（digital PCR，dPCR）的原理是：将 PCR 反应体系"分割"成数量众多的、纳升级的反应单元，每个反应单元中随机分配 0、1 或者多个目标核酸分子，当每个反应体系进行 PCR 扩增结束后，对每个反应单元的荧光信号进行计数统计和分析。有荧光信号的反应单元判读为 1，没有荧光信号的判读为 0，最终根据泊松分布原理及阳性反应单元的个数与比例，计算出目标 DNA 分子的起始拷贝数浓度。理论上，在目标 DNA 分子浓度极低、分割形成的反应单元数量足够多时，每个反应单元只含有 0 或者 1 个目标分子，则有荧光信号的反应单元数目等于目标 DNA 分子的拷贝数；但是通常情况下，每个反应单元可能包含 2 个或者 2 个以上的目标分子，所以数字 PCR 的数据处理需要采用泊松分布公式进行校正和计算。

数字 PCR 是真正意义上的绝对定量 PCR，具有样本需求量低、灵敏度高、重复性高和 PCR 抑制剂耐受性强等优势。目前数字 PCR 在肿瘤液体活检、病原微生物分子诊断及二代测序文库质控和测序结果验证等方面得到了应用。数字 PCR 在痕量核酸分子检测、稀有突变体检测和拷贝数变异等方面展现出高灵敏度和高精确度的优势，在医学分子诊断领域具有良好的应用前景。

数字 PCR 及其在现代医学分子诊断中的应用

8.2.2.5　限制性片段长度多态性

限制性片段长度多态性（RFLP）是指碱基的改变导致 DNA 上的某一限制性内切核酸酶水解位点增加或减少。当这种 DNA 用限制性内切核酸酶水解时，产生的 DNA 片段数将相应地增加或减少，并且其 DNA 片段的分子质量也发生相应的改变，这种 DNA 片段的变化就称为限制性片段长度多态性（图 8-6）。

许多遗传性疾病就是由 DNA 上碱基的改变引起的。如果这种改变正好增加或减少了 DNA 限制性内切核酸酶的水解位点，那么就可以用 PCR 技术先扩增包括这一突变位置在内

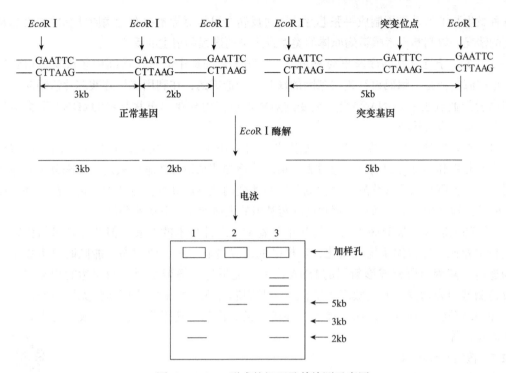

图 8-6 RFLP 形成的机理及其检测示意图

1. 正常基因；2. 突变基因；3. 分子质量标准

的 DNA 片段，获得大量的 DNA 片段后通过 RFLP 方法进行分析。

限制性片段长度多态性可分为两类：一类称为点多态性，是由于限制性内切核酸酶位点上发生单个碱基突变，使限制性位点发生改变而获得的多态性；另一类是由于 DNA 序列上发生缺失、重复和插入的突变，从而使限制性内切核酸酶位点发生改变。

8.2.2.6　生物芯片技术

生物芯片有很多种，包括基因芯片、蛋白质芯片、多糖芯片和神经元芯片等，能够从各个层次揭示生命的奥秘。简单来说，生物芯片是指能对生物分子进行快速并行处理和分析的薄型固体器件，它只有指甲盖大小。生物芯片制作并不是目的，就像计算机的芯片一样，目的是制作计算机本身，是要通过生物芯片来制作芯片实验室系统。芯片实验室是指能够把样品制备、生化反应、结果检测和数据分析 4 步全部集成所构成的微型分析系统，并实现了计算机控制。目前，研究与应用得比较多的是基因（DNA）芯片（见 2.5.4.1）。

生物芯片在医学领域中具有广泛的应用前景，包括基础医学研究，如特异性相关基因的克隆、基因功能的研究、毒理学研究、基因序列分析等；药物研究，如药物靶标的研究、药理学研究、新药的高通量筛选等；以及临床检验等。

目前生物芯片在临床检验方面的应用主要有以下几种。

（1）在肿瘤诊断及治疗中的应用　　基因芯片在肿瘤诊断中具有广阔的应用前景，其主要的应用范围包括：检查肿瘤组织基因表达谱、寻找肿瘤相关基因、肿瘤基因突变的研究、肿瘤诊断和基因芯片在抗肿瘤药物筛选中的应用等。对于个体而言，可以在明确相关基因突变的指导下，选择敏感药物进行个性化治疗。

（2）在检测病原体中的应用　　由于大部分细菌、病毒的基因组测序已完成，将许多代表每种微生物的特殊基因制成一张芯片，通过反转录可检测标本中有无病原体基因的表达及表达的情况，以判断患者感染病原体的类型及感染的进程和宿主的反应。

（3）在分子遗传疾病诊断中的应用　生物芯片在地中海贫血诊断中较成功地得到运用。地中海贫血是由编码血红蛋白基因的碱基突变造成的，在利用寡核苷酸芯片诊断时，通过与患者的血红蛋白 cDNA 杂交，突变的 cDNA 杂交信号要比正常配对的 cDNA 杂交信号弱许多，从而进行诊断。

（4）在耐药性检测中的应用　基因芯片可以用于病原微生物耐药性基因的表达谱检测、突变分析和多态性的测定。通过表达谱芯片检测药物诱导的基因表达改变来分析病原体的耐药性，也可利用寡核苷酸芯片检测基因组序列的亚型或突变位点从而分析其耐药性。在肿瘤耐药性检测中，主要通过检测肿瘤耐药基因的表达变化来分析耐药性。

尽管基因芯片发展时间不长，前几年又着重于芯片技术的发展，但芯片技术与传统的杂交技术相比，有检测系统微型化，对样品的需要量非常少；效率高，能同时分析数千种作为遗传、基因组研究或诊断用的 DNA 序列；能更好地解释基因之间表达的相互关系；以及检测基因表达变化的灵敏度高等优点。基因芯片在医学上的应用前景无疑是非常广阔的，如中西药物的筛选、疾病的诊断、环境污染的检测、基因药物设计、疾病发生和发展机制的探讨等。

8.2.2.7　核酸测序技术

核酸测序技术是分子诊断技术的一个重要分支。虽然分子杂交、PCR 和基因芯片技术在近几年已得到了长足的发展，但其对于核酸的鉴定都仅仅停留在间接推断的假设上，因此对基于特定基因序列检测的分子诊断，核酸测序仍是技术上的金标准。有关测序技术的详情见 8.5.2。

分子诊断常用技术 50 年的沿革与进步

8.3　生物技术与生物制药

随着生物技术的迅猛发展，特别是 20 世纪 90 年代启动的"人类基因组计划"开创了生命科学的新纪元，其科学价值除了探索生命奥秘外，也将在医药上具有重大的应用价值。人类现有疾病 2035 类、18 000 多种，几乎所有的疾病都直接或间接与基因变异有关，其中可分为单基因、多基因、获得性基因疾病。随着功能基因和疾病基因的不断被鉴定，可对各种疾病进行诊断及治疗。药物基因组学、遗传基因组学将更加注重个体用药，目前上市的和正在开发的基因工程药物仅几百种，而人类有 2 万～2.5 万个基因，在这些基因中将有许多可被开发和生产出新的蛋白质和多肽类药物。21 世纪生物医药产业化逐步进入收获期，新药研发领域取得重要突破与进展。随着抗体技术的发展，新型抗体药物在复杂疾病治疗中体现出巨大优势；肿瘤免疫疗法进一步发展，免疫检查点抑制剂成员不断更新，全球首款细胞免疫 CAR-T 技术正式获批上市，全球首个按生物标记物而非肿瘤来源区分的抗肿瘤疗法获批，基因组编辑技术快速发展助力新药研发，基因治疗迎来新进展；人工智能领域的突破性进展可为新药研发领域注入新活力，革新新药研发现状。此外，新药研发领域也是硕果累累：美国食品药品监督管理局（FDA）新药获批数量创历史新高，突破性疗法认证推动药物创新，多个全球首款药物加速获批。在中国，国家市场监督管理总局改革新政频出，鼓励创新接轨国际，新药研发迎来重大发展机遇。

8.3.1　抗生素及其他天然药物

8.3.1.1　抗生素

1928 年，Fleming 发现一种被称为点青霉（*Penicillium notatum*）的真菌能产生一种被称为青霉素的物质。这种物质可以抑制许多细菌的生长。对它的研究彻底地改变了人类与细菌性传染病的关系，使细菌传染病得到有效的控制。受青霉素的启发，人们对许多微生物产生的天然抗生素进行了大规模的筛选，迄今人们已发现了数万种具有抗生活性的天然物质，估计今后每年还会有 100～200 种新的抗生素被发现。全世界每年抗生素的产量超过 10 万 t，产值约 100 亿美元。

临床上使用的抗生素大多用于细菌感染引起的疾病，如青霉素、头孢菌素、氯霉素、四环素等。还有一些抗生素用于真菌引起的感染，如灰黄霉素；用于肿瘤化疗，如博莱霉素、放线菌素 D、阿霉素、丝裂霉素等；用于寄生虫感染，如两性霉素 B、灰黄霉素等；用于器官移植及自身免疫性疾病的免疫抑制，如环孢菌素类、他克莫司、雷帕霉素等。

目前广泛应用的抗生素主要由放线菌产生，特别是链霉菌属（*Streptomyces*）的放线菌，少数来自于真菌、细菌、动物或植物。

虽然抗生素已在医疗卫生领域中得到广泛的应用，使许多疾病特别是细菌引起的传染性疾病得到了有效的控制。但抗生素的滥用，已使许多细菌产生了抗药性。例如，由淋球菌引起的淋病对青霉素的抗药性已在几十个国家中出现，并且这种与细菌抗药性有关的基因是位于细菌的 R 质粒上，这种质粒可以在细菌之间转移扩散，使抗药性更容易在细菌之间传播。许多曾经严重威胁人类健康相关病菌的抗药性不断增强，已具有卷土重来、重新威胁人类健康的趋势。例如，结核分枝杆菌引起的结核病曾是死亡率极高的疾病，在抗生素被发现和应用后已几乎绝迹。但近几年来，由于抗药性结核分枝杆菌的出现，该病在包括我国在内的许多国家又有重新流行的趋势。我国近年来乙类传染病发病报告均显示肺结核的发病数和死亡数仅次于肝炎而排在第二位，应引起足够的重视。

在人类的长期生存斗争中，与致病性微生物的斗争一直是这一斗争的重要组成部分。抗生素的滥用及细菌的抗药性的产生，迫使科学家寻找更多的新的抗生素并在提高抗生素的产量等方面进行不懈的努力。这些努力包括以下几个方面。

一是寻找新的或者半合成新的抗生素。目前使用的抗生素主要是由陆地上的微生物产生的，继续从陆地上的微生物中寻找新的抗生素当然是一个方向，但作为占地球面积达 70%的海洋的抗生素资源却几乎没有得到有效的开发利用。因此作为人类资源宝库的海洋将是寻找新的抗生素的巨大的资源库。现在已发现的抗生素有数万种，但临床上常用的只有约 100种。其他抗生素没有得到有效利用的主要原因在于其对人体的毒副作用太大，效率低下或生产成本太高。所以，利用化学合成的方法以天然抗生素为母体，在其上添加或去除某些基团以提高其抗生效率或使细菌的抗药性能失效或降低其毒副作用从而获得半合成抗生素是一种获得新的抗生素的有效途径。

二是研究新的作用靶点。除了开发新型抗菌药物外，科学家还致力于寻找新的作用靶位蛋白用于开发新型抗菌药物。采用晶体学方法已鉴定出多种细菌膜蛋白的晶体结构和功能机制，这些蛋白质晶体结构的解析为筛选或设计针对这类蛋白质的新的抗菌药提供了理论基础。

三是提高抗生素的产量。利用重组 DNA 技术，可以达到提高抗生素产量和生产效率的目的。例如，金霉素是由链霉菌产生的，链霉菌在产生金霉素时通常会受到氧含量的限制，这是因为链霉菌在生长过程中需要一定的氧。利用重组 DNA 技术将嗜氧菌的一种在结构和功能上与动物的血红蛋白相类似的蛋白质基因转入链霉菌，使链霉菌可以在较低的氧含量下生长并产生较高含量的抗生素。

四是抗生素佐剂。抗生素佐剂是指一类本身并不具有抗菌功能，但可与抗生素协同作用，促进抗生素对于细菌尤其是抗性细菌的杀菌活性的化合物。抗生素佐剂的研制和使用可以大大延长现有抗生素的使用寿命，这类化合物可以分为针对细菌抗性基因和细菌毒力因子的药物。Wright 小组从 1065 种现有的非抗生素药物中筛选出 69 种可与二甲胺四环素协同作用的药物，这些药物可显著降低二甲胺四环素的最小抑制浓度，并在体内和体外试验中均表现出对多重耐药菌株的抗菌活性。

除了以上几个方面的研究外，目前关于抗击抗生素抗性的研究还包括：①捕食性微生物的研究；②抗菌肽的开发；③噬菌体；④通过基因编码技术发展新的酶；⑤金属离子，如铜和银制剂的开发等。

8.3.1.2　其他天然药物

由于人参疗效显著，天然资源少，生长速度慢，其价格昂贵。人们试图寻找其他途径生产人参的有效成分——人参皂苷。早在 1964 年，我国科学家罗士伟教授首先成功地进行了人参组织培养，其后许多国家也先后开展了人参组织培养生产人参皂苷的研究工作。现在已可用组织培养的方法生产人参皂苷，并证实其药理药性与生药新鲜人参相同。

紫草是多年生植物，其宿根为重要的中药，内含具有萘环结构的红色素，是治疗创伤、烧伤和痔疮的有效药物。在大量基础研究的基础上，日本首先用组织培养方法生产其有效成分紫草宁。我国也从 20 世纪 80 年代中期开始投入生产，且其药用有效成分比宿根高几倍。

紫杉醇是近年来发现的重要的抗癌药物，能有效地治疗卵巢癌、乳腺癌等癌症。但由于紫杉醇是从珍稀植物紫杉提取的，如何得到充足的药物一直是医学家和环境学家争论的问题。要生产紫杉醇只能大量地砍伐这种珍稀植物，这显然将对环境产生不良影响。因此，目前科学家正在开展紫杉醇细胞培养法及其菌发酵法生产的研究。

利用生物技术生产或处于研究阶段的药物还有强心苷、阿吗碱、莨菪碱、利血平、山草薢皂苷、薯蓣皂苷元、胆固醇、β-谷甾醇、豆甾醇、羊毛甾醇、人参二醇、人参三醇、油烷酸、胡萝卜素、维生素 C 等。

8.3.2　基因工程药物

蛋白质是生命活动最重要的物质之一，已知很多蛋白质与人类的疾病密切相关。大家所熟悉的侏儒症与患者缺少生长激素有关；一些糖尿病患者则是由胰岛素合成不足引起的；出血不止的血友病患者则是由于缺少凝血因子Ⅷ或Ⅸ。在 DNA 重组技术出现之前，大多数的人用蛋白质药物主要是从人（如血液、尿液）或动物的组织或器官中提取的，成本特别高、产率和产量都很低，供应十分有限。并且由人体来源的材料进行提取，很难保证这些蛋白质药物不被某些病原体，如肝炎病毒、艾滋病病毒污染，因此存在不安全的因素。基因工程技术可以克服传统方法生产蛋白质药物的困难。首先，基因工程技术可以解决蛋白质药物的产量问题。将有治疗意义的蛋白质基因克隆后，导入细菌、酵母菌等生长旺盛的表达系统中，使这个基因接受表达系统中强的表达元件的控制而大量表达，人们就可以很容易地得到可供临床使用的大量药物。其次，由于细菌、酵母菌生长条件相对简单，容易大量培养，因而可大大降低生产成本。再次，用基因工程生产人源的蛋白质药物将是安全、有效的，不用担心其他病原体的污染，也不用担心动物源药物的抗原性。另外，基因工程技术不仅可以获得大量的有活性的人源药物，而且可以通过基因工程的方法对蛋白质基因的结构加以改造以改变蛋白质结构，使这种被修饰后的蛋白质药物的性质更加稳定、活性更高、副作用更少。

基因工程药物因其疗效好、应用范围广泛、副作用少的特点成为新药研究开发的新宠，也是发展最迅速和最活跃的领域。1982 年 10 月，世界上第一个基因工程药物——治疗胰岛素依赖性糖尿病的人胰岛素在美国正式获准上市，至今已有上百种药物经过严格的动物药理、毒理试验及临床试验获准大批量生产并上市。已有 300 多种药物处于临床阶段，近千种处于研发状态，形成一个巨大的高新技术产业，产生了不可估量的社会效益和经济效益。

基因工程药物的发展大致经历了以下三个阶段。

一是细菌基因工程药物。它是通过原核细胞来表达目的基因，该工程较为复杂，且有很多成本和生产工艺方面的问题。基于乙型肝炎病毒表面抗原（HBsAg）的乙型肝炎疫苗是细菌基因工程药物的一个范例。利用基因剪切技术，将表达 HBsAg 的那段 DNA 裁剪下来，插入一个表达载体中，把该表达载体转移到受体细胞内（其中包括酵母菌、大肠杆菌等），经过迅速繁殖，可大规模生产乙型肝炎疫苗。

二是动物细胞基因工程药物。它是通过动物细胞来表达目的基因，进而分离纯化相应的蛋白质作为药物，但由于动物细胞培养的条件较为苛刻，且成本较大，极大地限制了该类基因工程药物的发展。

三是转基因动植物基因工程药物。其生产过程首先是把哺乳动物的某种基因导入哺乳动物的受精卵内，继而发育成成熟的个体，这样的动物的每个细胞中均带有导入的基因，保证可以稳定地遗传到下一代的新个体，即为转基因动物，进而可以利用转基因动物生产基因工程药物（见 6.2.5）。经过几十年的努力，科学家已经使转基因家畜生产工厂这一幻想变成了现实。例如，乳腺生物反应器是当今世界生物技术领域的高新技术和竞争热点，主要发达国家都投入巨资加以研究和开发。乳腺生物反应器具有表达水平高、产物活性完全、成本较低、无污染等其他表达系统不可替代的优越性，由于其实用范围广和经济潜力巨大，被誉为 21 世纪的黄金产业。到 20 世纪 90 年代中期，国际上已有几十家从事转基因动物研究的公司，转基因牛、绵羊和猪的成功实例有十多种，研制的产品有人抗胰蛋白酶、乳铁蛋白、血清白蛋白、凝血因子（IX和VIII）、抗凝血酶III、胶原和血纤蛋白酶原等。

虽然利用转基因动物生产药物，存在着将某些病原体由动物传递给人的危险，但正规的程序可以用来建立无已知疾病的纯种动物。并且像所有的基因工程药物一样，以这种方式生产药物，在获准大批量生产、上市之前，必须对其安全性和有效性进行仔细的、严格的测定和审批（表 8-8）。

表 8-8 基因工程药物的研制与审批程序

1. 基因工程细胞（细菌）的构建

　1）目的基因的分离

　2）高效表达工程菌株 / 细胞株的构建

　3）表达产物的鉴定

　4）工程菌株 / 细胞株培养和遗传稳定性研究

2. 实验室小量生产
1）表达产物有效成分的纯化
2）有效成分理化和生物学特性的鉴定
3）产品制备工艺和质量检定的条件与方法
3. 中试生产（培养规模、产率、纯化得率、纯度、效价）
1）其表达量不能低于小试水平
2）连续三批的产量要够做临床前研究、质量检定和Ⅰ～Ⅱ期临床试验用
3）中试工艺确定后不能再做大的变动，要有详细的操作规程和质量指标（效价、纯度、理化特性等）
4. 临床前安全性研究
1）药效
2）药理
3）毒理（急性毒性、长期毒性、药代动力学）
5. 申请和进行新药临床研究
1）Ⅰ期临床试验（安全性）10～30 例志愿健康受试者
2）Ⅱ期临床试验（疗效、治疗剂量、毒副反应、禁忌证）300 例典型病例
6. 获"新药证书"
1）试生产（具备 GMP 车间和生产许可证），两年
2）Ⅲ期临床试验（不良反应、疗效、新的适应证）
7. 正式生产

同样道理，也可以利用植物生产人们所需要的蛋白质药物或疫苗（见 6.1.4）。

目前，基因工程药物的主要类型有干扰素、生长激素、红细胞生成素、白细胞介素及集落刺激因子等。

8.3.3　治疗性抗体

抗体除了可用于疾病诊断与某些成分的检测外，还可用于疾病的治疗。治疗性抗体可以说是生物技术产业中最成功的典范之一。由于治疗性抗体药物具有靶向性、副作用小、疗效高、抗药性小等临床优势，近 20 年来发展迅速，全球治疗性抗体药物市场增长迅猛，是所有制药产业中增长最为迅速的一个领域。随着现代科技的发展，治疗性抗体经历了鼠源性抗体、嵌合抗体、改性抗体和表面重塑抗体（部分人源化抗体）及全人源化抗体等不同发展阶段。

全人源化抗体因其全部由人类基因编码的蛋白质组成，其免疫原性小（副作用小）、临床药效好，是当前和未来抗体工程的主要发展方向。全人源化抗体克服了鼠源性抗体和部分人源化抗体含有异种蛋白质的问题，是当前研究和应用最为广泛的抗体类型。目前生产全人源化抗体主要有噬菌体展示重组人抗体文库技术和转基因动物技术两种方法。其中，转基因动物技术生产全人源化抗体是指通过转基因或转染色体技术，将人类编码抗体的基因全部转移至基因工程改造的抗体基因缺失动物中，使动物表达人类抗体，达到抗体全人源化的目的。

基于抗体的肿瘤治疗最初可以追溯到 20 世纪 60 年代，人们通过血清学技术发现了肿瘤细胞的抗原表达。经过几十年的发展，基于抗体的肿瘤治疗方法已逐渐形成，并成为目前治疗血液恶性肿瘤和实体瘤最成功及最重要的策略之一。与正常组织相比,有许多抗原在肿瘤组织过度表达、突变或选择性表达,确定哪些抗原适宜用作治疗性抗体药物的靶点一直是此类药物开发的关键。

与低分子质量化学药物相比,抗体药物虽然具有高靶向特异性、更低的系统毒性、更长的半衰期等优势,并且单抗药物的未来增长势头非常强劲,但仍面临诸多挑战。而且,各大医药公司对经证实数量有限的靶标的竞争也是异常激烈。除了靶点,在竞争中取胜的其他关键因素还包括在抗体开发、修饰及生产中提高治疗性单抗的疗效,同时降低治疗的费用。预计在不久的将来能有更多的肿瘤治疗单抗或类似单抗的分子进入临床研究。

抗体药物偶联物的研究进展

自 1986 年第一个治疗性抗体进入临床以来,治疗性抗体得到了迅速的发展,尤其是近几年,抗体类药物在医疗界大放异彩,肿瘤、自身免疫疾病、心血管疾病等成为新抗体药研发的重要领域(表 8-9)。

表 8-9 抗体类药物研发情况

抗体类型	研发进展*			合计	抗体类型	研发进展*			合计
	I / II 期临床试验	III 期临床试验	上市情况			I / II 期临床试验	III 期临床试验	上市情况	
Naked IgG	390	51	52	493	抗体药物偶联物	75	9	3	87
Naked 抗体片段	7	2	4	13	放射性同位素标记抗体	13	2	2	17
免疫细胞因子	9	2	0	11	抗体类药物合计	575	70	74	719
Fc 融合蛋白	23	3	11	37	CAR-T 或 CAR-NK 细胞	145	0	0	145
双特异性抗体	58	1	2	61	总计	720	70	74	864

注:CAR-T. 嵌合抗原受体 -T 淋巴细胞;CAR-NK 细胞. 嵌合抗原受体 - 自然杀伤细胞
* 表中数据表示抗体的种类

到 2018 年 3 月,已有 70 种抗体类药物进入 III 期临床阶段,有 700 多个抗体类药物进入 I 期或 II 期临床试验阶段。2016 年 5 月 18 日,罗氏公司的 Atezolizumab 成为首个以 PD-L1 为靶点获得 FDA 批准的抗肿瘤药物,用于治疗晚期或者转移性尿路上皮癌患者,其拓展适应证有肾癌、乳腺癌、膀胱癌、结直肠癌、非小细胞肺癌、黑色素瘤等,目前正在进行 III 期临床试验。2017 年同样以 PD-L1 为靶点的默克和辉瑞联合研发的 Avelumab 及阿斯利康公司的 Durvalumab 纷纷获批。新抗体药物的研发呈雨后春笋之势发展迅猛,这主要基于近些年来各种生物创新技术的飞速发展(表 8-10)。

治疗急性淋巴细胞白血病的抗体偶联药物

表 8-10 2010～2017 年 FDA 批准的抗肿瘤药物

名称	靶点	企业	FAD 上市时间	国内上市情况
Provenge(sipuleucel-T)	PAP	Dendreon	2010 年 4 月 29 日	未上市
Yervoy(ipilimumab)	CTLA-4	百时美施贵宝(BMS)	2011 年 3 月 25 日	III 期临床试验
Keytruda(pembrolizumab)	PD-1	默克(Merck)	2014 年 9 月 4 日	III 期临床试验
Blincyto(blinatumomab)	CD19/CD3	安进(Amgen)	2014 年 12 月 3 日	III 期临床试验

续表

名称	靶点	企业	FAD 上市时间	国内上市情况
Opdivo (nivolumab)	PD1	百时美施贵宝 (BMS)	2014 年 12 月 22 日	2018 年上市
Imlygic Talimogene laherparepvec (T-Vec)	CSF	安进 (Amgen)	2015 年 10 月 27 日	未上市
Tecentriq (atezolizumab)	PD-L1	罗氏 (Roche)	2016 年 5 月 18 日	Ⅲ期临床试验
Bavencio (avelumab)	PD-L1	辉瑞 (Pfizer)	2017 年 3 月 23 日	Ⅲ期临床试验
Imfinzi (durvalumab)	PD-L1	阿斯利康 (AstraZeneca)	2017 年 5 月 1 日	Ⅲ期临床试验
Kymriah (tisagenlecleucel)	CD19	诺华 (Novartis)	2017 年 8 月 30 日	未上市
Yescarta (axicabtagene ciloleucel)	CD19	吉利德 (Gilead Science)	2017 年 12 月 18 日	未上市

尽管国际上抗体药物的发展如火如荼，但我国的抗体药物产业尚处于跟跑阶段，在创新能力、核心技术、产业化程度等方面与欧美发达国家仍有较大差距。目前，抗体药物产业是我国生物技术发展规划中的重点领域，国家积极投入科研资金，引导产业发展，极大地促进了我国抗体产业的快速发展。国内有 100 多家企业开展单抗药物的研制，初步形成了产业规模：江苏、山东等地的一些传统大型药企成功向以抗体药物为代表的生物医药产业转型升级；以北京为中心的京津冀、上海与苏州为中心的长三角为代表的抗体药物研发及产业化基地初具规模。

表皮生长因子受体和 CD13 双靶点抗体药物偶联物抑制血管生成和肿瘤细胞的迁移侵袭

8.4 生物技术与生物疗法

8.4.1 基因治疗

基因治疗 (gene therapy) 是指利用遗传学的原理将外源基因导入靶细胞，以纠正或补偿基因异常引起的疾病。传统意义上的基因治疗是指目的基因导入靶细胞以后与宿主细胞内的基因发生重组，成为宿主细胞的一部分，从而可以稳定地遗传下去并达到对疾病进行治疗的目的。近年，由于基因工程技术的快速发展，即使目的基因和宿主细胞内的基因不发生重组，目的基因也能得到暂时的表达，为与传统意义上的基因治疗相区别，有时又将其称为基因疗法 (gene therapeutics)。本节所讨论的基因治疗包括了传统意义上的基因治疗和基因疗法。

基因治疗根据对宿主病变基因采取的措施不同，可分为基因置换、基因修正、基因修饰和基因失活四大策略。基因置换是指用正常的基因整个地替代突变基因，使突变基因永久地得到更正。基因修正则是指将突变基因的突变碱基序列用正常的序列加以纠正，而其余未突变的正常部分予以保留。基因修饰则是指将目的基因导入宿主细胞，利用目的基因的表达产物来改变宿主细胞的功能，或使原有功能得到加强。基因失活是指利用反义技术来封闭某些基因的表达，以达到抑制有害基因表达的目的。

基因治疗按照靶细胞的不同，主要分为体细胞基因治疗 (somatic cell gene therapy) 和生殖细胞基因治疗 (germ cell gene therapy)。具有较长寿命并具有分裂能力的体细胞可用于基因治疗，这样才能使转入的基因能长久地、有效地发挥作用以达到治疗目的。生殖细胞的基因治疗是将正常基因直接引入生殖细胞，以纠正缺陷基因。这样不仅可以使遗传疾病在当代得到治疗，还能将新基因稳定地遗传给患者后代，使遗传病得到根治。但生殖细胞的基因治疗涉及问题较多，技术也较复杂，因此如今更多的是采用体细胞基因治疗。

8.4.1.1 单基因病的基因治疗

遗传性疾病根据其发病机理可分为染色体病、单基因病、多基因病、线粒体基因病和体细胞遗传病 5 种类型。对于成功地进行单基因病的基因治疗来说，必须具备以下条件：①选择合适的疾病；②具备该病分子缺陷的知识，深入了解其发病机理；③用于治疗的基因（目的基因）已被克隆；④克隆基因的有效表达；⑤具有可用于临床前试验的动物模型。

由于基因的复杂性，人类对自身基因组的了解有限，这种状况严重地阻碍了遗传病分子机理的研究，也就制约了遗传病的基因治疗。目前，人们对部分遗传病的分子机理了解得比较清楚，对少数几种遗传病具有基因治疗的方案。例如，腺苷脱氨酶（adenosine deaminase，ADA）基因缺陷引起的严重型复合性免疫缺陷症（severe combined immune deficient，SCID）；凝血因子IX（F IX）基因缺陷引起的血友病 B（hemophilia B，HEMB）；低密度脂蛋白受体（LDLR）基因缺陷引起的家族性高血脂症（FH）；以及跨膜转导调节因子（CFTR）基因缺陷引起的囊性纤维化（CF）等。

SCID 是免疫系统的 T 淋巴细胞和 B 淋巴细胞功能先天性缺乏的一种遗传病。患者完全丧失免疫防御功能，他们因为无法产生健全的机体免疫系统，而必须整日待在形似气泡的无菌隔离舱中，因此称为"气泡儿童"。发病率约为新生儿的 $1/10^5$。在某些人群中，如法籍加拿大人，北美 Mennonite 人群等有较高的发病率，可达 1/500。该病约有 20% 是由 ADA 缺乏引起的常染色体隐性遗传病。ADA 缺陷症是一种常染色体隐性遗传性疾病，其基因定位于染色体 20q13，cDNA 长 1533bp，编码 362 个氨基酸残基。1990 年 9 月，美国 FDA 批准了首例用 *ada* 基因治疗 SCID 的病例，也是最早获得政府机构批准的人类基因治疗研究。

HEMB 是由凝血因子IX缺乏引起的患者不能凝血，临床上表现为后发性或轻微外伤后出血不止。常由关节、肌肉的反复出血导致关节畸形而终身残疾，或由于内脏或颅内出血而死亡。该病是一种 X 连锁隐性遗传病。1991 年 7 月，复旦大学与第二军医大学长海医院合作，从一批志愿接受基因治疗的 HEMB 患者中选择了两兄弟开始进行基因治疗的临床研究。这是国际上第二例，我国首例进入基因治疗的遗传病。其方法是将目的基因导入患者皮肤成纤维细胞，并将细胞回输。经几次回输后，两患者血中凝血因子明显增加，且未见不良反应。1994 年 8 月，该研究的基因治疗方案通过了卫生部的评审，认为路线可行，同意扩大临床试验。

目前已进行过试验性和临床试验的遗传病主要有严重型复合性免疫缺陷症、家族性高胆固醇血症、血友病、黏多糖代谢病、肺气肿、囊性纤维化、高氨血症、瓜氨酸血症、肌营养不良症、地中海贫血、镰状细胞贫血、岩藻糖苷代谢病等。

当然必须指出，基因治疗存在的问题还很多。例如，2001 年 9 月，一位 18 岁美国青年患上了一种在医学上称为鸟氨酸转氨甲酰酶不足症的罕见遗传性疾病，他在美国宾夕法尼亚州立大学人类基因治疗中心接受基因治疗时不幸死亡，从而成为世界上首例死于基因治疗中的患者。2002 年，法国科学家菲舍尔（Fisher）对外发表公告称，在他及其同事用基因疗法治愈的 3 名"气泡儿童"中有一人体内出现了一种白细胞水平异常增高，类似白血病现象，而这种现象在此前进行的其他有关基因疗法的试验中从来没有被观察到过。这些例子使人们认识到基因疗法同样存在风险。此外，外源基因多途径、多层次的表达调控更是严重的挑战。当然我们也必须看到，任何新疗法诞生的过程中意外事件是不可避免的，或许是因为基因疗法走在时代的最前列，所以受到了格外多的关注。科学界必须从意外事件中吸取教训，恰当地处理这类事故，研究更好的疗法。而包括政府管理机构和普通公众的外界成员，也应当公允地看待这类事故，一方面对这些研究予以更多的关注与监督，另一方面也要认识到科学发展过程绝非一帆风顺，而是靠科学本身的自我纠错机制在不断前进，不能因噎废食给科研施加过多的压力。无论如何，基因治疗的路还是会越走越宽广的。

8.4.1.2 基因组编辑技术与基因治疗

2012 年，CRISPR/Cas9 系统的出现（见 3.3），使得基因组编辑技术发展更加迅猛，编辑效率和精确性不断提高，应用领域也不断拓宽。基因组编辑技术不仅可以用于基因功能的研究、细胞动物模型的构建和药物靶点的筛选，在基因治疗中更具有巨大的应用前景，为单基因遗传病、癌症等疾病提供了新的治疗方案。

CRISPR/Cas9 系统应用于早期胚胎编辑和基因治疗

2016 年，四川大学华西医院卢铀团队从转移性非小细胞肺癌患者中分离出 T 淋巴细胞，利用 CRISPR/Cas9 系统敲除细胞中的 *PD-1* 基因，在体外扩增到一定程度后重新注入患者体内，达到治疗肿瘤的目的。2016 年，Dever 等利用 CRISPR/Cas9 系统将腺病毒相关的载体导入患者源性的干细胞和祖细胞内，有效地纠正了乙型血红蛋白的 Glu6Val 突变。

虽然基因组编辑技术在基因治疗领域中展现出很好的应用前景（表 8-11），但是目前仍然有很多问题需要解决，如脱靶效应、基因转入系统的选择、免疫排斥、伦理问题及基因安全问题等。脱靶效应是限制基因组编辑技术应用于临床治疗最重要的原因，在基因组编辑过程中如果正常非靶基因被干扰，会引起许多不可预估的、未知的疾病，也会威胁到人类的基因库。目前，基因组编辑技术为遗传性疾病治疗带来了希望，同时也在社会上引起了激烈的争议与讨论。基因组编辑对胚胎细胞或者生殖细胞基因的改造有助于从基因水平上彻底治疗遗传性疾病，但由于脱靶效应或者转入外源基因的技术不成熟会带来严重的后果，如导致残疾个体或其他疾病，因此各国都严格限制对胚胎及生殖细胞的基因组编辑。虽然基因组编辑技术应用于临床治疗任重而道远，但随着人们对疾病更清楚的认识和基因组编辑技术的不断发展成熟，基因组编辑技术必将促进遗传性疾病的治疗。

表 8-11 CRISPR/Cas9 系统治疗临床疾病概况

疾病	实验模型	疾病	实验模型
I 型遗传性酪氨酸血症	鼠	老年性黄斑变性	鼠
人体免疫缺陷疾病（HIV-1）	人	肌萎缩性脊髓侧索硬化症（ALS）	鼠
人体免疫缺陷疾病（HIV-1）	T 淋巴细胞	癌症	人
人体免疫缺陷疾病（HIV-1）	人源化小鼠	伯氏先天性黑内障	人

8.4.1.3 自杀基因治疗

自杀基因治疗是一种具有广泛应用前景的基因治疗方法。自杀基因是指它的蛋白质产物能使无毒性的化疗药物前体转变为毒性形式，或者提高靶细胞对化疗药物的敏感性，充分发挥其细胞毒作用，使导入自杀基因的细胞自杀，达到杀灭靶细胞的目的。相反，自杀基因也可以发挥旁观者的效应，杀死未导入自杀基因的邻近细胞。因此，自杀基因疗法可以在肿瘤、血管增生、骨髓移植等疾病的治疗中发挥作用。

常用的自杀基因所编码的酶见表 8-12，主要有单纯疱疹病毒胸苷激酶（HSV-TK）、胞嘧啶脱氨酶（CD）、细胞色素 P450、黄嘌呤 - 鸟嘌呤磷酸核糖转移酶（XGPRT）、脱氧胞苷激酶（dCK）、嘌呤核苷磷酸化酶（PNP）等的基因。*HSV-TK* 和 *CD* 基因是最常用的自杀基因。

HSV-TK 基因产物能将一系列核酸类似物如 GCV、阿昔洛韦（ACV）磷酸化，使其可以"冒充"DNA 合成原料掺入 DNA 中，阻断 DNA 合成，从而导致细胞死亡。*CD* 基因产物可以使一系列嘧啶类似物，如 5-FC 脱氨基而变成具有细胞毒性的 5-FU。由于真核细胞中没有胸苷激酶（TK）和 CD 的基因，故其前体药物对正常细胞毒性很小。

表 8-12 自杀基因治疗系统汇总

酶	前体物质	毒性药物
单纯疱疹病毒胸苷激酶（HSV-TK）	更昔洛韦（GCV）	更昔洛韦三磷酸酯（GCV-3P）
胞嘧啶脱氨酶（CD）	5- 氟胞嘧啶（5-FC）	5- 氟尿嘧啶（5-FU）
嘌呤核苷磷酸化酶（PNP）	6- 甲基嘌呤 -2- 脱氧核苷	6- 甲基嘌呤
亚麻苦苷酶	亚麻苦苷	氰化物
辣根过氧化物酶	吲哚 -3- 乙酸	自由基
羧肽酶 A	甲氨蝶呤 -α- 多肽	甲氨蝶呤
羧肽酶 G2	CMDA	CMBA

注：CMDA：4-[（2- 氯乙基）（2-甲磺酰氧乙基）氨基] 苯甲酰 -L- 谷氨酸；CMBA：4-[（2- 氯乙基）（2-甲氧基）氨基] 苯甲酸

基因治疗方法除了可用于遗传性疾病和肿瘤的治疗外，还有可能用于其他一些疾病的治疗。例如，艾滋病、自身免疫性疾病、病毒性肝炎等病毒性疾病；血栓形成和再狭窄等心血管疾病；帕金森病等中枢神经系统疾病。随着多种成熟的临床试验数据的积累，基因疗法的有效性和安全性被证实，以及美国第一种基因疗法通过审批，基因疗法得到了很大的发展。目前，基因疗法正处于一个振奋人心的时代，但相对于历史上的其他治疗方式，基因治疗还涉及伦理问题，特别是基因组编辑可能被用于非治疗领域。这些问题引发了学界的担忧，因此基因治疗技术在进步的同时，也需要相关政策及监管体系的完善，以保证这种革命性的技术不被滥用。

基因编辑技术及其在基因治疗中的应用

8.4.2 免疫疗法

免疫疗法是指对于机体亢进或低下的免疫状态，人为抑制或增强其免疫功能从而达到治疗疾病的治疗方法。免疫疗法根据治疗的不同特点，可有如下几种分类：①根据治疗所用的制剂，可分为分子治疗、细胞治疗和免疫调节剂治疗；②根据治疗的特异性，可分为非特异性免疫疗法和特异性免疫疗法；③根据机体的免疫功能，可分为免疫抑制疗法和免疫增强疗法；④根据免疫制剂的特点，可分为主动免疫疗法和被动免疫疗法。

当前，免疫疗法主要应用于肿瘤的治疗。肿瘤的免疫疗法是指通过重启被抑制的免疫循环，从而恢复并增强机体的抗肿瘤免疫反应，进而清除肿瘤细胞的方法。在正常情况下，免疫系统可以识别并清除机体中产生的少量肿瘤细胞，但是肿瘤细胞为了生存，会采取不同的策略来抑制机体的免疫系统以逃脱免疫系统的识别及清除，肿瘤的这种特征称为免疫逃逸。肿瘤免疫疗法能够激活人体免疫系统，依靠机体自身免疫杀灭肿瘤细胞。近年来，在肿瘤的治疗中，科学家利用人体自身的免疫系统，发展了一系列免疫治疗的新方法，主要包括免疫检查点抑制剂疗法、细胞免疫疗法。

免疫疗法可望治愈肿瘤——解读 2018 年诺贝尔生理学或医学奖

8.4.2.1　免疫检查点抑制剂疗法

免疫检查点是指存在于免疫系统中的一些抑制性信号通路。近些年来，人们对免疫检查点抑制剂疗法开展了大量的研究并取得了举世瞩目的成果，已成为肿瘤治疗新的技术手段。目前关于免疫检验点抑制剂主要有以下两种。

（1）CTLA-4 和 CTLA-4 抑制剂　　在正常情况下，抗原提呈细胞（APC）能激活 T 淋巴细胞，被激活的 T 淋巴细胞能够识别并杀死肿瘤细胞。而 T 淋巴细胞的激活和存活则有赖于 T 淋巴细胞表面的一种受体蛋白 CD28 与其配体 CD80（B7-2）和 CD86（B7-1）的结合。另外，T 淋巴细胞还会表达少量的细胞毒性 T 淋巴细胞抗原 4（cytotoxic T lymphocyte antigen 4，CTLA-4）。CTLA-4 与 CD28 具有高度的同源性，因此也能够与 CD28 的配体（B7-1 和 B7-2）结合，从而竞争性地抑制 CD28 与其配体（B7-1 和 B7-2）的结合，最终影响了 T 淋巴细胞的激活及对肿瘤细胞的杀伤。目前的研究证明，CTLA-4 抑制 T 淋巴细胞主要是通过两种途径：一是通过与 CD28 竞争性地结合 B7（CD80 或 CD86）以降低 T 淋巴细胞对肿瘤细胞的杀伤力。二是通过降低 CD80/CD86 在抗原提呈细胞中的表达，从而减少 CD28 引起的 T 淋巴细胞的激活。目前，批准上市的 CTLA-4 抑制剂只有 ipilimumab，主要是通过阻断 CTLA-4 与其配体 B7 的结合，增强 T 淋巴细胞对肿瘤细胞的杀伤，显著提高转移性黑色素瘤患者的总生存率（已在 2011 年获美国 FDA 批准用于治疗黑色素瘤），在其他实体瘤包括非小细胞肺癌的治疗上也显示出了一定的作用。

（2）PD-1/PD-L1 通路与 PD-1/PD-L1 抑制剂　　抗程序性死亡蛋白 1（PD-1）是表达在 T 淋巴细胞表面的一种跨膜蛋白，为 CD28 超家族成员，主要是在免疫的效应阶段起作用，其配体有两种，即 PD-L1 和 PD-L2。其中，PD-L1 比 PD-L2 表达更广谱。PD-1 和 PD-L1 结合后会抑制 T 淋巴细胞的杀伤功能，因此在免疫应答中起负调控作用。肿瘤细胞表面有 PD-L1，能与 T 淋巴细胞表面的 PD-1 结合，从而抑制 T 淋巴细胞对肿瘤细胞的杀伤功能。所以，人们设想通过抗 PD-1 抗体与 PD-1 结合，便可阻断 PD-1 与 PD-L1 的结合，从而解除肿瘤细胞对 T 淋巴细胞的抑制。由患者自身的 T 淋巴细胞杀灭肿瘤细胞，达到治疗的目的。目前批准上市的抗 PD-1 抗体有 Merck 公司的 Keytruda 和 BMS 公司的 Opdivo。目前 Opdivo 的适应证有黑色素瘤、非小细胞肺癌、肾癌、头颈鳞状细胞癌和膀胱上皮癌。而 Keytruda 的适用范围相对小一些，主要用于黑色素瘤、非小细胞肺癌和头颈鳞状细胞癌。

随着抗 PD-1 抗体不断发展，2016 年美国 *Science* 杂志将癌症免疫治疗评选为年度最大科学突破。2018 年 6 月，我国国家市场监督管理总局正式批准抗 PD-1 抗体 Opdivo 上市，针对的适应证是经过系统治疗的非小细胞肺癌（不包括敏感基因突变患者）。

分析肿瘤免疫治疗研究进展

美国免疫学家詹姆斯·艾利森（James P. Allison）和日本免疫学家本庶佑（Tasuku Honjo）因发现抑制 CTLA-4 和 PD-1 免疫检查点的癌症疗法而荣获 2018 年诺贝尔生理学或医学奖。

8.4.2.2　细胞免疫疗法

细胞免疫疗法是通过采集人体自身免疫细胞，经过人为修饰加工，使普通的 T 淋巴细胞成为能够识别肿瘤细胞的 T 淋巴细胞，经过体外扩增后再输回患者体内，从而杀灭血液及组织中的肿瘤细胞，达到清除肿瘤细胞的目的。细胞免疫疗法能够特异性地靶向肿瘤细胞而不伤及正常细胞，并产生免疫记忆，预防肿瘤复发，主要有以下两种。

（1）CAR-T 和 TCR-T　　嵌合抗原受体（chimeric antigen receptor，CAR）-T 淋巴细胞免疫疗法是一种新型的肿瘤免疫细胞疗法，1989 年由 Gross 等提出，近几年被改良并应用到临床中。它是将抗原、抗体的高亲和性与 T 淋巴细胞的杀伤作用相结合，通过构建特异性嵌合抗原受体，经基因转导使 T 淋巴细胞表达特异性嵌合抗原受体，特异性地识别靶抗原从而杀伤靶细胞（见 3.2.6）。

T 淋巴细胞受体（TCR）嵌合型 T 淋巴细胞（TCR-T）与 CAR-T 细胞疗法一样，也是能够提高 T 淋巴细胞对肿瘤细胞的识别和进攻能力。CAR-T 和 TCR-T 为当前两大最新的免疫细胞过继性回输治疗技术（adoptive cell therapy，ACT）。目前临床应用研究最为深入的是靶向 CD19 的 CAR-T 细胞免疫治疗，该疗法在治疗儿童和成人复发 B 细胞急性淋巴细胞白血病（B-ALL）、慢性淋巴细胞白血病（CLL）和 B 细胞非霍奇金淋巴瘤（B-NHL）方面均取得了明显的效果。

（2）自然杀伤细胞疗法　　自然杀伤（natural killer，NK）细胞是除 T 淋巴细胞和 B 淋巴细胞以外的第三类淋巴细胞亚群，是机体防御的第一道防线。NK 细胞杀伤的靶细胞包括肿瘤细胞、病毒感染细胞、较大的病原体（如真菌和寄生虫）、同种异体移植的器官与组织等。NK 细胞的表型为 $CD56^+$ 和 $CD3^-$，主要分布于外周血脾脏和骨髓中。NK 细胞杀伤肿瘤细胞的机制包括：①死亡受体介导的靶细胞凋亡；②分泌细胞因子促进杀伤活性；③穿孔素和颗粒酶介导的细胞毒性作用；④抗体依赖的细胞毒性作用（antibody-dependent cell-mediated cytotoxicity，ADCC）。

在临床应用中，NK 细胞过继性治疗肿瘤已取得一定的成果，但同时也存在一些缺陷，如 NK 细胞的靶向性较差、NK 细胞失活等问题。科学家又将 T 淋巴细胞嵌合抗原受体方法应用于 NK 细胞，使 NK 细胞特异性识别靶细胞，提高其杀伤靶细胞的作用，即 CAR-NK 免疫疗法。但研究发现，CAR-NK 细胞的转导技术和增殖能力不如 CAR-T，因此亟待开发新一代的 NK 细胞疗法。

8.4.3　干细胞技术

干细胞是一种具有多分化潜能和自我复制功能的早期未分化细胞，医学上称其为"万用细胞"。在特定条件下，它可以分化成不同的功能细胞，形成多种组织和器官。人们期望能够用干细胞来修复那些不能再生的坏损组织或器官，从而治愈某些疾病，并发展形成组织工程和再生医学新领域（见 3.2.5）。

用干细胞生物工程治疗疾病的最显著特点就是：从理论上讲，它可以治疗几乎所有疾病，比如癌症、自身免疫性疾病和神经退行性疾病等。如果和基因治疗相结合，还可以治疗众多遗传性疾病。干细胞生物工程只是在最近几年才蓬勃展开，这归功于细胞研究领域的两项重大技术突破。1998 年 12 月，美国科学院在 *Science* 杂志上报道成功地在体外培养和扩增了人体胚胎干细胞，为利用干细胞治疗疾病提供了细胞来源。1999 年 12 月，美国科学家发现小鼠肌肉组织的成体干细胞可以"横向分化"为血液细胞，这一发现立即被世界各地的科学家证实，并且发现人类成体干细胞同样具有"横向分化"的功能。人们有望利用患者自身健康组织的干细胞诱导分化成病损组织的功能细胞来治疗疾病。

从理论上讲，胚胎干细胞可以分化成各种组织细胞，形成各种器官。然而，从胚胎干细胞向不同组织细胞"定向分化"的条件还不清楚，从而限制了胚胎干细胞的临床应用。因此，干细胞研究的主要问题之一就是要弄清胚胎干细胞发育的调控机制，从而在体外培养扩增胚胎干细胞。除了胚胎干细胞，科学家发现人体几乎所有组织都存在"成体干细胞"。成体干细胞已经有相当程度的分化，如果不受外加条件影响，一种组织的成体干细胞倾向于分化成该组织的各种细胞。干细胞研究的热点之一就是建立和发展分离成体干细胞的更有效的方法和手段。

总体来说，干细胞每一项重大研究进展都将给人类带来不可估量的收益。美国 *Science* 杂志将干细胞研究列为 1999 年世界十大科学成就的第一位。2008 年，诱导性多能干细胞研究分别被 *Nature* 和 *Science* 杂志评为第一和第二重大科学进展。2007 年和 2012 年诺贝尔生理学或医学奖都颁发了干细胞的研究工作者。在人们健康意识逐渐增强的背景下，随着关键技术的不断突破，干细胞的研究和应用将为临床治疗提供广阔的应用前景。

8.5 基因组学与人类健康

随着信息科学的发展，数字化和全球化成为当今世界不可阻挡的潮流。在这样的时代背景下，生命科学与其他学科一样进入了"大数据"的新纪元。基因组学就是一门将基因组的研究"序列化"和"信息化"的学科。基因组学是 21 世纪生命科学中最为年轻、最为活跃、进展最快的领域，是现代生命科学研究的基础。

8.5.1 基因组学的发展史

人类基因组计划（human genome project，HGP）是基因组学在全基因规模上的第一次成功实践。HGP 的实施是生物技术在人类基因的基础理论研究与合理利用、开发人类基因资源方面成功运用的一个极好的例子。讨论基因组学的发展史，离不开 HGP 的起始、实施及所有的后续计划。

8.5.1.1 HGP 产生的背景

应该承认，现代自然科学的发展使人类成为地球上的主宰，也使人类的健康踏上了新的台阶。如前文所述，人类根治了天花，战胜了霍乱等疾病，控制了麻风病、结核病等不治之症，人类的平均寿命也由此有了很大的提高。可是与现代自然科学在太空、信息、武器、交通等领域的辉煌成就相比，人类对自身的认识和保护却不尽如人意。有鉴于此，世界各国的生物学家联合起来，共同研究人类基因组，试图通过揭示人类基因的奥秘进而了解人类各种疾病与基因的相互关系，从而达到从根本上预防人类疾病的发生，以及有效治疗人类疾病。

最早提出 HGP 这一设想的是美国生物学家、诺贝尔奖得主 R. Dulbecco。他在 1986 年 3 月 7 日出版的 *Science* 杂志上发表了一篇题为《肿瘤研究的一个转折点：人类基因组的全序列分析》的短文，提出包括癌症在内的人类疾病的发生都与基因直接或间接有关，呼吁科学家联合起来，从整体上研究人类的基因组，分析人类基因组的序列。他认为，这一计划可以与征服宇宙的计划相媲美，人类也应该以征服宇宙的气魄来进行这一工作。

Dulbecco 的这一倡议引起了生物界、医学界的热烈讨论，历经 2 年之久。其高潮是美国科学院国家研究委员会任命的一个委员会和美国国会技术评估办公室任命的一个委员会综合分析了各方面的意见，分别于 1988 年 2 月和 4 月发表研究报告，支持 HGP 的研究设想，并建议美国政府给予资助。美国国会于 1990 年批准了这一项目，并决定由美国国立卫生研究院（NIH）和能源部（DOE）从 1990 年 10 月 1 日起组织实施。计划耗资 30 亿美元，历时 15 年完成整个研究计划。该项研究计划无论从研究规模、所费财力或社会影响，都可与曼哈顿原子弹计划、阿波罗登月计划相提并论，而且当时成为一项国际合作项目，美国、英国、日本、法国、德国和中国等 6 个国家相继加入到这一伟大的计划中。

8.5.1.2 HGP 的任务和研究进展

人类基因组指的是人类生殖细胞所包含的全部染色体，估计有 5 万～10 万个基因（当时的估计），由 3.2×10^9 碱基对（bp）组成。这 3.2×10^9bp 如果印刷出来，其篇幅相当于 13 套大英百科全书，由此可以理解 HGP 任务的艰巨性。HGP 的最终任务是要破译人体遗传物质 DNA 分子所携带的全部遗传信息。其完成后将获得 4 张图：物理图、遗传图、序列图和转录图。前三张图实际上是精确度不同的三张序列图，最后一张图则用来表示 DNA 上哪些核苷酸序列可以编码蛋白质。

必须指出，HGP 是国际生物学界的一项"太空计划"；是对人类智慧的一项挑战。3.2×10^9bp 这本天书的"读出"，并不是 HGP 的终极目标，它的终极目标是阐明人类全部基因的位置、功能、结构、表达调控方式及与致病有关的变异。所以这本"天书"还应该要"读通"和"读懂"。HGP 对医学的巨大影响只能随着科学家逐步把它"读通"和"读懂"而显露出来。人类基因组 3.2×10^9bp 核苷酸序列的群体多态性也是一个广袤无垠的领域。所以 HGP 研究成果对生命科学基础研究的影响将是长期而深远的。

2000 年 6 月 26 日，美国总统克林顿在白宫举行记者招待会，郑重宣布：经过上千名科学家的共同努力，被比喻为生命天书的人类基因组草图已经基本完成（测序完成 97%，序列组装完成 85%）。2001 年 2 月 12 日，人类基因组计划的参与国美国、日本、德国、法国、英国和中国及美国 Celera 公司联合宣布了对人类基因组的初步分析结果。2003 年 4 月 15 日，美国、英国、德国、日本、法国、中国 6 个国家共同宣布人类基因组序列图完成，人类基因组计划的所有目标全部实现（约占整个基因组序列的 99%）。2004 年 10 月，人类基因组完成图公布。2005 年 3 月，人类 X 染色体测序工作基本完成并公布了该染色体的基因草图。

在参与人类基因组计划的多国科学家的共同努力下，人类基因组计划取得了圆满的成功，并获得了以下主要成果。

1）人类基因组有 31.6 亿个核苷酸，2 万～2.5 万个结构基因。结构基因的数量大约只有原来估计的一半，只有酵母菌的 4 倍，果蝇的 2 倍，比线虫也只多 1 万多个基因，数目少得惊人。

2）基因在染色体上不是均匀分布的，有些区域有很多的基因，即所谓的"热点"区域；有些区域（约 1/4）则没有或有极少的基因，好像是"荒漠"。17 号、19 号和 22 号染色体基因密度最高，X、Y、4 号和 18 号染色体基因密度最低。

3）人与人之间有 99.9% 的基因密码是相同的。不同种族之间的差异并不比同一种族不同个体之间的差异大。这些差异是"单核苷酸多态性"（SNP）产生的，它构成了不同个体的遗传基础，个体的多样性被认为是产生遗传疾病的原因。

4）35.3% 的基因包含重复序列，这说明那些原来被认为是"垃圾"的重复 DNA 也起重要作用，应该被进一步研究。

8.5.2 测序技术的突破

"工欲善其事，必先利其器"。基因组学的发展，在某种意义上来说应主要归功于其核心技术——测序技术的突破。早在 HGP 刚刚宣布正式完成时，HGP 的领导人就极为前瞻性地提出"HGP 的完成，意味着基因组时代的正式开始"。然而，HGP 总耗资 30 亿美元，几乎是"一个碱基，一个美元"，即便在 HGP 完成的 2003 年，一个人类全基因组测序的直接费用依然高达 3000 万美元，高昂的测序费用严重影响了基因组学的发展。同年，美国 NIH 提出了"一千美元一个基因组"的宏大目标，鼓励新的测序技术的开发。2013 年，一个人类全基因组测序的直接成本已经降至 6000 美元，到 2015 年底已经基本实现了"一千美元一个基因组"的目标。测序技术的重大突破，加速推动了基因组学"大数据"时代的来临。

英国剑桥大学的 Frederick Sanger 于 1975 年首先发明了基于 DNA 合成反应的测序技术（又称 Sanger 法或双脱氧核苷酸末端终止法），使直接阅读核苷酸序列成为可能，为现代测序技术的发展做出了奠基性的贡献。该法的原理为将特异性的测序引物的 5′ 端做放射性标记，待其与单链模板 DNA 的互补位置结合后，在 DNA 聚合酶的作用下进行延伸反应，创造性地分别加入 4 种双脱氧核苷酸（ddATP、ddTTP、ddGTP 或 ddCTP）作为链终止剂，最后将反应产物在 4 条泳道分别进行聚丙烯酰胺凝胶电泳（PAGE）分离与放射性自显影，即可直接读出 5′ 到 3′ 的 DNA 序列，但测序效率低下。

自动化和规模化是测序技术发展史上的又一里程碑。1986 年，美国科学家 Leroy Hood 发明了 4 种荧光物质，在特定的不同波长的激发光下可产生不同的荧光。以这 4 种荧光物质分别标记 4 种 ddNTP，即可在同一条泳道分析一个样本的 4 个反应产物，测序的效率和分辨率大为提高。更为重要的是可以用对应位置的激光器对胶板上的反应产物进行扫描，实现了读胶环节的自动化。据此原理，美国 ABI 公司推出了第一台商业化的平板电泳自动测序仪，标志着测序技术自动化时代的开始。然而，手工制胶和人工加样严重制约了平板电泳仪的测序规模。20 世纪 90 年代末，毛细管电泳测序仪的出现完全摒弃了人工制胶，使 Sanger 法测序真正实现了自动化和规模化，正是这一技术的运用，才使得 HGP 计划得以提前两年完成。

尽管毛细管电泳仪实现了 Sanger 法测序的规模化和高通量，但毛细管电泳仪的读长有一定的极限，且各个反应和电泳完全隔离，制约了这一技术的进一步改进。大规模并行高通量测序（MPH 测序）的问世是测序技术史上的一场革命。MPH 摒弃了"一个模板，一条泳道"，以芯片技术实现了大规模、多模板并行测序。一张微芯片上可以有几十万个微孔或几百万甚至几亿个模板的高密度分子簇，每一个分子簇为一个裸露的测序反应，使测序通量提高了几个数量级。Sanger 测序是最为经典的测序技术，基于该方法的测序为第一代测序，目前仍是获取核酸序列最为常用的方法。第二代测序是指焦磷酸测序（pyro-sequencing），其测序理念与 Sanger 法测序截然不同，Ronaghi 于 1996 年和 1998 年分别提出了在固相或液相载体中边合成边测序的测序理念。其基本原理是利用引物链延伸时所释放的焦磷酸基团激发荧光，通过峰值高低判断与其相匹配的碱基数量。由于使用了实时荧光监测的概念，焦磷酸测序实现了对特定位点碱基负荷比例的定量，因此在 SNP 位点检测、等位基因（突变）频率测定、细菌和病毒分型检测方面应用广泛。第三代测序技术的核心理念是以单分子为目标的边合成边测序。该技术的操作平台目前主要有 Helicos 公司的单分子荧光测序、Pacific Biosciences 公司的单分子实时测序技术和 Oxford Nanopore Technologies 公司的纳米孔技术等。该技术进一步降低了成本，可对混杂的基因物质进行单分子检测，故对 SNP、CNV（copy number variant）的鉴定更具功效。

8.5.3　基因组学在临床中的应用

通过对人类基因组学的研究，有助于进一步阐明人类基因在时空上的特异性表达及其调控机理，有力地推动了发育生物学和神经生物学的发展。借此，科学家将逐步揭示细胞分化、胚胎发育、人类思维、人类记忆等复杂的生命活动的分子基础，因此将大大加速医学基础研究的进展。

8.5.3.1 单基因病及基因定位

单基因病只受一个基因控制，其传递方式遵循孟德尔遗传规律，因此也称为孟德尔遗传病。目前国际确认的罕见病有 7000 多种，其中约 80% 是基因缺陷所引起的，但只有不到 5% 的罕见病有治疗方法。准确定位相关疾病的致病等位基因是治疗该疾病的关键。外显子组基因测序分析是目前准确定位相关疾病的致病等位基因的最前沿的技术，与传统的遗传分析相比，外显子组基因测序有望仅仅通过分析一个或几个遗传方式明确的家系，便能鉴定出与疾病相关的基因变异，而不像经典的连锁分析那样需要很多同质性的家系的累加。目前，通过分析外显子组的序列鉴定基因变异已成为定位相关疾病的致病等位基因的主要方法，极大地促进了相关疾病的分子机理的研究，也为这类疾病的防治提供了理论基础。

8.5.3.2 癌症基因组

目前认为导致癌症发生的相关基因遍及全基因组的多个区域。准确定位这些"肿瘤基因"，从而揭示肿瘤发生的分子机理是推动 HGP 诞生和实施的"源动力"之一。

2006 年，中国与美国、英国、加拿大一起启动了国际癌症基因组计划（ICGP），这一计划旨在分析 50 种癌症 2.5 万个个体的基因组，在 DNA 序列水平上找到与癌症相关的 DNA 变异。同年，美国 NIH 首先启动癌症基因组概图（The Cancer Genome Altas，TCGA）计划。该项目已经取得无可争议的成功。自其成立的十多年来，总投资有 3.75 亿美元，TCGA 包含了来自 16 个国家 150 多位研究人员的科学贡献，表征了来自超过 25 种不同癌症的 10 000 份肿瘤。它的 20 字节数据包括 1000 万个突变，到目前为止它们已经被发表在 TCGA 研究网络的 17 种出版物上，并被大量论文引用。目前 TCGA 数据已被用来寻找新的突变，定义固有的肿瘤类型，确定泛癌症的异同，揭示耐药机制和收集肿瘤进化的证据。毫无疑问，癌症基因组学的研究极大地促进了癌症发生的分子机理及相关治疗手段的研究。

单细胞基因组技术是癌症研究的一个重大突破。肿瘤的异质性是恶性肿瘤公认的特征之一，肿瘤在生长过程中经过多次分裂，其子细胞往往会获得新的遗传变异。同一肿瘤可以存在很多不同的基因型或者亚型的细胞，不同亚型的细胞的生长速度、侵袭能力、对药物的敏感性、预后等各方面的差异性严重增加了肿瘤发病机理和治疗研究的难度。随着新一代测序技术的发展，结合不断提高的单细胞挑取和分离技术，以及 DNA 扩增的技术改进，单细胞组学的研究成为可能。单细胞全基因组测序的先期应用都是有关癌症异质性的研究。目前，单细胞全基因组分析结果已经验证了癌症的高度异质性和癌症的单克隆起源假说。总的来说，癌症基因组学的研究结果将癌症发生机制的理解和治疗方法的开发提高到了一个新的水平，开创了癌症研究的新时代，但距离解释这种疾病的全貌并阐明其机制还有很长的路要走。

8.5.3.3 微（痕）量 DNA 测序与优生优育

随着微量 DNA 的提取和扩增技术的改进，目前的大规模并行高通量测序技术已经可以分析微量的、严重降解的 DNA 片段。孕妇外周血循环中含有胎儿细胞释放的微量的 DNA 片段，已经可以用于早期产前检测，最为成功的应用是非整倍体如"21 三体""18 三体""13 三体"和"X 染色体数目异常"等染色体疾病的检测，在单基因遗传病方面的应用也能够在不远的将来实现。

8.5.3.4 精准医学

2011 年，美国科学院、美国工程院、美国国立卫生研究院及美国科学委员会共同发出了"迈向精准医学"的倡议。2015 年 1 月 20 日，奥巴马在国情咨文演讲中提出了"精准医学"

计划。精准医学是指根据每位患者的个体差异来调整疾病的预防和治疗方法，是一种根据患者的不同，进行医疗方法定制的医疗模型。精准医学是现代医学发展的趋势。那么，如何做到"精准"呢？有两个方面的基础是必不可少的：①正如奥巴马所言，"我们需要个体化的信息"，也就是说拥有尽可能完整的个体生物学数据，包括基因组、转录组、蛋白质组、代谢组和表观遗传组等。②建立一个大型的、多层次的、充分整合人类疾病知识的数据库。在这样的数据库里，关于人类疾病的知识不仅包含了临床诊断和病理分析等表型信息，还具有各种生物分子的信息。由此可见，以基因组学为基础结合转录组、蛋白质组、代谢组及表观遗传学组等跨组学的分析在将来医学的发展中必将起关键作用。

8.5.4 基因资源的保护

虽然国际人类基因组计划从一开始就提倡"国际参与、免费分享"的公益性宗旨，但这一计划所隐含的经济价值实在是太大了，因此不可避免地在世界范围内引发了一场"基因争夺战"。其争夺的双方主要在国际基因组计划与 Celera 公司之间展开，争夺的主要焦点在于人类基因组的数据是否要公之于众，让社会分享。此外，还涉及人类基因组的发明权问题。2000 年 3 月，美国总统克林顿与英国首相布莱尔发表了一项联合声明，主张所有人类基因组信息应该让全世界免费分享。

虽然人类基因组信息可以免费分享，但是新基因功能的发现是可以申请专利的。因此世界范围内的"基因争夺战"并不会因为美国总统克林顿与英国首相布莱尔的联合声明而避免，只不过将基因组数据及基因组发明权的争夺转化为基因专利的争夺。

发展中国家由于技术的落后和基金的不足，成为国际基因专利争夺的焦点。例如，1996年 7 月 19 日，美国权威的科学杂志——*Science* 刊发的一条消息称，美国哈佛大学以所谓"合作"的形式，准备在中国内地采集 2 亿人的血样和 DNA 标本，用于探查疾病的原因。1996 年底，美国的一家传媒报道，西夸纳公司从中国东南沿海某地满意地获取了哮喘病家系标本，数目达数百计，这是哮喘的大家系，是极为宝贵的资源。这表明，我国的基因组资源已开始流失。一些德国人和法国人也迫不及待地深入我国各地，试图以开办基因公司的名义研究、开发与疾病有关的基因。1995 年开始，美国哈佛大学公共卫生学院在我国的安徽大别山区在供血者不知情的情况下采集了数以万计的血样，2002 年 3 月 28 日，美国联邦政府"人类研究保护办公室"对该学院发出调查报告，谴责这所国际著名学府在我国安徽农村进行的15 项人体研究存在严重的违规行为，使该学院成为国际媒体关注的焦点。面对西方科技大国掠夺我国基因资源的行为，我国国务院办公厅于 1998 年 9 月转发了科技部、卫生部《人类遗传资源管理暂行办法》以保护我国的基因资源。

那么，是什么原因促发了"基因争夺战"呢？首先，"基因争夺战"是一种资源争夺战。因为人类只有一套基因，它所包含的基因是有限的，也就 2 万～2.5 万个。因此，人类基因组是一种有限的资源，而且是不可再生的资源。首先发现的基因将可通过申请专利而得到保护。其次，"基因争夺战"也是一场知识产权之战。就目前所知，人类基因组中所包含的全部基因中，有 5% 左右对认识疾病有意义，1% 有巨大的开发前景。这个开发前景包括：用于基因工程产品的生产，如上述的基因工程药物；能直接用于基因治疗的基因，如癌症基因治疗、遗传病基因治疗；能用于解释或阐明疾病的发生机理，从而开发出疾病的预防和治疗新药物的基因。因此，这些基因就是知识产权，具有不可估量的开发潜力，也就意味着具有巨大的经济效益和社会效益。在西方，一个新的有开发潜力的基因被发现以后，其转让费用往往高达数千万至数亿美元。

那么，为何外国人舍近求远到他国掠夺基因呢？这是因为我国是研究基因的"风水宝地"。我国人口众多，拥有56个民族，历史悠久，迁徙率很低，城乡差别显著，家族隔离群最多。因此，我国的基因"家系"保存得十分完好，能准确地提供健康与疾病、都市与乡村天然人类基因迁移谱系的最佳模型。而西方国家，异族通婚及民族迁徙加大了寻找特殊基因的难度。由此可见，我国是基因资源大国，资源特别丰富，应尽力加以保护，避免流失。否则，有朝一日，我们不得不花费大量的金钱把这些基因专利买回来治疗我们自己的疾病。

8.5.5 我国对基因组学研究的贡献

我国是一个人口大国，丰富的人群遗传资源是人类基因组研究的宝贵材料。基因组学作为生命科学领域内的新兴学科，是近现代中国起步较早、几乎与世界同步发展的学科之一。我国的HGP于1994年启动，由国家自然科学基金委员会、国家高技术研究发展计划（863计划）和国家重点基础研究发展计划（973计划）共同资助。在过去的20多年来，通过科学界的共同努力，中国为世界基因组学的发展做出了重要的贡献。

1999年是我国HGP研究重要的一年。经过努力，我国正式加入国际基因组测序计划，成为继美国、英国、日本、法国、德国后加入该计划的第六个国家，也是唯一的发展中国家。在科技部和中国科学院的支持下，由中国科学院遗传与发育生物学研究所基因组中心、国家人类基因组南方研究中心、国家人类基因组北方研究中心共同承担了全球人类基因组测序计划的1%，即人类3号染色体从D3S3610到端粒的30Mb区域的测序任务。经过半年的拼搏，取得了重大进展，工作草图已于2000年4月底完成。

人类基因组单体型图计划（HapMap计划）是继人类基因组计划之后人类基因组研究领域的又一个重大研究计划，于2002年10月在美国华盛顿启动，目的是进一步确立世界上主要人群基因组的常见DNA变异，建立一个免费向公众开放的关于人类疾病（及疾病对药物反应）相关基因的数据库。中国是HapMap计划的主要发起国和主要参与国之一，我国承担并完成了10%的任务。

2008年初，深圳华大基因科技有限公司独立完成了第一个亚洲人的全基因组测序，不到10年的时间，中国人类基因组研究完成了从1%到100%的跨越。2008年1月22日，由中国和英国首先提出，旨在绘制迄今为止最详尽的、最有医学应用价值的人类基因组遗传多态性图谱的国际千人基因组计划（GIK计划）正式启动。深圳华大基因研究院作为发起单位之一，不仅承担了400个黄种人全基因组样本的测序和分析工作，还帮助完成了非洲人群的全部测序和分析任务。

2006年，中国与美国、英国、加拿大一起启动了国际癌症基因组计划（ICGP），这一计划旨在分析50种癌症的2.5万个个体的基因组，在DNA序列水平上找到与癌症相关的DNA变异。包括中国医学科学院、北京大学肿瘤医院等59个科研与医疗单位参与了中国癌症基因组协作组，承担了胃癌、大肠癌、肝癌、鼻咽癌和食管癌等五大癌的研究任务。

必须指出的是，我国除了积极参与国际人类基因组计划外，在其他生物的基因组测序方面也做出了积极的贡献。2002年4月5日，美国 *Science* 杂志以14页的篇幅发表了水稻（籼稻）基因组的工作框架序列图，介绍了我国科学家独立完成的水稻基因组计划。2004年12月10日，中国西南大学等团队发表了第一张家蚕的全基因组序列草图。这些基因组序列都免费共享。2010年3月4日，中国团队与国际同行合作在 *Science* 杂志发表了第一张人体肠道微生物组群的目录，极大地推动了常见复杂疾病的宏基因组学（metagenomics）的研究。

但是，我们也必须清楚地看到，我国现有基因组研究队伍的总体状况和科学技术水平与国际先进水平仍存在一定的差距。因此，要使我国真正从基因资源大国转为基因研究大国，还必须付出极大的努力。

◆ 小　结

医学领域是目前生物技术应用得最广泛、成绩最显著、发展最迅速、潜力最大的一个领域。概括来说，它的应用包括新的高效疫苗的开发；新的诊断技术和试剂的开发；新的治疗药物的开发，新的治疗方法的开发等领域。

新的疫苗的开发包括病毒性疾病，如针对肝炎、艾滋病、脊髓灰质炎、狂犬病、流行性感冒等的疫苗；细菌性疾病，如针对霍乱、麻风病、痢疾、幽门螺杆菌引起的疾病等的疫苗；寄生虫病，如针对疟疾、血吸虫病等的疫苗。目前的疫苗以基因工程疫苗为主。

新的疾病诊断技术包括利用免疫学原理而设计的酶联免疫吸附测定（ELISA）技术和DNA诊断技术两大类。ELISA技术研究方面，包括了高效、特异的抗原的筛选与改造；单克隆抗体的筛选及制备技术等。DNA诊断技术方面则主要围绕新的诊断技术的开发，特别是生物芯片技术的开发已显示了其广阔的应用前景。

新的治疗药物开发包括天然药物的开发、基因工程药物的开发及治疗性抗体等方面。天然药物的开发包括寻找新的抗生素；改造原有抗生素以提高抗生能力、减少毒副作用等；天然药物的开发还包括生产人参皂苷、紫杉醇等天然活性物质，以及这些活性物质的新的生产工艺。基因工程药物研究方面则显示出了其巨大的应用潜力和十分诱人的前景，目前已有几十个基因工程药物上市。治疗性抗体则是近年来新兴的药物开发领域，具有广阔的前景。

生物疗法包括基因疗法、免疫疗法和干细胞的利用等。基因疗法主要围绕遗传病和肿瘤两个类型的疾病开展研究。遗传病基因治疗的策略则主要有基因置换、基因修正、基因修饰和基因失活4种策略。肿瘤的基因治疗主要有两种方法：一种是通过提高肿瘤细胞的免疫原性（肿瘤疫苗）和（或）提高机体的免疫功能达到消灭肿瘤细胞的目的；另一种是通过对癌基因和抑癌基因进行修饰和纠正，使肿瘤细胞回到正常状态。免疫疗法目前主要用于肿瘤治疗，肿瘤免疫疗法主要包括免疫检查点抑制剂疗法、细胞免疫疗法及肿瘤疫苗。免疫检查点抑制剂疗法主要包括CTLA-4和PD-1的抑制剂。细胞免疫疗法包含CAR-T/TCR-T和自然杀伤细胞疗法。干细胞的利用尽管还处于起步阶段，但已充分显示了巨大的应用前景，并将成为21世纪重要的疾病治疗手段之一。

人类基因组计划（HGP）曾是生命科学领域内项目最为庞大、最具挑战性、对社会影响最深远而又最具有诱人前景的研究项目，可与曼哈顿原子弹计划和阿波罗登月计划相媲美。目前HGP最初的目标早已完成，人类对基因的研究已全面进入基因组学时代，对基因组学的研究有助于进一步阐明人类基因在时空上的特异性表达及其调控机理，有助于逐步揭示细胞分化、胚胎发育、人类思维、人类记忆等复杂的生命活动的分子基础及各种基因相关疾病发生的机理。因此，HGP的完成及对基因组学的深入研究正在对人类医学科学、经济和社会的发展产生深远的影响。

⬡ 本章思维导图

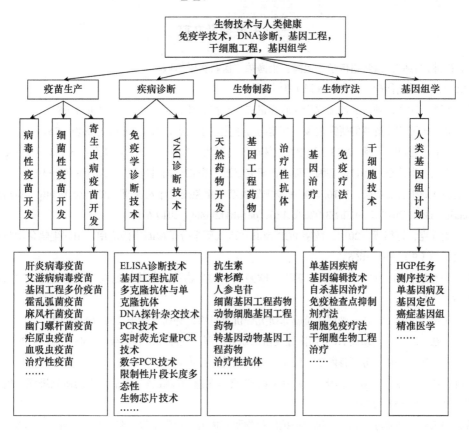

⬡ 复习思考题

1. 现代生物技术在医学领域中的应用主要包括哪些方面？
2. 现代生物技术生产的疫苗与传统方法生产的疫苗相比，有哪些优点？
3. 目前已上市的基因工程疫苗主要用于哪些类型疾病的预防？
4. 常用的疫苗有哪两大类？
5. 用于疾病诊断的现代生物技术主要有哪些类型？
6. ELISA 技术主要适用于哪些疾病的诊断？ DNA 诊断技术有哪些？
7. 基因芯片技术有何优点？
8. 请列举几个利用生物技术开发的药物。为什么说基因工程药物的研究与开发具有巨大的应用潜力和十分诱人的前景？
9. 目前基因治疗技术主要用于哪些类型疾病的治疗？
10. 遗传病基因治疗有哪四大策略？肿瘤的基因治疗主要有哪两种策略？
11. 肿瘤免疫疗法主要有哪几种方法？具体原理分别是什么？
12. 为什么说干细胞的应用将具有广阔的前景？
13. Sanger 法测序技术的原理是什么？
14. 人类基因组计划的任务是什么？将解决什么问题？它对医学的发展有什么影响？

15. 我国的人类基因组计划主要开展了哪些方面的工作?

◈ 主要参考文献

陈仁彪, 冯波. 1997. 医学遗传学. 上海: 上海第二医科大学出版社

陈竺. 2001. 医学遗传学. 北京: 人民卫生出版社

刁爱坡, 赵青. 2017. 肿瘤免疫细胞治疗研究进展. 天津科技大学学报, 33 (1): 1~8

冯蕾. 2005. 人治疗性抗体的研究进展. 细胞与分子免疫学杂志, 21 (supp 1): S49~S51

葛良鹏, 王宁, 兰国成, 等. 2013. 治疗性抗体的研究现状与未来. 中国生物工程杂志, 33 (9): 85~93

郭俊清, 徐进, 李建正. 2011. 基因工程药物研究概况. 畜牧与饲料科学, 32 (7): 94~95

国家卫生和计划生育委员会. 2016. 国家免疫规划疫苗儿童免疫程序及说明 (2016 版). http://www.nhfpc.
    gov.cn/jkj/ s3581/201701/a91fa2f3f9264cc186e1dee4b1f24084 [2019-6-10]

胡思宏, 鲍登克, 万绍贵. 2017. 数字 PCR 及其在现代医学分子诊断中的应用. 中国生物化学与分子生
    物学报, 33 (9): 861~866

胡显文, 陈惠鹏, 汤仲明, 等. 2005. 美国、欧盟和中国生物技术药物的比较. 中国生物工程杂志, 25
    (2): 82~94

黄芸, 高建鹏, 王辉. 2018. 肿瘤疫苗临床研究评价及进展. 肿瘤学杂志, 3: 196~201

姜波玲, 叶红. 2018. 宫颈癌 HPV 预防性疫苗的研究进展. 国际妇产科学杂志, 45 (5): 527~530

吕建新, 尹一兵. 2010. 分子诊断学. 北京: 中国医药科技出版社

梅雯, 孙美涛, 王唯斯, 等. 2018. CRISPR-Cas9 技术在遗传性疾病基因治疗中的研究进展. 生物技术
    通讯, 29 (4): 551~557

苗庆芳, 邵荣光, 甄永苏. 2012. 抗肿瘤抗体药物研究进展. 药学学报, 47 (10): 1261~1268

年悬悬, 杨晓明, 张家友. 2018. 流感病毒灭活疫苗的研究进展. 中国生物制品学杂志, 2018 (10):
    1150~1155

瞿礼嘉, 顾红雅, 胡苹, 等. 1998. 现代生物技术导论. 北京: 高等教育出版社; 柏林: 施普林格出版社

吴之源, 张晨, 关明. 2014. 分子诊断常用技术 50 年的沿革与进步. 检验医学, 29 (3): 202~207

项光海, 王皓毅. 2018. 基因组编辑技术最新研究进展及在疾病治疗中的应用. 发育医学电子杂志,
    6 (3): 134~140

新华社. 2015. 新型丙肝疫苗临床试验初见成效. 中国肿瘤临床与康复, 22 (1): 58

徐圣杰, 王亚男, 王士玉, 等. 2018. 肿瘤免疫治疗研究现状及发展趋势. 现代生物医学进展, 18 (15):
    2982~2986

杨焕明. 2016. 基因组学. 北京: 科学出版社

张雪海, 李娜, 张双凤, 等. 2018. 我国第二类疫苗接种现状及其影响因素研究进展. 中国预防医学杂
    志, 19 (7): 548~552

甄永苏. 2015. 单克隆抗体药物治疗肿瘤的研究状态与展望. 中国医学科学院学报, 22 (1): 9~13

朱丹. 2012. 世界上首个戊肝疫苗在中国获批. 中国新药与临床杂志, 31 (3): 167

朱永官, 欧阳纬莹, 吴楠, 等. 2015. 抗生素耐药性的来源与控制对策. 中国科学院院刊, 30 (4): 509~516

(李勤喜　宋思扬)

9 第九章

生物技术与能源

学习目的

①了解人类如何利用微生物发酵工程技术提高石油的开采量、降低乙醇燃油及甲烷燃料的生产成本，并设法提高产量和减少环境污染。②了解人工种植能产"石油"的树木及开发各种未来新能源等途径。③掌握目前人类如何利用生物技术提高产能量及开发新能源的基本知识。

能源是人类赖以生存的物质基础之一，是地球演化及万物进化的动力，它与社会经济的发展和人类的进步及生存息息相关。如何合理地利用现有的能源资源，始终贯穿于社会文明发展的整个过程，是一项极其艰难且一直要面对的挑战性、前瞻性课题之一。能源的人均占有量及使用量，是衡量一个国家现代化的重要标志之一，但同时也是对一个民族给美好的绿色大自然留下难以恢复的"创伤"的最准确的评价。

能源可分为不可再生能源和可再生能源。不可再生能源是指地球上现有的四大库存的化石能源——煤、天然气、石油和核能。可再生能源是指太阳能、风能、地热能、生物质能、海洋能和水能等。早期，据有关专家预测，如按现有开采不可再生能源的技术和连续不断地日夜消耗这些化石燃料的速率来推算，煤、天然气和石油的可使用有效年限分别为100～120年、30～50年和18～30年。近十几年来，随着超深井开采技术应用和各类大型开采设备不断地拓展、研制与投入，对不可再生能源的开采由陆地延伸到海洋、南极与北极，并发现了许多储存着巨大化石能源的新区域，因而这些不可再生能源使用有效年限比早期预期时间要更长些，尤其是石油（包括页岩油），预期其使用有效年限可继续延续200年，但仍然无法无限期地满足人类的需求。能源危机依然是影响今后人类生存与快速发展的重要因素。据报道，在今后数百年内，人类生存所面临的最大难题及困境仍然不是世界大战及食品短缺，而是能源危机，因为目前整个人类发展和工农业生产，几乎都依赖于这些很有限的化石能源。随着地球上化石能源的不断耗尽，寻找、改善及提高可再生能源利用率和发明创造新技术、新设备，以最大限度地开采不可再生能源的做法很可能是21世纪人类从地球上获取能源的最有效举措之一。虽然以水力、潮汐、风力为动力的发电设备及太阳能捕获器、地热已为人类提供了一定的能源，但离人类对能源的需求还相差甚远。设法利用新技术创造更多的新能源（包括热干岩、可燃冰、涂层玻璃发电等）并代替不可再生的化石燃料，且能用于满足人类生存的需求，将是人类寻找新能源唯一明智的做法。

国际石油公司新能源业务布局调整及启示

从目前市场能源消耗的品种及速率分析，利用生物技术提高不可再生能源的开采率及创造更多可再生能源将是目前提高产能的有效举措之一。生物技术与能源的研究及开发已日益受到各国的高度重视，并已投入大量的人力及物力用于研究、开发和商业化。预测在不远的将来，人类生存所需的能源将主要依

基于生物电化学原理的生物制氢研究进展

赖于生物技术（包括仿生技术）所生产的绿色能源。

9.1 微生物技术与石油开采

9.1.1 微生物勘探石油

常规石油勘探是采取地震法、地球物理法及地球化学法并用。在石油勘探中，由于地球地层结构的复杂性，常常影响勘探结果的可靠性，甚至有时会造成一定比例的钻探及开采失误，既耗能又耗财。为了尽量减少损失，除了将所获得资料进行综合分析之外，人们一直设法发明新勘探技术，其最终目的是获得可靠的结论，并从中准确地定出钻井及开采位置。自20世纪60年代以来，在石油勘探技术中有一项生物工程一直受到国内外石油公司的重视，即微生物勘探石油。

直接分析底土（原生风化土）中的烃含量（气测法），其测定结果可作为判断地下油气储存量的依据，油区底土中的重烃含量与季节变化存在一定联系。这种依季节而变的现象是由微生物活动引起的，这些微生物在土壤中的含量与底土中的烃浓度存在对应的关系，所以可作为勘探地下油气田的指示菌。从20世纪40～60年代，随着微生物培养技术及菌数测定方法的不断改进，利用微生物勘探石油的技术得到迅速发展。美国、苏联、捷克斯洛伐克、波兰、匈牙利和日本等国家都用此法进行油区及非油区、已知油区及未知油区的勘探及普查，确实获得了可喜的效果。1958年有人报道，用微生物法调查近70个地区，分析了7000～8000份样品，发现近150个可能存在有油气田的位置，钻探其中的50个，其中22个与钻探所获的资料完全一样，15个部分相似，准确率为50%～65%。1966年，Butler报道了把能利用气态烃的氧化菌细胞胞质提取液注入动物体内，并提取含抗体的血清，紧接着用抗血清与待测土壤洗涤液作用。如果该反应能得到阳性结果，则表示土壤中存在可利用烃的微生物，从中进一步判断地下是否存在油气田。这种免疫勘探石油的做法虽然有它的道理而且灵敏度更高，但比起直接测定利用烃类物质的微生物所需的方法要复杂些。1991～1992年，玻利维亚石油矿藏管理局和美国地质微生物技术公司合作研究，指出利用微生物高值异常现象发现了单井长油量为110t/天，天然气产量约为1.77万 m^3/天。2002年，长江大学在河北松滋区块进行了油气微生物勘探，预测出有连片的油藏分布，这一预测结果与实际钻井产油情况相吻合。2005年，在内蒙古进行油气微生物勘探，其预测结果与钻井产油气情况获得相互印证，这说明油气微生物勘探效果比较好，具有操作简单、使用方便和勘探成本低廉等优势。

近十几年来，虽然随着计算机应用的普及和先进的分析技术的不断涌现，勘探石油的技术也随之日益更新且准确率不断提高，但利用微生物勘探石油这一项生物工程技术仍是一项行之有效的具有辅助性和科学性的生物技术。

9.1.2 微生物二次采油

在石油开采过程中，钻油井并建立一个开放性的油田是开采石油的首选采油技术。石油通过油层的压力自发地沿着油井的管道向上流出、喷出或被抽出。但是这种靠油层的自身压力来采油，其采油量仅占油田石油总储存量的1/3左右，其余石油就需要借助其他采油技术才行。强化注水是二次采油中广泛应用的有效增产措施，注水的主要目的是进一步提高油层的压力。多年来的应用实例已证实，注水法能使采油量由原来占油田储存油气量的30%提高到40%～50%。利用微生物提高原油采收率是目前国内外开发石油资源的有效手段之一，也是二次采油的重要技术之一，并已得到了迅速发展。微生物采油的目的是利用微生物发酵技术进一步获得更多的石油开采量，其开采的基本要点是：利用微生物能在油层中发酵并产生大量的酸性物质，以及 H_2、CO_2 及 CH_4 等气体的生理特点。微生物产气可增加地层压力，提高采油率。微生物产生的酸性物质可溶于原油中，降低原油的黏度，使原油能从岩层缝隙中流出而聚集，便于开采。此外，微生物还可产生表面活性剂，降低油水的表面张力，把高分子碳氢化合物分解成短链化合物，使之更加容易流动，避免堵住油井输油通道。目前，以美国和俄罗斯等国家为代表的微生物采油研究及应用已取得了显著成效。我国的几大油田与国外公司合作开展了一系列试验，也取得了可喜的成果。试验结果表明，微生物技术处理后的采油量可提高20%～25%，有时甚至高达30%～34%。

目前，常用的微生物二次采油技术有：①化学剂法。把大量化学剂注入油藏后，将发生一系列物理化学变化，通过改变渗透压、氧化还原电位、pH 等参数，影响油藏中的微生物生存、代谢环境和繁殖速率，从而提高原油的采收率。②代谢物驱油法。利用微生物的代谢产物，如表面活性剂、气体、有机酸及其他有机溶剂，改变岩石表面的湿润性，降低原油相对黏度，提高原油的流动性，从而达到提高采收率的效果。在理论研究方面，常采纳各类数学模型和物理模型进行理论研究，建立最佳采油条件与技术，如以大型岩心模型来分析微生物驱油效果，可获得微生物在岩心中的流动速度、驱动力和驱赶方式等信息。

据报道，目前美国有 1000 多口油井曾经或正在利用微生物采油技术增加油田的产油量，尤其在降低产水量和增加采油量方面。78% 的油井，均可利用微生物采油技术提高采油量。在美国得克萨斯州一口 40 年井龄的油井中，加入蜜糖和微生物混合物，然后封闭，经细菌发酵后，井内压力增加，出油量提高近 5 倍。1990～1993 年，美国俄克拉荷马州的 Phoenix 油田进行二次微生物采油，其产量增加了 19.6%。1985～1994 年，在鞑靼、西伯利亚等油田，同样也采用二次微生物采油技术，产量增加了 10%～46%。澳大利亚联邦科学与工业研究院组织的地学勘探队也曾利用细菌发酵工艺使油井产量提高近 50%，并使增产率保持了 1 年。英国某公司也曾在英格兰南部的石油开发区中用细菌发酵技术使产油率提高近 20%。自 1990 年以来，我国胜利、大港、新疆、长庆、辽河等油田都开展了微生物采油技术，以达到提高产油量的目的。例如，2001 年初，胜利油田东辛采油厂引进美国 NPC 公司的耐高温菌种进行驱油试验，其石油采收率达到 43.41%，高于常规的水驱产量。自 1996 年以来，吉林油田与日本石油公司合作，研究微生物采油技术，并在扶余油田东 189 站 29 口井中进行吞吐试验，21 口井见效，见效率约达 72%。

目前，制约微生物采油技术的主要因素是如何建立油藏中的最佳微生物群落结构、构建最合适的采油工艺及模型，以达到获取最大采油量的目的。相关研究是目前微生物采油研究领域中的热点课题之一，如如何构建微生物群落结构，使微生物菌体在油藏中能快速繁殖的同时还能释放大量的产物，并对原油中的长链饱和烃类物质有较好的降解作用，快速降低原油的黏度和油水界面的张力，提高原油的流动性；筛选适合于各种特定的油藏条件，如对重质原油和轻质原油均适合的微生物采油技术；注入液成本低廉且不受原油价格的影响，对枯竭和接近枯竭的油田具有高经济效益；所使用化学剂对人畜无毒，不污染环境，不伤害地表层等。筛选耐高温和高盐的微生物菌株是目前微生物采油过程中亟待解决的重要科学问题和难题。分子生物学及相关分析技术是目前构建耐高温和高盐基因工程菌的最佳方法与技术之一。

9.1.3 微生物三次采油

尽管利用气压、水流、微生物产酸及释放气体和内热技术等方法均能提高石油开采率，但油层中仍有占原油田总油气量的 30%～40% 需要设法进一步的开采。因此又有三次采油的措施。在三次采油工艺中，主要是利用分子生物学技术，来构建能产生大量 CO_2 和甲烷等气体的基因工程菌株，把这些菌体连同它们所需的培养基一起注入油层中，目的是让这些工程菌能在油层中不仅产生气体增加井压，还能分泌高聚物、糖酯等表面活性剂，降低油层表面张力，使原油从岩石中、沙土中松开，黏度降低，从而提高采油量。此外，利用微生物发酵产物作为稠化水驱油的目的是进一步降低石油与水之间的黏度差，减轻由注入的水不均匀推进所产生的死油块现象，让注入水在渗透率不一致的油层中均匀推进，增加水驱的扫油面积，从而提高油田的采油率并延长油井的寿命。

利用微生物降解技术对油层中难以开采的沥青重组分进行降解，起到降低原油黏度的作用，提高油藏采收率。通过添加含有氮、磷、铵盐等营养组分的充气水，并直接灌注于地下采油区中，使地层微生物活化。它与其他微生物采油技术相比，具有适用范围广、工艺简单、投资少、见效快、无污染等特点，甚至可在 7.5% 盐度、80℃温度和 1.3MPa 压力的恶劣环境下驱扫残留在狭缝中的石油。目前，这一技术在采油过程中已被普及应用。早期，有人利用乳酸杆菌属（*Lactobacillus*）中的一些菌株或肠膜状明串珠菌（*Leuconostoc mesenteroides*）发酵葡萄糖，生成葡聚糖；把葡聚糖加入注入油田的水中，使油、水之间的黏度差降低，从而提高产量。此外，还可利用黄单胞菌属（*Xanthomonas*）发酵生产杂多糖。在杂多糖加入甲醛改性后，作为增黏剂与水混合注入井中。该混合物具有耐热的特点，能进一步增强油、水之间的溶解度，减少死油块现象的产生，因而产油率比用葡聚糖增黏剂更高些。

地层堵塞是降低采油量的一种常见的现象，其原因是在注入油田的水中含有各种各样的微生物，其中能利用石油的微生物种类较多，再加上油田中存在着适合某些微生物生长的良好环境，因而大量菌体繁殖及菌体代谢产物的沉积，造成了地层渗透率发生变化，并造成地层堵塞，影响产油量。产生地层堵塞的主要菌群有硫酸盐还原菌、腐生菌、铁细菌、硫细菌等，其中影响最大的是硫酸盐还原菌。该菌能把硫酸盐还原成 H_2S。H_2S 与亚铁化合物生成 FeS 黑色沉淀。此外，该菌还能使硫酸盐和含钙的盐类生成白色的硫酸钙沉淀。这些沉淀物很容易引起地层堵塞现象，它不仅影响采油量，还可能使整个油井报废。消除微生物所造成的地层堵塞的有效方法之一是采用酸化的方法，在注入油田的水中加入能产酸并能在地层发酵生长的微生物，通过微生物代谢产酸来消除地层堵塞现象。此外，也可以用产酸菌大量发酵含酸性的代谢产物，如柠檬酸等，然后把这些酸性物质加入即将注入油田的水中，提高注入水的酸度，从而减轻地层堵塞现象，提高采油率。

在分析微生物采油机理及微生物作用前后渗流阻力变化的基础上，科学家通过建立微生物吞吐和微生物驱油的产油量、产液量、增油量和含水率变化的数学模型，预测出利用微生物采油时的采油量、增油量和含水率。应用实例表明，该模型的预测结果与实际结果有很高的一致性，可作为一种辅助性分析方法，达到提高微生物采油量的效果。

9.2 未来石油的替代物——乙醇

9.2.1 生产乙醇燃料的意义及其生化机理

煤、天然气和石油等不可再生能源不断地被消耗的同时，人类一直在寻找新的能源和替代物。从目前人类正在开发的许多产能的技术来看，乙醇很可能是未来的石油替代物。乙醇作为燃料的益处有：①产能效率高；②在燃烧期间不生成有毒的一氧化碳，其污染程度低于其他常用燃料所造成的污染；③可通过微生物大量发酵生产，生产成本相对低些，因而这项技术很容易被人们所采纳和推广；④不含硫，无灰分且具有良好的环保性；⑤纯乙醇汽车的二氧化碳排放量仅为同类汽油车的1/12；⑥属于可再生新能源。此外，燃烧乙醇还有许多间接好处。例如，把乙醇加入汽油中，可消除对十四乙基化合物（混合物）的需求，这种做法显然对减缓地球升温起到积极的作用。用乙醇发动机作为动力机，消耗的乙醇燃料所排出的CO、碳氢化合物和氧化氮含量，比使用汽油发动机所排放出的量分别减少57%、64%和13%。上述乙醇作为燃料的主要益处是促使在当前化石能源资源日益短缺、石油安全形势日益严峻和全球碳减排压力不断加大的背景下，乙醇迅速成为各国为了实现传统交通燃料向清洁化和低碳化燃料转型的优先选择。

生物质转化利用技术的研究进展

乙醇发酵和操作实际上是一种相当传统的工艺，因而一直被人们认为是人类首次从事微生物发酵工艺的范例之一。乙醇发酵所需的原材料可选用蔗糖或淀粉，发酵所需的微生物主要是酵母菌。酵母菌含有丰富的蔗糖水解酶和酒化酶。蔗糖水解酶是胞外酶，能将蔗糖水解为单糖（葡萄糖和果糖）。酒化酶是胞内参与乙醇发酵的多种酶的总称，单糖必须透过细胞膜进入细胞内，在酒化酶的作用下进行厌氧发酵并转化成乙醇及CO_2，并通过细胞膜排出体外。

通常乙醇发酵所需的原料依所使用的菌株而定。己糖发酵所用的菌株主要是酵母菌，可进行发酵的己糖是葡萄糖，另外果糖、甘露糖及半乳糖也能被利用。如果是用淀粉类的多糖，则必须先水解成单糖后才能被发酵。淀粉的糖化通常是利用米曲霉或黑曲霉，糖化后再接种酵母菌进行乙醇发酵。酵母菌发酵乙醇的生化过程是采用厌氧途径。

生物质乙醇生产废水处理技术的研究进展

9.2.2 乙醇替代汽油的实例

纯乙醇或燃烧乙醇是指体积浓度高达99.5%以上的无水乙醇，它也可以由粮食（玉米、小麦）及非粮的各种植物纤维（甘蔗、木薯、甜高粱茎秆、水稻茎秆）加工而成。当在纯乙醇中添加变性剂后，它可以直接与汽油混合加工成燃料乙醇汽油，并用作装备点燃式内燃机车的燃料，简称为乙醇汽油。我国燃料乙醇行业起步于2000年前后。按照现有的技术和工艺，燃料乙醇可分为三代，其中第一代是以粮食类加工成的燃料乙醇；第二代是以非粮食类加工而成的燃料乙醇；第三代是以玉米秸秆等纤维素加工而成的燃料乙醇。按照我国的国家标准，乙醇汽油是用90%的普通汽油与10%的燃料乙醇调和而成的。

甘蔗产能的有效系数高达2.6%（理论值6.0%）。有关资料显示，每公顷耕地平均可产甘蔗干物质35~40t，相当于14.5t石油或24~26t煤所产生的热值。巴西是盛产甘蔗的国家，也是一个利用发酵工艺生产乙醇替代部分石油的典型国家之一。早在1980年，巴西乙醇产量就已高达 11 900ML，每年约 4000ML 乙醇出口，已出售的 3/4 汽车中是用乙醇作燃料的。在巴西，1000 万辆汽车中就有 120 万辆完全使用乙醇，其余汽车使用含 23% 燃料乙醇的混合汽油。1975～2000 年，由此项措施节约了石油进口费用高达 435 亿美元，仅燃料乙醇生产这一项就给巴西带来了 72 万个直接工作岗位和 20 万个间接工作岗位，乙醇替代汽油直接减少二氧化碳排放高达 920 万 t，取得了巨大的经济效益和环境效益。2015 年，巴西在汽油中掺混乙醇的比例进一步从原有的 23%～25% 提升至 27%。2017 年，巴西生产的燃料乙醇产量达到 2109 万 t，约占全球总量的 26%。同年，巴西新增注册使用的汽车总量达到 200 万辆，其中能使用纯汽油、纯乙醇燃料和由不同汽油与燃料乙醇比例混合灵活燃料车有 193 万辆，电动汽车 3296 辆，汽油车 68 900 辆。新增使用燃料乙醇汽油的车辆占新增车辆的 96.5%。

在发达国家中，如澳大利亚、美国、瑞士和法国，也开始利用大量农作物剩余物及森林的废弃物发酵乙醇。1987 年，美国用玉米作原料发酵生产大约 3 万亿 L 的乙醇，1989 年就已达到 32 万亿 L 乙醇产量。2007 年，美国《能源独立及安全法案》获得通过，其中规定了未来 15 年中燃料乙醇汽油的强制性使用标准。1990～2000 年，美国燃料乙醇产量基本上是以每年 20% 的速度递增，2000 年以来，也始终保持在 10% 的增长速度。在 2010 年，美国生产的燃料乙醇总量达 3500 万 t，2016 年就高达 4580t，占全球燃料乙醇产量的 58%。在瑞士被允许使用的车辆中，目前仅有 1% 使用燃料乙醇；西班牙使用燃料乙醇车辆比例一直高达 3% 以上。欧盟在 2003 年、2005 年和 2010 年使用的燃料乙醇车辆增长率分别是 0.3%、2.0% 和 5.75%，呈现出较高的增长率。

从 2001 年开始，我国陆续在河南、黑龙江等省份试用车用乙醇汽油。试点期间，3 市先后有 710 座加油站和 20 万辆汽车、19 万辆摩托车参加试点，到 2003 年 6 月试点结束，累计销售车用乙醇汽油 17.6 万 t。试点检测结果表明，使用乙醇汽油比使用同牌号普通汽油的汽车尾气中，CO 下降超过 30%，碳氢化合物下降 10%，苯系物明显减少，氮氧化合物基本不变。2009 年、2013 年、2016 年，我国燃料乙醇产量分别为 55 000 万 gal[①]、70 000 万 gal、85 000 万 gal。2016 年，我国燃料乙醇消费量和在总汽油消费中的占比率分别为 30.8 亿 L 和 2.1% 或稍微高些。从生产和消费上看，我国燃料乙醇产业尚在发展初期，未来具有很大的提升空间，并将成为今后改善城市空气质量的重要手段之一。

9.2.3 纤维素发酵生产乙醇

目前，国内外许多生产乙醇的高活性菌株均不能直接利用纤维素作为发酵过程中所需的糖类物质。必须对所含纤维素进行一系列酸、碱处理，并转化成微生物可利用的糖类，如蔗糖、葡萄糖等。但对纤维素类物质的酸解存在不少问题：酸解条件苛刻，对设备有很强的腐蚀作用，需要耐酸的设备；水解过程会生成有毒的分解产物如糖醛、酚类等物质；水解成本较高等。碱解法水解纤维素成糖类的情况也一样。因此，酸、碱法不适合用于水解纤维素供给微生物发酵生产燃料乙醇。此外，降解纤维素成为糖类组分的另一种方法是酶解法。要完全水解纤维素需要葡聚糖内切酶（ED）、纤维二糖水解酶（CHB）和 β-葡萄糖酶（GL）这三种酶的协同作用才行。能产生这三种酶并分泌到胞外的是真菌类微生物，如爪哇正青霉（*Eupenicillium javanicum*）、木霉（*Trichoderma*）和疣孢青霉（*Penicillium verruculosum*）。显

---

① 1gal（加仑）（UK）=4.546 09L；1gal（US）=3.785 43L

然，如利用上述菌株对纤维素进行直接发酵，就不需要对纤维素进行酸碱预处理。这种发酵工艺所需的设备简单，成本低，但不足之处是所获的乙醇产量不高，因而生产成本较高。近十几年来，混合发酵法是探讨直接利用纤维素发酵乙醇的热点之一，也是潜在的最有发展前途的技术之一。它可避免用酸碱法或酶法水解纤维素时所引发的部分问题。例如，热纤梭菌（*Clostridium thermocellum*）能分解纤维素，但乙醇产量低（仅占理论值的 50%，甚至更低），而热硫化氢梭菌（*Clostridium thermohydrosulophaircum*）不能直接利用纤维素，但所产出的乙醇量相当高。因此，如把两者微生物进行混合直接发酵，其产率可达 75% 以上。

利用基因工程技术构建既能直接利用纤维素又能高产乙醇的基因工程菌，也是潜在的最有发展前途的技术之一。目前，基因工程菌的构建主要采用两种技术路线：①把能水解纤维素的一个葡聚糖内切酶基因和一个 β-葡糖苷酶基因克隆在能产生乙醇的菌株中，并研究该菌株利用纤维素作原料的情况。②把能产生乙醇的基因克隆到能降解纤维素但不能生产乙醇的菌株中。例如，把运动发酵单胞菌（*Zymomonas mobilis*）的丙酮酸脱羧酶基因和乙醇脱氢酶基因转移到不能生产乙醇的克雷伯氏氧化杆菌（*Klebsiella oxytoca*）中就能直接发酵纤维素产生乙醇。

利用酶工程直接水解纤维素，从理论上说也是一个可行的方案。然而，纤维素分子是一种异质结构的聚合物，很难被酶水解，水解速度远远低于淀粉和其他糖类化合物的水解速度。按现有的发酵工艺来分析，直接利用纤维素发酵技术还存在着对酶的利用率低，致使酶解糖化过程中酶耗量过多，生产周期较长，生产效率低，成本高等缺陷。显然，这些不利的因素是限制利用纤维素生产乙醇的关键。但我们相信，随着微生物混合发酵及纤维素酶基因克隆与表达的深入研究，在不远的将来，人们有可能解决直接利用纤维素发酵乙醇所面临的诸多问题，从而摆脱石油缺乏的困境。

9.2.4　乙醇代替石油所用的原材料和所面临的困难

要想实现乙醇燃料计划并不是一件容易的事，首先需要政府部门投入可观资金及保持大规模产业化生产。其次，小农经济体系不适合大规模产业化生产。最后，生产乙醇所需要的原料均是农产品的精料。在当前世界人口相当密集的时代，可利用的土地资源日益减少，粮食供应仍是一大问题，因而以粮食为原料大规模生产乙醇将受到限制。另外，粮食成本较高，这样就可能增加乙醇生产的成本，使乙醇价格明显高于石油价格。

虽然能用于微生物发酵生产乙醇的原材料很多，但多数原料都是可用于人及动物食用的粮食和饲料，仅有纤维素不能作为粮食及饲料之用（表 9-1）。然而，目前利用纤维素作为原料的生产工艺还很不成熟。因此，如果能发明高效地利用纤维素来代替粮食生产乙醇的工艺，那么用乙醇替代石油是完全有可能的。从现有生产乙醇的技术来分析，生物技术是最有希望在较短的时期内实现这种可能性的技术。近十几年来，转基因农作物的研究主要是改善农作物的抗逆性和提高产量及营养成分。近期，在国内外科学家开始转变农作物基因的另一个研究，即开始对农作物进行特殊基因的改变，使这些转基因的农作物能够专门用于生产燃料乙醇和其他生物燃料，以缓解油价飙升和环境污染等问题。目前，美国各大种子和生物技术公司也陆续加大该领域的研究投入。有关乙醇生产计划中，一个重要的研究内容就是通过蛋白质工程技术改良纤维素和半纤维素的属性，其余工作则是通过一种独特的食用伞菌和一种常用的修饰酵母菌，使纤维素和半纤维素直接转化成乙醇。2007 年，杜邦公司和世界上最大的油籽加工企业邦杰公司联合重新设计大豆基因，种植高产的转基因豆科植物，并用于生产廉价的生物柴油。国际能源署预测，到 2030 年，生物燃油将可能替代全球交通运输需求的汽、柴油总需求量的 9%（相当于 11.7×10^{18} J），而到 2050 年，这个比率将会提升到 26%。显然，如果逐步选用燃料乙醇和生物柴油替代对石油的需求，构建高产低成本转基因玉米和豆科植物等至关重要，若不依赖生物技术是难以实现这一宏伟目标的。

表 9-1　生产燃料乙醇的原材料

淀粉类	纤维素类	糖类	其他	淀粉类	纤维素类	糖类	其他
玉米	木材	蔗糖	菜花	木薯	农业残留物	饲料甜菜	乳浆
高粱	木屑	甜高粱	葡萄	马铃薯	固体废物	甘蔗	硫化废物
小麦	废纸	糖蜜	香蕉	红薯	产品废物	葡萄糖	
大麦	森林残留物	甜菜	乳酪				

9.3　植物"石油"

9.3.1　产"石油"的树

植物界中有许多能产"石油"的植物。这些植物都是橡胶树（*Hevea brasiliensis*）的近缘物种，所含的汁液不仅丰富，而且有较高比例的碳氢化合物，如果对这些汁液进行适当的加工，可与汽油混合作为动力机的燃料。能源植物是目前最重要的可再生能源之一，按化学成分分类，可分为三大类：第一类是富含碳水化合物包括富含糖和淀粉的植物，如木薯（*Manihot esculenta*）、甘蔗（*Saccharum*）、甜高粱（*Sorghum bicolor*）、芒果（*Mangifera indica*）、桉树（*Eucalyptus*）等；第二类是富含油脂的能源植物，如向日葵（*Helianthus annuus*）、棕榈（*Trachycarpus fortunei*）、花生（*Arachis hypogaea*）等；第三类是富含类似石油的能源植物，如乌桕（*Sapium sebiferum*）、油楠（*Sindora glabra*）、麻风树（*Dendrocnide urentissima*）、续随子（*Euphorbia lathyris*）和绿玉树（*Euphorbia tirucalli*）等。这些能产"石油"的树可直接产生类似石油的有机成分，如烷烃和环烷烃等。美国的 Calvin 曾选育出两种产"石油"植物：一种是牛奶树（*Ficus hispida*），它属于灌木类，树干内饱含乳汁，只要轻轻地划破树皮，乳汁就会流出；另一种是三角树状大戟（*Euphorbia acrurensis*），也是灌木，树高 1m 左右，树皮柔软，乳汁丰富。三角树状大戟的适应性很强，无论在温带区或热带区均能旺盛地生长，产量相当高，每英亩① 可收近 50t 油。这种植物在北美、南美、西欧、苏联和非洲均有发现。

野生产油灌木具有一定遗传变异的特性，因而通过常规遗传育种技术完全有可能培养出抗寒、高产及抗病虫害的"石油"树。此外，由于石油树抗逆性极强，抗恶劣气候，可生长在沙漠或旱地。据有关专家推论，假如全球的 1/3 沙漠和旱地都种上"石油"树，所生产的"石油"就可完全满足人类对能源的需求。

在美国加利福尼亚州发现一种能产油的兰桉树，其含油量高达树自身总质量的 1.2%。在巴西也发现了一种名为可比巴的乔木，树高 30 多米，树直径约 1m。如果在树下端凿开一个小洞，"石油"就能利用重力效应缓慢地流出，其流量为 7～8kg/h。有一种产于亚马孙河流的"苦配巴"乔木，树高可高达 30m，树径为 1m。在它的树干上钻一小孔，2～3h 后就可收

---

① 　1 英亩（acre）= 0.404 686hm²

集 10～20L 的金黄色油状树汁，成分接近柴油，可以不经加工提炼，直接用作大多数农业机械、卡车和发电机的燃料。在我国海南岛上有一种叫油楠（*Sindora glabra*）的乔木，一棵油楠可年产 10～25kg 的"柴油"。

此外，菲律宾和马来西亚的银合欢树，也能分泌出含碳氢化合物很高的乳汁。麻风树又称为小桐子、青桐木，分布于非洲、大洋洲，以及美国及我国的广西等地。麻风树耐干旱、不争土地资源，可种植在荒山，果实含油量为 35%～50%，每 2.5～3.0t 果实可榨取原油 1t，经处理后可作为 0 号柴油使用。我国四川省长江造林局、四川长江科技有限公司与英国 DI 油料有限公司合资组建生态柴油有限公司，双方拟种植面积为 3000 万亩的麻风树，计划生产生物柴油 500 万 t。从麻风树种子提取的黄色液体燃油，其含油量约 60%，超过大豆、油菜籽等油料作物，并在硫、一氧化碳等排放量方面优于国内 0 号柴油，是一种低成本、高环保的燃料。将这种生态燃料与普通柴油按 1：9 的比例混合使用，可大大降低车辆废气中铅和硫的排放，即减少了污染，又降低了车辆的运营成本。

除了树木以外，科学家已从 6500 多种野草中筛选出 30 种"能源草"，从它们身上可获得石油替代品。例如，山苦荬（*Ixeris denticulata*）可用于提炼石油，每公顷山苦荬能提炼出 1t 石油，人工杂交的山苦荬亩产油量可高达 6t。

9.3.2 油料植物

从许多植物中均能提取出植物油，如向日葵、棕榈、椰子（*Cocos nucifera*）、花生、玉米（*Zea mays*）、油菜（*Brassica napus*）、胡萝卜（*Daucus carota*）、棉籽、油菜籽和巴巴苏坚果等。生物柴油主要以大豆和油菜籽等油料作物为原料制成，是典型的"绿色能源"和优质石化柴油的代用品。大豆和油菜籽可利用大量的冬闲地和二荒地进行种植，不影响粮食生产。油菜平均产量为 1650～3750kg/hm²，油菜籽含油量为 41% 左右，很适合作为生产生物柴油的原材料。与石化柴油相比，生物柴油具有以下优势：润滑性能更强，可降低喷油泵、发动机缸体和连杆的磨损率，延长其使用寿命；有优良的环保特性，其含硫量低，可降低二氧化硫和硫化物的排放量；不需要添加冷凝剂，发动机适合低温启动；有良好的燃料性能，闪点高，不属于危险品等。

在欧洲，油菜籽油已作为一种内燃机燃料的替代物，使用量逐年递增，并具有普及的趋势。这种内燃机油的反应是在 NaOH 催化剂的作用下进行的，其反应温度为 5℃。1t 的菜籽油与 0.1t 乙醇反应可产生 1t 的脂和 0.1t 的甘油。甘油起着固化作用，脂可供燃烧，其特性与柴油相似。菜籽油没有毒性，生物降解率高于 98%，它对地球的升温效应为常规的内燃机油的 1/5～1/4。

目前，我国采用聚合育种、物理化学诱变和小孢子培养等相关技术培养出高含油量的油菜新品系，其种子含油量可提高 50%～60%。该油菜品系具有质优、早熟和抗病强等优势，油菜亩产高达 200kg 左右，每亩产油量为 100kg。油菜是我国种植面积最大的油料作物，总产量居世界第一位。长江流域是我国最大的油菜生产区域，占全球油菜总产量的 1/3。目前，我国如果将 3 亿～4 亿亩冬闲农田用于种植油菜，可年产 4000 万 t 生物柴油，其效益相当于 1～2 个大庆油田。近年来，我国在油菜基因工程和植物功能基因组研究领域取得了一系列突破性研究进展，已为改良、培育高产、高油"能源油菜"奠定了良好的研究基础。目前，提高油菜籽含油量的主要途径有：①增加脂肪酸合成底物来提高油脂合成水平；②增加油脂合成途径的关键酶基因表达量，提高油脂合成量。

在欧洲，许多国家的政府部门通过免税等优惠政策的扶植，使以菜油为原料制取生物柴油实现了规模化。德国等欧洲国家制定了在柴油中强制性添加一定比例的生物柴油的规定，以减轻机动车的废气污染。欧盟国家主要以油菜籽为原料生产生物柴油，2001年，其产量就已超过100万t。据报道，我国已有7家企业生产万吨以上的生物柴油。近年来，我国每年可依靠能源油菜籽生产6000万t的生物能源，其中2000万t来源于油菜秸秆。

9.3.3　藻类产油

据报道，到2030年，美国用于运输的燃料将有30%拟用生物燃料替代。由于乙醇生物燃料是使用玉米发酵制取的，这不仅会导致粮食价格的上涨，还会影响粮食的安全。藻类能产生大量的脂类，可用来制造柴油及汽油。全球石油俱乐部评估结果表明，1hm² 海藻能生产 9.6×10^4 L/年生物柴油，1hm² 油椰子能生产 6.0×10^4 L/年生物柴油，1hm² 大豆只能生产446L/年生物柴油。因此，在寻找替代石油燃料新能源的资源中，诸多科学家一直认为海藻燃料替代石油燃料的可能性最大。早期，英国《新科学家》曾报道，美国设在科罗拉多州的太阳能研究所用一个直径20m的池塘养殖藻类，年产藻4t多，可产3000多升柴油。目前，这个研究组正从分子生物学角度，开发能产更多油脂类的藻类，拟于近期达到用藻类生产的汽油可供美国机动车所用燃料总量的8%～10%的研究目标。石莼属于绿藻门，干燥后可直接燃烧，或与其他固体燃料混合后燃烧。韩国利用孔石莼（*Ulva pertusa*）生产乙醇，发现比用琼脂作为原料生产的生物乙醇具有更高的浓度和萃取率；美国发明了石莼高压液化提取物发酵制备生物乙醇的方法，该方法可缩短发酵时间，增加乙醇产量。Uchida等从石莼叶片表面中分离出乙醇发酵菌种，减少了对石莼原料的清洗环节，可直接发酵，提高乙醇产量，降低生产成本。1978年，美国能源部可再生能源国家实验室启动了历时19年的一项研究，开展了微藻筛选、微藻生物化学机理分析、工程微藻制备及中试的研究，筛选出300～400株的产油藻种，侧重开发适合微藻生物柴油生产的工艺和制造设备。2002年，美国圣地亚国家实验室利用分子生物学技术，构建且生产出其性能类似大豆油的海藻油，其研究表明，仅需要美国土地的0.3%就可以满足全美所需求的运输燃料。2005年，印度研制出一台适合于海藻油的示范汽车，并进行1500km的实车试验。美国国际能源公司基于海藻的光合成来生产可再生的柴油和喷气燃料；Solazyme已利用异养法养殖高含油的微藻，炼制出微藻生物航油，并已成功用于试飞试验。2011年，美国国防部后勤署签署了170万L生物燃料（混有藻油）的购买合同，交给海军用于开发以生物燃料为驱动力的船只；美国军方拟定到2020年，微藻生物柴油在军用飞机和船只中添加比率达到50%的发展目标。近年来，我国已投入数亿元支持微藻生物能源技术开发。2010年，广州、深圳、厦门先后实施了"年产3000t海藻生物柴油的中试厂"项目，已融资高达4亿～5亿元，采用两步法光生物反应器海藻生长系统的设计方案，它不仅解决了光生物反应器中海藻生长与富集脂质的矛盾，而且解决了反应器用于工业化生产所存在的问题。

利用基因工程技术提高微藻油脂含量的研究进展

通常微藻脂类含量为20%～70%，是陆生植物远远达不到的脂类含量，它不仅可生产生物柴油或乙醇，还有望作为生产氢气的新原料。在使用秸秆生产乙醇汽油之后，再利用微藻生产柴油，则是目前最新的绿色燃油技术之一。显

产油微生物及其发酵原料的研究进展

然，随着微藻固碳与生物能源技术的不断改进和成熟，微藻生物能源有可能成为航空和航海业重要的动力能源之一。

9.4 传统可再生能源——甲烷

甲烷气可转化成机械能、电能及热能。目前，甲烷已作为一种燃料源，并可通过管道进行输送，供给家庭及工业使用或转化成为甲醇作为内燃机的辅助性燃料。天然气的主要成分是甲烷，它是由远古时代的生物群体衍变而来，通过钻井开采获得的，是一种不可再生的能源。沼气的主要成分也是甲烷。人工沼气装置经历了三代的进化与发展。第一代沼气池是用砖、水泥等砌成一个封闭的池子，把有机废物投入池内，依靠自然温度发酵而生成沼气，用管子引出燃烧或点灯；第二代沼气池比较大，装配有机械化、自动化等装置，在工业发达城市主要用于城市的三废处理，如污泥、垃圾经厌氧消化制取沼气；第三代沼气池具有高浓度和高效率的特点，它模仿动物的消化系统，分级对料液进行消化，产气率是第一代沼气池的100倍以上，而且便于商业化生产。在地表也存在甲烷，主要由天然的湿地、稻根及动物的肠道内发酵而释放，分别占地表甲烷总量的20%、20%及15%。家养的牲畜是动物释放甲烷的主要来源，大约占所有动物释放甲烷量的75%，而人类仅占0.4%。甲烷被认为是起着温室效应的主要气体之一，它很有可能对未来温室效应起着总效应的18%～20%的作用。

厌氧微生物可通过厌氧发酵途径生产甲烷。整个发酵过程分为三个主要步骤：①初步反应。利用芽孢杆菌属（Bacillus）、假单胞菌属（Pseudomonas）及变形杆菌属（Proteus）等微生物把纤维素、脂肪和蛋白质等很粗糙的有机物转化成可溶性的混合组分。②微生物发酵过程。低分子质量的可溶性组分通过微生物厌氧发酵作用转化成有机酸。③甲烷形成。通过甲烷菌把这些有机酸转化为甲烷及 CO_2。显然，甲烷生产是一个复杂的过程，有若干种厌氧菌参与该反应过程。在自然界中，最有效的甲烷厌氧发酵场所是母牛的瘤胃，但这种发酵场所的厌氧发酵条件一直在变化，其原因是发酵过程一直受到大量的细菌、原生动物及真菌的调控，反应机理较复杂。然而，实际上小型化甲烷生产过程中并不一定需要很高深的生物技术及复杂的发酵工艺设备（图9-1），而且发酵所需的原材料很容易得到（表9-2）。但是，大规模甲烷生产就需要对发酵过程中的温度、pH、湿度、振荡、粗材料的输入及输出和平衡等参数进行严格控制，所以需要较高深的生物技术，才能获得最大甲烷生产量。表9-2是农村常用于发酵生产甲烷的原材料及沼气的产量。从表9-2中可看出，甲烷生产所需原材料几乎都是来自农家天然有机物，所需反应池结构相当简单，建造成本低。因此，很适合在农村发展小规模家庭式甲烷生产。生产沼气的场所不管规模大小都可把它看成是一个生物反应器。发酵所获得的沼气是一种可燃的混合气，即50%～80%的甲烷、15%～45%的 CO_2、5%的水及微量的其他气体。图9-1是一个简单的生产沼气的反应器。如果在理想状态下，10kg的干燥有机物能产生 $3m^3$ 的气体。这些气体能提供3h的炊煮、3h的照明或10h适当的冷冻设备工作。我国是沼气生产量最大的国家之一，2019年预计生产量高达 $13 \times 10^9 m^3$ 生物气单位，相当于 $41 \times 10^6 t$ 煤的能量。2010年，我国新增农村沼气用户482.35万户，全国已累计推广家用沼气池2650万户，年产沼气达102亿 m^3。比2000年增加了1802万户，年均增长速度为11.7%。至2010年，已建设养殖场沼气工程2.66万处，总池容量为285万 m^3，年产沼气达3.56亿 m^3；已有大中型沼气工程3764处，已累计建成秸秆集中供应气站734处。沼气灶

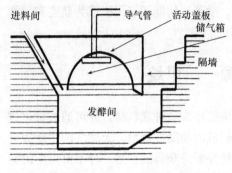

图 9-1　家庭式甲烷发酵生产示意图

具及配套产品年生产能力已达到 500 万套以上，沼气生产及配套燃具生产已实现了标准化，可满足国内农户日常生活对燃料的需求。2015 年，泉州市农村沼气用户 3.6 万户，可节电 360 万 kW·h，农民节支增收累计可达 11.88 亿元。截至目前，仅仅保康县沼气入户就达到 3.447 万户，占到农村适宜建设沼气户数的 81.41%，年替代薪柴 10.34t，相当于保护林地 13.788 万亩，年减少二氧化碳排放 5.5152 万 t。印度也是一个生产沼气的大国。至 2015 年，已建立 1000 万～2000 万个沼气池，预计在近几十年内，印度农户主要日常生活对燃料需求还是以沼气为主，尤其是偏远的农村。

表 9-2　农村常用发酵生产甲烷的原材料及沼气产量

原料名称	每吨干物质产沼气量 /m³	甲烷含量 /%	原料名称	每吨干物质产沼气量 /m³	甲烷含量 /%
猪粪	600	55	废物污泥	400	50
牲畜粪便	300	60	麦秆	300	60
酒厂废水	500	48	青草	630	70

9.5 未来的新能源

9.5.1 氢能

9.5.1.1 产氢的微生物

在未来的新能源中，氢能是可燃气中最理想的气体燃料之一。其原因是氢在燃烧时，除了释放发热量相当于汽油的 3 倍之外，其燃烧剩余物均为水，不会造成环境污染，堪称绿色燃料。氢是导弹和新型航空飞机的燃料。美国新研制的 X-30 型飞机，首次使用了以氢为燃料的超音速冲压式发动机，时速可高达 2.8 万 km。早期氢的制取均采用物理化学方法。现在，生物光化学家却能利用太阳光和生物质产氢。生物质制氢技术可分为两类：一类是以生物质为原料利用热物理化学原理与技术制氢，如生物质气化制氢、超临界转化制氢、高温分解制氢，以及基于生物质的甲烷、甲醇、乙醇转化制氢；另一类是利用生物途径转换制氢，如微生物发酵、直接生物光分解等。目前，生物制氢的科学问题在于如何高效而低廉地利用生物质制氢，如以废水有机物和生活污水为原料等。

1942 年，Gafron 和 Rubin 发现珊列藻（*Scenedesmus*）可产氢。1979 年，Lamma 报道了螺旋藻（*Spirulina*）具有产氢特性。人们对螺旋藻放氢特性进行了一系列的研究，发现螺旋藻具有可逆性氢酶，分子质量约为 56kDa，单类型亚基结构，酸性氨基酸残基含量相对较多，属于铁硫金属酶。螺旋藻氢酶放氢活性较高，放氢能量依赖于光合作用，光利用率可达 24%。随后，人们又发现了许多光合微生物及非光合微生物也能产氢。产氢的光合微生物可分为藻类及非藻类。藻类有颤藻属（*Oscillatoria*）、螺藻属（*Spirulina*）、念珠藻属（*Nostoc*）、项圈藻属（*Anabaena*）、小球藻属（*Chlorella*）、珊列藻属（*Scenedesmus*）及衣藻属（*Chlamydomonas*）等。非藻类光合放氢微生物有绿硫菌属（*Chlorobium*）、红硫菌属

（*Chromatium*）和红螺菌属（*Rhodospirillum*）等。常见产氢的非光合微生物可分为厌氧菌及兼性厌氧菌。前者有巴氏梭菌（*Clostridium barati*）、产气微球菌（*Micrococcus aerogenes*）、雷氏丁酸杆菌（*Butyribacterium rettgeri*）等，而后者有大肠杆菌（*Escherichia coli*）、嗜水气单胞菌（*Aeromonas hydrophila*）、软化芽孢杆菌（*Bacillus macerymax*）、多黏芽孢杆菌（*Bacillus polymyxa*）等。近十几年来，科学家已经发现 30～40 种化能异养菌可以发酵糖类、醇类、有机酸等，从而产生氢气。在光合细菌中，人们发现了 13～18 种紫色硫细菌和紫色非硫细菌能够产氢气。此外，把产氢基因克隆到水生藻类中能使之大幅度地提高产氢量。

9.5.1.2　产氢生化机理

20 世纪 60 年代初期就已经证实，将人工电子供体、含有氢化酶的细菌提取物、从菠菜中分离出的叶绿体混合后能产生氢气。叶绿体膜及氢化酶混合后的产氢机理如图 9-2 所示。从图 9-2 中可看出，利用太阳光、叶绿体膜、电子供体、电子载体、氢化酶等组分进行混合反应能产氢。提高产氢量的关键措施是寻找对氧不敏感的氢化酶。产碱杆菌属（*Alcaligenes*）的氢化酶可在含叶绿体膜和甲基紫精（电子供体）的混合体系中缓慢地释放氢气，无须加入除氧剂。产氢时间的长短与叶绿体的稳定性有关，采用补料培养方式可提高产氢量。

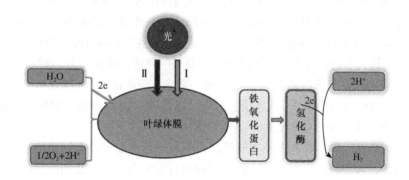

图 9-2　叶绿体膜及氢化酶等组分混合反应产氢示意图

此外，法国、瑞士和苏联的光化学家已经证明，在有人工电子受体和吸光色素（非叶绿体膜）存在的情况下，也能够产氢。

9.5.1.3　产氢装置

Weissman 和 Benemam 把项圈藻固定于圆筒形的容器中能连续产氢 18 天；而 Jeffries 等也以这种藻为研究对象生产氢气长达 30 天。用光照射固定化的叶绿体时每毫克叶绿素可连续生成 10μmol H_2。固定化氢产生菌用于反应体系进行连续生产氢气，其产氢量为 20mL/（min·kg 凝胶湿重）。利用高浓度有机废水发酵制氢技术是当前生物制氢研究领域的重点课题之一，这一技术产业化的关键因素是如何提高制氢系统的产氢能力，降低生产成本，提升与其他能源的市场竞争力。利用连续流发酵法（图 9-3）进行生物制氢的工程调控和生态位调整，可明显提高产氢量。

到目前为止，国内外学者已筛选分离出 50～60 株产氢细菌，但多数菌株属于梭菌（*Clostridium*）和肠杆菌（*Enterbacter*）两个菌属，遗传研究背景较为薄弱。因此，进一步拓宽筛选产氢微生物种质源、设法提高生物制氢效率仍然是目前生物制氢亟待解决的重大难题之一。国际能源局评估报告指出，微藻光水解制氢的光能利用率必须接近或高于 10% 才能

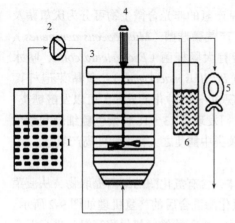

图 9-3　产氢细菌连续流富集装置
（引自李永峰，2006）

1. 配水箱；2. 计量泵；3. 反应器；4. 搅拌机；
5. 气体流量计；6. 碱收集瓶

发展为适合制氢的藻种，而目前大多数藻种只能捕获 3%～4% 的太阳能。因此，真正实现藻类制氢技术产业化，还需要进一步研究如下几个关键课题：①揭示产氢的分子机理和影响产氢的重要因素；②筛选与构建优质产氢的基因工程藻种；③构建高效产氢的光生物反应器；④氢的收集、储存与运输的方法；⑤制氢系统经济评价研究。微藻光水解制氢技术有可能成为今后新能源发展的关键支撑技术之一。

9.5.2　生物燃料电池

生物燃料电池多数由微生物参与反应所构成。所谓微生物电池，就是利用微生物的代谢产物作为物理电极活性物质，引起原物理电极的电极电位偏移，增加电位差，从而获得电能的装置。1910 年，英国植物学家 Potter 把酵母菌或大肠杆菌放入含有葡萄糖的培养基中进行厌氧培养，其产物在铂电极上能显示出 0.3～0.5V 的开路电压和 0.2mA 的低电流。1962 年，Rohrback 以葡萄糖为原料，利用雷氏丁酸杆菌发酵所产生的氢来构建氢-氧型微生物电池，但所获的电流仍然很低。苏格兰拉斯哥大学的研究人员从干塘底部中获得一种能迅速地（只需要有 1/10 000s）将光能转化成电能而储存起来的微生物，是一种"高能蓄能的活体"，其效率可达 95%，高于人造太阳能电池的效率（20%）。从理论上分析，微生物电池将一茶杯糖转化的能量足以使一个 60W 的灯泡点亮 17h，生产的副产品是 CO_2。

从 20 世纪 50 年代起，随着人类在航天研究领域的迅速发展，人们对生物燃料电池研究的兴趣随之增加，其原因之一是考虑将来人类在进行太空飞行时，将如何及时处理飞行中产生的生活垃圾，并产生电能。因此，各种各样的生物燃料电池被不断地研究和报道。

按生物燃料电池的构造不同可分为三类，即产物生物燃料电池、去极化生物燃料电池及微生物燃料电池。产物生物燃料电池是利用微生物发酵并分泌出具有电极活性的代谢产物（如 H_2）来构成不同的电极电位，并提供电能。去极化生物燃料电池是利用分别固定在电极上的微生物、酶、组织、细胞及抗体等生物组分，参与电化学反应并提供电压和电能。微生物燃料电池是利用生物组分将原有的电化学活性的化合物再生，这些再生的化合物再与电极发生相互作用并产生一定的电压和电流。

9.5.2.1　产物生物燃料电池

燃料电池可以用氢、联氨、甲醇、甲醛、甲烷、乙烷等作燃料，以氧气、空气、过氧化氢等为氧化剂。利用微生物的生命活动产生的"电极活性物质"作为电池燃料，然后把化学能转换成电能，成为微生物电池。能够产氢的细菌，属于化能异养菌，它们能够在发酵糖类、醇类、有机酸等有机物的同时，释放氢气，构成氢氧型的微生物电池。微生物细胞膜含有类脂或肽聚糖等不导电物质，电子难以穿过。因此，需要加入电子中间体，如中性红、劳氏紫和甲基紫精等有机小分子作为电子载体，才能构建微生物燃料电池。由于这些中间体价格昂贵且会对环境产生污染，因此开展无中间体（介体）的微生物燃料电池是目前主要研究趋势。无介体微生物燃料电池中的嗜阳极微生物主要选用在细菌外膜上存在着的具有良好氧化还原性能的细胞色素和细菌分泌的可溶的且能参与电子传递的物质,从而提高了微生物燃料电池的性能和降低电子传递途径的电阻,提高能效。

1972年,Allen等利用大肠杆菌能产氢的生理特性,构建了氢氧(空气)型电池,其构造如图9-4所示。他们把大肠杆菌导入电池的阴极室中,反应温度为37℃,结果获得电压0.7V、电流密度4~7μA/cm²的电流。但这种微生物电池的电流装置,受菌体生理生化特性影响较大,在菌体生长处于对数生长期时,菌体内氢化酶活性最大,产氢量也最高,电流值最大,随后电流值随着菌体的产氢量减少而降低。

把能产生氢的微生物固定在含乙醇废水(2kg)的反应器中,使菌体利用废水的碳源进行发酵并连续产氢,随后把氢输送到氢氧燃料电池中。此时,燃料电池可以连续10天以上提供端电压2.2V、0.6~1.0A的电流。美国宇航局曾为了解决宇宙飞船中宇航员排泄物的处理问题,采用芽孢杆菌(*Bacillus*)处理尿液,使尿酸分解而生成尿素,然后用尿素酶分解尿素成氨,氨能使铂电极产生电流。粗略估计22g尿液能获得47W的电能。此外,如用100g的椰子汁作假单胞菌(*Pseudomonas*)发酵的原料并产生甲酸的代谢产物,其产物可产生10mA的电流,相应的电量可使半导体收音机连续工作2天。

9.5.2.2 去极化生物燃料电池

酶、微生物及其他生物材料固定化技术是构建去极化生物燃料电池的关键性步骤之一。采用固定化技术把微生物固定到电极上,可获得较长使用期限的生物燃料电池并使菌体燃料生产达到较高的水平,这样就能进一步提高燃料电池的效率。把能产氢的大肠杆菌(*E. coli*)菌体用丙烯酰胺溶液混合并在铂黑电极(5cm×9cm)上聚合,作为阳极,以碳电极作为阴极。这种方式的微生物电池能获得较稳定的电流(图9-5)。据报道,该电池能在两个星期内连续提供1.0~1.2mA的电流。

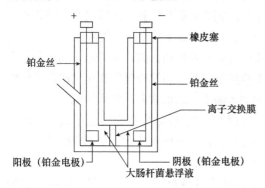

图9-4 氢氧(空气)型电池装置
(引自施安辉,1990)

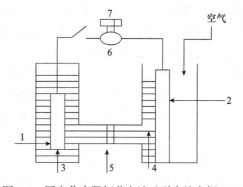

图9-5 固定化大肠杆菌电池(引自施安辉,1990)
1. 固定化大肠杆菌电极(阳极);2. 碳电极(阴极);3. 葡萄糖液;4. 磷酸缓冲液;5. 隔膜;6. 电流计;7. 记录仪

9.5.2.3 微生物燃料电池

近年来,微生物燃料电池(microbial fuel cell,MFC)技术是一种新概念的废物处理和能源利用的方式。相关研究已引起各国的广泛关注,相对论文数量以指数级增长,其研究内容在广度和深度上均有显著提升。其在微生物、系统构建与材料等研究方面已获得系列的突破性研究进展,尤其在微生物电子传递机制、系统输出功率、低成本高性能等方面。大量研究已表明,市政废水、各种食品加工废水、屠宰厂废水、养殖废水等均可被微生物进一步降解，为 MFC 提供燃料。美国 Lars Angenent 研究了一种持续的上流型微生物燃料电池，侧重于研究大量污水进入反应系统，为微生物提供充足的营养组分，并产生电能。该微生物电池可产生 160W/m³（按固定在电极上的微生物体积计算）。假如该微生物电池电力输出可高达 300W/m³，那么该电池系统可广泛地应用于食品工业和农业加工中。Zhu 等直接利用中性和酸性蒸爆预处理玉米秸秆作为 MFC 燃料，系统输出功率为 $1.3 \sim 1.6$ W/m³。Rezaei 等研究了酶解预处理纤维素对 MFC 产电性能的影响，发现了该技术不仅不影响 MFC 产电菌性能，而且加快了纤维素水解速度，使 MFC 输出功率提高了 10 倍。Catal 和 Huang 等研究了间歇运行单、双室 MFC 转化单糖和醇类的产电性能，结果表明这些单糖和醇均可作为 MFC 燃料，输出功率最高达到 44W/m³，库伦效率为 $13\% \sim 28\%$。这些研究结果预测 MFC 在具有水稻（*Oryza sativa*）、芦苇（*Phragmites australis*）等植物耦合的情况下，可能在提供电能的同时，还能在农田土壤或湿地污染修复中发挥重要的作用。近期浙江大学研制出基于曲霉菌孢子碳材料的新型高能量密度锂硫电池，其续航能力高出市场上销售的锂硫电池 3 倍，今后有望为电动汽车长续航能力提供新颖的微生物燃料电池。

英格兰西部大学研究人员已研制出一种手机大小，由生活垃圾提供能量的微生物电池，造价只有 15 美元。如果利用蔗糖作为能源，50g 蔗糖可使 40W 灯泡持续工作若干小时，并且几乎不产生任何垃圾。构建太阳光驱动的绿藻生长 - 厌氧消化 -MFC 组合反应器，该系统能产电 0.25W/m³，产能总计为 $2.2 \sim 5.7$ W/m³。目前，相关的工作人员正在设法进一步提高能效，主要集中在两个方面：一是通过分子生物学和基因工程技术剖析细胞与电极间的相互作用改进和调控电活性微生物细胞，降低或去除电子转移过程中的屏障或阻力，以及对电反应器进行优化构建，以提高 MFC 产电功率和生物质能利用率；二是开展 MFC 产业化研究。美国能源部西北太平洋国家重点实验室的研究人员首次在提纯奥奈达希瓦氏菌（*Shewanella oneidensis*）细菌外膜蛋白质过程中，观察到该蛋白质色素 A（OmcA）能吸附在赤铁矿上，并形成了一层致密的表层。矿物质内的金属起着"接受"OmcA 传输的每平方厘米数千亿个电子的作用。这一功能使细胞在呼吸过程中，依靠蛋白质释放电子以维持稳定的能量流动，防止大量电子的积聚伤害机体。使用荧光相关光谱测定和共聚焦显微镜技术监控蛋白质，当发现蛋白质正向矿物质传输电子时，就可以直接提供电子或者以 NADH（还原型辅酶Ⅰ）的形式向蛋白质供能。

尽管如此，目前科学家所面临的挑战是怎样把这种小的实验微生物燃料电池做大，使它能应用于家庭、农场或大型污水处理厂。充分利用生活和工业废水为原料，使微生物产电，这一技术将为人类提供生活用电的同时，也解决环境污染源的问题。

总之，利用微生物、酶及组织等生物材料均能制作出各种类型的电池。尽管这些生物燃料电池产电能较低，持续时间较短，并且绝大多数研究报道都是处于实验阶段，离实用阶段差距较远；但随着生物技术和其他相关科学的高速发展，我们相信在不远的将来，生物燃料电池一定会给人类带来可用的电能。

⬡ 小　结

能源危机是目前人类已经陷入且急需要设法摆脱的主要困境之一，提高能效和节约能源是中国乃至全世界每个国家都密切关注的热点科学问题之一。开发新能源，尤其是生物能源，是解决人类将来面临能源危机的有效手段之一。本章简单介绍生产生物能源的基本原理和简要过程，并举例阐明人类正在如何利用生物技术，将自然界的废弃物转化成可利用能源，以补充人类生存和发展过程中对能源的需求。在本章中，侧重简要介绍微生物勘探石油及提高石油开采率的方法与发展过程；利用微生物工程菌株和廉价的原材料，大规模发酵生产乙醇及甲烷；利用基因分子生物学技术，构建能高产氢能和高效降解废弃物，并转换成可再生利用能源的基因工程菌；微生物燃料电池设计、研制和培育能高产"石油"的树木及开发未来新能源等生物技术。

⬡ 本章思维导图

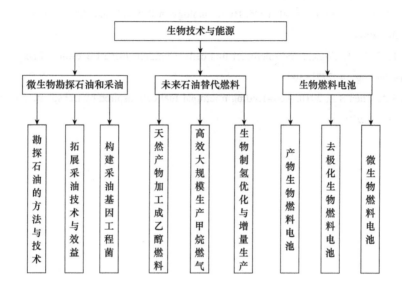

⬡ 复习思考题

1. 简述开发新能源的必要性。
2. 如何利用微生物勘探石油和提高采油量？
3. 简述乙醇燃料能替代石油的依据。
4. 简述人工生产甲烷能替代天然气燃料的依据。
5. 谈谈你对未来能源的见解。
6. 谈谈如何开展微生物燃料电池产业化。

⬡ 主要参考文献

程序. 2015. 国内外生物合成燃油和生物乙醇产业发展现状与趋势. 中外能源，20（9）：23～34

黄丽萍，成少安. 2010. 微生物燃料电池生物质能利用现状与展望. 生物工程学报，26（7）：942～949

李永峰. 2006. 生物制氢系统产氢菌的富集与培养技术. 南京理工大学学报，30（3）：365～370

施安辉. 1990. 经济微生物. 合肥：安徽科学技术出版社

世界能源理事会. 1998. 新的可再生能源——未来发展指南. 阎季慧译. 北京：海洋出版社

唐一尘. 2018. 国内外燃料乙醇产业政策深度解析. 高科技与产业, 265: 34~37

谢立华, 李培武, 张文, 等. 2005. 油菜作为优势能源作物的发展潜力与展望. 生物加工过程, 28（1）: 28~41

于洁. 2006. 生物质制氢技术研究进展. 中国生物工程杂志, 26（5）: 107~112

袁志华. 2008. 中国油气微生物勘探技术新进展. 地球科学（中国科学 D 辑）, 38（增刊）: 139~145

仲海涛, 吴启堂. 2006. 从废水中回收能源——微生物燃料电池和发酵生物制氢技术. 可再生能源, 30（3）: 46~50

周理. 2005. 氢与甲烷作为代油燃料之比较. 科技导报, 23（2）: 39~43

Higgins I J, Bestand D J, Jones J, et al. 1985. Biotechnology in Principle and Application. London: Blackwell Scientific Publications

Scott K, Yu E H. 2012. Biological and microbial fuel cells. Comprehensive Renewable Energy: Fuel Cells and Hydrogen Technology, 4: 277~300

Wu S Q, Patil S A, Chen S L. 2018. Auto-feeding microbial fuel cell inspired by transpiration of plants. Applied Energy, 225: 934~939

（黄河清）

第十章

生物技术与环境

10

学习目的

①掌握环境生物技术的基本原理。②了解环境生物技术在污水、废气和废料处理，以及环境监测评价等方面的应用与发展。

环境生物技术是生物技术应用于环境污染防治的一门学科。19世纪末生物滤池的出现及20世纪初活性污泥法的应用被视为环境生物技术的开端。20世纪80年代，环境生物技术的术语和概念得以正式提出。一般而言，环境生物技术指的是直接或间接利用生物体及其机能，降低或消除环境污染物，以达到环境污染防治目的的工程技术。

环境生物技术不仅包括传统意义上的污染治理生物技术，还包括污染预防生物技术及环境监测生物技术等。

对于污染治理生物技术而言，至少包括三个方面的内容：一是以基因工程、细胞工程等现代生物技术为主导的污染治理技术，如应用基因工程构建高效降解杀虫剂和除草剂等污染物的基因工程菌，创建抗污染型转基因植物等；二是一些传统的污染治理方法，如污水处理的活性污泥法和生物膜法，以及其在新的理论和技术背景下强化的技术与工艺等；三是指氧化塘、人工湿地、传统的厌氧发酵等自然生物净化处理技术等，以及其改进或强化的技术和工艺。上述三个方面的技术既可以单独应用，也可以融合利用，其目的是在环境污染治理中，寻求快速、有效治理污染的新途径，为治理环境污染开辟广阔的前景。

污染预防生物技术主要包括生物脱硫技术、生物冶金技术（生物淋溶技术）、生物制氢技术、生物制醇技术、生物燃料电池技术，以及生物农药技术、生物化肥技术、生物饲料技术、可降解性生物塑料技术等环境友好型生产工艺和流程。

传统的环境监测和评价技术侧重于理化分析和对试验动物的观察。随着现代生物技术的发展，一些快速、准确监测与评价环境的新的有效方法相继建立和发展起来，利用这些方法，并结合传统的技术，人们能对环境污染状况做出快捷、有效和全面的判断，同时为污染治理工程的利用提供合理的依据。

以下简要介绍常用于污水、废气、土壤和固体废弃物处理及环境监测等方面的环境生物技术，而生物制氢、生物制醇、生物燃料电池等生物能源技术及生物农药、生物化肥、可降解性生物塑料等生物资源化技术等在有关章节已有涉及，本章不再赘述。

10.1 污 水 处 理

人类的生产活动和生活离不开水，但同时又带来大量的工业废水和生活污水。如果不能将这些废弃物进行及时的处理，一方面会导致严重的环境污染，危害人类健康；另一方面会引起可利用水资源的匮竭。水资源短缺是 21 世纪人类面临的最为严峻的资源问题。

　　进行污水处理的方法很多，主要可以分为三大类：物理法、化学法和生物法。与前两种方法相比，生物法效果较好，特别是近几十年来，由于生物技术的发展，它的优越性更加明显。常见的生物方法包括稳定塘法、人工湿地处理系统法、污水处理土地系统法、活性污泥法和生物膜处理法等。

10.1.1　稳定塘法

　　稳定塘（stabilization pond）源于早期的氧化塘，是故又称氧化塘，是指污水中的污染物在池塘处理过程中反应速率和去除效果达到稳定的水平。稳定塘工程是在科学理论基础上建立的技术系统，是人工强化措施和自然净化功能相结合的新型净化技术，与原始的氧化塘技术相比，已发生根本性的变化。第一座人工设计的厌氧稳定塘是于 1940 年在澳大利亚的一处废水处理厂中建成的。目前，全世界采用生物稳定塘处理污废水的国家共有 40 多个。在中国，1985 年建成 30 余座稳定塘，1988 年增为 80 余座，90 年代后期发展为 120 余座。目前，有几百个城市污水和工业废水处理塘在城市和工业区运行。

　　稳定塘可以划分为兼性塘、厌氧塘、好氧高效塘、精制塘、曝气兼性塘等。其去污原理是污水或废水进入塘内后，在细菌、藻类等多种生物的作用下发生物质转化反应，如分解反应、硝化反应和光合反应等，达到降低有机污染成分的目的。稳定塘的深度从十几厘米至数米，水体停留时间一般不超过两个月，能较好地去除有机污染成分（表 10-1）。通常是将数个稳定塘结合起来使用，作为污水的一、二级处理。稳定塘法处理污废水的最大特点是所需技术难度低，操作简便，维持运行费用少，但占地面积大是推广稳定塘技术的一大困难。

表 10-1　不同稳定塘的去污效果比较

参数项	好氧高效塘	兼性塘	厌氧塘	曝气兼性塘
塘深 /m	0.15～0.5	0.9～2.4	2.4～3.0	1.8～4.5
BOD 负荷 /（g/m²）	11.2～22.4	2.2～5.6	35.6～56.0	3.4～11.2
BOD 去除率 /%	80～95	75～95	50～70	60～80
停留时间 / 天	2～3	7～50	30～50	7～20

　　注：BOD. 生物需氧量，即微生物完全分解污水或淤泥中有机物质时所需要的溶解氧量

　　近些年来，越来越多的证据表明：如果在塘内播种水生高等植物，同样也能达到净化污水或废水的能力。这种塘称为水生植物塘（aquatic plant pond）。常用的水生植物有凤眼莲、灯心草、水烛、香蒲等。美国在水生大型植物处理系统方面研究的规模最大，在加利福尼亚州建成的水生植物示范工程占地 1.2hm²，其工艺流程为：污水→格栅→二级水生植物曝气塘→砂滤→反渗滤→粒状炭柱→臭氧消毒→出水。经过该系统的处理，出水可作为生活用水，水质达饮用水标准。在很多情况下，水生植物塘是与上述稳定塘相结合使用的，构成一种新型的稳定塘技术，即综合生物塘（multi-plicate biological pond）系统。综合生物塘具有污水净化和污水资源化双重功能，占地面积相对较小，净化效率较高，能做到"以塘养塘"，适合中小城镇地区应用。

10.1.2　人工湿地处理系统法

　　人工湿地处理系统（artificial wetland treatment system）法是一种新型的废水处理工艺。自 1974

年联邦德国首先建造人工湿地以来，该工艺在世界各地得到推广应用，发展极为迅速。人工湿地的规模可大可小，既可以为一家一户排放的废水处理提供服务，也可以处理千人以上村镇排放的生活污水。其最大的特点是：出水水质好，具有较强的氮、磷处理能力，运行维护管理方便，投资及运行费用低，比较适合于管理水平不高、水处理量及水质变化不大的城郊或乡村。

人工湿地由土壤和砾石等混合结构的填料床组成，深 60～100cm，床体表面种上植物。水流可以在床体的填料缝隙间流动，或在床体的地表流动，最后经集水管收集后排出。人工湿地对废水的处理综合了物理、化学和生物三种作用。其成熟稳定后，填料表面和植物根系中生长了大量的微生物形成生物膜，废水流经时，固态悬浮物被填料及根系阻挡截留，有机质通过生物膜的吸附及异化、同化作用而得以去除。湿地床层中因植物根系对氧的传递释放，其周围的微生物环境依次呈现出好氧、缺氧和厌氧状态，保证了废水中的氮、磷不仅能被植物和微生物作为营养成分直接吸收，还可以通过硝化、反硝化作用及微生物对磷的过量积累作用而从废水中去除，最后通过湿地基质的定期更换或收割使污染物从系统中去除。特别需要指出的是，生长的水生植物如芦苇、大米草等还能吸收空气中的 CO_2，起到净化空气的作用；其本身又具有较高的经济价值。

人工湿地一般作为二级生物处理，一级处理采用何种方法视废水的性质而定。对于生活污水，可采用化粪池，其他工业废水可采用沉淀池作为去除固态悬浮物的预处理。人工湿地视其规模大小可单一使用，或多种组合使用，还可与稳定塘结合使用。图 10-1 为深圳白泥坑人工湿地处理的简单流程图。

人工湿地水处理技术研究进展

10.1.3　污水处理土地系统法

污水处理土地系统法（land system for wastewater treatment）是 20 世纪 60 年代后期在各国相继发展起来的。它主要是利用土地及其中的微生物和植物的根系对污染物的净化能力来处理污水或废水，同时利用其中的水分和肥分来促进农作物、牧草或树木生长的工程设施。污水处理土地系统具有投资少、能耗低、易管理和净化效果好的特点。其主要分为三种类型，即慢速渗滤系统（SR）、快速渗滤系统（RI）和地表漫流系统（OF）。此外，也常采用将上述两种系统结合起来使用的复合系统。

污水处理土地系统一般由污水的预处理设施，污水的调节与储存设施，污水的输送、分流及控制系统，处理用地和排出水收集系统等组成。该处理工艺是利用土地生态系统的自净能力来净化污水。土地生态系统的净化能力包括土壤的过滤截留、物理和化学的吸附、化学分解、生物氧化，以及植物和微生物的吸收和摄取等作用。其主要过程是：污水通过土壤时，土壤将污水中处

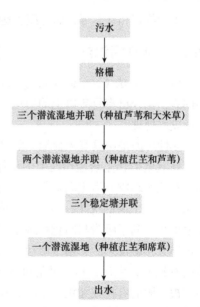

图 10-1　深圳白泥坑人工湿地处理的简单流程图

于悬浮和溶解状态的有机物质截留下来，在土壤颗粒的表面形成一层薄膜，这层薄膜里充满着细菌，能吸附污水中的有机物，并利用空气中的氧气，在好氧菌的作用下，将污水中的有机物转化为无机物，如二氧化碳、氨气、硝酸盐和磷酸盐等。土地上生长的植物，经过根系

吸收污水中的水分和被细菌矿化了的无机养分，再通过光合作用转化为植物体的组成成分，从而实现有害的污染物转化为有用物质的目的，并使污水得以利用和净化处理。污水处理土地系统对几种污水成分的去除效率见表 10-2。

表 10-2　污水处理土地系统对几种污水成分的去除效率　　（%）

污水成分	慢速渗漏	快速渗漏	地表漫流
BOD	80~99	85~99	>92
COD	>80	>50	>80
SS	80~99	>98	>92
总 N	80~99	80	70~90
总 P	80~99	70~90	40~80
病毒	90~99	>98	>98
细菌	90~99	99	>98
允许范围内的金属量	>95	50~95	>50

注：BOD. 生物需氧量；COD. 化学需氧量，指用化学法完全氧化分解污水或淤泥中有机物质时所需要的化学试剂量；SS. 污水中的固态悬浮物质

污水处理土地系统源自传统的污水灌溉，但又不同于传统的污水灌溉。首先，处理系统要求对污水进行必要的预处理，对污水中的有害物质进行控制，避免对周围环境造成污染。其次，处理系统是按照要求进行精心施工，有完整的工程系统可以调控。最后，处理系统地面上种植的植物以有利于污水处理为主，多为牧草和林木等；而污灌土地常以粮食、蔬菜等农作物为主。

污水土地处理技术研究的最新进展

10.1.4　活性污泥法

活性污泥法（activated sludge process）最早由英国的 E. Ardern 和 W. T. Lockett 于 1914 年创立，至今已有百年以上的历史，并演变出多种多样的工艺流程，广泛应用于城市污水和工业废水处理。

活性污泥是由具有生命活力的多种微生物类群组成的颗粒状絮绒物，有时称之为生物絮体。好氧微生物是活性污泥中的主体生物，其中又以细菌最多。同时还有酵母菌、放线菌、霉菌及原生动物和后生动物等，它们共同构成一个平衡的生态系统。正常的活性污泥几乎无臭味，略有土壤的气味，多为黄色或褐色。活性污泥的粒径小，为 0.02~0.2mm，有较大的比表面积，利于吸附与净化处理废水中的污染物。其去除污染物的基本原理是：活性污泥与废水充分接触混合后，由于活性污泥颗粒有较大的比表面积，其表面的黏液层能迅速吸附大量的有机或无机污染物。吸附过程约在 30min 内即可完成，可去除废水中 70% 以上的污染物。被吸附的有机或无机污染物又在微生物的作用下，进行分解或合成代谢活动，实现了物质的转化，从而使废水或污水得以净化。

活性污泥法是一种废水好氧处理技术，其基本流程如图 10-2 所示。

典型的活性污泥工艺由曝气池、沉淀池、通气系统、污泥回流系统和剩余污泥处理系统组成。废水和回流的活性污泥一起进入曝气池形成混合液。空气通过铺设在曝气池底部的空气扩散装置，以细小气泡的形式进入废水中，既增加了废水中的溶解氧含量，也使混合液处

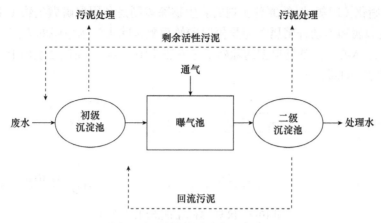

图 10-2　活性污泥法的基本流程

于剧烈搅动的状态，呈悬浮状态。溶解氧、活性污泥与废水互相混合、充分接触，使活性污泥反应得以正常进行。

　　近年来，活性污泥法不断得到发展和强化，新工艺不断得以应用。例如，高浓度活性污泥法就是以高污泥浓度和长泥龄来促进对难分解物质的处理。曝气池内的活性污泥浓度的提高大大降低了污泥负荷；长泥龄使繁殖速率较慢的能分解难降解物质的微生物稳定生长，增强污泥的分解能力。一般可通过在沉淀槽内投加混凝剂（如铁盐和铝盐）提高污泥浓度。高活性污泥法还可加快反应速率，缩小反应器体积和减少剩余污泥量。而粉末活性炭活性污泥法（PACT 法）则是充分发挥了活性炭优良的吸附能力和微生物氧化能力的协同增效作用。在该系统中，每克活性炭可去除 $1\sim3g$ COD，且改善了生物性能，使废水毒性下降。该法具有较强的抗毒能力和分解作用。

　　深井发酵系统是由英国 ICI 建立发展的活性污泥除污技术的新工艺。废物（废水）、空气和微生物的循环及混合是在地下深达 150m 的深井中进行的（图 10-3）。该种系统在土地和能量利用方面最为经济，产生的淤泥较少，有广泛的应用前景。

　　上流式厌氧污泥床法（UASB）的反应器也较为特殊，其上部设置了一个固-液-气三相分离器，下部设置了一个进水分布器。这种结构使反应器内能维持众多的生物量和较长的泥龄及较少的短流影响。水解-好氧生物处理法（H/O 法）则是在上流式厌氧污泥床处理城市污水的基础上开发的新工艺。其特点是利用兼性的水解-产酸菌将废水中悬浮物水解成可溶性物质，将难降解的大分子分解成小分子，染料中的一些双键不饱和发色基团可在酸化阶段断链而被脱色。这大大提高了后续好氧处理的效率和深度。该工艺处理聚乙烯醇（PVA）浆料废水、表面活性剂废水、焦化废水和印染废水等难降解工业废水，效果十分明显。而且该工艺总的污泥量比传统工艺降低 28%，且排泥是稳定污泥，无须设置消化系统，实现了污水、污泥一次处理。

　　氮和磷是水体富营养化的主要因子，因此生物除磷脱氮技术的建立具有极其重要的意义。生物脱氮是利用微生

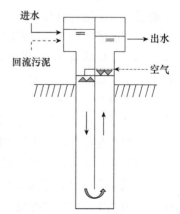

图 10-3　污水处理的深井发酵系统示意图

物"硝化 - 反硝化（脱氮）"的原理实现的。生物除磷则是利用聚磷微生物（主要是假单胞菌属、气单胞菌属和不动杆菌属）超量摄取磷的现象来除去污水中磷的方法。厌氧 - 好氧（anaerobic-oxic，A-O）法就是典型的除磷工艺方法（图 10-4）。在该法基础上又发展起来许多能同时脱氮除磷的新工艺。

图 10-4　厌氧 - 好氧法除磷工艺流程

间歇式活性污泥法（SBR 法）是 20 世纪 80 年代兴起、开发和应用于中小规模工业废水及生活污水处理的一种活性污泥法，其运行模式的特点是有周期性并可根据废水的性质进行多种好氧（曝气）和厌氧（搅拌）组合的操作，以达到除去 BOD、硝化或脱氮除磷的净化目标。

此外，值得一提的是，在废水或污水等生物治理过程中多采用纯培养的微生物菌株，因此，高效菌种的选育工作是其核心技术之一。但从自然环境中分离筛选得到的菌株降解污染物的酶活性往往有限，同时菌种选育工作耗时费力。如果能对这些菌株进行遗传改造，提高微生物酶的降解活性，并可大量迅速繁殖，无疑会对生物治理工程产生极大的帮助。随着现代生物技术的发展，这一切正逐渐开始变为现实。例如，自然界中的某些细菌菌株体内存在降解氯代邻苯二酚的质粒，将其基因克隆重组并转化到合适的假单胞菌（*Pseudomonas*）细胞中，构建的工程菌能分解去除环境中的氯代邻苯二酚或氯代 -*O*- 硝基苯酚等芳烃化合物。一种能降解 3-氯苯甲酯的工程菌引入试验曝气池后可存活 8 周以上，它能较快地利用 3-氯苯甲酯作碳源，提高 3-氯苯甲酯的降解效率；而从活性污泥中筛选出降解 3-氯苯甲酯的土著菌，则需经过长期的驯化过程方可产生一定的降解功能。

10.1.5　生物膜处理法

生物膜处理法（bio-film treatment process），又称为生物过滤法、固着生长法，或简称为生物膜法。它是通过渗滤或过滤生物反应器进行废水好氧处理的方法。在这个系统中，液体流经不同的滤床表面。滤床填料可以是石头、砂砾或塑料网等，其表面附着大量的微生物群落而形成一层黏液状膜，即生物膜。生物膜中的微生物与废水不断接触，能吸附去除有机物以供自身生长。生物膜的生物相由细菌、酵母菌、放线菌、霉菌、藻类、原生动物、后生动物及肉眼可见的其他生物等群落组成，是一个稳定平衡的生态系统。大量微生物的生长会使生物膜增厚，同时使其生物活性降低或丧失。

生物滤池是生物膜法处理废水的反应器。普通的生物滤池是一种固定型的生物滤床，构造比较简单，由滤床、进水设备、排水设备和通风装置等组成（图 10-5）。其他的生物滤池还有塔式生物滤池、转盘式生物滤池和浸没曝气式生物滤池等。近年来还发展了一种特殊的生物滤池，即活性生物滤池（activated bio-filter）。它是一种将活性生物污泥随同废水一起回流到滤池进行生物处理的结构。活性生物滤池具有生物膜法和活性污泥法两者的运行特点，可作为好氧生物处理废水的发展方向之一。

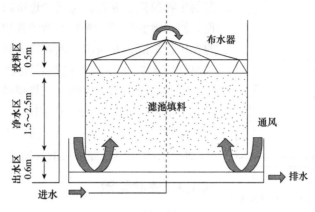

图 10-5 生物滤池的结构示意图

10.2 大气净化

应用生物技术来处理废气和净化空气是控制大气污染的一项重要技术，代表了大气净化处理技术的未来发展方向。大气净化生物技术的基本原理很简单，就是将污染气体与水体充分混合，使污染气体分子转化为液相成分，然后利用生物，尤其是微生物的生理代谢机能来净化液相污染成分。目前大气净化生物技术中常用的方法有：（微）生物洗涤法、生物吸收法和生物（膜）过滤法等，所采用的生物反应器包括生物净化塔（也称作生物洗涤器）、渗滤器（也称作生物滴滤塔）和生物滤池等。

10.2.1 生物净化塔

生物净化塔（bio-scrubber）通常由一个涤气室和一个再生池组成（图 10-6）。废气进入涤气室后向上移动，与涤气室上方喷淋柱喷洒的细小水珠充分接触混合，使废气中的污染物和氧气转入液相，实现质量传递。然后利用再生池中的活性污泥除去液相中的污染物，从而完成净化空气的过程。实际上，空气净化最为关键的步骤就是将大气中的污染物从气态转入液态，此后的处理过程也就是污水或废水的去污流程。

生物净化塔可用于处理含有乙醇、甲酮、芳香族化合物、树脂等成分的废气；也可用来净化由煅烧装置、铸造工厂和炼油厂排放的含有胺、酚、甲醛和氨气等成分的废气，达到除臭的目的。

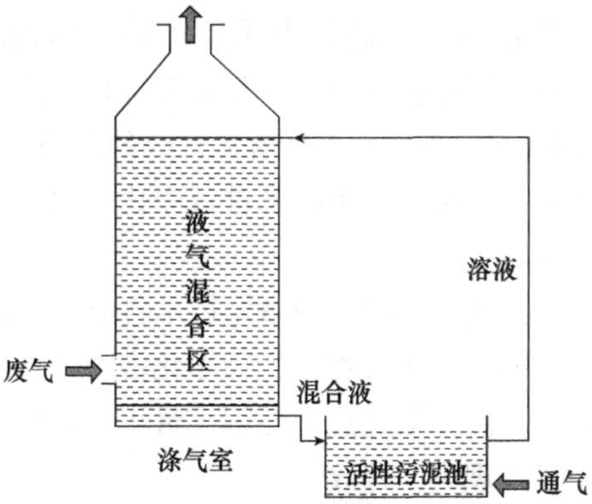

图 10-6 生物净化塔示意图

10.2.2 渗滤器

与生物净化塔相比，渗滤器（trickling filter）可使废气的吸收和液相的除污再生过程同时在一个反应装置内完成（图 10-7）。渗滤器的主体是填充柱，柱内填充物的表面生长着大量的微生物种群并由它们形成数毫米厚的生物膜。废气通过填充物时，其污染成分会与湿

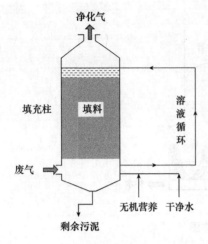

图 10-7　一个简单渗滤器的结构示意图

润的生物膜接触混合，完成物理吸收和微生物的作用过程。使用渗滤器时，需要不断地往填充柱上补充可溶性的无机盐溶液，并均匀地洒在填充柱的横截面上。这样水溶液就会向下渗漏到包被着生物膜的填充物颗粒之间，为生物膜中的微生物生长提供营养成分；同时还可湿润生物膜，起到吸收废气的作用。

渗滤器在早期主要是用于污水处理。将其用于废气处理时，运行的基本原理与前者相同。

10.2.3　生物滤池

生物滤池（bio-filter）主要用于消除污水处理厂、化肥厂及其他类似场所产生的废气。一个常用的生物滤池结构如图 10-8 所示。很明显，用于净化空气的生物滤池与前面提及的进行污水处理的生物滤池非常相似，深度约 1m，底层为砂层或砾石层，上面是 50～100cm 厚的生物活性填充物层，填充物通常由堆肥、泥炭等与木屑、植物枝叶混合而成，结构疏松，利于气体通过。在生物滤池中，填充物是微生物的载体，其颗粒表面为微生物大量繁殖后形成的生物膜。另外，填充物也为微生物提供了生活必需的营养，每隔几年需要更换一次，以保证充足的养分条件。

在生物滤池系统中，起降解作用的主要是腐生性细菌和真菌，它们依靠填充物提供的理化条件生存，这些条件包括水分、氧气、矿质营养、有机物、pH 和温度等。活性微生物区系的多样性则取决于被处理废气的成分。常用于生物滤池技术的菌株有：降解芳香族化合物（如二甲苯和苯乙烯等）的诺卡氏菌（*Nocardia*）；降解三氯甲烷的丝状真菌和黄杆菌

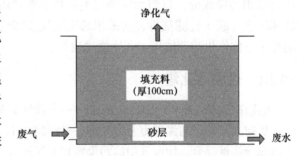

图 10-8　用于废气处理的开放式生物滤池

（*Flavobacterium*）；降解氯乙烯的分枝杆菌（*Mycobacterium*）等。对于含有多种成分的废气，可采用多级处理系统来进行净化，每一级处理使用一个生物滤池，针对某种或某类成分进行处理。

上述不同的生物净化技术各有其优缺点，适用于处理不同的废气成分及浓度和不同的废气量的气态污染物。生物净化塔对于负荷高、污染物降解后易生成酸性物质的废气处理效果较好；渗滤器适宜于处理气量小、浓度低且易溶解的废气；生物滤池则对气量大、浓度低的废气处理更为有效。

针对大范围的面源污染，如大气中 CO_2 等温室气体的急剧增加，采用传统的生物（植物和微生物）固定或吸收的方法仍不失为一种有效的防治手段。绿色植物和微型藻类能通过自身的光合作用，将大气中的 CO_2 固定下来，并释放 O_2；一些化能型细菌可以利用 CH_4 等小分子化合物维持自身的生长，这对于降低大气中温室气体的浓度，解决当今世界面临的全球气候变暖和气候极端化带来的困扰还是有益处的。

10.3 固体废弃物的生物处理

固体废弃物主要包括固体生活垃圾和生产废弃物。下面简要介绍固体垃圾的生物处理及生产废弃物矿渣的生物淋溶处理。

10.3.1 固体垃圾的生物处理

随着城市数量增多、规模扩大和人口的增加，全球城市废弃物量迅速增长，其中固体垃圾在现代城市产生的废弃物中占据的比例越来越大。以我国为例，自 1979 年以来，城市垃圾平均以每年 8.98% 的速率增长，2000 年城市垃圾产生量约 1.4 亿 t。根据生态环境部《2018年全国大、中城市固体废物污染环境防治年报》，2017 年，全国 202 个大、中城市的垃圾总量为 15.6 亿 t，其中一般工业固体废物产生量 13.1 亿 t，生活垃圾产生量 2.0 亿 t！城市垃圾的组成较为复杂，一部分由玻璃、塑料和金属等组成，另一部分是可分解的固体有机物，如纸张、食物垃圾、污泥垃圾、枯枝落叶、大规模畜牧场和养殖场产生的废物等。大量的垃圾在收集、运输和处理处置过程中，含有或产生的有害成分会对大气、土壤、水体造成污染，不仅严重影响城市环境卫生质量，而且危害人们的身体健康，成为社会公害之一。

世界各国处理城市垃圾的方法主要有三种，即填埋、堆肥和焚烧。其中填埋和堆肥主要是通过微生物的作用来完成垃圾处理的。

10.3.1.1 填埋技术

填埋技术就是将固体废物存积在大坑或低洼地，并通过科学的管理来恢复地貌和维护生态平衡的工艺。填埋法处理垃圾量大、简便易行、投入少，是自古以来人类处理生活垃圾的一种主要方法。目前，美、英两国 70% 以上的垃圾是通过填埋技术处理的。

填埋过程中，每天填入的垃圾应被压实，并铺盖上一层土壤。这些地点的完全填埋需数月或数年，因此如果处理不当，填埋地不仅不雅观，而且易导致二次污染。例如，产生异味，污染空气；蚊蝇滋生，卫生状况恶化；有害废物还能对填埋地的微生物产生严重的影响，并伴随着有害径流的发生或渗漏到地下水中，不断污染城市水源。此外，被填埋的垃圾发酵后产生的甲烷气体易引发爆炸等事故。

针对上述问题，现代填埋技术已有很大改进。在选择填埋场地时，其底层应高出地下水位 4m 以上，而且填埋地的下层应有不透水的岩石或黏土层，如果无自然隔水层基质，则需铺垫沥青或塑料膜等不透水的材料以避免渗漏物污染周围的土地和水源。填埋场应设置排气口，使填埋过程中产生的甲烷气体及时排出，以防止爆炸起火，同时也便于气体的收集。此外，填埋场还要有能监测地下水、表面水和环境中空气污染情况的监测系统。有时填埋前需要对填埋物进行一定的预处理。这种经过合理构建的封闭填埋地（图 10-9）可以较好地处置填埋物，并能产生甲烷气体用作商业用途。甲烷气体通常在合理填埋数个月后开始产生，并渐渐达到高峰产出期；几年后，产量逐渐下降。另外，通常不能在填埋地上建房，以防下陷，但此填埋地可作为农田、牧场或绿地公园等加以利用。

过去，填埋地常被视为垃圾的转移地或存积容器，通过它将垃圾废物等与周围环境隔离开。现在人们已开始把填埋地当作生物反应器来管理，使其发挥更大的经济效益和环境效益。我国于 1995 年在深圳建成了第一个符合国际标准的危

我国村镇垃圾处理现状及新模式的探讨

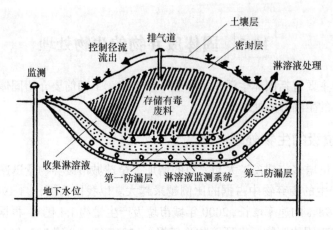

图 10-9　填埋技术示意图（引自 Smith，1996）

险废物填埋场。此后，一些城市相继建成一些日处理量在 1000~2500t 的大、中型垃圾卫生填埋场。目前，在大多数西方国家中通过减少填埋物的数量来降低对土地的要求，并相应增加了操作的安全性。在可预见的将来，在固体废物的管理方面，填埋措施会继续起到重要的作用。

10.3.1.2　堆肥法

堆肥是实现城市垃圾资源化、减量化的一条重要途径。与填埋技术相同，堆肥技术也是基于微生物的生命代谢活动，正是微生物的降解作用使得垃圾中的有机废料转换成稳定的腐殖质。这些产物大大减少了原材料的体积，并能用作土壤改良剂或肥料安全地返回环境中。实际上，这是在低温条件下有效的固体基质的发酵过程。家庭固体垃圾中可稳定降解的有机物含量较高，比较适合堆肥处理。如果使用特定的有机原料，如草秆、动物废料等，再经过特殊的堆肥操作，终产物可作为有广泛商业价值的真菌（如双孢蘑菇）的培养基。

堆肥是在铺有固体有机颗粒的底床上进行的，固有的微生物在其中生长和繁殖。堆肥的方式有静止堆积、通气堆积、通道堆积或在旋转柱筒系统（生物反应器）中堆积等。也可以对废料进行某种形式的预处理，如通过切碎或磨碎的方法减少颗粒的大小。堆肥处理的基本生物学反应是有机基质与氧混合后发生氧化反应，生成 CO_2、水或其他有机副产物（图 10-10）。堆肥过程完成后终产品常需放置一段时间加以稳定。

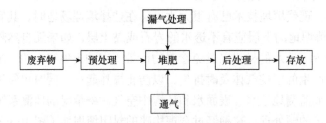

图 10-10　堆肥工场处理过程流程图

堆肥需要提供微生物生长的最适条件。因为堆肥操作需要隔离，并且微生物的反应产生了生物热能，使堆肥内部热量迅速积累，过高的热量严重抑制了微生物的生物活性，所以堆肥温度应小于 55℃。有机基质的湿度宜控制在 45%~60%。湿度高于 60% 时，多余的水分会积累并填充在颗粒间隙，制约了堆肥的通气状况；湿度小于 40% 时，由于干燥而不利于微生物的成功繁殖。良好的通气条件也是堆肥成功的一个必要因素。

固体有机物只有在发酵微生物分泌的外源酶的作用下才能缓慢降解。这一反应通常是限速步骤。在大多数固体废料中，纤维素和木质素最为丰富。两种成分均耐降解，因此固体废料中纤维素和木质素含量越高，降解速度越缓慢。

通气堆肥系统是在一个封闭的建筑物内进行的，可以控制异味的散布。在这类系统中，通过翻转进行强制性的通气，可以创造良好的堆肥条件。现在欧洲已有数家这样的工场，年处理能力超过 60 000t。

通道堆肥是在一个封闭的、长 30～60m、宽和高均为 4～6m 的塑料管道内进行的。这种通道系统在污水淤泥和家庭废料的堆肥处理方面已应用多年，并可用于培养蘑菇所需的特殊基质的生产。一些工场的年处理能力已达 10 000t。

旋转柱筒系统有多种规格，广泛用于家庭废料的堆肥处理。大规模的处理特别适用于湿有机废料；小规模的柱筒系统则广泛用于少量园艺废料的处理，产物可以再循环使用。

在某些堆肥过程中，由于存在含硫和含氮化合物，会产生异味。应利用气体净化器或过滤器来降低或去除这些气味。广泛采用的生物过滤器有一个固定的床基或有大量的有机物，如成熟堆肥或微生物着床的木屑。气体通过混合物时，产生的生物活性能大大减少令人不适的气味。

堆肥是一种简单、自然、安全，且开支少于填埋和焚烧等方法的技术工艺，也是进行固体有机物处理及产物循环利用的一个基本方式。未来的堆肥技术应有如下 4 个标准：①要有合理的、永久性的底层结构，以避免有害渗漏物污染到地下水源；②堆肥基质的质与量要适合，这是影响终产品质量的主要因素；③形成终产品的市场，这是堆肥技术得以推广的保证；④处理过程不污染环境，并且在经济上可行。

10.3.2 生产废弃物矿渣的生物淋溶处理

生物淋溶技术主要指微生物冶金或微生物浸矿技术，它是近代湿法冶金工业上的一种新工艺。应用微生物溶浸某些贫矿、废矿、尾矿或火冶炉渣等时，微生物可以通过其溶解作用，即淋溶作用，来回收提取有商业价值的贵重金属或稀有金属。微生物采矿可以防止矿产资源的流失，达到最大限度地利用矿藏的目的；同时还能避免或减少固体废物对环境的污染。

金属的生物淋溶反应涉及矿物硫的氧化作用。许多细菌、真菌、酵母、藻类甚至原生动物都能进行这些特殊反应。多数矿物中存在大量的含硫物质，如硫化铁等，通过氧化作用即可游离出有价值的金属。应用广泛的细菌，如氧化亚铁硫杆菌（*Thiobacillus ferrooxidans*）可以氧化硫和铁，因此矿物垃圾中的硫可以转化成硫酸，同时促进硫酸铁氧化成硫铁化物。

生物淋溶反应的一般过程是用含有微生物和促进微生物生长的某些必需营养（磷/氨）成分的淋溶液反复冲洗碎矿石（图 10-11）。从矿石堆中收集到的淋溶液里含有易于分离提取的重要金属，即激流处理法。

微生物冶金技术的工艺条件较易控制，设备要求简单，成本比较低廉。1958 年，用细菌产生的硫酸高铁溶液溶浸贫矿石，成功地回收了铜。世界上每年利用此法提取的铜量占总采铜量的 20%；在美国，大约 10% 产量的铜是采用此法提取的；印度、加拿大、美国、智利和秘鲁等国利用微生物提取铜的总量累计每年 30 万 t。低品位矿石淋溶法的耗费约为直接溶解法的 1/3。

加拿大、印度、美国和苏联等国广泛应用细菌的淋溶技术直接从低品位矿石（0.01%～0.5% U_3O_8）中回收铀，所耗成本仅为其他方法的一半。仅在美国，每年就采用该法提取到 4000t 铀。铀主要用作核能发电的燃料，从废弃的低品位矿石中富集铀是对能源生产的一个

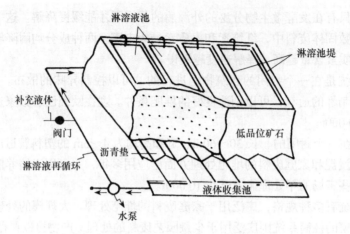

图 10-11   微生物采矿的原理（引自 Smith，1996）

重要贡献。铀矿石的生物淋溶对核电站的经济利用有着重大意义，同时也提供了一种从低含量的核废料中回收铀的方法。其他许多重金属或稀有金属元素，如锰、镍、钴等也可采用此法提取。加拿大和法国用细菌浸提黄金取得了良好的效果，53 天从 375t 黄金矿中提炼出 1kg 黄金，回收率高达 95.6%。

重要微生物种群数量主要受到所处环境的酸度和基质的有效性等因素的影响，对这些因素的有效控制促使淋溶技术不断地取得进展，并提供了更有效和更经济的方法以提取更多的现代工业必需的稀有金属。生物淋溶法最大的不足就是提取过程相当缓慢。

微生物淋溶技术的另一个重要用途是去除高硫含量煤矿中的硫。这种煤随着燃烧常常导致 SO_2 的污染，因此高硫含量的煤现已很少使用。然而，随着越来越多地利用储藏煤而导致其储量减少，高硫含量的煤矿也不能忽视。因此，利用微生物去除高硫含量煤矿中的硫将会产生巨大的经济价值和重要的环境意义。

淋溶微生物菌株的筛选及其重金属溶出效率的研究

利用脂肪族碳氢化合物的细菌可被用于石油储藏的勘探中。在商业上，微生物将很快地被应用到从油墼和焦油砂中提取石油产品方面。在所有的这些工艺流程中，很少用到固定的容器罐或生物反应器。取而代之的是将自然的地质位点作为生物反应器，即水和微生物流经矿层并经过自然渗漏或流出后被收集。收集液也可以采用机械泵进行再循环。

10.4   污染环境的生物修复

10.4.1   概述

人类范围广泛的生产活动，如农田耕种时化肥和农药的大量使用、工厂废弃化学物质的堆放、油田生产和运输过程中的事故性排放等，常常导致土壤及地下水污染。污染地中的某些化学物质的含量或浓度已达到可直接或间接地对人类和环境产生危害的程度。常见的土壤污染有石油污染、有害或有毒化合物污染及重金属污染等。某些外源性有害化合物和重金属在许多情况下虽只是低水平地进入环境，但由于它们不易降解，逐渐会在土壤中积累下来。同时，它们本身经过食物链传递后，其含量也会升高，即"生物放大"，从而对人类造成危害。

对于污染地的处理现在多采用洗脱和吸附等物理或化学去污方法。这些方法需要较高的投资成本，并仅适用于严重污染的小范围地点。而生物修复（bioremediation）则是指利用生物，特别是微生物的代谢活动来减少或清除污染环境中的化学污染物的过程，这种技术涉及生物催化进行的降解、去毒或积累作用，并且可用于大面积污染环境的治理，又称为生物改善、生物挽救、生物再建或生物处理等。

事实上，自然条件下的生物净化过程就是生物修复，但该净化过程通常较为缓慢。现在所指的生物修复是一种人为工程行为。根据所采用的生物类型不同，生物修复可分为微生物修复（microbial remediation）和植物修复（phyto-remediation）等；根据修复的污染物类型不同，生物修复可分为石油污染的生物修复、重金属污染的生物修复和农药污染的生物修复等；根据修复的污染地不同，生物修复又可分为土壤污染的生物修复、地下水污染的生物修复和地表水污染的生物修复等。

微生物修复的基本原理：调节污染地的环境条件以促使原有微生物或接种微生物的降解作用迅速完全进行。自然环境中的微生物种群存在着一种动态平衡，可以通过改变环境条件如营养有效性等调节其数量和类群。一般作用于污染物分子的微生物均非单一菌株，而是一类相关的菌株。微生物对污染物的代谢反应有多种形式，既有有利于生态系统的，也有不利于生态系统的（表10-3）。

表 10-3　微生物对化学污染物的作用

作用	化学变化	作用	化学变化
降解	复杂的化合物转变成简单的产物，有时矿物化	脱氧	转变成非毒性化合物
结合	将化合物转变成较为复杂的结构	活化	转变成更大毒性的化合物

植物修复则是通过种植某些特殊的植物类型以利用植物的吸收、富集或降解作用来达到降低或去除污染环境中的污染物的过程。植物修复具有投资和维护成本低、操作简便、不造成二次污染、具有潜在或显在经济效益等优点，更适应环境保护的要求，因此越来越受到世界各国政府、科技界和企业界的高度重视和青睐。自从20世纪80年代问世以来，植物修复已经成为国际学术界研究的热点之一，并且开始进入产业化初期阶段。

10.4.2　生物修复的方法

生物修复的技术种类很多，但大致可分为原位（in situ）生物修复和异位（ex situ）生物修复两类。原位生物修复中的污染对象不需移动，处理费用低，但处理过程控制比较难。异位生物修复需要通过某种方法将污染对象转移到污染现场之外，再进行处理。

原位生物修复的具体操作方法可分为三种：①环境条件的改善或修饰，如向环境中提供营养物质和通气等。②接种合适的微生物以降解污染物。用于生物修复的微生物，可以是该环境中原有的微生物，称为土著微生物。如果在污染区域内的土著微生物不能有效地降解污染物，就必须人为接种各种可降解污染物的微生物。这些微生物可以是从天然样品中筛选的，也可以是通过基因工程改造的。③种植合适的植物类型以吸收或降解污染物。同样，植物种类可以是自然生存的，也可以是通过基因工程改造的。

环境条件的改善通常包括：①通气或通过土壤翻耕等方法以保证氧的供应量；②适量补充矿物营养物质，特别是氮和磷元素，以促进微生物的生长及提高它们的降解代谢速率；③水的活性调节，包括含水量的调节；④环境pH条件的调节，把环境的pH条件调整到微生物代谢活动最适的范围，以充分发挥其作用；⑤环境氧化还原电位的调节。

如果污染区域内微生物种群即使在最佳作用条件下也不能降解污染物，或降解污染物的速率很慢，就需要人为接种各种可降解污染物的微生物。在接种微生物之后，同时要改善污染区域的环境条件，以保证所接种的微生物的生长繁殖，充分发挥它们的降解污染物的代谢作用，以达到对污染区域的生物修复的目的。

异位生物修复中的处理过程容易控制，但污染对象的移动费用较大，并且需要各种类型的生物反应器。生物反应器的加工制造及控制系统的设置等虽然增加了异位生物修复的费用，但对一些难以处理的污染物，如某些有毒化合物、挥发性污染物或浓度较高的污染物的处理，异位生物修复是不可替代的选择。此外，由于生物反应器的条件可以严格控制，生物处理的除污效率较高。

10.4.3　生物修复技术的应用

适用于生物修复技术处理的污染物种类有很多，其中石油及石油制品、多环芳烃和烷烃化合物及重金属污染等得到了较多的关注。在某些污染环境的治理过程中，生物修复技术已获得成功应用。

10.4.3.1　石油污染的生物修复

目前，石油化合物和其他一些有害化学物质已污染了陆地表面和大洋及其他水域的大部分地方。每年估计有1000万t以上的石油流入海洋，其中大部分是石油的开采、运输、储存及事故性泄漏等原因造成的。虽然大部分油类对环境只有较低的毒性，但对与水域有关的鸟类、鱼类和其他动物的生命有立竿见影的灾难性后果。在我国，华北油田周围的很多农田由于原油污染而无法耕种，每年都要支付大量资金作为对农民的赔偿。

对石油污染地的生物修复通常有两种方法。第一种方法是通过增加营养盐以促使土著微生物的生长。土著微生物种群长时间暴露在特定的污染化合物中时，某些亚种群会形成有限的代谢能力以利用或降解污染物。这些特殊微生物的生长同样受营养状况的限制。当加入N、P等生长必需的营养物后，会促使这些微生物加快生长，相应地促进了污染物的降解。利用这种原理，人们在1989~1990年成功地清除了Exxon Valdez号油轮在Prince William Sound海岸和阿拉斯加湾海岸的漏油。具体做法是：将某种肥料（N、P营养物）以各种形式施于海岸，促进了该地土著微生物的生长，然后通过这些微生物的作用把石油降解成低危害产物，并不断地成为食物链的一部分。阿拉斯加湾海岸的生物恢复工程大约花费了300万美元，是目前该项新技术规模最大的应用。曾被认为是高度危害且难以降解的工业污染物聚氯联苯（PCB）污染过的土壤现也可采用此法急剧脱氯解毒。第二种方法是通过生物反应器培养，增加有益微生物的数量，然后再将这些微生物混合类群接种到污染地进行生长、繁殖。这种方法已在一些地方得以成功应用。某些公司现已将微生物制成菌剂并商品化，能显著增加油污的降解速率。

石油类化合物的生物修复技术目前仍有一些限制，其中包括：①具有降解作用的土著微生物要能完全适应特定的待处理的环境；②引入的外源微生物必须能在新的环境中成活，同时还能与原有的土著微生物竞争；③添加的菌剂必须与污染物紧密接触，在水生环境中要避免被稀释。利用生物恢复技术处理石油溢漏存在的优势和不足之处见表10-4。

表 10-4　油类污染生物修复的优点与不足

优点	不足
技术简单	与物理清洗法相比，较为缓慢
低能耗	仅应用于特定的环境和适于降解的化合物
导致矿物化或产生易于扩散的副产品 非毁坏性的技术、可原位净化	要添加合成的化合物或营养成分和分散剂；可能导致环境污染
自然生物机制，避免了合成有害废料的风险	是新技术，要对政府部门和公众进行解释

也可利用基因工程技术来构建工程菌以清除石油污染物。据报道，美国的研究者率先利用基因工程技术，把 4 种假单胞菌（*Pseudomonas*）的基因重组到同一个菌株细胞中，构建了一种有超常降解能力的超级菌。这种超级细菌降解石油的速率奇快，几小时内能"吃"掉浮油中 2/3 的烃类；而用自然菌则需一年多才能消除这些污油烃。

国内学者应用植物菌根修复技术对某污灌区石油烃污染土壤进行了处理。在污染土壤中种植玉米和黄豆，通过施加不同的菌剂，采取菌剂和菌根强化修复措施，在运行一个生长季节后，土壤中石油类污染物降解率可达 53%～78%。

10.4.3.2　重金属污染的生物修复

重金属污染环境，会对人类造成严重的毒害作用。汞污染物进入人体，随着血液透过脑屏障损害脑组织。镉污染物在人体血液中可形成镉硫蛋白，蓄积在肾、肝等内脏器官。日本有名的公害病——骨痛病，就是镉污染的最典型例子。由于重金属具有长期性和非移动性等特点，受其污染的环境难以治理。

金属不同于有机物，它不能被生物所降解，只有通过生物的吸收才能从环境中去除。目前常用的生物修复技术有以下两种。

重金属污染土壤微生物修复技术研究进展

（1）生物吸附法　这是一种利用廉价的失活细胞分离有毒重金属的方法。它尤其适用于工业废水的处理和地下水的净化。生物吸附剂是自然界中丰富的生物资源，如藻类、地衣、真菌和细菌等。这些生物的细胞壁表面有一些具有金属络合、配位能力的基团，如巯基、羧基、羟基等，这些基团通过与吸附的金属离子形成离子键或共价键来达到吸附金属离子的目的。此外，金属也有可能通过沉淀或晶体化作用沉积于细胞表面，某些难溶性金属也可能被胞外分泌物或细胞壁的空洞捕获而沉积。因此这些生物细胞通过酸洗和（或）碱洗，再经干化而形成的颗粒，即为功效稳定的生物吸附剂颗粒。生物吸附剂颗粒通常填充在吸附柱中，当含金属废液流经吸附柱时，重金属即被吸附剂吸附。

（2）生物累积法　生物累积法主要是利用生物细胞的新陈代谢作用，吸收金属离子并输送到细胞内部累积起来，从而达到去除环境中的金属污染物的效果。自然界中的某些微生物和植物种类具有较强的生物累积作用，可用于重金属污染环境的治理。

用微生物进行大面积现场修复时，一方面其生物量小，吸收累积的金属量也较少，另一方面则会因其生物体很小而难以进行后处理。同时，由于微生物的新陈代谢作用受温度、pH、能源等诸多因素的影响，生物累积在实际应用中受到很大限制。而植物具有生物量大且易于后处理的优势，因此利用植物对金属污染环境进行原位修复是解决环境中重金属污染问题的一个很有前景的选择。

在污染环境的植物修复方法中，关键的一点是需要选择能耐受且能积累重金属的植物种类，因此研究不同植物对金属离子的吸收特性，筛选出超量积累植物是研究和应用的关键。

能用于植物修复的植物种类应具有以下几个特性：①即使在污染物浓度较低时也有较高的积累速率；②能在体内积累高浓度的污染物；③能同时积累几种金属；④生长快，生物量大；⑤适应力强，具有广谱抗虫抗病能力。

目前，有关铅污染的植物修复研究较多，并且有些植物修复技术已进入商业化。研究表明，芥菜（*Brassica juncea*）能大量吸收并在体内积累铅，若在土壤中加入人工合成的螯合剂可促进植物对铅的吸收，并能促进铅从根向茎的转移。因此，利用芥菜对铅污染地进行植物修复有潜在的商业价值。

另外，生长于污染环境中的某些细菌细胞内存在抗重金属的基因。这些基因能促使细胞分泌出相关的化学物质，增强细胞膜的通透性，将摄取的重金属元素沉积在细胞内或细胞间。目前已发现多种能抗汞、抗镉和抗铅等的微生物，不过这些微生物生长繁殖缓慢，直接用于净化重金属污染物效果欠佳。人们现正试图将抗重金属基因转移到生长繁殖迅速的受体菌中，使后者成为繁殖率高、金属富集能力强的工程菌，并用于净化重金属污染的废水等。当然，工程菌的应用仍有许多问题需要加以解决。其一是工程菌的遗传稳定性问题。工程菌如果能稳定地遗传下去，其作用是不可估量的，但事实上许多工程菌仅能维持几代就丧失了其特异性状。其二是工程菌的安全性问题。这不仅涉及技术上的问题，而且关系到社会的安定和人们的认识观（见12.1）。工程菌释放到环境中会带来什么样的后果尚不得而知，需要加以考察和监测。

10.4.3.3 地下水污染的生物修复

存在于土壤中的大量有机化合物或重金属等经土壤的渗漏作用会部分转移到地下水中，从而导致地下水资源的污染。例如，由于石油渗漏的影响，我国某地地下水的最高含油量有时竟高达100mg/L以上，超过国家标准（＜0.1mg/L）的1000倍以上。而某些金属矿区的地下水中多种重金属含量也远远超过规定标准。地下水资源的污染已严重危害到人类的身心健康。

一种有效的地下水原位生物修复方法是：在修复区分别钻掘注水井和抽水井，接种微生物和营养物，并通过向地面上抽取地下水，造成地下水在地层中流动，促进微生物的分布和营养等物质的运输，保持氧气供应，以利微生物的降解过程。日本的产业技术综合研究所等就曾采用这种方法对被洗洁精溶剂三氯乙烯（TCE）污染的地下水进行生物修复，获得了良好的效果，其操作流程见图10-12。

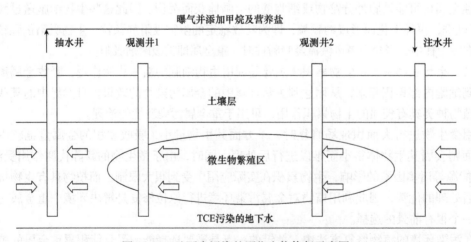

图 10-12　地下水污染的原位生物修复示意图

　　进行地下水生物修复处理时，应注意调查待修复地的水力地质学参数是否允许向地上抽取地下水并将处理后的地下水返注；地下水层的深度和范围；地下水流的渗透能力和方向。同时也要确定地下水的水质参数如 pH、溶解氧、营养物、水温等是否适合于运用生物修复技术。

10.4.3.4　富营养化湖泊的生物修复

　　富营养化是指在人类活动的影响下，氮、磷等营养物质大量进入湖泊、河流等水体，引起藻类及其他浮游生物迅速繁殖，水体溶解氧量下降，水质恶化，鱼类及其他生物大量死亡的现象。《2017 中国生态环境状况公报》显示，在 109 个监测营养状态的湖泊（水库）中，处于富营养化状态的湖泊（或水库）有 33 个，占 30.28%，其中滇池湖体为重度污染，主要污染指标为化学需氧量、总磷和五日生化需氧量（BOD_5）。富营养化严重地影响湖泊水资源的有效利用，进而破坏了湖泊生态环境。

　　投放适当的微生物菌剂是治理水体富营养化的常用方法之一。例如，将光合菌、乳酸菌、放线菌、酵母菌等构成的"菌团"制剂投放到重庆桃花溪中，有效地去除了水体中有机污染物，消除了恶臭，并解决了水体富营养化问题。

　　利用土著微生物进行水体富营养化的修复也是可行的方法。一般的做法是：在调查、分析富营养化水体的底泥污染状况的基础上，施加特殊的微生物营养剂，促进或抑制某些土著微生物菌群的代谢活性，利用底泥中土著微生物的生物学过程达到修复污染水体的目的。也可以通过人工曝气等方式强化水体生物修复进程。例如，对英泽湖的底泥进行适当曝气，培养驯化"土著菌"，经过 8～30 天的净化处理，水体的 COD、有机物、氨氮、总磷及胶体颗粒物等均大幅度下降，水体浊度由处理前的 30 降至 3，下降幅度达 90%。

　　国内曾利用大型水生植物对太湖水域的富营养化水体进行水质净化。通过科学配置沉水、浮水和挺水植物，构成人工复合生态系统，利用水生植物的营养吸收、叶冠的覆盖遮光、根系分泌物的抑藻作用等去除营养物、控制藻类的快速繁殖，达到治理富营养化湖泊的目的。

　　应用湖泊生态系统内各营养级之间的食物链关系，通过对生物群落及其生境的一系列调整，减少藻类生物量，改善水质的方法，称为生物操纵技术。其主要原理是调整种群结构，保护和发展大型牧食性浮游动物，从而限制藻类的过量生长。一般的做法是在湖泊中投放、发展某些鱼种，而抑制或消除另外一些鱼种，使整个食物网适合于浮游动物或鱼类自身对藻类的牧食和消耗。

基于生物操纵的富营养化湖库蓝藻控制实践

　　生态浮岛，也称为生态浮床、人工浮床、生物浮床等，是近些年来发展起来的、常用于富营养化污染水体生物修复的工程手段之一。生态浮岛是以植物为主体，运用无土栽培技术，以高分子材料等为载体和基质，充分利用水体空间生态位和营养生态位建立的一种高效人工生态系统，能有效去除水体污染、抑制浮游藻类的生长。其基本原理为：植物根系能吸收水体中富营养化成分以保障自身的生长需要；根际微生物能有效降解污染成分；植物根系分泌物能抑制藻类生长；浮岛通过遮挡阳光抑制藻类的光合作用，以减少浮游植物的生长量，并通过接触沉淀作用促使浮游植物沉降，有效防止"水华"发生，提高水体的透明度等。生态浮床的运行和维护成本低，不仅可以达到去除水体污染和净化水质的目的，而且可以美化环境、增加生物多样性，还能产生一定的经济效益，具有广阔的应用前景。

　　此外，人工水草等也可用于富营养化水体，尤其是中小河流的污染修复。

10.4.3.5　其他

　　作为修复污染环境的基本手段之一，通过与生态学、建筑学、景观学、教育学和工程学等的结合，生物修复技术在废矿、黑臭水体和海岸带荒废地的修复利用方面发挥了重要的作用。

例如，海南省海口市的某废弃矿地现已修复成为融休闲、教育和体育活动于一体的公园和高尔夫球场（图 10-13）。厦门五缘湾湿地公园是在荒废的避风坞基础上以生物修复和生态保护为主，重构为辅而营建的一个原生态的湿地公园，面积达 85hm^2，现已成为厦门市的一道靓丽风景（图 10-14）。

（彩图）

图 10-13　修复后的海南省海口市的某废弃矿地
A. 特色湿地；B. 高尔夫球场

（彩图）

图 10-14　福建省厦门市利用荒废的避风坞修复成的湿地公园
A. 湿地主体区；B. 植物观赏区

10.5　环境污染监测与评价的生物技术

应用于环境污染监测与评价的生物技术主要包括：利用新的指示生物监测评价环境；利用核酸探针和 PCR 技术监测评价环境；利用生物传感器、DNA 芯片及其他方法等监测评价环境。

10.5.1　指示生物

传统的指示生物常采用哺乳动物。但是哺乳动物存在生长周期长、费用高、结果有较大偶然性等不足之处。为了获得大量准确有效的毒理数据，人们建立了多种多样的短期生物试验法，分别用细菌、原生动物、藻类、高等植物和鱼类等作为指示生物。

　　细菌的生长和繁殖极为迅速，作为指示生物具有周期短、运转费用低、数据资料可靠等特点。根据污染物对细菌的作用不同，可分别选用细菌生长抑制试验、细菌生化毒理学方法、细菌呼吸抑制试验和发光细菌监测技术等监测污染状况。

　　细菌生长抑制试验是依据污染物对细菌生长的数量、活力等指标来判断环境污染；细菌生化毒理学方法测定的是污染物作用下微生物的某些特征酶的活性变化或代谢产物含量的变化，常用的酶包括脱氢酶、ATP酶、磷酸化酶等；细菌呼吸抑制试验采用氧电极、气敏电极和细菌复合电极来测定细菌在环境中的呼吸抑制情况，从而反映环境状况；发光细菌监测技术的主要原理是污染物的存在能改变发光菌的发光强度。1966年，发光菌首次被用于检测空气样品中的毒物。20世纪70年代末期，第一台毒性生物检测器问世并投放市场，相应发展起来的发光菌毒性测试技术引人注目。

　　为了大量获得慢性毒性的数据，从20世纪70年代起，国外对慢性毒性的短期试验方法进行了研究。其中一种方法是采用鱼类和两栖类胚胎幼体进行存活试验。鱼类的胚胎期是发育阶段中对外界环境最敏感的时期，许多重要的生命活动过程，如细胞增殖分化、器官发育和定型等都发生在这一生活阶段。因此，由胚胎幼体试验得到的毒理数据能够有效预测污染物对鱼类整个生命周期的慢性毒性作用。与传统的慢性毒性试验相比，鱼类或两栖类胚胎幼体试验具有操作简捷、有效的优点，不需要复杂的流水式实验设备，反应终点易于观测和检测等。

　　水体中浮游生物的种类和数量变化，可以作为水污染程度的监测依据，利用其的监测方法也称为水污染生态学监测技术，包括污水生物系统法、PFU（polyurethane foam unit，聚氨酯泡沫塑料块）微型生物群落监测方法（简称"PFU法"）、生物指数法、物种多样性指数法等。

微型生物在水质监测中的作用和意义

　　生境中的污染物可能导致生物细胞染色体畸变而形成微核，据此建立的生物学检测技术称为微核技术。通常以微核出现的频率计算污染指数，反映环境的污染状况。例如，水花生根尖细胞微核出现的频率可用于监测不同废水的污染程度，同时还能反映不同废水的污染物富集程度及现状。蚕豆根尖、大蒜根尖和紫露草的微核也已成功用于水体污染的监测。常规微核试验具有经济、简单、快速的特点。目前在常规微核试验的基础上，进一步发展出了细胞分裂阻滞微核分析法、荧光原位杂交试验等更为新颖的方法。

10.5.2　核酸探针和PCR技术

　　核酸探针和PCR技术等是在人们对遗传物质DNA分子的深入了解和认识的基础上建立起来的现代分子生物学技术。这些新技术的出现也为环境监测和评价提供了一条有效途径。

　　核酸杂交是指单链DNA片段在适合的条件下能和与之互补的另一个单链片段结合（见2.5.4.1）。如果对最初的DNA片段进行标记，即做成探针，就可监测外界环境中有无对应互补的片段存在。利用核酸探针杂交技术可以检测水环境中的致病菌，如大肠杆菌（*Escherichia coli*）、志贺氏菌（*Shigella*）、沙门氏菌（*Salmonella*）和耶尔森氏菌（*Yersinia*）等。也可用于检测病毒，如乙型肝炎病毒、艾滋病病毒等。目前利用DNA探针检测微生物的成本较高，因此无法对饮用水进行常规性的细菌学检验。此外，检测的微生物数量微少时，分析有困难，同时要对微生物进行分离培养后方能进行检测。

　　PCR技术是特异性DNA片段体外扩增的一种快速而简便的新方法（见2.2.2.2），有极高的灵敏度和特异性。对于微量甚至常规方法无法检测出来的 DNA 分子通过 PCR 扩增后，由于其含量成百万倍地增加，从而可以采用适当的方法予以检测。它可以弥补 DNA 分子直接杂交技术的不足。采用 PCR 技术可直接用于土壤、废物和污水等环境标本中的生物检测，包括那些不能进行人工培养的微生物的检测。例如，利用 PCR 技术可以检测污水中大肠杆菌类细菌，其基本过程为：首先抽提水样中的 DNA，然后用 PCR 技术扩增大肠杆菌的 *lacZ* 和 *lamB* 基因片段，最后分别用已知标记过的 *lacZ* 和 *lamB* 基因探针进行检测。该法的灵敏度极高，理论上说 100mL 水样中只要有一个细菌时即能被测出，且检测时间短，几小时内即可完成。

PCR 技术还可用于环境中工程菌株的检测。这为了解工程菌操作的安全性及有效性提供了依据。有人曾将一工程菌株接种到经过过滤除菌的湖水及污水中，定期取样并对提取的样品 DNA 进行特异性 PCR 扩增，然后用 DNA 探针进行检测，结果表明接种 11～14 天后仍能用 PCR 方法检测出该工程菌菌株。

10.5.3　生物芯片

生物芯片（biochip）是近年来在生命科学领域中迅速发展起来的一项高新技术，它是一种通过微加工技术和微电子技术将生物探针分子（寡聚核苷酸、cDNA、基因组 DNA、多肽、抗原、抗体等）固定在硅片、玻璃片、塑料片等固相介质表面而构建的微型生物化学分析系统，可以对细胞、蛋白质、DNA 及其他生物组分进行准确、快速和大信息量的检测（见 2.5.4.1）。

当待分析样品中的生物分子与生物芯片的探针分子发生杂交或相互作用后，可以利用激光共聚焦显微扫描仪等对杂交信号进行高通量检测，因此生物芯片技术将生命科学研究中所涉及的许多分析步骤整合起来，使样品检测和分析过程连续化、集成化和微型化。

在环境监测领域，可以利用生物芯片快速检测污染微生物或有机化合物对环境、人体、动植物的污染和危害。目前，国内已开发出可以同时检测多种病原菌的生物芯片，以及用于检测转基因植物的生物芯片。法国研发的生物芯片可随时监测公共饮用水中微生物的变化。

10.5.4　生物传感器及其他

生物传感器是以微生物、酶、抗原或抗体等具有生物活性的生物材料作为分子识别元件的一类特殊的化学传感器。其基本工作原理是：待测物质经扩散作用进入生物活性材料，经生物材料的分子识别后，发生生物学反应，产生的信息被相应的物理或化学换能器转变成可定量和可处理的电信号，再经二次仪表放大并输出，由此可知待测物的性质及浓度。生物传感器包括许多类型。按照传感器中所采用的生物材料来分类，可分为微生物传感器、组织传感器、细胞传感器、细胞器传感器、酶传感器、免疫传感器、DNA 传感器等；按照传感器的信号转化器的检测原理分类，可分为热敏生物传感器、场效应管生物传感器、压力生物传感器、光学生物传感器、声波道生物传感器、酶电极生物传感器等；根据被测物与分子识别元件上的敏感物质相互作用的类型分类，可分为亲和型生物传感器和代谢型（或催化型）生物传感器两种。

近年来，生物传感器技术发展很快，有的传感器已应用在环境监测上。日本曾研制开发出可测定工业废水 BOD 的微生物传感器，此种传感器测定法可以取代传统的五日生化需氧量测定法，其基本原理是：当生物传感器置于恒温缓冲溶液中时，在不断搅拌下，溶液被氧饱和，生物膜中的生物材料处于内源呼吸状态，溶液中的氧通过微生物的扩散作用与内源呼吸耗氧达到一个平衡，传感器输出一个恒定电流。当加入样品时，微生物由内源呼吸转为外源呼吸，呼吸活性增强，导致扩散到传感器的氧减少，相应输出的电流也减少，几分钟后，又达到一个新的平衡状态。在一定条件下，传感器输出电流值与 BOD 浓度呈线性关系，故可定量检测工业废水的 BOD 值。

还有人研制出用酚氧化酶作生物元件的生物传感器来测定环境中的 p-甲酚和联苯三酚等。根据活性菌接触电极时产生生物电流的工作原理，国外研制出可测定水中细菌总数的生物传感器。此外，一种固定有细菌质粒的生物传感器可用于测量水中微藻素的含量。

生物传感器具有成本低、易制作、使用方便、测定快速及在线监测等优点，作为一种新的环境监测手段具有广阔的发展前景。

酶学和免疫学测定法在环境监测上也常被采用。例如，美国利用酶联免疫分析的原理，采用双抗体夹心 ELISA 法（见 8.2.1.2），研制出微生物快速检验试剂盒，用该试剂盒检测沙门氏菌（*Salmonella*）、李斯特菌（*Listeria*）等 2h 即可完成（不包括增菌时间）。近年来，日本、英国和美国等已开始利用 3-葡聚糖苷酸酶活性法检测饮用水和食品中的大肠杆菌，普遍做法是：以 4- 甲香豆基 -β-D-葡聚糖苷酸为荧光底物掺入选择性培养基中，样品中如有大肠杆菌，此培养基中的 4-甲香豆基 -β-D-葡聚糖苷酸将分解产生甲基香豆素，后者在紫外光中发出荧光，故可用来测定大肠杆菌。酶联免疫分析技术在农药残留检测方面的应用也得到迅速发展，已成功应用于甲胺磷、甲基对硫磷、菊酯类农药、氟虫腈杀虫剂、除虫脲农药等的检测。

流式细胞测定技术是一种对液流中排成单列的细胞等逐个进行快速定量分析和分选的技术，已成功应用于海洋生物的监测。该技术与 DNA 探针相结合，可对海洋异养细菌及光合原核生物细胞进行监测与分析；与高效液相色谱技术相结合，可以监测海洋含不同色素的浮游植物对海洋光学的作用与影响，从而可大大扩展水色遥感监测与应用的范围。

⬡ 小　结

应用现代生物技术进行环境污染治理、监测和修复是解决当今社会环境问题的重要途径。环境生物技术包括的内容极为丰富，主要是利用生物有机体的吸收、吸附、积累、降解、结合等机能达到降低或净化环境中污染成分的目的。在污水处理方面，既可利用稳定塘、人工湿地处理系统法和污水处理土地系统法等净化处理技术，也可采用活性污泥法和生物膜处理法等处理技术。前者操作简便，维持费用少，技术难度低，但占地面积大；后者需要的时间短，去污效率高，广泛用于城市污水处理。净化废气常用的方法有生物洗涤法、生物吸收法和生物过滤法等，所采用的生物反应器包括生物净化塔、渗滤器和生物滤池等。固态垃圾或废弃物可以利用填埋和堆肥等生物技术减量处理。填埋地和堆肥地的合理管理、微生物作用条件的正确控制是填埋和堆肥技术成功的保障。生物淋溶技术，即利用微生物溶浸某些废矿、贫矿等能回收提取有商业价值的贵重金属或稀有金属（如铜、锰、黄金和铀等）的技术，既能防止矿产资源的流失，又能避免或减少固体废物对环境的污染。生物修复技术是近年来备受关注的污染治理方法，可用于清除石油污染、金属污染及地下水污染等，在废弃矿山、黑臭水体治理等方面也有广泛的应用前景。在环境监测与评价方面，主要的生物技术包括：利用细菌、藻类等生长快速的生物作为指示生物；核酸杂交和 PCR 技术；生物传感器和生物芯片等。

本章思维导图

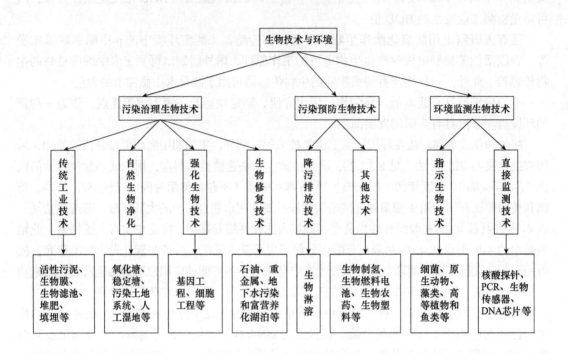

复习思考题

1. 生物法处理污水或废水有哪几种常见方法？污水治理的意义何在？
2. 空气污染治理与水污染治理的生物技术有什么关系？常用的方法有哪几种？
3. 填埋技术有哪些优点？为什么说堆肥技术是一种可循环利用资源的方法？
4. 什么是生物修复技术？举例说明其应用价值。
5. 举例说明生物技术在环境污染监测和评价方面的应用。

主要参考文献

陈坚. 2017. 环境生物技术. 北京：中国轻工业出版社

陈玲，赵建夫. 2014. 环境监测. 2版. 北京：化学工业出版社

程树培. 1994. 环境生物技术. 南京：南京大学出版社

李立清，宋剑飞. 2014. 废气控制与净化技术. 北京：化学工业出版社

吕炳南. 2012. 污水生物处理新技术. 3版. 哈尔滨：哈尔滨工业大学出版社

汪群慧，田书磊，谢维民，等. 2005. 生物滴滤塔处理药厂含醋酸丁酯、正丁醇和苯乙酸的挥发性混合
    废气. 环境科学，26（2）：55～59

王建龙，文湘华. 2008. 现代环境生物技术. 2版. 北京：清华大学出版社

袁东海，景丽洁，高士祥，等．2005．几种人工湿地基质净化磷素污染性能的分析．环境科学，26（1）：51～55

赵由才．2016．生活垃圾处理与资源化．北京：化学工业出版社

周少奇．2018．环境生物技术．北京：科学出版社

Nadell C D, Xavier J B, Forster KR. 2009. The sociobiology of biofilms. FEMS Microbiol Rev, 33 (1): 206～224

Robert J S, Takashi M, Motoharu O. 2003. The microbiology of biological phosphorus removal in activated sludge systems. FEMS Microbiol Rev, 27: 99～127

Smith J E. 1996. Bio-technology. 3rd ed. London: Cambridge University Press

（杨盛昌）

第十一章
对生物技术发明创新的保护

学习目的

①学习对生物技术发明创新实施保护的几种主要形式，生物基因专利授权的前提条件及授权范围，商业秘密及其他的保护形式所适用的客体，如何选择合适的保护形式。②了解我国及世界上其他国家和地区对生物技术产品和工艺的保护状况。③认识在研究开发和应用中保护生物技术发明的重要性。

生物技术（biotechnology）是指人们以现代生命科学为基础，结合其他基础科学的科学原理，采用各种手段按照预先的设计改造生物体或加工生物原料，为人类生产出所需产品或达到某种目的。进入 21 世纪后，生物技术得到了飞速的发展，目前已经成为分子生物学、生物化学、遗传学、细胞生物学、胚胎学、免疫学、化学、物理学、信息学、计算机等多学科综合的技术。目前，生物技术已经取得了许多重大突破，在医药、农业等产业得到成功的商业应用，逐渐形成了一个高度技术密集型产业。在产生巨大的经济效益的同时，生物技术也为当今人类所面临的诸如生态、环境、人口及难以治愈的各种疾病等问题提供了良好的解决方案。

伴随着生物技术的迅猛发展，生物技术领域发明的保护和利用对于科学研究的深入开展和科研成果的产业化具有重要影响，因而日益受到重视。生物技术领域的发明范围十分广泛，在形式上可以是产品或工艺，其中生物技术产品包括：①自然来源或人工改造过的生命实体，如动物、植物、微生物、细胞系、细胞器、质粒和 DNA 序列等；②直接或间接来源于生命系统的自然产生的物质，如各种提取物。工艺则包括了分离、培养、繁殖、纯化及生物转化等技术，具体来说，它可以包括：①转基因动物和植物品种发明；②微生物及遗传物质发明；③生物制品发明；④获得生物体的生物学方法或遗传工程学方法发明；⑤微生物学方法发明；⑥基因治疗方法发明等。

由于生物技术与人类及社会的发展密切相关，对其知识产权保护一直处于慎重及争议状态，人们对生物技术的知识产权保护的认识也不统一。概括来说，目前生物技术领域的发明者可以用各种不同的形式来保护自己的权益，包括专利、商业秘密和一些特殊的保护形式。

11.1 专利保护

11.1.1 专利的特征

专利制度是保护科技成果最为有效的法律制度之一。目前，全世界已有 170 多个国家建立了专利制度。以专利为核心的知识产权制度和规则在世界贸易组织（WTO）货物贸易、服务贸易和知识产权贸易中具有突出的作用和重要影响。专利法以技术内容为保护对象（包括技术方法和运用技术方法做出的结果），并且要求技术内容应体现人们运用自然规律实施的控制和干预（这种控制和干预程度体现技术的含量）。人类已同生物技术打了几个世纪的交道，但早期的生物技术主要是依靠生物界的自然因素，择其利而应用之，多属于经验继承的范畴。因此在专利制度创立的初期，只有化学方法和物理方法被视为保护范围，而生物技术被排除在外。随着生物技术的发展，人们在生物领域已经实现了根据预先设计的目标对生物材料实施技术控制和技术干预，并且创造出了越来越多的新物种、新的功能物质，显现出了巨大的经济价值。因此，生物技术的发明创造不仅已被纳入专利保护范围，而且成为专利保护活动中非常活跃的领域之一。

专利是由专利局授权许可的一种合法权利，它以国家立法形式赋予发明创造以产权属性（经济权利和精神权利），并以国家行政和司法力量确保这些权利得以实现。专利权有以下三个特性。

1）独占性，也称排他性、垄断性、专有性等。独占性指的是对同一内容的发明创造，国家只授予一项专利权。被授予专利权的人（专利权人）享有独占权利，未经专利权人许可，任何单位或个人都不得以生产经营为目的制造、使用、许诺销售、销售、进口其专利产品，或者使用其专利方法，以及使用、许诺销售、销售、进口依照该专利方法直接获得的产品。如果要实施他人的专利，必须与专利权人订立书面实施许可合同，向专利权人支付专利使用费。

2）地域性。即空间限制，指一个国家或地区授予的专利权，仅在该国或该地区才有效，在其他国家或地区没有法律约束力。因此，一件发明若要在许多国家得到法律保护，必须分别在这些国家申请专利。

3）时间性。指专利权有一定的期限。各国专利法对专利权的有效保护期限都有自己的规定，计算保护期限的起始时间也各不相同。《中华人民共和国专利法》规定："发明专利权的期限为二十年，实用新型专利权和外观设计专利权的期限为十年，均自申请日起计算。"

在专利申请被审查并被授权后，专利以书面的形式存在，内容包括发明者的姓名，专利人的姓名（如果发明者与专利人不同的话）；对专利所保护内容的详细介绍及相关的权利。

11.1.2　授予专利权的条件

一项生物技术发明能够申请专利并获得保护，首先必须判断其是否属于法律明文规定的范畴，然后判断其是否符合取得专利权的具体条件。《中华人民共和国专利法（2008修正）》规定："发明是指对产品、方法或者其改进所提出的新的技术方案。"在符合这一范畴的情况下，一项生物技术发明能否被授予专利权，将根据其是否具备新颖性、创造性和实用性来判断。

新颖性是指该发明不属于现有技术；也没有任何单位或者个人就同样的发明在申请日以前向国务院专利行政部门提出过申请，并记载在申请日以后公布的专利申请文件或者公告的专利文件中。创造性是指与现有技术相比，该发明具有突出的实质性特点和显著的进步。实用性是指该发明能够制造或者使用，并且能够产生积极效果。

此外，专利权的获得还基于公开原则，即在专利说明书中应对发明的内容做详尽的描述，使在同一领域的其他人能够了解执行。

专利法保护发明创造，但并不是所有的发明创造都受专利法的保护。对于生物技术发明创造来说尤其如此，因为它们通常与生命材料有关，这给对它们进行法律保护带来一些特殊的困难。问题的关键在于两点，其一是如何确定生物技术领域中的科学发现和发明的界限，尤其是关于基因的发明与发现问题一直存在争论；其二是应该如何界定一个符合专利申请的与生命物质有关的发明，以及对此项发明该给予多大范围的保护。

11.1.3　生物基因可专利性的争论

科学发现不授予专利权，这是自专利制度诞生以来就一直恪守的一条原则。生物技术领域发明的特殊之处就在于其发明与发现的界定。在生物技术领域，"天然存在的产品"的学说起了很大的限制作用。因为生物技术发明所创造出的产品和方法可能是源于活的生物体中天然存在的化合物，或者是天然的生产过程。所以，如果认为这些发明是自然界本来就存在的产品或者过程的话，那么其所做的就仅仅是对天然存在产品的再现，也就不应被授予专利权。但如果承认转基因动植物、基因修饰过的微生物、被分离与提纯后的 DNA 序列是人类活动干预的结果，那么它们自然就是现有技术中不存在的新的技术方案，可以成为可专利性的主题。当今生物技术发明创造绝大多数是针对基因等遗传物质来进行的，由于遗传物质及其操作技术的特殊性，基因及其操作技术的可专利性就成为争论的焦点。

基因专利申请的一大主题便是对某些具体的基因序列提出专利要求。此类基因序列一般是技术人员在对自然界的生物体进行研究时发现，然后通过进一步的试验从生物体中分离得到的。从理论上说，基因存在于包括人在内的所有生物的体内，是一种客观存在，从这一点上说，基因本身属于科学发现，不能申请专利。例如，人类基因组计划中有一些对人类基因组图谱测定和绘制的基础研究，这些研究仅仅揭示了自然界的客观存在，属于科学发现，不能授予专利权。但当基因被从生物体中分离出来时，对于分离出来的基因序列就有了不同的看法。因为人们一旦从自然界已有的生物体中发现并分离出基因，掌握其功能后就可以将其移植到其他载体中，用以控制某些特殊蛋白质的表达过程，实现各种产业和医疗目标，并产生利益。这个过程又属于科学发现，可以授予专利。但仅授予后者专利，从而保护发明人的利益，显然并不公平，因为这种发明是建立在前者基础上的行为。而且从实施后果来说，也不利于技术本身的发展，因为会有越来越多基因的发现不被公开。

一种观点认为，对人体、人体器官及从人体分离得到的产品，如细胞系、基因、DNA 序列不能申请专利保护。法国、奥地利等国都坚持这种观点。他们认为基因是天然存在的，不是人类创造的前所未有的新物质。如果授予基因技术专利权，只需要几年时间，人体基因领域的基础知识及信息将完全被私人占领。另一种观点认为，虽然基因序列作为一种存在于动植物体内的化学物质，其本身不能授予专利，但是从生物体内分离出来的基因序列就像其他经过提纯的自然物质一样可以取得专利。后一种观点得到了较多人的支持。

以美国为代表的发达国家在基因专利化的问题上比其他国家走得更快。1980 年，任职于通用电气的科学家 Diamond V. Chakarabarty 为一种细菌申请了专利，他改造了这种细菌的基因，使之能够"食用"原油。美国专利及商标局以细菌是自然产物为由，拒绝了 Chakarabarty 的申请。Chakarabarty 告上法庭，争辩通过改造这种微生物，他的创造性工作赋予了其价值。最终官司打到了最高法院，而最高法院以 5∶4 的投票结果，对这项发明是"来自人为单细胞生物基因的细菌本身的权利要求"予以专利保护，从而扩展了可取得专利权的客体，打开了专利法在微生物领域的禁区。从此以后，植物、动物、基因等生物专利接踵而至，一发不可收拾，故该案被认为是美国专利法上里程碑式的案件，其意义不仅在于标志着微生物本身可成为专利保护的客体，更为重要的是从观念上明白无误地肯定了所有生命有机体（包括微生物、基因甚至动植物）都可成为专利保护的客体；敦促人们认识到自然物质一旦经过提纯，就脱离了最初的自然状态，并具有应用的可能，应当被视作人类创造性劳动的产物而给予专利的保护。从此，人们只要对自然物质进行了一定程度的纯化与分离，使其不再处于原来的自然状态，就可以对该物质主张专利权。

欧盟 1998 年通过的《关于生物技术发明的法律保护指令》中规定"对于通过技术方法而产生的某种元素，包括基因序列的某一部分，可以构成可授予专利发明的客体"，而其他只是简单提纯、分离所得的人基因序列将被排除在专利客体范围之外。日本在 2000 年规定，只要基因片段具有明确的、特殊的用途，就可成为专利保护的客体。我国在 2008 年修正后的《中华人民共和国专利法实施细则》第二十六条中规定："专利法所称遗传资源，是指取自人体、动物、植物或者微生物等含有遗传功能单位并具有实际或者潜在价值的材料；专利法所称依赖遗传资源完成的发明创造，是指利用了遗传资源的遗传功能完成的发明创造。"这一规定同样表明，基因作为一种遗传资源，只要通过创造性劳动使其获得新的特性或功能，就可以被授予专利权。

由此可知，对基因的发明与发现之间的界限已经比较明确，其最主要的区别在于是否经过人力作为，是否脱离了自然存在状态，具备一定的实用性。赋予基因专利权已成为一种趋势，不同国家之间的区别只在于保护的范围不同而已。

11.1.4 生物基因专利审查的标准

11.1.4.1 新颖性审查

专利新颖性是通过与现有技术为参照物进行比较来判断的，现有技术是指在某一特定时间以前，公开的、公众能够得知的技术内容。技术方案为公众所知，成为现有技术的一部分，必须同时满足两个条件：第一，该技术信息的载体已经进入公有领域；第二，所属技术领域的技术人员具有能够从公有领域中获取该技术信息的可能性。另外，技术人员获取这样的信息应该是不需要创造性劳动就可以的。因此，如果确定了现有技术公开的方式及公开的时间和地点，也就能够确定提交专利申请的发明是否具有新颖性。

对基因序列的新颖性判断来说存在三个难点。第一个难点是基因序列片段的长短对新颖性的影响。如果一项发明中的 DNA 序列长度小于已公开的先序列，只要在先序列中并未揭示该发明中所涉及的这段 DNA 序列的特殊功能与结构，则该发明就具有新颖性。与较短的 DNA 序列相关的发明，与包含此序列全长基因发明或更大一些 DNA 序列的发明相比较，如果在先序列并未揭示作为一项发明的该较短的 DNA 序列特殊功能结构的话，那么应当认为该发明具有新颖性。因此，基因、该基因的长短不同的 DNA 片段是各自独立的不同的化学物质，其相应发明在新颖性上是彼此独立的，一种化学物质不破坏另一种化学物质的新颖性，并且能取得相互独立的专利，这主要是出于防止专利权过宽的目的。

第二个难点是基因的等同替换问题。如果在判断 DNA 和蛋白质的新颖性时引入等同替换的概念，则序列比较时，序列差异到何种程度仍属于等同替换很难确定，对此我国国家知识产权局颁布的《专利审查指南》没有涉及。例如，长度达几百或几千个核苷酸的 DNA 或者长度为几百个氨基酸的蛋白质中有一两个核苷酸或者氨基酸的差异，在一般情况下，应该属于等同替换。但是，DNA 和蛋白质的分子结构与功能并不是直接由核苷酸或者氨基酸的数量来决定的，有时细微的差异会导致 DNA 或蛋白质在结构和功能上的巨大改变。在这种情况下，序列的细微差异就不应被看成是等同替换。因此，在判断是否属于等同替换时，不能仅仅考虑序列间有多大的差异，更重要的是要考虑这种差异是否造成了 DNA 或者蛋白质的结构和功能的改变。按照这一思路，在 DNA 或者蛋白质发明专利申请中，判断新颖性和创造性是同时进行的，但将导致等同替换与创造性判断之间的准确界限是法律无法明确确定的，只能由审查员自由裁量。

第三个难点的出现源于互联网的普及。当前的生物技术领域中，众多基因技术的信息都存放在互联网上的数据库中。对基因专利新颖性的审查一般都参照各种期刊及一些公共或商业基因数据库中公布的信息，产业界的交流也主要通过互联网来进行。因此，互联网方式的公开是否属于专利法中的技术公开？其技术发明是否属于已进入公有领域？目前对此存在两种对立的观点。一种观点认为不应以互联网信息作为判断专利新颖性的一项依据。其理由主要是：首先，公众利用网络获知该项技术的程度是无法衡量的，如果知晓或者利用的程度很低，那么以网络上的公开作为决定新颖性的根据是不合理的。其次，互联网上的信息，其首次公开的日期及准确内容可能不能确定，也难以取得诉讼法中认可的证据，因此，不宜将网络上的信息作为判断专利新颖性的对比资料。最后，这些信息资源有可能由于互联网自身的局限（如网上黑客、病毒等原因），而被破坏、修改、截取等，从而影响信息数据的安全可靠和真实性，不安全、不可靠的信息资源不应作为认定专利新颖性的依据。另一种观点认为，应当采用互联网上的信息作为判断专利新颖性的依据。其理由如下：其一，根据专利新颖性的判定规则只需判定相关的资料和信息是否公开，而不需考虑衡量其可能的传播途径和被利用的程度。其二，专利新颖性的判断是以已公开的技术为背景来进行对比的，主要考虑新技术与已公开的技术在所属领域、针对的问题、技术方案和预期效果上是否相同或相似。从这个角度上说，在没有相反的证据推翻它之前，互联网上的信息都可以作为判断新颖性的对比文件。

已有一些国家针对网络环境下出现的这一特殊问题在立法上做出了回应。例如，《日本专利法》规定：专利申请前在正式出版的刊物上已有记载的发明，或公众通过网络渠道可以利用的发明，不能取得专利权。而在日本特许厅发布的《处理在互联网上公开的技术信息作为现有技术审查指南》中认为，在互联网上公开的技术信息等同于在普通出版物上公开的信息，这在产业界中已形成了一个准则。美国的《专利审查程序手册》中也对电子出版物作为现有技术的法律地位和互联网检索的操作事务做出了指导性的规定。

11.1.4.2　创造性审查

由于基因本身的特点，对基因专利的创造性和实用性的要求都有不同于普通专利的特殊之处，这也正是对基因实行专利保护条件的核心内容所在。美国最初在审查涉及自然物质专利的创造性时，是以提取、分离该自然物质的技术的先进性来进行判断的，即由审查"物"的创造性，转而审查"方法"的创造性。但此方法明显不符合专利审查的基本原则。后来美国逐渐抛弃了这种审查判断标准。但美国在放弃方法审查的同时强调，基因序列的创造性审查仅仅依据该序列先前是否已经被揭示。事实上这是将发明的创造性审查等同于新颖性审查，甚至可以说是放弃了创造性审查。

《中华人民共和国专利法》第二十二条规定："创造性是指与现有技术相比，该发明具有突出的实质性特点和显著的进步。"这表明我国审查基因专利是否具有创造性的标准是建立在对申请者所提出的基因功能进行审查的基础之上，通过审查其功能与申请日以前已有的功能、技术相比较，以确定是否具有突出的实质性特点和显著的进步。这种以功能为基础的审查方法不会简单地将专利的创造性和新颖性等同起来，有利于基因研究，以及开发与利用的健康发展，也使专利法发挥实质性的保护与促进作用。

11.1.4.3　实用性审查

国外对于基因专利实用性的审查经历了一个由严到松的历史过程。最初美国根据化学领域的案例在基因技术领域确定了较为严格的实用性标准。对于一般基因序列主张专利权，发明人必须将该基因分离出来，同时要具体说明如何使得该基因序列具有实用性。如果只是简单地指出某一基因的碱基序列，或者仅指出该基因同某一遗传现象的关系，则不能满足专利法对基因序列的实用性要求。这一实用性标准对生物产业界来说是相当严格的。后来美国逐渐降低了实用性标准，这一做法与其在世界基因技术领域的领先地位是分不开的。因为降低实用性标准，有助于美国更多地进行圈地运动，排挤竞争对手。

目前，我国国家知识产权局颁布的《专利审查指南》中对涉及 DNA 片段、基因，以及多肽和蛋白质的基因技术提出了具体的实用性要求：人们从自然界找到以天然形态存在的基因或 DNA 片段，仅仅是一种发现，属于专利法第二十五条第一款第（一）项规定的“科学发现”，不能被授予专利权。但是，如果是首次从自然界分离或提取出来的基因或 DNA 片段，其碱基序列是现有技术中不曾记载的，并能被确切地表征，且在产业上有利用价值，则该基因或 DNA 片段本身及其得到方法均属于可给予专利保护的客体。从《专利审查指南》的有关规定可以看出，我国对基因专利实用性的审查标准比美国要严格得多，主要表现在以下几个方面。

1）我国十分强调申请人须提供实验数据，且实验中所采用的有效量和使用方法或制剂等应当公开到该领域技术人员能够实施的程度，即发明所描述的用途必须是实际存在的而不是预期的。而在美国，任何证据记录（如试验记录、该领域专家的证明或声明等）都可以用来主张实用性。

2）我国实用性要求中没有关于公众接受的用途这一说法，即对于基因技术发明的用途，申请人必须用自己的数据来加以证明，而难以用其他参考文献等来证明。

3）我国并没有对实用性的举证责任的分配及转移的证据规则做进一步的具体化规定，由此导致审查员拥有很大的自由裁量权，从而加重了专利申请人的责任。而在美国，专利审查员必须把申请人就其主张的用途所做的事实陈述视为真实的，除非有相反的证据显示所属技术领域的普通技术人员有正当的基础怀疑如此陈述的可信度。与此类似，美国的专利审查员必须接受来自专家基于正确性不容怀疑的相关事实提出的意见，审查员不能仅仅因为对提供的事实的意义或意思有异议而不理睬这样的意见。因此，从总体上来说，我国对基因技术专利的实用性要求比较严格。

此外，《中华人民共和国专利法》对专利实用性的要求，还规定了其他国家专利法所没有的内容，即要求对发明的制造或使用能够产生积极效果。对于这一点规定，在基因专利实用性的审查与判断中还是有其作用的。基因专利是否产生积极效果，一是要看其专利说明书中所提到的基因功能，以及预期的工业应用能否产生积极效果，对人类科学技术的进步、地球生态环境的保护、人类的生存与发展是否会产生良好的作用。二是要注意到在基因功能的说明中是否有基因歧视，在工业应用中是否有特别的被滥用的风险，如果有，则不应认为其会产生积极效果，不应授予专利权。

11.1.5　基因专利授权范围

在与基因及其操作技术相关专利的授权范围的问题上，目前世界上仍有两种较具代表性的做法。一种是以美国专利局和欧洲专利局（EPO）为代表的，为了充分保护生物技术领域发明人的利益，给予基因专利较宽的权利范围，如"哈佛鼠"的专利授权案。1984年，Philip Leder 与 Timothy Stewart 向美国专利商标局（U. S. Patent and Trademark Office, USPTO）以转基因的非人类哺乳动物（transgenic non-human mammal）提出专利申请，1988年，出于国家保护主义和商业利益的双重考虑，USPTO 颁发了全世界第一件多细胞动物专利，Leder 与 Stewart 取得专利后，便将专利权转移给哈佛大学，故一般称之为"哈佛鼠"。该专利的权利要求项为"一种转基因的非人类哺乳动物，其所有生殖细胞及体细胞包含一段重组活化的致癌基因序列，该序列是于胚胎阶段导入该哺乳动物或者其祖先"。这样的保护范围实际上涵盖了以任何方法在胚胎阶段任何时期导入任何经活化的致癌基因的任何哺乳动物及其无穷后代，囊括所有携带致癌基因的转基因哺乳动物（人为非可专利客体，因此分类上居于最高地位的是黑猩猩）。另一种是以日本为代表的给予较窄的权利范围，一般只允许权利人将其权利要求限制在他们能够确实证明可以成功实施的技术方案的范围内：一方面，法院对权利要求做狭义的解释；另一方面，侵权诉讼中对所谓的等同原则做严格的限制运用，这一做法无疑对日本产业界有名的专利包围战略的实践起到推波助澜的作用。

但基因专利的授权范围随着生物技术的发展也在不断地调整。例如，上述"哈佛鼠"专利于 1992 年获得欧洲专利权，成为第一个获得欧洲专利局授权的转基因动物。但该专利自申请之后就不断遭到非议。2001 年，几个协会提出异议申请，使该专利受到第一次限定，从"转基因的非人类哺乳动物"限定到"转基因啮齿类动物"。2004 年，EPO 上诉技术委员会又对"哈佛鼠"专利权做出了进一步限制，由"转基因啮齿类动物"限定到"转基因鼠"。

我国将基因专利授权范围建立在基因专利的实用性基础上。根据基因专利的实用性标准，对一般基因序列主张专利权时，发明人在将该基因分离出来的同时，必须说明该基因的功能，而对于实际的应用只要求具有一般性的预见即可。因此，实际上对该基因实施专利保护的权利范围一般包括新的分离技术、基因序列及其功能。

综合来说，目前世界各国的相关专利法规中规定的基因技术的专利客体主要有 4 种，包括基因序列专利、基因技术专利、转基因生物专利和生物类制品专利。

（1）基因序列专利　　目前，各国对待基因序列专利的做法是只要经过了人力作为，脱离了自然存在状态，具有新颖性、实用性和创造性的基因序列，具有明确的功能，就可以被授予专利。

（2）基因技术专利　　包括利用基因的提取、改变、保存、携带、繁殖等技术手段产生活的有机体或其他组分，以及改造动植物、微生物部分组织的方法发明。基因技术的方法发明所涉及的范围很广，是基因专利保护主要客体之一。根据人的技术干预程度，生物学领域的技术发明主要分为两种，即"主要是生物学方法"和"非主要是生物学方法"。前者主要是以杂交与选择的自然手段组成的、以生物本身和生物繁衍为特征的生产动植物的方法，由于缺乏人的技术干预程度，不能给予专利保护。而基因技术则属于后者，世界上的大多数国家都把它纳入了专利保护的范畴。我国国家知识产权局的《专利审查指南》也同样规定了对包括基因技术在内的"非主要是生物学方法"可以申请专利进行保护。

（3）转基因生物（包括转基因微生物、植物和动物）专利　　转基因微生物是否是专利客体曾引起人们的激烈争论，但自美国联邦最高法院在 Chakarabarty 案中判决授予转基因微生物专利权之后，世界上的大多数国家，包括我国都逐渐将转基因微生物列入专利保护的客体。但是未经人类的任何技术处理而存在于自然界的微生物不能被授予专利。

转基因植物新品种：美国对转基因植物新品种保护有三种方式，即植物专利、植物新品种权和实用专利。欧洲不少国家均为《保护植物新品种国际公约》（UPOV）的成员国，该公约成员国可以选择用专利法、专门法或同时使用两种法保护植物新品种，但对一个具体的保护对象，不能用两种法律同时给予保护。欧洲议会于 1998 通过的《关于生物技术发明的法律保护指令》中对植物品种的概念进行了重新解释，认为植物品种是指任何一个单一的已知最低分类级别的植物群，要求保护的植物品种若不限定于一类特定的植物群，就属于专利客体。这种解释充分说明了植物品种与植物群之间的不同，将法定不予以专利的"植物新品种"的定义范围做缩小解释，达到了可以对可重复的现代生物技术得到的转基因植物授予专利的目的。

《中华人民共和国专利法》把植物品种排除在专利保护的范围之外，而只是规定对生产植物品种的方法可以获得专利保护。同时，国家知识产权局的《专利审查指南》中也将植物品种与植物的概念相等同，明确排除了通过解释植物品种与植物的概念上的不同而对植物提供专利保护的可能性。由此造成的后果是植物品种本身得不到任何有力的保护措施。尽管可以申请方法专利，但此等保护不能延及品种，他人完全可以通过规避方法专利中的某些技术特征来获得所需的品种。基于此考虑，以及为了与《与贸易有关的知识产权协议》（TRIPS）和 UPOV 接轨，我国在 1997 年颁布了《中华人民共和国植物新品种保护条例》，后又于 1999 年加入了《国际植物新品种保护公约》。因此，目前我国对植物法律保护有两种方法：一种是通过申请品种权直接保护所申请的植物品种，另一种是通过申请生产植物品种方法的发明专利权，间接保护通过所申请的方法得到的植物品种。但只有列入植物品种保护名录中的植物可以申请品种权受保护，未列入其中的植物只能通过申请品种生产方法专利权的形式间接受到保护。

转基因动物：复杂生命形式的动物个体间总是存在一定的变异，要使动物品种满足专利法所要求的实用性存在着一定的难度，认定其技术内容是否已经充分公开也较为困难。正是因为重现性和充分公开的限制，许多国家的专利法都规定不保护动物品种。但是，随着基因技术的快速发展，人们能够掌握可重复实现的生产新的动物品种的基因技术，因此重组基因技术产生的转基因动物品种可以构成授予专利保护的客体。美国是率先给转基因动物品种授予专利的国家，正如上文提到的"哈佛鼠"专利。欧洲也对转基因动物授予了专利权，但在审查时充分考虑了此发明是否与公共秩序和道德相违背。特别要注意该发明给人类带来益处的同时，还应充分估计可能给动物带来的损害，以及可能对环境造成的危险。《中华人民共和国专利法》则认为转基因动物本身仍然属于所规定的"动物品种"的范畴，因此不能被授予专利权。

（4）生物类制品专利　　所谓生物类制品是指用微生物、微生物代谢产物、动物毒素、人或动物的血液或组织等加工制成，作为预防、诊断和治疗特定传染病或其他有关疾病的免疫制剂，如疫苗、抗毒血清、类毒素、抗生素等。这类物质主要有三类：载体、工具酶、蛋白质和多肽。目前，基因技术取得了重要成果，其中有实用价值的产物主要是这类生物类物质。由于这类产物在工业、医药等多方面的应用价值，对其研究极为活跃，取得的成就尤为突出。因此，世界上大多数国家对把生物类制品纳入专利客体没有多大争议。我国现在的专利法已经对"药品和化学方法获得的物质"授予专利保护，而根据生物类制品的既有属性，可以按照药品和化学物质的相应标准对其进行保护。

11.1.6　人类基因的可专利性

几千名科学家和技术人员花了 10 多年完成了人类基因组计划（human genome project），

耗资超过了 10 亿美元。如今，同样的工作在单一的一个实验室里一两天便能够完成，只需 1000 美元——而且这个费用还在不断降低。随着技术的进步，人们正在逼近现代科学的核心目标之一：个性化医疗时代。在这个时代中，很多疾病的治疗方式都是根据个人的特定基因序列量身定做的。当然，前提是我们拥有自己的基因。

在人类基因组计划即将完成时，关于人体基因能否授予专利权曾经引起激烈的争论。最后，在已经投入巨额研究资金及基因的专利垄断可以带来丰厚的回报两方面的共同作用下，相关研究机构、公司最终获得了人体基因的专利权。现在，接近 20% 的基因组——也就是超过 4000 个基因，已经被至少一项美国专利所涵盖，包括阿尔茨海默病、结肠癌、哮喘相关基因，以及 *BRCA1* 和 *BRCA2* 这两个与乳腺癌密切相关的基因。一家专门研究分子诊断技术的公司——麦利亚德遗传公司（Myriad Genetics）拥有 *BRCA1* 和 *BRCA2* 这两个基因的专利权。在麦利亚德遗传公司获得该专利后，任何人如果未经许可开展与这两个基因有关的实验，都可能会因为侵犯专利权而遭到起诉。这意味着，麦利亚德遗传公司可以决定哪些人可以对这两个基因做什么样的研究，以及由此产生的诊疗手段收费标准。该公司已开发出检测这两个基因是否变异的方法，但即使是在高收入水平的美国，基因检测费用也不是每一个人都能承受的，测试 *BRCA1* 和 *BRCA2* 的费用就高达 3000 美元以上。近年来，麦利亚德遗传公司已从这些专利的商业运用中获得巨大利益，但同时也引起了巨大的争议。

Myriad 案与基因专利的未来

2009 年 5 月，代表多个医疗集团、患者及研究人员的美国公民自由联盟（ACLU）、公共专利基金会（PUBPAT）等组织对与 *BRCA1*、*BRCA2* 两种基因相关的 7 项人类基因专利正式向美国司法部门提起诉讼。这些组织认为，基因是大自然的产物，麦利亚德遗传公司不应"独霸"两大乳腺癌易感基因的专利，这将阻碍而不是促进创新。2010 年，纽约的一家地方法院在判决中禁止麦利亚德遗传公司拥有专利。不过联邦巡回上诉法院随后推翻了地方法院的判决。2012 年，美国最高法院在裁决中确立了法理依据，即"基于自然规律简单应用的诊断方法不能被授予专利"，最高法院还要求联邦巡回上诉法院重审案件时做出符合上述法理依据的判决，但后者再次做出了有利麦利亚德遗传公司的判决。2013 年 6 月 13 日，美国最高法院做出了最终裁决结果，在判决书中写道："我们认为，自然形成的 DNA 片段（基因）是大自然的产物，并不能仅仅因为被分离出来，就符合专利申请的资格。"最高法院再次强调，某样事物是否被授予专利，与它是否被改造脱离自然属性直接相关。在这起专利案中，"麦利亚德遗传公司没有创造任何东西，该公司确实发现了重要而有用的基因，但从遗传物质中分离出基因并非发明，突破性的、革新性的乃至重大的发现并非获取专利的保证"。

美国公民自由联盟方面表示，最终裁决结果将对其他基因的专利问题产生影响，"最高法院废除基因的专利权，将有助于而不是阻碍生物技术行业的发展"。而麦利亚德遗传公司在这次专利诉讼案中也并非一无所获。美国最高法院表示，该公司有关合成的互补 DNA 的专利依然有效，因为它是在实验室中制造出来的，不是自然产物。对此，麦利亚德遗传公司的高级管理人员在接受采访时称，最高法院恰当地支持了关于互补 DNA 的专利权，从而有力保护了该公司对乳腺癌基因检测方法的知识产权。该公司对 *BRCA* 基因检测方法仍拥有 24 项专利。

这一裁决对生物医学界的发展的影响是巨大的，基因领域的一些研发型企业可以在现有技术的基础上加以创新，而无须再担心专利持有企业的诉讼威胁；另外，从事基因药物生产的企业也将从中受惠。但该裁决也将带来一定的负面作用，如果基因不能被授予专利，为此投入的巨额研究经费就会付诸东流，这将严重影响一些风险投资机构投资基因领域的信心。

11.1.7 专利保护方法的缺陷

现在专利法的利益天平向发明人一边发生倾斜，这一方面反映出当今社会中利益集团对国家立法的影响力已经远远超过立法者对一般法律原则的呵护能力这一现实，另一方面也说明对一项新的有价值的发明或发现通过申请专利进行保护已经成为首选的方法。但专利的性质决定了它有着不可避免的缺陷。

专利法的一个重要任务就是必须确保那些在生物技术研究和开发上投资巨大的人能得到应有的经济回报，如果做不到这一点的话，生物技术的许多领域将无法向前发展。但是，为了在全球范围内获得专利权，专利发明人必须在每一个国家都提出专利申请，然而多处申请可能不仅相当费钱而且成效有限，而且世界上一些地方至今仍没有立法建立专利系统。因此，已发表的专利可能被利用而专利人却得不到任何经济回报。

专利系统的优点在于专利持有者在专利保护期内对产品和工艺保持有绝对垄断的地位；而且一经取得专利后对保持专利的管理相当容易。但是专利也有很大的缺点，那就是专利在申请时必须将专利的内容公布，一旦专利失效，则可以为任何人所利用。所谓失效专利主要是指：一是专利申请的期限已到。按照有关规定，发明专利权的期限为20年，实用新型和外观设计的专利期限各为10年。超过这个期限，即为失效专利。二是未能交年费。申请到专利后，为了保护专利，企业或个人必须交一定数量的维持费。有的企业和个人因各种各样的原因，在专利期限内，未能及时交费而使申请到的专利项目成为失效专利。三是有的企业和个人申请了发明专利后，成果已公开，但在资格审查中因各种原因不合格而未能授权的，也成为失效专利。四是因各种各样的原因受行政撤销的专利。

此外，由于各专利法缺乏一致性从而引发许多问题，其他未被专利覆盖到的商业领域可能容许对专利的滥用。一个发明是否应申请专利必须从商业上来做决策，辅以法律建议，还要有高水平的商业意识。只有极少数的专利在经济上能真正获取高回报。基于专利具有的这些缺点，许多生物技术公司都宁可运用商业秘密来保护他们的产品和工艺而不申请专利。

11.2 商业秘密保护

11.2.1 商业秘密的要件

商业秘密是除了专利之外的另一种主要保护性抉择，一般为公司所采用，它并不将发明的信息公之于众。商业秘密受到法律的保护，但并不是所有的信息都能得到法律的保护。这些信息要符合三个条件：第一，该信息在一定意义上属于秘密，即信息作为整体或作为其中内容的确切组合，并非通常从事有关该信息工作领域的人们所普遍了解或容易获得的；第二，该信息属于秘密而且具有商业价值；第三，该信息的合法控制人出于保密目的已经采取了合理的措施。

作为具有经济价值的信息，商业秘密能够为其所有人带来实际的或潜在的经济利益或竞争优势，这是对商业秘密进行法律保护的直接动因。对于商业秘密所有人而言，保持商业秘密的秘密性，其直接目的是谋求经济上的利益。但要成为商业秘密，必须具有实用性，必须经过现实的使用，没有付诸实施的单纯构想不构成商业秘密。《美国侵权行为法第一次重述》明确要求商业秘密必须使用于营业上，未使用于营业上的信息不能成为商业秘密。而且，不但要求在商业上现实的使用，还必须是连续不断的使用。没有实用性的信息不能称为商业秘密，如抽象的概念和原理、原则，如果不能转化为具体的可以操作的方案，是不能获得法律保护的。

商业秘密的保密有一定的风险性，一旦保护措施不当被泄露，商业秘密就有被公开的可能。而商业秘密受法律保护的前提是其秘密性，所有人是否对其采取了合理的保密措施是法律保护的关键。那么怎样认定商业秘密的所有人采取的保密措施是合理的呢？目前的法律规定有以下几种情况：①雇主采取了保密措施；②对雇员的保密要求和提示；③对于公司以外的人员的防范措施；④商业秘密本身具有保密措施。

在生物技术方面，商业秘密可以保护的信息有多种。例如，用于生产单克隆抗体的杂交瘤细胞系、思路、配方、生产细节、实验程序等；在各种生物产业中的生产菌株、培养基的设计和配方等细节。毫无疑问，全世界保持得最成功的商业秘密是可口可乐的配方，该配方保存在亚特兰大的 Sun Trust 银行里，至今为止知道这个秘密的不超过 10 人。该商业秘密已保密了 100 年并使一个庞大的商业帝国得以发展和延续。但随着我们对于产品革新的不断深入，其配方所受到的威胁也越来越大。2006 年，可口可乐公司的一名内部员工，企图将包括其新饮料样品在内的商业机密出卖给其主要竞争对手百事可乐公司。但幸运的是百事可乐公司拒绝了这一不正当的交易，并将这一信息通报给了可口可乐公司，世界再次为两大可乐公司哗然。因此，如何选择专利和商业秘密进行保护，是生物技术产业的一个重要问题。目前各生物技术公司在决定对满足专利性条件的发明采取保护形式的时候一般都综合考虑发明用途、发明意图及市场的因素。

1）该信息是否有必要公开披露？是否属于法律规定需要披露的内容？如果是属于法律规定必须公开的，则无法用商业秘密的形式进行保护。

2）该信息构思容易通过反向工程或独立得到吗？如果能，需要多长时间？如果能够迅速、独立得到，则可能引起竞争，导致产品贬值。如果是这种情况，专利保护是最好的方法。

3）该信息所处的技术领域的发展是否迅速？如果迅速，则应当尽快上市，从而阻止对手进入。而且，如果发展迅速，就成本角度考虑，专利保护就不值得。

4）是否为新领域？在新领域内，专利可能迅速垄断大量的知识产权，因为现有技术少，权利要求可能很宽，对手的竞争可能被阻止，此时采用专利保护更合适。

5）有无兴趣将技术许可给他人？如果许可，需要正式的许可协议。专利比商业秘密有优势，因为后者可能未经授权而被许可给第三方。

6）市场价值是否超过专利成本？总的来讲，专利相关成本不菲。相关的实施和诉讼成本就更高。如果专利带来的收入还不及相关法律成本，则不考虑专利。

11.2.2　商业秘密形式的优势与缺陷

在越来越健全的法律制度下，商业秘密已经成为专利之外保护生物技术发明创造的强有力手段，它具有以下优势。①期限优势：商业秘密的保护期是不确定的，如果能永久保密，则享有无限的保护期，如果在短时期内就泄了密，那么保护期也随之结束。而知识产权中各种权利都是有保护期限的。②地域优势：商业秘密无地域性特征，它的所有人可以向任何国家的任何愿意得到它的人发放许可证。而知识产权则均有地域性限制，在一国有知识产权不一定在另一国有相应的权利，但信息是在世界范围内公开。③保密优势：商业秘密的具体内容是不公开的，而专利、商标、著作权等具体内容都是必须公开的。

当然商业秘密的保护方法在有优势的同时，也必然存在着一些缺陷。商业秘密在性质上虽然是一种知识产权，但是它与传统的知识产权相比存在区别，是一种特殊的知识产权形态。主要表现在以下几个方面。

1) 商业秘密的独占性不是依靠任何专门法律而产生的,而只是依据保密措施而实际存在的。例如,专利权、商标权则由专利法、商标法直接赋予,不能靠当事人的行为而自然产生;著作权也必须符合著作权法的规定而自动保护。因此,为保持秘密性,必须要求企业有一整套的保密措施,否则风险很大。

2) 商业秘密不能阻止独立开发出同一秘密技术、知识的第三者,任何独立获得相同技术知识的第三者,都可以使用、转让这种知识。而知识产权一般具有排他性,可以阻止任何人开发、使用相同的技术知识,其中工业产权表现得尤为明显,而著作权具有一定的排他性。

3) 商业秘密的保护存在较大的泄密风险。

因此,对生物技术发明进行保护的最佳方法是将知识产权保护与商业秘密的保护综合运用,但这对于企业来说是一项很大的系统工程,它需要技术人员、管理人员、知识产权事务方面法律工作者的共同参与。

11.2.3　我国关于保护商业秘密的相关法律规定

随着科技革命和市场经济竞争的白热化,商业秘密保护引起了越来越大的关注。美国大学法学院的教科书将商业秘密保护列为知识产权法的四大内容之一。我国关于商业秘密保护的立法起步较晚,在1991年通过的《中华人民共和国民事诉讼法》中才第一次明确提出"商业秘密"这一名词。该法第六十六条规定:"证据应当在法庭上出示,并由当事人互相质证。对涉及国家秘密、商业秘密和个人隐私的证据应当保密,需要在法庭出示的,不得在公开开庭时出示。"1992年,《最高人民法院关于适用〈中华人民共和国民事诉讼法〉若干问题的意见》(简称《意见》)中进一步界定了"商业秘密"的内涵和外延。《意见》第一百五十四条规定:"民事诉讼法第六十六条、第一百二十六条所指的商业秘密,主要是指技术秘密、商业情报及信息等,如生产工艺、配方、贸易联系、销售渠道等当事人不愿公开的工商业秘密。"《中华人民共和国民事诉讼法》及其适用意见关于商业秘密的规定具有十分重大的意义。尽管它对商业秘密的保护仅仅反映在民事诉讼活动范围内,尽管它尚未揭示出商业秘密的本质含义,但是它明确了商业秘密的范围,昭示了商业秘密受到我国法律保护这一立法方向,在社会上引起了十分积极的反响。

1993年通过的《中华人民共和国反不正当竞争法》中对"商业秘密"做出了科学界定:"本条所称的商业秘密,是指不为公众所知悉,能为权利人带来经济利益,具有实用性并经权利人采取保密措施的技术信息和经营信息。"根据这一规定,商业秘密的范围主要包括以下两大类:①技术信息,指凭经验或技能产生的,在实际中尤其是工业中适用的技术情报、数据或知识。其中包括化学配方、工艺流程、技术秘诀、设计图纸等,且未获得知识产权法的保护。②经营信息,指具有秘密性质的经营管理方法及与经营管理方法密切相关的信息和情报,其中包括管理方法、产销策略、客户名单、货源情报及对市场的分析、预测报告和未来的发展规划。经营信息是企业立足市场并谋求发展的根本,一旦泄漏则容易丢失竞争优势,失去市场份额。同时,该条还明确列举出了几种常见的侵犯商业秘密的行为:"以盗窃、利诱、胁迫或者其他不正当手段获取权利人的商业秘密;披露、使用或者允许他人使用以前项手段获取的权利人的商业秘密;违反约定或者违反权利人关于保守商业秘密的要求,披露、使用或者允许他人使用其所掌握的商业秘密。第三人明知或应知前款所列违法行为，获取、使用或者披露他人的商业秘密，视为侵犯他人的商业秘密。"《中华人民共和国反不正当竞争法》对于我国商业秘密的法律保护具有里程碑的作用，它第一次科学阐述了"商业秘密"的本质内涵，第一次明确列举了侵犯商业秘密的行为，第一次明确规定了侵权人应承担的民事、行政法律责任，标志着我国商业秘密的保护正式进入法制化轨道。

我国商业秘密法律保护的问题及完善

11.3 生物技术发明的其他保护形式

专利和商业秘密是有效的保护方式，但是仍然无法对一些具有价值的生物技术创新进行保护。科学发现对人类科技进步的贡献，与通常的发明相比并不逊色。例如，爱因斯坦发现的相对论，焦耳发现的电热交换规律等，这些发现对科学具有重大的推动作用，却不能获得专利法的保护。因为专利法的立法目的其实具有很大的功利性，它只对那些能够直接应用于实际产业的实用技术提供保护。至于该技术究竟对人类知识总量有多大的贡献，专利法并不关注，专利法自身没有也不可能完全承担其促进整个人类技术进步的重任。因此，对这些科学发现只能通过给予发现人名誉权，著作的版权、修改权等这些权力加以肯定和保护。

防御性出版（defensive publishing）也是商业领域中保护生物技术发明创造的一种手段。由于出版物是可以破坏专利申请新颖性的证据之一，如果在出版物中发表部分能提高现有技术水准的内容，将提升竞争对手申请专利的标准，从而使竞争对手在专利申请中被迫缩小权利要求范围。

在生物技术领域中还有一类信息既不属于发明，也不属于创新，但是它们具有很高的价值，通常被定义为"未披露信息"。"未披露信息"通常并不是应用创新方法而获得的信息，因而不能寻求专利等有效的知识产权保护。相反，这些信息是在商业活动中依照一定的规程、方法而得到的。任何人，只要有能力按照某种既定的规程、方法来进行，就有可能得到相同或似的信息。但该信息的原始获得者在收集该信息时，已经投入了相当的资源，因此也必须对其加以保护。世界贸易组织的《与贸易有关的知识产权保护协定》规定各成员应对"未披露信息"和"实验数据"进行保护："当成员要求以提交未披露过的实验数据或其他数据作为批准采用新化学成分的医药用或农用化工产品上市的条件时，如果该数据的原创活动包含了相当的努力，则该成员应保护该数据，以防不正当的商业使用。同时，除非出于保护公众的需要，或除非已采取措施保证对该数据的保护、防止不正当的商业使用，成员均应保护该数据以防其被泄露。"对于"未披露信息"和"实验数据"持有人来说，他们对信息和数据并不具有独占权，如果第三人能够独立地获取该信息，就可以合法地使用，而持有人也无须像专利所有人那样具有公开的义务。此外，只要没有第三人独立获取该信息，那么它可以无限期地保护下去。

目前，我国在生物医药方面的保护除了采用获取专利证书来寻求法律保护以外，还可以采用获取新药证书的方式来寻求国家行政保护。这二者之间最主要的区别是保护范围的不同。以磺胺类药为例，假定最先发现凡具有磺酰胺基团的化合物均有抗菌作用的人，在申请专利时，只要其能够列举出多个例子说明含有磺酰胺基团的化合物均具有抗菌作用，那么申请人就可将其要求保护的技术方案概括性地限定为"具有磺酰胺基团的抗菌药"。这项专利一经获权，就意味着在该专利的有效地域、有效期限内，任何单位或个人未经专利权人许可，均不得生产、使用、销售含有以磺酰胺基团为主结构的抗菌药物。这就使得诸如磺胺醋酰、磺胺吡啶、磺胺嘧啶、磺胺脒等磺胺类抗菌药均列入其保护范围，可见其保护范围非常大。除此之外，在专利申请中，申请人还可以将其生产方法、不同的剂型、用途等作为一件专利申请，这样无疑又获得了更多的保护。

新药证书所保护的是一个具体的品种。同样以磺胺类药为例，假定申请人要通过新药证书获得保护，它所受到的保护则只能是磺胺类抗菌药中的某个品种，即磺胺嘧胺片或磺胺嘧啶注射剂，因为新药审批的客体是名称、结构、剂型、含量、给药途径、适应证都非常确切的一个药品，所以它不仅不可能保护一类药物，而且即使是同一种药物，其不同的剂型也不能得到相应的保护。其他人完全可以通过改变剂型、改变给药途径、增加新的适应证等手段来申报4类、5类新药而获得新的保护。由此可见，专利可以保护一个面，它具有"跑马圈地"的意义。在创新具有基本框架之时，人们可利用它先划分出自己的势力范围，然后就可较放心地在自己的势力范围之内精耕细作。新药证书保护的则是一个点，人们可以将精耕细作的具体品种通过新药证书来获得进一步的保护。

11.4 生物技术专利保护的负面影响

授予发明人专利，并允许资源提供者分享专利，这是生物产业发展的需要。但是，专利中的不公平问题也会在一定程度上阻碍生物产业的发展。首先，生物技术，尤其是基因技术需要大量资金和先进技术的支持。发达国家资金比较雄厚，科技水平高，因此基因技术的研究起点也比较高。而大多数发展中国家由于缺乏资金，技术力量薄弱，难以开展这方面的研究。专利在一定程度上又扩大了这种不公平。因为专利的权利人不仅可以通过专利合作或转让获得收益，还可以从基于该基因专利的基因药物及其他衍生产品后期销售收入中按一定比例提成。一个具有重要功能的疾病相关基因的专利，转让价值一般以千万美元计，而以此开发的基因药物年销售额可高达几十亿美元。基因专利的巨大商业价值，促使世界发达国家的私营公司、高等学校甚至慈善机构纷纷行动起来，以抢先登记专利的方式来瓜分各类基因及其研究成果。根据联合国的《人类发展报告》统计，目前专利只惠及少数国家。根据世界知识产权组织（WIPO）的统计，2012年，专利申请数最多的5个国家依次是美国、日本、德国、中国、韩国。这5个国家的专利申请量达到了2012年总申请量的74.2%，该数值为近20年来最高（2011年为73.3%，2008年则是69.4%）。其中美国的专利申请量达到51 207，达到同年全世界申请量的26.3%，而日本为43 660，占22.5%，二者的总和约占总申请量的一半。

申请专利的狂潮对基因技术的发展来说是十分不利的。根据世界发达国家的专利法，其他研究者在研究基因药物和改良动植物的基因时，必须向拥有基因专利的公司和机构交纳大笔费用。这种状况对发展中国家尤为不利。由于发展中国家科学水平比较低，基因技术研究起步比较晚，当他们开始进行相关研究的时候，已有大量的基因被申请了专利，只有向这些专利拥有者支付一定的费用，他们才能从事相关的研究。

近年来，世界发达国家加强了其生物基因技术专利制度建设及战略推行力度，科研人员通过对发展中国家提供的基因原材料进行开发研究，获得某些技术成果进行商业化开发、申请专利、转让技术、制造药物等。发展中国家不仅提供了基因资源，还要为购买此类生物高科技产品支付高昂的代价，这样就使发展中国家受到了不公正的待遇。发达国家的经济力量将更强大，发展中国家的经济力量相对减少，发达国家与发展中国家之间旧的不平等还没有消除，新的不平等又形成了。

　　发展中国家在生物技术领域的水平远远落后于发达国家，因而无法对本国的动植物资源、人类基因资源进行开发利用，而这些资源往往成为发达国家的跨国公司猎取的目标。通过直接盗取或用少量金钱买下这些生物资源，用合作的名义，把具有巨大经济价值的基因资源归为己有。发达国家这种圈占基因资源的行为，正受到越来越多的发展中国家和非政府组织的强烈反对。他们称这种行为是"生物剽窃"或"生物殖民主义"。对于基因资源的法律地位问题，1997 年联合国教育、科学及文化组织发表了对人类基因组和人权宣言：人类基因是全人类的共同遗产，研究成果应当使全人类获益。当然，单单靠一个国际组织的宣言阻止发达国家对发展中国家基因资源掠夺的想法未免太过天真，切实可行的做法是各国特别是发展中国家必须在法律上明确基因资源的法律地位，用强制力保证国家资源在受到侵犯时能够施以保护，并在国际技术开发和合作中，凭借其独特基因资源优势平等地参与国际生物技术的开发和合作，以及技术成果的分享，只有这样才能真正保障发展中国家的利益。

全球生物剽窃案例分析与中国应对措施

　　专利法的本意并不是要制造不平衡、不公平的局面，相反，其目的是要捍卫公众利益，确保知识共享，使其为公众知晓并能被所有人自由获得，以此使得科学以快速、互动的方式发展。它希冀通过让公众获得有关每种专利的详细描述，以保护公众，抵制"知识私有化"。因此，各国在完善和加强专利保护的同时也应该注意到由专利本身带来的这些负面影响。

⬡ 小　结

　　生物技术发明与创新在形式上可以是产品或者工艺。这些发明都是创造性智力劳动的结果，因此必须对其加以保护以确保合法的发明人和工业投资者能得到经济利益上的回报。目前对生物技术发明进行保护的主要有专利、商业秘密和其他一些特殊的保护形式，其中最主要的是专利保护。

　　随着生物科学与工程技术的发展，人们在生物领域实施技术控制和进行技术干预已成为可能，因此生物技术也开始被纳入专利保护范围。生物基因专利是目前最主要的一类生物技术专利。基因技术的专利保护问题是各国知识产权界所面临的又一个焦点。从基因技术及其商业价值、基因是发明还是发现、基因技术专利保护有没有违背社会伦理道德和公共秩序这几个主要方面考察，应该给予基因技术以专利保护。基因技术保护的客体是基因序列、基因技术方法、转基因生物和生物类制品。但是，给予专利保护的基因技术必须符合新颖性、创造性和实用性的实质条件。由于各国在生物技术方面发展不平衡，或者受到宗教、伦理和社会道德观念的影响，或者受立法技术和执法难度的影响，目前世界上对基因专利的授权范围不同。在对待人类基因专利方面，目前争议还较大，但美国已经授予来自人类的基因专利权。

　　商业秘密是为避免因专利保护系统的不完善而带来损失所采取的另一种保护形式。它的优点在于保密的知识不公开而使竞争对手无法利用，并且保护的时间可以无限长，但是它在执行的过程中存在不少问题，需要完善的法律制度给予行政保护。

　　专利保护被许多国家视为生物技术生存发展的关键。而且由于其巨大的商业价值，事实上形成了一种"基因争夺战"的态势。发展中国家和发达国家之间的在生物技术，尤其是基因技术发明创造方面的差距由于专利制度的实施而被扩大，主要是由于专利应用成本太高，垄断性太强等，必须引起注意。

本章思维导图

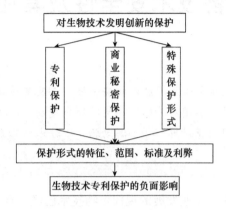

复习思考题

1．简述对生物技术发明进行保护的几种主要形式及其优缺点。
2．用于申请专利的生物技术发明必须满足什么条件？
3．谈谈对生物技术发明进行专利保护的利与弊。

主要参考文献

渡边睦雄．1999．化学和生物技术专利·说明书的撰写与阅读．冯建波，程伟译．北京：知识产权出版社

冯薇，银路．2006．论生物技术企业的知识产权管理策略．研究与发展管理，（18）：101～105

胡佐超，陶天申．1993．生物技术与专利．北京：科学出版社

瞿礼嘉，顾红雅，胡苹，等．1998．现代生物技术导论．北京：高等教育出版社

王大鹏，魏保志．2013．宽泛权利要求的合理权利边界——从生物技术领域视角谈专利权的扩张与限制．
知识产权，（2）：75～82

夏惠忠，许冰．1997．论生物技术的专利保护及我国应采取的对策．中国科技论坛，（2）：41～43

谢建平．2003．生物医药公司知识产权保护方式的决策与实施．中国生物工程杂志，（23）：90～93

张炳生，朱丽琴．2008．论生物技术发明的新颖性．宁波大学学报（人文科学版），（21）：117～122

张玲，杨海麟，王武．2009．生物技术知识产权的类型及其应用．生物技术通报，（2）：63～67

张乃根．1995．美国专利法判例选析．北京：中国政法大学出版社

张清奎．2000．试论中国对生物技术的专利保护．知识产权，（6）：25

张清奎．2001．试论中国对生物技术的专利保护（续）．知识产权，（11）：23～26

张晓都．2001．生物技术发明的可专利性及日本与中国的实践//郑成思．知识产权文丛．6卷．北京：
中国政法大学出版社

John J D. 1998. The patenting of DNA. Science, (280): 689～690

（曾润颖）

12

第十二章
生物技术安全性及其应对措施

° **学习目的** °

①了解生物技术，尤其是转基因技术的安全性，以及其对社会安全、伦理、道德可能带来的重大影响。②了解各国对待转基因生物的态度及应对措施。③了解中国在生物技术安全性方面面临的问题及对策。④了解动物克隆技术所带来的争议与机遇、生物武器对人类的威胁。

科学技术是一把双刃剑。飞速发展的现代生物技术已经一点一滴地渗入了人们的生活，影响着人们的衣、食、住、行，不但充分显示了它的造福功能，也逐渐暴露出它对自然和社会的潜在危害。生物技术为人们所带来的是幸福还是祸患，不同处境、不同立场的人有不同的说法：科学家和商人大都对其贡献赞不绝口，认为生物技术为人类的生活做出了难以想象的贡献，而民众和环保人士则强烈担心生物技术在人类健康、环境生态和社会伦理等方面造成的危害，甚至是灾难性的影响。争论的焦点主要包括以下几个方面。

1）转基因生物往往具有比自然生物更强的生存竞争能力，从而改变生物群落结构，产生复杂的生态效应，甚至引发生态灾难。

2）转基因微生物及其质粒上携带的抗药性基因有可能通过水平基因转移使人体内的细菌获得该基因，使人类健康面临新的问题；用以研究的流行病、重大疾病的转基因微生物一旦从实验室逸出并扩散，将带来灾难性影响。

3）转基因作物所携带的外源基因是否会转移到其他植物，从而给环境带来不可预知的长期的危害？食用转基因食品是否会摄入外源基因？外源基因的表达产物是否会影响人类健康？

4）基因工程技术应用于人类将造成巨大的社会伦理道德问题，并对人类自身的进化产生影响。基因诊断是否会侵犯人类隐私权？克隆技术是否应该禁止用于人类自身？

5）生物技术的发展将不可避免地推动生物武器的研制与发展，使笼罩在人类头上的生存阴影越来越大。

应该说这种种风险不仅在理论上具有较大的可能性，而且都有着其现实基础。所幸的是，包括政府、公众、科学家在内的各方面人士都对不断发展的生物技术持续地加以关注，并积极地采取防控措施，因此到目前为止，生物技术，尤其是转基因技术在改善人类生活方面所带来的效益是显而易见的。

12.1 转基因生物的安全性

12.1.1 转基因微生物

霍乱、鼠疫、天花等流行性疾病曾给人们造成了极大的恐慌，随着引起这些疾病的有害微生物得到控制，人们担心更大的危害可能来自于基因工程技术对微生物的改造。20世纪70年代初，美国科学家保罗伯格（Paul Berg）团队利用限制性内切核酸酶将猿猴病毒SV40的DNA与大肠杆菌质粒DNA通过剪切后拼接在一起，首次实现了用两个不同物种重组DNA，为基因工程奠定了基础。由于基因重组技术在治疗多种遗传性疾病及药物制造方面有巨大的使用价值，在全世界引发了基因重组技术研究的热潮。与此同时，科学家却意识到应该充分认识基因重组技术可能引发的危害。例如，SV40具有致癌性，带有SV40的细菌大量增殖有可能成为传播人类肿瘤的媒介，产生严重的后果。1974年7月，伯格等著名分子生物学家联名在 *Science* 上发表了建议信，呼吁在全世界范围内"无条件禁止一切有可能导致无法预知后果的基因重组研究"，此建议后来被称为"伯格信件"。伯格信件的历史意义不仅在于其论题的重要性，而且这是第一次由从事该领域研究的杰出科学家主动提出对自己的研究工作进行限制："尽管基本重组技术会促进分子生物学的革命性进展，可是运用这项技术所产生的生物新类型，可能对人类健康造成直接和意想不到的危害，因此必须对此严加控制"。这在科学史上还是第一次，它显示了那一代科学家崇高的道德思想和强烈的社会责任感，堪称科学史上的重大事件。

随着科技认识水平、风险管理水平的不断提高，人们逐渐认识到这种危险性是极小的并且是可控制的。现在有许多原来用于应付潜在危险的限制已逐步放宽，转基因微生物操作及应用也越来越普遍。许多重要的医药产品如胰岛素、人类生长激素等，已经用微生物发酵工艺来生产（见8.3.2），包括使用特殊的基因重组微生物，迄今为止没有出现这些操作造成的健康和环境问题。

在微生物中，病毒是对人类危害最大的一类，严重急性呼吸综合征（SARS）病毒、甲型H1N1流感病毒、H7N9禽流感病毒，以及SARS-CoV-2病毒都给人类带来严重的影响。正常情况下，病毒必须在宿主体内才能存活，而且一种病毒只能对特定的宿主起作用。但如果对病毒开展转基因工作，则可能使病毒扩大感染范围，这是极其危险的。因此，各国对人类病毒的研究都有着严格的监控法规和体系，以避免出现大的灾难。2012年6月，日本文部科学省以擅自开展甲型H1N1流感病毒转基因实验为由，给予神户大学严重警告。原因是神户大学研究生院医学研究科于2009年4~8月，未提交关于防止病毒扩散措施的申请就擅自开展季节性流感病毒的转基因实验。

我国针对转基因微生物也制定了相应的评价管理方法，将转基因微生物分为动物用、植物用和其他类转基因微生物，并针对各类转基因微生物的安全性评价流程、内容、标准进行了详细的规定。

12.1.1.1 动物用转基因微生物的安全性问题

动物用转基因微生物是指利用基因工程技术研制的，在农业生产或者农产品加工中用于动物的重组微生物及其产品，主要包括应用于动物的活疫苗及治疗制剂、饲料添加剂及其他用途产品（如基因工程抗原与诊断试剂盒），其安全性问题主要表现在对人类与动物健康及对生态环境的潜在危害两个方面。

（1）对人类与动物健康的潜在危害　　动物用转基因微生物对人类与动物健康可能造成的危害还难以准确地评估，一般来说，应考虑以下三个方面的潜在危害性。

1）致病性。在转基因操作中，虽然可以对受体微生物、外源基因和标记基因等进行有目的的选择与控制，但基因的多效性和次生效应可能产生不可预知的变化，从而改变其感染并致人或动物发病的能力。

2）抗药性。转基因微生物的抗药性基因可能导致人或动物对抗生素等药物产生抗药性，而转基因微生物或其质粒上携带的抗药性基因有可能通过基因转移而使其他可感染人类或动物的致病微生物获得该基因，从而引发更大的麻烦，所以应慎重选择抗性基因。

3）食品安全性。转基因微生物应用于动物之后的产品作为人类食品的安全性需要受到特别关注。首先，转基因微生物进入动物体后是否致癌、致畸和致突变，人类食用此种动物产品后是否对健康产生影响。其次，转基因表达产物是否残留在动物产品中，人类食用后是否对健康产生影响。

（2）对生态环境的潜在危害　　动物用转基因微生物应用于动物后，微生物可以经消化、呼吸等系统释放到环境中，从而可能对环境质量或生态系统造成不利影响。目前评估转基因微生物对生态环境的影响主要包括以下三个指标。

1）生存竞争能力。微生物在环境中的生存竞争能力包括定殖能力、存活能力、传播能力等，这些能力越强，微生物对生态环境造成影响的可能性也就越大。转基因微生物是否具有生存竞争优势？是否能够通过对生态位点和营养的竞争影响生态环境和生物多样性？由于微生物的多样性和高度变异性，这些问题无法做出绝对肯定或者否定的回答。但目前为止众多的实验结果表明，在正常情况下，大多数转基因微生物与其非转基因的亲本微生物（受体微生物）在自然环境中的生存竞争能力基本一致，并不具有特殊的生态竞争优势，甚至某些转基因微生物的生存竞争能力更弱。

2）遗传变异能力。其是指转基因微生物的基因在不同生理生态条件下的遗传稳定性及其发生适应性变异或突变的能力。微生物生长繁殖速度快，能在较短的时间内迅速发展形成数量庞大的变异种群，从而对生态环境造成影响。因此，遗传稳定性也是安全性评价的一项重要指标。

3）遗传转移能力。其是指转基因微生物中与本地天然的同种微生物或其他生物之间发生遗传物质（如抗生素基因、诊断标记基因等）转移的能力。这些非转基因的微生物或者生物在获得该遗传物质后，有可能演化出新的有害生物，或增强有害生物的危害性。例如，有研究报道猪伪狂犬病病毒基因缺失疫苗株可以与野生型强毒株进行基因重组，从而使重组病毒的毒力增强，并且失去诊断标记基因，进一步则可导致标准血清学试验不能检测的强毒株扩散，使疫病扑灭计划难以实现。

12.1.1.2　植物用转基因微生物的安全性问题

植物用转基因微生物是指通过基因工程技术研制的，直接应用于植物，以产生杀虫、防病、固氮、调节生长等效果的微生物。自 20 世纪 80 年代以来，重组农业微生物已取得显著进展。重组固氮微生物研究已进入田间试验阶段；一些杀虫、防病遗传工程微生物已进入田间试验或商业化生产阶段；防冻害基因工程菌株已于 1987 年进入田间试验阶段；防治果树根癌病工程菌株也于 1991 年和 1992 年先后在澳大利亚和美国获准登记并已在澳大利亚、美国、加拿大和西欧一些国家销售，这是世界上首例商品化生产的植病生防基因工程细菌制剂；具有杀虫活性的转 *Bt*（苏云金芽孢杆菌，*Bacillus thuringensis*，Bt）基因的工程菌自 1991 年起已有多个产品进入市场；在高铵条件下仍保持良好固氮能力的耐铵工程菌株也已进入田间试验阶段。

植物用转基因微生物的安全性问题与动物用转基因微生物类似，主要也是体现在对人类、动物健康和对生态环境的潜在危害两个方面。包括：①即使经过研究表明受体微生物对人类健康或者生态环境不会造成不利影响，但是由于外源基因的插入，受体微生物是否具有演变成有害微生物的可能性？②植物用转基因微生物势必会影响到应用环境中其他微生物的生态系统，这种影响是否会因此而产生或增加对人类健康或生态环境的不利影响？③由于转基因微生物的使用，植物的普通病原微生物是否会产生新的抗药性？

12.1.1.3 转基因微生物的安全控制

目前，对转基因微生物环境释放后实施生物安全控制的内容包括：法律法规体系的建立、有效的生物安全管理、严格的安全性评价和切实可行的安全控制措施等。第一，世界各国，特别是发达国家对转基因技术及其产业化都极为重视。许多国家制定了相关的法律、法规和条例，以加强管理和控制。经济合作和发展组织、世界卫生组织等国际组织也积极进行协调，试图建立众多国家都能接受的生物技术产业统一管理的标准和程序。第二，在生物安全管理方面，目前大多数国家都是在法律、法规和条例的指导下，由政府有关部门对生物技术及其产品实施管理。美国、加拿大等国对转基因微生物及其产品的管理是依据《病毒、血清、毒素法》《国家环境政策法》和相关的联邦法规，由农业部和国家环境保护机构实施分类管理。对灭活类产品按照常规产品的要求进行管理，而对活性产品的环境释放和商品化则实行较为严格的生物安全管理。第三，安全性评价。大多数国家均采用"个案"分析和"实质等同性"的原则，对转基因微生物及其产品进行安全性评价，并且根据安全性评价的结果对一些可能出现的潜在危害采取相应的安全防范措施。第四，在安全控制措施方面，按照转基因微生物的性质分为物理、化学、生物、环境和规模等控制措施。按照不同的工作阶段，生物安全控制措施包含了试验研究、中间试制、环境释放和试生产阶段的控制措施，而制品的贮运、销售及使用控制措施、应急措施、废弃物的处理等则包含在这4个阶段中。在试验研究阶段，主要是实验室生物安全等级和动物试验生物安全等级控制。在环境释放阶段主要是动物防疫和检疫控制及环境监测。而在中间试制和试生产阶段，则主要是兽药生产质量管理规范控制。

尽管已经有较为详细的控制措施，但随着现代生物技术的发展，无论受体微生物、基因来源，还是产品生产方法都将不断更新换代，从科学角度来说，尚不能绝对精确地预测外源基因在新的遗传背景下的全部表型效应，以及可能存在的基因漂移等诸多潜在问题。因此，有必要对新性状的转基因微生物保持科学的、合理的评价与严格的管理。

12.1.2 转基因作物及食品

生物技术始源于食品和饮料发酵。很早以前，人类就已经采用各种方法来促进用于食品生产的微生物、动植物品种的进化朝着有益的方向进行，并形成了一系列传统方法。而基因工程技术具有传统方法无法比拟的优点：基因的引入可以更精确，更具有可预测性；可以在非近亲的物种中引入基因。因此，基因工程技术已越来越多地取代传统方法，一些依靠基因工程手段培育出来的转基因作物（transgenic crop）已经大量投入生产，进入市场，而转基因动物也即将步其后尘。

转基因作物，也称基因修饰作物（genetically modified crop），是指利用基因工程技术将其他生物的遗传物质加入原有作物的基因中，或将不良基因移除而培育出来的作物。这些作物能表现出自身原本不拥有的由转入基因带来的新特性，从而达到改善品质、提高营养成分、增加抗病虫害能力、增加产量、提高抗逆性、延长货架期等目的。1983年，世界上第一种转基因作物——抗除草剂烟草出现了，1986年其被批准进入田间种植。1996年，第一种转基因食品（genetically modified food，GMF）——一种可以延迟成熟的番茄在美国批准上市，开创了转基因植物商业应用的先例。截至2016年，有26个国家（7个发达国家和19个发展中国家）种植转基因作物，种植面积排名前 5 位的国家依次是美国、巴西、阿根廷、加拿大和印度。2018 年，全球转基因作物种植面积达到 1.92 亿 hm²，创下 1996 年转基因作物开始商业化种植以来的新高。

美国是世界上可耕地面积最大的国家，也是转基因作物种植面积最大的国家，2018 年种植的面积为 7500 万 hm²，约占全球的 40%，种类包括棉花、大豆、玉米、油菜、甜菜、苜蓿、南瓜、木瓜、苹果、马铃薯等。其中大豆、玉米、棉花、油菜、甜菜的转基因普及率持续维持在 90% 以上。一些转基因品种具有既抗虫又抗除草剂的复合性状（IR＋HT）。例如，IR＋HT 玉米和棉花的普及率已分别达到 80% 和 82%，IR＋HT 大豆也在快速发展。

但是，如果按转基因作物种植面积占可耕地面积的比例来看，巴西和阿根廷才是转基因作物种植大国。2018 年，巴西转基因作物种植面积达到约 5130 万 hm²，仅次于美国列世界第二位，但种植面积占到巴西总耕地面积的 54%。所种植的作物中，转基因大豆和玉米的普及率均达到 90% 以上，基本实现了品种的转基因化，转基因棉花也达到 66%。

阿根廷是世界第三大转基因作物种植国。2018 年，阿根廷种植了 2390 万 hm² 转基因大豆、玉米和棉花，占本国当年农作物播种面积的 64.5%。现在，阿根廷种植的大豆全部属于转基因品种，转基因棉花的普及率达到 99%，转基因玉米的普及率为 86%。

转基因作物不仅为农民带来了前所未有的收益，同时由于越来越多地采用保护性耕作方式，依靠更良性的除草剂构建杂草管理办法，并用抗虫转基因作物取代农药，环境也因此受益。2018 年 6 月，英国独立调查顾问机构 PG Economics 发表了转基因作物全球社会经济和环境效益的年度报告——《转基因作物技术 1996—2016 年的农业收益和生产影响》。报告指出，1996～2016 年的 21 年间，转基因作物直接带来的收入增长了 1861 亿美元，其中 2016 年为 182 亿美元。这些收益中，发达国家收益占了 48%，发展中国家则为 52%。另外，其中有 65% 的收益来自生产收益，35% 来自成本节约。该报告同时指出，转基因技术节约了耕地。按照 2016 年的产量水平，如果没有转基因技术，全球需要增加种植 1080 万 hm² 大豆、820 万 hm² 玉米、290 万 hm² 棉花和 50 万 hm² 油菜。

随着种植规模的不断扩大，现在可以毫不夸张地说，转基因作物及其食品的新时代已经到来。虽然每一种转基因作物在进入田间种植直至形成食品之前都经过了反复的试验和论证，但由于其针对作物性状所进行的改变过度剧烈，通常用几周或几个月的时间就能得到自然状态下需要成百上千年的选择进化才能具有的性状，因此即使转基因作物在全球范围内的种植、销售规模越来越大，转基因食品的种类越来越多，全球对其安全性的争论不仅没有消失，反而愈演愈烈。这种争论不仅存在于公共舆论，还存在于政府的政治活动中。支持和反对两派针锋相对，势不两立。

概括来说，人们对转基因作物可能和已经带来的危害提出的质疑主要集中在两个方面：转基因作物的大规模种植对环境造成的污染；食用转基因食品对人类健康造成的危害。

转基因食品安全问题的认识与管理

12.1.2.1 转基因作物影响环境的几个"典型事件"

转基因作物最早引起人们担忧的是其环境问题。因为随着种植面积的增加，发生了一些与转基因作物相关的环境生态的变化，使得支持和反对转基因作物的双方发生了激烈的争论，也引起了普通民众的关注。

（1）"超级杂草"事件　1995 年，加拿大首次商业化种植了通过基因工程改造的转基因油菜。但在种植后的几年里，其农田便发现了拥有多种耐除草剂特性的杂草化的油菜植株，即"超级杂草"。出现杂草的原因是一些转基因油菜籽在收获时掉落，留在了泥土中，来年它们又重新萌发。由于这片田地上种下去的不是同一个物种，那么它们的萌发就变成了一种不受欢迎的杂草，农民通常就会把它们除去。但因为它们能抵抗除草剂，所以被农民称为"超级杂草"。实际上这些"超级杂草"只要通过改变除草剂就能予以灭除。应当指出的是，"超级杂草"并不是一个科学术语，而只是一个形象化的比喻，目前并没有证据证明已有"超级杂草"存在。

此外，截至 2011 年，在美国共出现了 130 种耐草甘膦除草剂的"超级杂草"，侵袭面积高达 450 万 hm^2。其中最著名的是长芒苋，它能长到 2m 多甚至更高，如果任其发展，将占领并覆盖住整个农田，造成作物减产。为了对抗这些新兴杂草，人们不得不喷洒更大剂量的有毒除草剂。这成为反对者认为转基因作物危害环境的证据。草甘膦除草剂（商品名为农达，Roundup）是由美国孟山都公司开发的一种非选择性、无残留灭生性的除草剂。同时孟山都公司又开发了可以抗草甘膦的转基因作物。结果，这种转基因作物的大面积栽培导致了草甘膦的滥用，促使各种杂草发生了快速的"达尔文进化"而产生了耐药性。因此，支持者认为转基因作物在该生态事件中并非元凶，在这些杂草中并不含有转入的抗草甘膦的基因，真正的元凶在于人们对草甘膦的滥用。

超级杂草，转基因的副产品

（2）墨西哥玉米基因污染事件　作为美洲最重要的粮食作物，玉米是美洲土著人的主要食物，被印第安人亲切地称为"玉米妈妈"。1991 年，*Nature* 杂志上发表了由加利福尼亚大学伯克利分校的微生物生态学家 David Quist 和 Ignacio Chapela 完成的一篇论文，该论文声称在墨西哥传统玉米品种中发现了转基因玉米的 DNA，他们还公布了利用反向 PCR 技术获得的结论，即一旦转基因进入传统玉米中，它们便会在基因组中"跳跃"，从而有可能会对传统玉米的多样性造成极大的威胁。

但至少有 4 组科学家对这篇论文提出了异议，他们提醒人们注意反向 PCR 的不确定性特征，并且指出该论文作者所用的 PCR 引物除了可以和靶序列配对以外，还会产生非特异性扩增。这是 PCR 技术中的常见问题，但能使对跳跃基因的数量估计过高。*Nature* 杂志的编辑说，这篇论文发表后招致了一些批评，两位作者为此提出了新的研究数据，但仍不能平息争论。*Nature* 杂志承认现有的证据"不足以表明发表原始论文是合适的"。为了使事态明朗化，*Nature* 杂志决定把两位作者支持自己结论的新论文和另两篇质疑这项研究的文章同时发表，让读者自行判断。

（3）美国斑蝶事件　美国康奈尔大学昆虫学家在 1999 年 5 月出版的 *Nature* 杂志上发表论文称，他们在实验室中经研究发现，放养在抹有转苏云金芽孢杆菌（Bt）的 *cry* 家族基因玉米花粉的苦苣菜叶上的黑脉金斑蝶毛虫发育缓慢，摄食量少，体重只是正常毛虫的一半，且死亡率高达 44%。他们由此推论，转 *cry* 家族基因玉米中含有毒素，如果在大田中种植的转基因玉米花粉随风飘到附近的菜田里污染菜叶，会使那些以菜叶为生的非目标昆虫大量死亡。

而该论文发表后受到了同行科学家和美国环境保护局（EPA）的质疑：这一实验是在实验室完成的，并不反映田间情况，且没有提供花粉量数据。EPA 组织昆虫专家对此问题展开专题研究。结果表明，转基因抗虫玉米花粉在田间对黑脉金斑蝶并无威胁，原因是：①玉米花粉大而重，因此扩散不远。在田间，距玉米田 5m 远的马利筋杂草上，每平方厘米草叶上只发现有一粒玉米花粉。②黑脉金斑蝶通常不吃玉米花粉，它们在玉米散粉之后才会大量产卵。③在所调查的美国中西部田间，转抗虫基因玉米地占总玉米地面积的 25%，但田间黑脉金斑蝶数量很大。同时，美国环境保护局在一项报告中指出，评价转基因作物对非靶标昆虫的影响，应以野外实验为准，而不能仅仅依靠实验室数据。

（4）中国转 Bt 基因棉花事件　2008 年，在 *Science* 杂志上发表了一篇由中国科学家研究团队完成的文章，介绍了转 Bt 基因棉花（转入的是 Bt 的 *cry* 家族、*vip3A* 等编码杀虫晶体蛋白和营养期杀虫蛋白的基因）在中国商业化种植及生态研究的结果。通过对 1992~2007 年中国棉铃虫种群动态的分析表明，在同时种植转 Bt 基因棉花和其他多种作物的区域，棉铃虫灾害的暴发显著减少。这可能是由于转 Bt 基因棉花不仅自身具有对棉铃虫的抗性，而且可以通过杀死棉铃虫幼虫而降低其总体数量，从而对其他作物也提供了保护。2012 年，*Nature* 杂志继续刊登该研究团队的成果，通过 1990~2010 年相关数据的分析，发现在种植转 Bt 基因棉花的农田中，化学农药的使用量下降，一些益虫（瓢虫、蜘蛛和草蛉等）的数量增加，这些益虫还会进入邻近的大豆、花生、玉米等非转基因作物田，使整个地域的农田生态系统向有益的方向发展。

但随后出现了相反的情况，2013 年 5 月，同一个团队在 *Science* 杂志上发表了另一篇对中国北方作物的一项为期 10 年的研究结果，发现转 Bt 基因棉花种植地原本处于次要地位的害虫——盲蝽象急剧增加，取代棉铃虫成为主要害虫，并直接导致了化学农药使用量的大幅度增加。但文章同时也声明，这项结果并不是对上一个研究成果的否定，只是表明"就像任何其他的新技术，转基因 Bt 棉花在害虫控制上发挥重要作用的同时，可能引起无法预计的后果或风险，需要新的基因、新的技术来做植物保护"。

毫无疑问，不断出现的结果相反的研究和报告使人们对转基因作物的担心日盛。在强烈的争议下，目前大多数国家都遵循同样的政策，即在不详细了解转基因作物对人类健康和自然环境造成影响的情况下，反对盲目进行商业开发，也不许将转基因产品投放市场。

12.1.2.2 转基因食品对人类健康的影响

转基因食品是以转基因生物为原料加工的产品，根据原料来源可以分为植物源、动物源和微生物源三类，以植物源转基因食品发展最快。与环境威胁相比，人们更担心的是转基因食品给自身健康造成的影响。随着越来越多的转基因食品走上餐桌，对其安全性的争论日益激烈，而且争论过程中所夹杂的贸易、政治因素又增加了其复杂性。现在人们对转基因食品安全性问题的担心主要包括以下几个方面。

1）转基因作物产生的新产物。例如，转 Bt 基因作物可以产生一种杀死害虫的蛋白质，反对者认为这种蛋白质不仅可杀死昆虫，对人体同样具有毒害。支持者则认为，该蛋白质仅能导致鳞翅目昆虫死亡，因为只有鳞翅目昆虫有这种基因编码的蛋白质的特异受体，而人类及其他的动物、昆虫均没有这样的受体，所以无毒害作用。

2）反对者认为转基因食品中可能含有使人体产生致敏反应的物质，可加剧人类机体产生变态反应或过敏反应，或诱发新的过敏反应。支持者则认为，转基因食品上均已表明所转入基因的类型，如果对这些物质过敏的人可以根据标注进行选择。而且实验证明，转基因食品并不会过多或过度地引发过敏反应。研究人员对 134 名多种类型的过敏者进行了跟踪调查。首先选择经欧盟批准上市的 4 种转基因玉米和 1 种转基因大豆的高纯度蛋白质提取物，对其中 77 名多种类型的过敏者进行多次皮试，又向另外 57 名对普通玉米和大豆过敏的被测试者注射了同样的物质，并在两年内反复试验和论证。结果显示，所有被测试者均未出现新的或更深程度的过敏反应。

3）转基因食品的营养价值可能与非转基因食品显著不同，长期食用转基因食品可能对人体健康产生某些不利影响，如转基因食品中的主要营养成分、微量营养成分及抗营养因子的变化，会降低食品的营养价值，使其营养结构失衡，并可能影响人体的抗病能力。但迄今为止，支持者和反对者在该方面都还没有充分的试验证据。

4）反对者认为转基因作物中的基因进入人体，可能会引发新的疾病（如耐药性），或者会诱发、激活人体内的其他基因，从而使人体发生病变。而支持者则认为，这些基因首先要不被降解，而且能进入细胞核并表达，才能产生诸如耐药性之类的影响。而在人体内，这个过程基本上是不可能出现的。唯一可能的情况是这些基因进入了人体肠道内的细菌中，再由细菌表达出来。但这种情况下，表达物的量并不足以对人体产生影响。更何况这种情况每天都在发生，与是否使用转基因食品并无直接的关系。

关于转基因食品的安全性同样有一些典型的事件，这些事件闹得沸沸扬扬。

1）普兹泰（Pusztai）事件：1998年8月，英国Rowett研究所的普兹泰博士应邀出席收视率很高的电视节目《行动中的世界》时，他介绍了一项尚未发表的研究成果：用转雪花莲凝集素（GNA）基因的马铃薯喂大鼠，大鼠食用后体重和器官质量减轻，免疫系统受到破坏。最后他发表了一番令人震惊的言论："食用转基因食物会导致轻微的生长缺陷，对免疫系统也有影响。至少，在得到更可靠的科学证据前，我本人是不会吃这类东西的。"此事引起国际轰动，绿色和平组织、地球之友等组织据此策划了破坏试验地、焚烧转基因作物、阻止转基因产品进出口、游行示威等活动。但Rowett研究所和其他科研单位的科学家共同组成的委员会对普兹泰博士的实验方法提出了质疑，内容包括：第一，普兹泰选择未煮熟的生马铃薯作饲料来喂养大鼠，而马铃薯在生吃状态下含有很多自然毒素，容易导致问题；第二，普兹泰声称发现了毒性反应的凝血素的实验组并未使用转基因马铃薯，而是直接在普通的生马铃薯中添加外源低毒性凝血素，且用量超过正常适用范围的5000倍。另一种较安全的凝血素无论是在转基因实验组中，还是被人为地加入马铃薯中（含量是转基因马铃薯的100倍），都没有对老鼠的发育产生任何的影响。

在此背景下，Rowett研究所于普兹泰博士在电视上"出风头"后不久就宣布与其解除了聘约，认为其研究本身证据不足。但不少媒体报道说，普兹泰是受到了"压制"。该事件成了导火索，直接引发了英国的转基因食品大辩论。英国政府对此非常重视，委托皇家学会组织了同行评审，评审结果指出普兹泰的实验结论不成立，存在6个方面的错误，即不能确定转基因和非转基因马铃薯的化学成分有差异；对试验用的大鼠仅仅食用富含淀粉的转基因马铃薯，未补充其他蛋白质以防止饥饿是不适当的；供试动物数量少，饲喂几种不同的食物，且都不是大鼠的标准食物，缺少统计学意义；实验设计不合理，未按照该类试验的惯例进行双盲测定；统计方法不当；实验结果无一致性等。不可否认，在普兹泰事件中会有政治、经济的因素掺杂其中，但仅从普兹泰的实验数据，无法明确得出转基因食品对健康有害的结论。

2）孟山都转基因玉米NK603杂交试验：转基因玉米NK603为美国孟山都公司所研制的转基因产品。该种产品对于孟山都公司所生产的农达除草剂具有抗药性，农民可以在种植NK603玉米的同时，放心使用农达。为支持其获得审查监管授权，孟山都公司对其进行了90天的大鼠喂养试验，并于2004年发表了试验结果，表明该转基因玉米是安全的。同年，这种玉米得到欧盟授权。但法国凯恩大学教授塞拉利尼（Gilles-Eric Seralini）直接根据孟山都之前的实验进行设计并开展了类似的研究，两者的区别在于塞拉利尼的试验时间更长（为期两年，孟山都的为期90天）。在试验中，他们共使用200只雌性和雄性试验组，每20只分为一组。

分组进行喂食，一组被作为"对照组"喂食含有 33% 转基因谷物的普通饲料和白水，三组被喂食含有较大剂量农达除草剂的饲料和水，剩余 6 组被喂食含有不同比例 NK603 的饲料。

试验结果显示，在第 14 个月时，被喂食 NK603 和农达除草剂的组中，有 10%～30% 的试验鼠产生了肿瘤，对照组中没有出现患癌鼠。24 个月时，对照组患病鼠比例为 30%，其余组为 50%～80%。对照组中有 30% 的雄性鼠和 20% 的雌性鼠在平均存活时间之前死亡，而在摄入了转基因玉米的一些组别中有高达 50% 的雄性鼠和 70% 的雌性鼠过早死亡。这一研究结果不仅受到社会的关注，也引起了相关食品机构的高度重视。欧洲食品安全局、法国生物技术最高委员会和法国国家卫生安全署均对该试验提出质疑，并要求作者进行解释。

科学界对此试验也有很大的争议，塞拉利尼自己总结道："很多质疑是关于大鼠品类、试验周期及大鼠的数量。"首先，用 SD（Sprague-Dawley）大鼠评价食品的致肿瘤性并不恰当。这种大鼠适应能力强，易于饲养，且对外界刺激敏感。在饲养条件良好、身体健康的状况下，其寿命常为 2.5～3 年。但由于其易患慢性呼吸道疾病，通常寿命更短。在该试验中，2 岁的大鼠已经相当于 60～70 岁的老人，因此很难确定其肿瘤是否是衰老所致。为了区分是食品致癌还是衰老致癌，必须选择寿命长的试验动物。其次，试验鼠的数量并不符合经济合作与发展组织对慢性研究设计所需动物数量规定的标准（每组 50 只动物）。再次，该试验与历史研究相左，因大量的动物数据证明，草甘膦不会导致癌症或肿瘤。最后，通常致癌性评价并不应用于食品研究，而多见于药品，且多使用灵长类进行试验。

但无论如何，多数科学家认为，将转基因作物毒性评价的时间从规定的 3 个月延长到 24 个月，是试验的创新之处，因为通常情况下，药物致癌性的评价试验需要 6 个月。如果假定转基因食品是致癌的，就应该也进行 6 个月的试验。需要根据不同的试验周期选择合适的试验动物，才能得到相对正确的结果。

12.1.2.3 对待转基因食品安全性问题需要科学的态度

任何人类活动，包括科学活动都有风险，现在科学上认为是安全的，将来可能会发现不安全的因素；现在认为不安全，随着科技的进步，未来会找到新的技术化有害为有利。因此，对待转基因食品必须有科学的态度，对其进行深入研究，才能判断其是否有危害性。

普通的公众往往将所有的转基因食品等同起来一起反对。但实际上，转基因作物携带的基因、产生的效果各不相同，可能带来的安全问题也必须一个基因一个基因地去讨论，才能得出科学的结论。例如，水稻和小麦属于 C_3 植物，玉米、甘蔗属于 C_4 植物，后者的光合效率要比前者高 30%～50%，将玉米的 C_4 基因转移到水稻身上，以提高其光合效率。对于这样的转基因品种，就不存在食品的安全问题。但由于转基因食品存在众多不确定因素，必须慎之又慎地进行评估。

目前公众舆论中聚焦的主要是俗称为转 Bt 和抗农达的这两类作物，它们分别转入的是 *cry* 基因和 *epsps* 基因。

1）*cry* 基因：来自苏云金杆菌。Cry 蛋白（或称 Bt 蛋白）是 Bt 在孢子形成过程中产生的晶体蛋白质，毒理研究显示，这种蛋白质本身是无毒的，是一种原毒素。但其可被鳞翅目昆虫体内的酶活化，随后能够结合在肠道的受体上，造成肠道穿孔，从而专一地杀死鳞翅目昆虫。人类和绝大多数动物体内既没有可以激活原毒素的酶，也不存在能与 Bt 蛋白特异性结合的受体，所以 Bt 蛋白对人类健康没有任何影响。另外，Bt 蛋白会被人体消化系统所分解消化，在人体内不能积累。因此，"虫吃了要死，人吃了会怎样"之类的担忧并没有科学根据。

2）*epsps* 基因：是编码 5- 烯醇丙酮莽草酸 -3- 磷酸合成酶（5-enolpyruvylshikimate-3-phosphate synthase，EPSPS）的基因。农达除草剂的除草原理是通过抑制杂草的 EPSPS 从而抑制杂草的蛋白质合成，进一步导致其死亡。因此转入 *epsps* 基因的作物就具有抗草甘膦除草剂的性能（见 6.1.1.1）。人们对其危害性的担心主要是产生耐药性的"超级杂草"和作物中残留的草甘膦对人体的毒害。只用草甘膦的确有可能会导致耐药性杂草的出现，但这种杂草可以通过改用其他的除草剂就能去除。这个过程与人类几千年农业进步的过程中和杂草的斗争相比并没有什么实质区别。而关于草甘膦残留的问题，实际上并不能归罪于转基因作物自身，种植者的不规范施用所应承担的责任更大。

从现在已发生的数例转基因食品安全的"事件"来看，起因均是科学家公布了某个说明转基因食品存在风险的实验结果，在尚未得到确认或更全面的数据时，就被某些反生物技术的组织加以"断章取义"的引用和宣传。不幸的是，公众通常缺乏评价转基因食品的安全性所必需的基础知识和科学素质，从而受到这些"断章取义"的宣传的误导，引起恐慌。

因此，科学家的义务是开展缜密、全面、规范的实验，并将实验结果如实告知公众。政府的义务是对信息进行充分的公开，从而让更多的民众了解、判断转基因作物的安全性，能使人类真正从转基因工程中获得最大的利益。

12.1.2.4 世界各国对转基因食品安全性的相关管理措施

目前，国际上对转基因食品的管理大体可分为美国和欧盟两种模式：美国政府对转基因食品的管理相对宽松；欧盟则要严格、复杂得多。双方的分歧主要在于：欧盟认为，只要不能否定转基因食品的危险性，就应该加以限制。而美国则主张，只要在科学上无法证明它有危险性，就不应该限制。

美国联邦政府在立法和监管上奉行"可靠的科学原则"，施行非强制性的标识制度，采取以产品为基础的立法模式，对具体终端产品，而不是对其生产过程进行监管。美国最初要求只有转基因食品与传统食物的成分有重大不同，或含有致敏性成分时才需标识，而在州立法层面上却有所不同。2013 年 5 月起，康涅狄格、缅因、佛蒙特三个州分别通过了转基因强制标识法案，其要点主要包括：转基因食品必须强制标识，且规定了标识产品的范围与内容；转基因食品不得被称为"天然的"食品。2016 年 7 月，美国总统奥巴马签署了强制标识转基因食品的法案，结束了长期以来美国缺乏关于转基因食品标识统一规定的状况。新法要求，食品生产商需要标识产品中的转基因成分，但可自主选择标识形式，使用文字、符号或由智能手机读取的二维码。美国农业部也进一步相应撰写了相关规定，包括说明食品中究竟含有多少成分的"生物工程加工物质"才必须标注转基因成分。

在监管部门方面，美国与生物技术作物有关的食品安全由美国农业部动植物健康检验局（USDA-APEIS）、美国环保局（EPA）和美国食品药品监督管理局（FDA）共同监管。首先，USDA-APEIS 负责审查转基因作物是否会成为侵害性生物。获得 USDA-APEIS 的批准后，转基因作物能不能种植、能在什么地方种植，转基因生物及其产物能不能销售、在什么地方销售等则由 EPA 管理。EPA 的管辖范围最广，它既要考虑种植转基因作物对环境是否有危害，又要考虑该转基因作物或其产物作为食物对人体健康可能的影响。获得 EPA 的批准后，该转基因作物的产品要作为食品或食品添加剂上市，还要经 FDA 批准。FDA 关注的是成品食物中是否含有有毒、有害成分或潜在有毒、有害成分。如有，是否含量在合理限度以下。另外，就是该食品成分是否与众不同，是否需要标记，以及怎样标记等。

欧盟关于转基因食品的管理和监督的法规体系比较系统和全面。其法律管制框架分为两个层次：第一层次针对转基因生物（如农作物）；第二层次针对转基因食品和转基因生物加工过程中出现的特殊问题。此外，欧盟还设立了欧盟食品安全管理局（EFSA），用于监督管理转基因农产品和食品的安全生产与进口。在转基因农产品审批与进口方面，统一由欧盟行使进行风险评估和审批的权力。但当转基因作物通过审批后，欧盟允许其成员国自行批准、禁止或限制在本国境内种植转基因农作物。1997年5月，欧盟通过了"欧盟议会委员会新食品和食品成分管理条例第258/97号令"。该法规主要规定了新食品的定义、新食品和食品成分上市前的安全性评估机制及对转基因生物（genetically modified organism，GMO）产生的食品和食品成分的标签要求。该条例还规定了必须建立明确的转基因生物、食品和饲料的溯源体系，记录转基因产品从生产到销售、从农场到餐桌的全过程，形成一个可以严格追踪的系统。同时，要求所有转基因食品无论成品中是否含有转基因DNA片段或转基因蛋白质，都必须加贴标签。对于常规食品，其转基因含量阈值不得超过0.9%，且在此阈值以内也必须标明"该产品含有转基因成分"或该产品"由转基因产品制成"。对于非直接含转基因的和技术上不可避免含转基因的食品，转基因含量不得高于0.5%。在管理机构的设置上，1997年，欧盟成立了食品科学委员会，主要负责食品领域内与转基因生物安全有关的决策咨询工作。2001年，欧盟又成立了欧洲食物和公共健康局，负责建立食物的安全危机预警系统。但欧盟这种过于严格的管理不仅影响转基因食品的发展，而且欧盟各个国家在管理、法律方面存在分歧，许多国家没有按欧盟的有关转基因食品管理体系来运行，影响了运作效率。

作为转基因作物种植和出口大国，加拿大政府对转基因食品持支持态度。在立法和监管上面，加拿大没有针对转基因生物安全的专门立法，而是分散在其他法律中。对转基因食品的安全管理以产品为对象，而不涉及产品生产过程，主要体现在全面上市前安全评估制度和食品标签制度两个方面。转基因食品在上市销售前需经过卫生部、环境部和渔业海洋部等部门严格的安全评估，上市后由卫生部和食品检验局通过食品标签制度进行管理。当某一转基因食品通过安全性评估上市销售后，加拿大政府对相关转基因作物的种植不再进行继续监管。在标签管理制度上，目前加拿大对转基因生物及其产品的标签采取自愿标识的方式，也没有明确要求转基因成分含量限值。

日本的转基因食品由日本科学技术厅、农林水产省和厚生劳动省共同管理。为确保上市流通的转基因食品的安全，1999年，日本修改了《农业基本法》，以及与之配套的《关于农林物资的规格化以及确定质量标识的法律》，规定从2001年开始，食品生产商应对其产品是否使用了转基因原料做出明确的表述。该法还将随着新的转基因作物品种的登场，每年进行一次基准标识的重新审定。2001年4月，日本农林水产省正式颁布实施《转基因食品标识法》，该法规对已经通过安全性认证的大豆、玉米、马铃薯、油菜籽、棉籽等5种转基因农产品，以及以这些农产品为主要原料生产的转基因食品制订具体标识方法，采用强制标识和自愿标识相结合的方式来对转基因食品标识问题进行监管。实施强制性标识有两种情况：以实行了区别性生产流通管理的转基因农产品为主要原料的食品，应标识为"转基因食品"；以没有实行区别性生产流通管理的指定农产品为主要原料的食品，应标识为"食品原料没有与转基因产品隔离"。食品上标识"不含转基因"是一种自愿性标识，必须同时满足以下两个条件：食品转基因成分不足5%；证明该种食品在生产和销售的每一阶段按照身份保持制度相关规定，进行了周密的区别性生产流通管理。此外，日本在农林水产省和厚生劳动省的监督管理下，依据转基因食品标识标注法，通过 IP 身份保存系统和标签标识系统，初步建立了日本转基因产品溯源管理模式。

韩国主要通过制定转基因食品的标识、安全评价等相关政策进行转基因食品安全性的监管。韩国食品与药品管理局在 1999 年发布了《转基因食品安全评价办法》，要求在动物身上针对转基因作物的毒性、过敏性、抗营养因子等进行测试，再依据科学数据，对转基因食品安全性做出分析与相应评价。2001 年，韩国农林部发布《转基因农产品环境安全评价办法》，规定了确认转基因作物与常规作物在环境安全性方面是否存在差别的安全评价标准。为确保转基因作物用于动物饲料时的安全性，韩国农林部还出台了《转基因饲料安全评价办法》，内容包括目的基因、有毒成分的风险评估、基因漂移的可能性等。在转基因标识方面，目前主要包括转基因农产品的标识办法（MAF）和转基因食品标识办法（KFOH）。列入标识范围的包括大豆、豆芽、玉米和马铃薯等。转基因产品含量超过 3% 的必须进行标识。转基因农产品可标为"转基因产品""含有转基因产品"和"可能含有转基因产品"三种类型。

巴西政府于 2005 年 3 月颁布了《生物安全法》，该法令的一项重要内容即规范转基因农产品的种植和销售，同时授权国家生物安全技术委员会具体负责。在管理体系上，巴西转基因生物安全管理机构分工明确，其中转基因生物及产品安全评价由国家生物安全技术委员会或国家生物安全理事会批准决定。此外，巴西建立了生物安全信息发布系统（SIB），该系统发布与转基因生物技术及其产品相关的分析、批准、注册、监控和调查活动的信息。在标识管理上，根据《生物安全法》及相关条例规定，转基因成分含量超过 1% 的食品的商品标签必须含有警示标识，警示标识由一个黄色三角形中间加黑色大写字母"T"构成。但该警示标识限制了对转基因食品的消费，因此巴西众议院全会于 2015 年 4 月通过了关于转基因食品标签无须带有警示标识的法律草案。根据此法律草案，以转基因饲料饲养的动物，其衍生产品也不需要在标签中带有警示标识；制成品中转基因成分含量超过 1% 的食品，厂商仍必须向消费者提供关于转基因性质的信息，但该法律草案并未规定信息提供的标准。

阿根廷在转基因作物的立法和监管方面也具有较为完整的法律监管体系。其中，农畜渔业食品秘书处（SAGPYA）是该国生物技术及其产品的主管部门，也是转基因作物产业化的最终决策机构。审批程序有环境释放、生产性试验和产业化种植的审批。体系管理采用分阶段的模式，即在转基因作物的实验研究阶段、环境释放阶段、生产性试验阶段和产业化生产阶段采取不同的监管措施。在转基因食品标识方面，阿根廷不强制要求对转基因食品进行标识，因为民众充分信任本国国内的法规和标准体系，认为转基因作物经审批后，其食用安全性便已经得到确认。

俄罗斯对转基因作物及食品的态度比较保守。俄罗斯政府规定，转基因食品要通过注册准入制才能上市，虽然俄罗斯现在几乎没有商业化种植转基因作物，但转基因产品的进口一直在增长，如大豆、马铃薯、玉米等。俄罗斯于 2000 年 7 月订立了《转基因消费品法》，规定含有转基因成分的食物及医药品都需要标签，有关转基因成分的信息必须在货运文件上列明。2002 年，俄罗斯政府还规定，凡在俄罗斯境内销售的含有转基因成分的食品产品，若产品中含有超过 5% 的转基因成分就必须进行标识。2007 年，俄罗斯要求将含转基因成分商品中的转基因含量由 5% 调整为 0.9%。只有符合这个条件的转基因食品才能在商店和市场里销售，并开始实施自愿在有转基因成分的食品包装上贴识别标签的措施。此外，莫斯科市政府对转基因食品的销售采取限制措施，商店不得将含有转基因成分的食品销售给 16 岁以下的孩子；转基因食品不得进入医院和莫斯科各中小学校、幼儿园的餐厅；军队和海军也禁止购买转基因食品。

俄罗斯对转基因作物的态度多次出现反复。2012 年，俄罗斯加入世界贸易组织（WTO），由于 WTO 规定禁止转基因作物和种子进口属于"设置不公平的贸易壁垒"行为，俄罗斯简化了转基因产品、种子、饲料的登记程序，并停止安全检查及监管。2012 年 9 月，俄罗斯总理梅德韦杰夫签署了《转基因作物注册和登记法》，强制对俄罗斯境内所有含转基因成分的农作物进行登记。这一法律等于为转基因技术开了绿灯。2016 年 7 月，俄罗斯总统普京却签署法令，禁止俄罗斯生产、进口转基因食品。其原因除了俄罗斯科学界对转基因一直以来就持有的反对态度以外，还与贸易战有关联。

12.1.2.5　中国在转基因作物及食品方面的应对措施

目前，我国已经对农业转基因生物的研究、试验、生产、加工、经营和进出口活动实施全面管理，制定了一系列管理办法。

1993 年 12 月，国家科学技术委员会发布了《基因工程安全管理办法》。该办法按照潜在的危险程度将基因工程分为 4 个安全等级，分别表示对人类健康和生态环境尚不存在危险、具有低度危险、具有中度危险、具有高度危险。规定从事基因工程实验研究的同时，还应当进行安全性评价。其重点是确定目的基因、载体、宿主和基因工程菌的致病性、致癌性、抗药性、转移性和生态环境效应，以及确定生物控制和物理控制等级。

1996 年 7 月，农业部（现农业农村部）发布了《农业生物基因工程安全管理实施办法》，就农业生物基因工程的安全等级和安全性评价、申报和审批、安全控制措施及法律责任都进行了较为详细的描述和规定。

2001 年 5 月，国务院公布了《农业转基因生物安全管理条例》，其目的是加强农业转基因生物安全管理，保障人体健康和动植物、微生物安全，保护生态环境，促进农业转基因生物技术研究。该条例规定将农业转基因生物按照其对人类、动植物、微生物和生态环境的危险程度，分为 4 个等级，并决定建立农业转基因生物安全评价制度和标识制度。为保障该条例的实施，2002 年以来，农业部和国家质量监督检验检疫总局（现国家市场监督管理总局）先后制定了 5 个配套规章，即《农业转基因生物安全评价管理办法》《农业转基因生物标识管理办法》《农业转基因生物进口安全管理办法》《农业转基因生物加工审批办法》《进出境转基因产品检验检疫管理办法》，发布了农业转基因生物标识目录，并建立了从研究、实验、生产、加工、经营、进口许可审批到标识管理的一系列制度。

《农业转基因生物安全评价管理办法》评价的是农业转基因生物对人类、动植物、微生物和生态环境构成的危险或者潜在的风险。规定凡在中国境内从事农业转基因生物的研究、实验、生产、进口活动必须进行安全评价。安全评价工作按照植物、动物、微生物三个类别，以科学为依据，以个案审查为原则，实行分级分阶段管理。该办法同时具体规定了安全性评价的项目、实验方案和各阶段安全性评价的申报要求。

《农业转基因生物标识管理办法》规定，不得销售或进口未标识和不按规定标识的农业转基因生物，其标识应当标明产品中含有转基因成分的主要原料名称，有特殊销售范围要求的，还应当明确标注，并在指定范围内销售。进口农业转基因生物不按规定标识的，重新标识后方可入境。转基因生物标识的标注方法有三种：一是转基因动植物和微生物产品，含有转基因动植物和微生物，或者其产品成分的种子、动物品种、农药、添加剂等产品，需标注为"转基因××"。二是转基因农产品的直接加工品，标注为"转基因××加工品（制成品）"或者"加工原料为转基因××"。三是最终销售产品中已不再含有或检测不出转基因成分的产品，标注为"本产品为转基因××加工制成，但本产品中已不再含有转基因成分"，或者标注为"本产品加工原料中有转基因××，但本产品中已不再含有转基因成分"。

《农业转基因生物进口安全管理办法》规定，对于进口的农业转基因生物，按照用于研究和实验的、用于生产的及用作加工原料的三种用途实行管理。进口农业转基因生物，没有国务院农业行政主管部门颁发的农业转基因生物安全证书和相关批准文件的，或者与证书、批准文件不符的，作退货或者销毁处理。

2002 年 4 月，卫生部（现国家卫生健康委员会）制定并公布了《转基因食品卫生管理办法》，加强对转基因食品的监督管理，保障消费者的健康权和知情权。卫生部建立转基因食品食用安全性和营养质量评价制度，制定并颁布转基因食品食用安全性和营养质量评价规程及有关标准，评价采用危险性评价、实质等同、个案处理等原则。食品产品中（包括原料及其加工的食品）含有基因修饰有机体或（和）表达产物的，要标注"转基因××食品"或"以转基因××食品为原料"。

2009 年 2 月，《中华人民共和国食品安全法》发布，明确转基因食品安全管理适用本法；法律、行政法规另有规定的，依照其规定。即在《农业转基因生物安全管理条例》没有规定的情况下，适用《中华人民共和国食品安全法》。2015 年和 2016 年，农业部分别印发和制定了《农业部 2015 年农业转基因生物安全监管工作方案》和《2016 年农业转基因生物安全监管工作方案》，以持续加强农业转基因生物研究、实验、生产、加工的安全监管，并确保其规范有序。

但我国对转基因作物研究过程的监管仍然存在缺陷。2012 年 8 月，美国塔夫茨大学的研究人员汤光文等在 *American Journal of Clinical Nutrition* 杂志上发表了与"黄金大米"相关的研究论文。"黄金大米"是一种转基因大米，因色泽金黄而得名，不同于普通大米之处在于其主要功能为帮助人体增加吸收维生素 A。2008 年，汤光文等在未告知试验对象实情的前提下，在湖南某小学选择该校学生进行了"黄金大米"的试验。由于涉及人体试验，该论文立即引起了公众关注。中国疾病预防控制中心等机构很快发布通报称，此项转基因试验违反相关规定、科研伦理和科研诚信，中方相关责任人被撤职。塔夫茨大学的调查表明，虽然"黄金大米"的研究数据并未发现健康及安全隐患，但研究本身并未完全遵循该校伦理审查委员会的规定和美国的联邦法规，主持这一研究项目的汤光文在两年内不得从事人体研究，并需重新接受相关规定与条例的培训，在之后的两年也只能在研究负责人的直接监督下以合作研究者身份进行人体研究。此外，该校伦理审查委员会还修改了规章程序，对今后在美国境外或在跨文化背景下实施的研究将进行更细致的审核。

这一事件表明我国对转基因作物及食品安全的监管仍然存在不足之处，尤其在试验研发阶段，卫生部要求在鼓励科研人员开展国际合作、探索未知领域的同时要加强管理，完善制度，举一反三，防止类似事件再次发生。

12.1.3 转基因动物

转基因动物是指以人为方法稳定地导入外源基因（或特定 DNA 片段）的动物。随着转基因动物技术的发展，转基因动物在促进动物生长、改善产品品质、动物抗病育种、生产药用蛋白、生产营养保健（医疗）品和可用于人体器官移植的动物器官等领域的应用上，均显示出巨大的经济效益和社会效益（见 6.2.1.1）。

自 20 世纪 80 年代人类培育出第一只转基因鼠起，用于转基因的动物种类越来越多，用途也越来越广。对牛、羊等家畜和家禽进行基因转移主要是用来提高家畜和家禽的抗病、耐寒能力，增加食物消化利用率，改善奶、蛋、肉等的组成，增加肉和毛的产量及提高繁殖力等。例如，牛转入溶葡萄球菌酶基因后在乳汁中表达溶葡萄球菌酶，可以防止牛乳腺炎的发生；猪转入乳清蛋白基因后乳汁中乳清蛋白的含量增加，可促进猪仔的生长。由于家畜、家禽还具有可以大量饲养繁殖的特点，因此通过转基因技术可以实现大批量生产某些蛋白质，如从乳汁、蛋、精液、血清等中提取所需蛋白质用于医疗和工业。此外，转基因猪还用于制造人类疾病模型，用于研究疾病进程和药物治疗方法。

但伴随着转基因技术的迅猛发展，转基因动物及其产品的安全性、对生态环境的影响、伦理道德等诸多问题也日益显露出来。

转基因动物是否能安全食用？这不但是消费者关心的问题，也是科研人员最关心的问题。对于这一点科学家颇有感触："无论传统育种还是杂交育种，在科研工作的安全性和风险评估方面，只有转基因的'门槛'设得最高。"中国科学院院士朱作言在河南郑州有一个"转基因鲤鱼"实验养殖场，养殖的是转基因三倍体鲤鱼——'863吉鲤'。这些'863吉鲤'在最初受精时被注入了草鱼的生长激素，生长速度几乎是普通鲤鱼的1.4倍。那么这些转基因鲤鱼是否能够安全食用？朱作言和他的研究团队曾经用国家一类新药的安全检测标准做过严格的检查，对这些转基因鲤鱼的12个组织器官、遗传后代、生理生化指标，也都有详细的组织化学检查，"都没有发现其他问题，和正常鲤鱼是一样的"。尽管如此，转基因鲤鱼也还是没有"游"到消费者的餐桌上。这是因为，潜在风险不等于现实危险，必须建立一套科学的评价标准，对转基因动物产品进行长时间的安全性评估，这才能分析并避免潜在的风险。

生态安全是转基因动物市场化所要面临的第二道关。遗传改良的大麻哈鱼能够比野外的"表亲"大25倍，抗禽流感的鸡、鸭、鹅品种也正在培育。这些具有优良性状的转基因动物，一旦逃到野外，就可能取得交配优势，也会与野生动物竞争食物和空间，从而破坏自然界原本相对稳定的生态平衡。对于开放的淡水和海洋体系而言，转基因鱼的生态环境安全是最大的一个挑战，也是转基因动物研究的重中之重。朱作言院士对于解决转基因鲤鱼的生态安全问题的方法是，培育转基因鲤鱼不育的三倍体，这些鲤鱼不育，就不会和野生鲤鱼交配生子，到自然环境后也不会造成生态威胁。

2015年11月，在历经25年之后，美国食品药品监督管理局（FDA）正式批准由美国AquaBounty公司研制的"转基因大西洋鲑鱼"上市，依法可以商业销售和食用，表明美国对待转基因动物食品的态度已经开始松动。转基因大西洋鲑鱼融合了两种鱼类基因，生长速度是普通鲑鱼的两倍。其中一个基因的片段取自鳕鱼，这种基因能促进生长激素基因的表达；另一个片段取自一种奇努克鲑，其本身就含有一种生长激素基因。未经过基因修改的鲑鱼年幼时有一段生长受限期（它们只在夏季分泌生长激素）。而转入的这两段基因可以一起作用以分泌生长激素，消除这个时期，结果就产生了一种18～24个月就长到可达上市规格的鲑鱼，而正常的品种需要30个月。

与所有转基因生物的遭遇一样，反对者认为转基因大西洋鲑鱼会对人类健康和环境带来威胁，此外它们还有可能会逃到野外与野生鱼杂交，让本已濒临灭绝的大西洋鲑鱼的生活处境雪上加霜。但2012年，FDA的评估草案认为，转基因大西洋鲑鱼不会对人类构成重大健康威胁，或对环境方面形成威胁。由于转基因大西洋鲑鱼全部为雌性，体内拥有三条染色体（普通鲑鱼只有两条），再加上大部分转基因大西洋鲑鱼并不具备生殖能力，所以它们与野生鲑鱼交配成功的概率非常低。

与转基因作物类似，转基因动物也有一套安全性评价体系。早在 2001 年，中国农业部就颁布了相应的指导原则（《转基因动物安全评价》，农业部令第 8 号附录 Ⅱ）。2003 年 11 月，联合国粮食及农业组织（FAO）和世界卫生组织（WHO）联合专家委员会讨论提出，转基因动物食用安全性评价基本上可以参照转基因植物食用安全性评价程序，但要具体情况具体分析，仍需遵守国际食品法典委员会（CAC）提出的转基因食品的安全性评价原则，各国的安全性评价均应以该指南为指导原则。2008 年，国际食品法典委员会颁布了《动物源性 DNA 基因重组食品安全评估指南》（CAC/GL 68—2008）。但截至目前，国际上还没有统一的转基因动物食用安全性评价程序和方法。

与转基因作物不同，转基因动物除了在安全方面引起争议以外，在伦理方面也引起了很多的争议，主要包括以下几点。

1）将转基因动物的器官移植给人体，对于动物和人类来说都是不人道的。

2）将人类基因转入食用动物（如将人类Ⅸ因子——一种参与凝血的蛋白质的基因转入绵羊中）是不合适的。

3）将某些宗教团体禁止食用的动物基因转入他们通常食用的动物中，如将猪的基因转入绵羊，这可能触怒相关宗教信仰人群。

4）将动物基因转入食用植物可能会引起一些素食主义者的特别关注。

5）用含人类基因的生物体作为动物饲料，如用基因修饰过的酵母生产有药用价值的人类蛋白质，生产后的废酵母再用于饲养动物，是对人类的一种不尊重。

对于这些伦理学上的担忧，解决的办法是加强对公众的宣传和教育，为公众提供良好的咨询服务，加强与公众的沟通。从各种各样宗教信仰协商的结果来看，目前的结论是不会有人坚持绝对禁止食用含有来源于人类基因的食品。但是，仍然应该尽量避免在食品中使用任何伦理上敏感的基因；当转基因食品所含的基因对于某些在宗教上有饮食禁忌的人来说在伦理上不可接受时，必须特别用标签指明以确保人们可以选择。

$\boxed{12.2}$　动 物 克 隆

12.2.1　动物克隆技术与动物克隆的热潮

1997 年 2 月 22 日，英国科学家 Ian Wilmut 博士宣布，他和他在英国爱丁堡罗斯林研究所的科学小组创造出一个多尔斯特成年绵羊，这是一个货真价实的复制品——克隆羊，它轰动了整个世界。这只具有历史意义的羔羊被命名为多莉（Dolly，见 3.2.4）。Wilmut 的做法是用取自成年绵羊乳腺的细胞核来取代一个普通羊卵母细胞的细胞核，并促使这个卵成长，然后置于另一只绵羊的子宫内。1996 年 7 月，多莉降生，它是那只被取出了乳腺细胞细胞核的成年绵羊的精确的遗传复制品。

浅谈克隆羊多莉和细胞核移植

其实，动物克隆的想法和实践很早就开始进行了。早在 1938 年，德国生物学家 Hans Spemann 建议用成熟细胞的细胞核植入卵子的办法进行哺乳动物克隆。1952 年，美国科学家 Robert Briggs 和 Thomas King 将青蛙受精卵的细胞核移植到卵细胞中并发育出胚胎。这是人类第一次用细胞核移植技术成功发育出胚胎。在该实验中，细胞核来源于受精卵，本身具有发育成胚胎并长成个体的能力。因此严格来说，这并不是"无性繁殖"，不属于动物克隆。随后，一些高等动物羊（1984 年）、鼠（1986 年）和牛（1994 年）也得到了克隆，但都是采用胚胎分裂技术，而非用成熟的体细胞。这些实验验证了动物克隆技术的可行性，也带来两个重要的问题：成熟的体细胞核能否移植并发育；其他动物能否被克隆。1958 年，第一个问题便有了答案。英国牛津大学的科学家 John Gurdon 成功地将蝌蚪肠上皮细胞的细胞核移植到青蛙卵细胞里，并发育出胚胎。在肯定了第一个问题后，第二个问题的答案也没有让人们等太久。1963 年，我国科学家童第周将一条雄性鲤鱼的细胞核移植到雌性鲤鱼的卵母细胞中，在世界上第一次成功克隆了亚洲鲤鱼；1973 年，童第周还将亚洲鲤鱼的基因移植到欧洲鲫鱼中，第一次实现了种间克隆。

多莉是世界上第一例经体细胞核移植出生的哺乳动物，是克隆技术领域研究的巨大突破，这项技术原则上对一切哺乳动物都适用，包括人类，因此在全世界掀起了动物体细胞克隆研究热潮。1998 年 7 月，美国夏威夷大学 Wakayama 等报道，由小鼠卵丘细胞克隆了 27 只成活小鼠，其中 7 只是由克隆小鼠再次克隆的后代，这是继多莉以后的第二批哺乳动物体细胞克隆后代。此外，Wakayama 等采用了与多莉不同的、相对简单的且成功率较高的克隆技术，这一技术以该大学所在地而被命名为"檀香山技术"。

此后，美国、法国、荷兰和韩国等国科学家也相继报道了体细胞克隆牛成功的消息。日本科学家的研究热情尤为惊人，1998 年 7 月至 1999 年 4 月，东京农业大学、近畿大学、家畜改良事业团、地方（石川县、大分县和鹿儿岛县等）家畜试验场及民间企业（如日本最大的奶商品公司雪印乳业等）纷纷报道了他们采用牛耳部、臀部肌肉、卵丘细胞及初乳中提取的乳腺细胞克隆牛的成果。2000 年 6 月，中国西北农林科技大学利用成年山羊体细胞克隆出两只"克隆羊"，所采用的克隆技术为该研究组自己研究所得，与克隆多莉的技术完全不同，这表明我国科学家也掌握了体细胞克隆的尖端技术。

克隆技术面临的一大课题是克隆动物生育率低下，繁殖代数越多，生育率越低。迄今为止，实验鼠繁殖 6 代、牛繁殖两代就达到了极限。一旦提供可供克隆的细胞的动物死亡，遗传信息就会断绝。2013 年，日本理化研究所的科学家借助用克隆动物培育克隆动物的"再克隆"技术，成功地用一只实验鼠培育出了 26 代共 598 只实验鼠，而且克隆的实验鼠很健康，繁殖能力和寿命与一般实验鼠也没有区别。研究人员认为，这说明再克隆可以无限持续下去。

自 1997 年首个体细胞核移植克隆动物多莉羊出生以来，利用体细胞克隆技术不仅诞生出包括马、牛、羊、猪和骆驼等在内的大型家畜，还诞生了包括小鼠、大鼠、兔、猫和狗在内的多种实验动物，但与人类相近的灵长类动物的体细胞克隆一直没有解决，成为世界性难题，一个主要限制性因素是供体细胞核在受体卵母细胞中的不完全重编程导致胚胎发育率低。同时，用作受体的卵母细胞数量有限，而且非人灵长类动物胚胎操作技术尚不完善，也是影响实现非人灵长类动物体细胞克隆的重要因素。2017 年 11 月 27 日，世界上首个体细胞克隆猴"中中"在中国科学院神经科学研究所、脑科学与智能技术卓越创新中心的非人灵长类平台诞生，紧接着 12 月 5 日第二只克隆猴"华华"诞生。该成果标志着中国率先开启了以体细胞克隆猴作为实验动物模型的新时代，实现了我国在非人灵长类研究领域由国际"并跑"到"领跑"的转变。除了在基础研究上有重大意义外，此项成果也为解决我国人口健康领域的重大

从追赶到领跑：体细胞克隆猴技术的十年

挑战做出了贡献。据介绍，利用体细胞克隆技术制作脑疾病模型猴，为人类面临的重大脑疾病的机理研究、干预、诊治带来了前所未有的光明前景。

12.2.2 克隆人研究引起的恐慌

古代神话里孙悟空用自己的汗毛变成无数个小孙悟空的故事表达了人类对复制自身的幻想。如今，伴随着牛、鼠、猪乃至猴这种与人类生物特征最为相近的灵长类动物陆续被克隆成功，人们已经相信，总有一天，科学家会用人类的一个细胞复制出与提供细胞者一模一样的人来，克隆人已经不是科幻小说里的梦想，而是呼之欲出的现实。

克隆人引起的恐慌可以和当年原子弹问世时引起的恐慌相比，因为人们无法想象充满着一模一样的克隆人的世界究竟是什么样子。在众多的争论中，反对者占据了主要地位。2002年，联合国教育、科学及文化组织总干事松浦晃一郎发表声明，以最鲜明的态度强烈谴责所有以繁殖为目的的克隆人行为，呼吁国际社会立即行动起来，共同面对这一对人类伦理提出的严峻挑战。应根据1997年联合国教育、科学及文化组织通过的《世界人类基因组与人权宣言》的精神，立即通过一个强制性的国际文件，禁止和惩罚所有以克隆技术繁殖人的行为。因为这些行为不但是对科学的不负责任，而且是对整个人类尊严的严重伤害。

目前全世界的许多国家都制定了相应的法规禁止克隆人的研究。欧盟委员会发表声明指出，将克隆技术用于克隆人类与欧洲公民的伦理道德观背道而驰，因此欧盟反对克隆人，并且现在和将来都不会对克隆人研究提供任何资助。美国议会通过了全面禁止克隆人相关法案。日本禁止将用人体细胞移植到未受精卵中而制造的克隆胚胎移植到人或动物的子宫内，同时也禁止人和动物细胞融合而成的混合胚胎的移植。加拿大禁止克隆人的活动，包括为研究而制造胎儿等也都在禁止之列。澳大利亚决定在全国范围内为禁止克隆人等相关问题制定统一的法律。俄罗斯批准了《暂时禁止克隆人》法案，禁止在法案公布后的5年内在俄罗斯境内进行克隆人实验，但允许俄罗斯科研机构进行克隆动物实验。中国也明确宣布不赞成、不允许、不支持任何将克隆技术用于人类的研究工作，但主张对治疗性和生殖性克隆加以区别。2001年，我国第一个人类胚胎干细胞研究伦理指导大纲在上海起草完毕，从而对克隆人、临床用人畜细胞融合术等"危险游戏"亮起红灯。

12.2.3 克隆人的挑战与机遇

实际上，人们不能接受克隆人实验的最主要原因在于传统伦理道德观念的阻碍。第一，千百年来，人类一直遵循着有性繁殖方式，而克隆人却颠覆了这一方式，是在人为操纵下制造出来的生命。尤其在西方，"抛弃了上帝，拆离了亚当与夏娃"的克隆，更是遭到许多宗教组织的反对。第二，克隆人的身份难以认定，他们与被克隆者之间的关系无法纳入现有的以血缘确定亲缘关系的伦理体系。第三，人类繁殖后代的过程不再需要两性共同参与，这将对现有的社会关系、家庭结构造成难以承受的巨大冲击。第四，克隆人可能因自己的特殊身份而产生心理缺陷，形成新的社会问题。

但是，"克隆人出现的伦理问题应该正视，但没有理由因此而反对科技的进步"。人类社会自身的发展告诉我们，科技带动人们的观念更新是历史的进步，而以陈旧的观念来束缚科技发展，则是僵化。历史上输血技术、器官移植等，都曾经带来极大的伦理争论。当首位试管婴儿于1978年出生时，更是掀起了轩然大波，但截至2018年，全世界试管婴儿已超过

800万,他们基本上都健康正常,包括孕育后代。随着越来越多的试管婴儿出生并健康成长,大众对试管婴儿的态度开始转变。2010年,试管婴儿技术的创立者罗伯特·爱德华兹还因此获得诺贝尔生理学或医学奖。这表明在科技发展面前不断更新的思想观念并没有给人类带来灾难,相反,它造福了人类。

至于人们担忧克隆技术一旦成熟,会有用心不良者克隆出千百个希特勒,或者克隆出另一个名人来混淆视听,则是对克隆的误解。克隆人被复制的只是遗传特征,而受后天环境里诸多因素影响的思维、性格等社会属性不可能完全一样,即克隆技术无论怎样发展,也只能克隆人的肉体,而不能克隆人的灵魂,而且克隆人与被克隆人之间有着年龄上的差距。因此,所谓克隆人并不是人的完全复制,历史人物不会复生,现实人物也不必担心多出一个"自我"来。

目前,全世界已有23个国家明令禁止克隆人。但是,一些国家对待克隆人的实际态度仍有不少"暧昧"之处。这主要是因为谁也拒绝不了治疗性克隆在生产移植器官和攻克疾病等方面的巨大诱惑。比如,当有人需要骨髓移植而没有人能为他提供;当有人不幸失去孩子而无法摆脱痛苦;当有人想养育自己的孩子又无法生育……当面对这些问题时就能够体会到治疗性克隆的巨大科学价值和现实意义。单从这个角度上讲,对克隆人的实验采取简单否定的态度也是值得探讨的。也许,现在人们迫切需要做的,是以严肃的科学态度理性地看待克隆人,通过讨论达成共识,加快有关克隆人的立法,将其纳入严格的规范化管理之中。

12.2.4　治疗性克隆

自多莉问世以来,治疗性克隆就成为科学界的热门话题。治疗性克隆原是一个设想,科学家认为,采用体细胞克隆技术,可以从人的体细胞克隆出早期胚胎,然后可以从中提取胚胎干细胞。这种细胞具备分化成人体各种细胞的能力,利用它有可能在体外培育出与提供细胞的患者遗传特征完全相同的细胞、组织或器官,如骨髓、脑细胞、心肌甚至肝、肾等。如果这个设想付诸实施,将解决人类器官移植的两大难题——排异反应和供体器官严重缺乏。治疗性克隆的科学价值、医学应用价值和市场价值不言而喻。2001年,英国通过了《人类胚胎学法案》,成为第一个从法律上批准治疗性克隆研究的国家。2004年8月,英国人类受精和胚胎学管理局(HFEA)给英国纽卡斯尔大学的研究人员发放了"治疗性复制人类胚胎"的执照。英国成为欧洲第一个允许治疗性复制人类胚胎的国家。参与研究的科学家表示,他们正在研究使用这种方法治疗糖尿病、帕金森病和阿尔茨海默病,将可能开创有关研究的新纪元。

与历次有关克隆的消息一样,颁发"克隆执照"也招来了强烈批评。但英国颁发的这第一份"克隆执照"的意义不容低估。首先,"克隆执照"极大支持了克隆人类胚胎研究。曼彻斯特大学生物伦理学教授约翰·哈里斯评论说:"颁发这个执照传递出一个信号,我们的社会关心和同情那些受到疾病威胁的人。"其次,"克隆执照"推动世界其他国家采取类似行动。英国对遗传学研究一直采取相对宽松的政策,这已经成为世界其他一些国家的榜样。2005年2月,第59届联合国大会法律委员会通过一项《联合国关于人的克隆的宣言》:要求联合国所有成员国禁止任何形式的克隆人。该宣言的表决结果是71票赞成、35票反对、43票弃权。投赞成票的国家包括美国、德国、荷兰和巴西,而英国、比利时、瑞典、中国、日本和新加坡等赞成治疗性克隆的国家对这个宣言表示反对和遗憾,同时强调将不受上述宣言的约束,将继续允许治疗性克隆研究。最后,"克隆执照"提供了规范治疗性克隆研究的样板。英国政府颁发的"克隆执照"附带许多要求,把研究范围严格限制在治疗性克隆方面。执照中明确规定,克隆人类胚胎必须"只用于医学研究"，克隆出的人类胚胎只允许存活14天，而且执照有效期仅1年，期满后必须重新申请报批，这对世界其他国家制定克隆研究政策颇具借鉴意义。

将人类与动物细胞混合，以实现治疗性克隆研究的问题同样吵得不可开交，反对者有之，我行我素者也有之。2007年，美国内华达大学雷诺分校的伊斯梅尔·赞加尼（Esmail Zanjani）领导的研究小组用了7年时间，把人骨髓干细胞注射进羊胚胎的腹膜内，通过复杂的调控，获得了世界上第一只"人羊"宝宝，它的体内含有15%的人类细胞。但实际上，人干细胞只是一些"砖瓦"，在羊的发育指令控制下，它毫无痕迹地镶嵌进了羊的器官中。这种细胞混合体在生物学上被称为镶嵌。镶嵌现象在哺乳动物中非常常见，我们每个人几乎都是镶嵌体，双胞胎会拥有彼此的少部分细胞，孩子可能会镶嵌有母亲的细胞，而母亲则几乎都镶嵌着自己孩子的细胞。这些镶嵌都是在子宫里完成的。当然，镶嵌有亲缘关系如此之远，而且数量如此众多的细胞，还不是一件容易的事。而赞加尼的这项研究的最终目标是在绵羊体内"种"出患者需要的各种可移植器官。如果目标得以最终实现，人类将彻底解决可移植器官供应短缺及免疫排斥的问题。

然而，不少科学家质疑，认为这将大大增加人类传染动物病毒的风险。英国研究生物学趋势的帕特里克·狄克逊（Patrick Dixon）教授表示："许多动物身上的隐性病毒将会给人类带来一场'生物梦魇'。突变性动物病毒是真正的威胁，我们已经见识过艾滋病病毒的威力了。"还有不少动物权利保护人士也担心，当人、羊细胞混杂在一起时，会形成新的融合细胞，并诞生兼具人类与绵羊特征的混种怪兽。对此，赞加尼教授解释说，将人体细胞注入早期的绵羊胚胎不会导致融合细胞的出现。从目前的观察来看，研究人员没有发现混种绵羊表现出除绵羊以外的其他动物的行为。

12.2.5　干细胞研究

12.2.5.1　干细胞研究的伦理之争

干细胞（stem cell，SC）是一类具有自我复制能力（self-renewing）的多潜能细胞，在一定条件下，它可以分化成多种功能细胞，具有再生各种组织、器官和人体的潜在功能，医学界称为"万用细胞"（见3.2.5）。例如，干细胞可以取代遭破坏的大脑和脊柱神经细胞；在癌症的治疗过程中，干细胞可以取代被放疗和化疗所破坏的细胞，分化成为大脑、心脏、肝、肺或身体其他部位的一部分。美国 *Science* 杂志于1999年将干细胞研究列为世界十大科学成就的第一位，排在人类基因组测序和克隆技术之前。

要了解有关干细胞的争论，就要先了解干细胞从哪里来。获取干细胞的渠道主要有三个：成人细胞、脐带细胞和胚胎。成人干细胞可以从骨髓或者外周血系统中提取。骨髓是干细胞的丰富来源，但这个提取的过程会破坏骨髓。成人干细胞也可以从外周血系统中提取，这样可以避免伤害骨髓，但该过程需要的时间较长。干细胞的第二大丰富来源是脐带。脐带细胞在分娩的时候提取，作为一种保险措施，储存在低温的细胞库里以备将来新生儿之用。这种细胞也可以用在新生儿的父母亲和其他人身上。与成人细胞和胚胎细胞相比，脐带有着丰富得多的干细胞资源，而且可以预先储藏，以备未来之需。

当我们审视干细胞的第三个来源——胚胎时，争论开始出现。胚胎干细胞是在胚胎的细胞未分化之前直接从中提取的。人类胚胎干细胞主要有三个具体来源：从人工授精捐献的多余胚胎中分离；从死亡胎儿的原始生殖组织中分离；从体细胞核转移术所创造的胚胎中分离。这三种来源的胚胎干细胞都涉及一个敏感的伦理问题，即人类胚胎是否为生命，且是否应该得到尊重。

国际上不少国家，特别是大多数西方国家以法律形式禁止堕胎、禁止进行胚胎实验。他们认为人类胚胎是神圣的，胚胎就是生命，人类胚胎实验是对人的不尊重，侵犯了人权。另一种反对意见是：在用胚胎干细胞治疗老鼠的帕金森病的实验中，已有将近20%的老鼠死于脑肿瘤。而实验显示，经过长时间储藏的胚胎干细胞产生了染色体异常，从而导致了癌细胞的生成，因此该研究具有很大的风险。另外，为获得更多的细胞系，公司会资助体外受精获得囊胚及人工流产获得胎儿组织，可能导致人工流产的泛滥。而且有人认为，如果胚胎干细胞和胚胎生殖细胞可以作为细胞系通过买卖获取，将会对传统伦理道德产生巨大冲击。

而支持者，特别是英国及来自东方各国如中国、日本、新加坡等的科学家基本上认同胚胎虽是生命，但发育时间不到14天的早期胚胎还没形成三个胚层（外、中、内三个胚层）时不能被定义为"人"，而利用其进行研究并应用于临床以治疗多种疾病和挽救生命，才是对生命的最高尊重。同时，支持者也强调不准许生殖性克隆，只允许治疗性克隆或研究性克隆，且要严格审查和接受监督。此外，赞成胚胎干细胞研究的人认为，科学家并没有杀死胚胎，而只是改变了其命运，尤其是那些治疗生育疾病过程中剩余的胚胎，与将其抛弃相比，利用它进行研究以利于科学发展和人类健康是更可取的做法。

从以上不难看出，争论的焦点在于干细胞的来源，即是否可以从胚胎中获取干细胞进行研究，如果可以，是从治疗生育疾病所多余的或流产的胚胎中选取，还是从通过克隆等技术制造出的专门用于干细胞研究的胚胎中选取。说到底就是人胚胎干细胞的来源是否合乎法律及道德，以及应用过程中所产生的伦理及法律问题如何处理。

面对科学与信仰的争论，科学家表示，他们不会不尊重反对这项研究的人的信仰，但是他们更关注那些正忍受着疾病折磨的弱者，为此，科学家也不断寻求避开这种争论的研究途径。

2012年诺贝尔生理学或医学奖得主山中伸弥的研究成果使得我们不用从人类胚胎细胞中获取干细胞，而可以使皮肤细胞等完全分化的细胞重新转化成干细胞，称为诱导多功能干细胞（induced pluripotent stem cell，iPSC）。山中伸弥从其他科学家已经公布的研究结果中挑选出24种最有希望的基因。在试验室中，他发现这24种基因中的确有4种基因可以将人体细胞重组成干细胞。2007年，他所在的研究团队通过对小鼠的实验，发现了诱导人体表皮细胞使之具有胚胎干细胞活动特征的方法，此方法诱导出的干细胞可转变为心脏和神经细胞，为研究治疗多种心血管绝症提供了巨大助力。虽然目前为止，iPSC的致瘤性问题尚未得到解决，但由于其免除了使用人体胚胎提取干细胞的伦理道德制约，因此这一研究成果在全世界仍被广泛应用。

目前部分国家已经开展了iPSC是否能够治疗疾病的临床尝试，其中日本已批准了三项使用iPSC的人类试验。2018年10月，日本京都大学研究人员将来自一名匿名供者的外周血细胞重编程后产生iPSC，随后将iPSC转化为多巴胺能前体细胞（dopaminergic precursor cell），再将240万个多巴胺前体细胞移植到一名帕金森病患者的大脑中。研究人员希望移植的多巴胺能前体细胞将分化成多巴胺能神经元并进入大脑，从而提高多巴胺水平并改善这名患者的症状。利用iPSC开展的疾病治疗研究包括心脏病、眼部黄斑变性、子宫内膜异位、脊髓损伤、杜兴氏肌肉营养不良症等。有些研究还利用iPSC研发抗肿瘤疫苗，初步结果表明抗肿瘤疫苗在防止乳腺癌、间皮瘤和黑素瘤的进展方面具有显著的效果。

诱导多能干细胞的安全性及应用研究进展

12.2.5.2   各国对干细胞研究的态度与应对措施

当前国际上在人类胚胎干细胞研究领域尚没有统一的要求和原则。在已出台的相关政策上，尽管各国制定的条款各异，但基本原则都是鼓励人类胚胎干细胞研究（开展治疗性克隆），但禁止生殖性克隆（克隆人）。在这样的大环境下，全球干细胞研究及市场的发展十分迅速。2011 年，全球干细胞应用相关技术与产品的市场总值已高达 270 亿美元，至 2016 年底，市场总值达 880 亿美元，平均年增长幅度约为 26.7%。

美国在干细胞研究方面走在世界的前列。但由于众多伦理争议，这项尖端医学技术一直没有得到政策和资金的全力支持。美国国会 2001 年 7 月通过了一项全面禁止克隆人的《韦尔登法案》（Dave Weldon），这一法案不仅禁止克隆人，还禁止进口胚胎干细胞等源于克隆胚胎的产品，任何进行克隆、运输、接受或进口克隆胚胎细胞及其衍生产品的行为和企图都将被定为联邦罪行。2001 年 8 月，美国决定联邦政府的科学基金只支持即日之前培养出来的胚胎干细胞的研究。这是一种折中方案，希望新政能够使赞成和反对人类胚胎干细胞研究的两个阵营都满意。2006 年 7 月，美国参议院通过了"增加对人类胚胎干细胞研究经费"的议案。但布什总统首次动用总统否决权否决了这一议案。理由是："胚胎干细胞研究跨越了我们这个社会应当尊重的道德底线，所以我否决了这项法案"。实际上，美国对干细胞研究的政策可从美国国家卫生研究院（NIH）公布的诠释文字中体现出来，那就是，联邦政府资助的研究人员可以进行新胚胎干细胞系研究甚至创造出新的胚胎干细胞系——只要他们能够证明研究不是用政府的钱做的。2009 年，奥巴马签署行政命令，宣布解除布什政府对用联邦经费资助人类胚胎干细胞研究的限制，为胚胎干细胞研究"松绑"。目前，NIH 关于胚胎干细胞研究的指导原则是：①允许从人胚胎组织中获得新细胞系；②允许利用私人资助对已经获得的来自人胚的细胞系进行研究；③允许从新生儿脐带血中提取造血干细胞，从新生儿胎盘组织提取亚全能干细胞；④禁止使用来自胎儿组织的细胞系进行研究；⑤禁止用干细胞创建人胚胎的研究，以及进行生殖克隆；⑥禁止将人胚胎干细胞与动物胚胎结合的研究；⑦禁止为某一研究目的而专门创建的胚胎干细胞的有关研究。

美国联邦政府和地方政府对待干细胞治疗的政策并不完全一致。一方面，美国 FDA 对于干细胞疗法的许可制度的管控依然严格，相关的干细胞治疗产品在未获得 FDA 批准用于治疗前，必须对产品标注为研究用，并且不能有任何的产品宣传。同时，要在符合伦理学的基础上由干细胞领域资深研究人员组织可行的临床试验，以确保用于细胞治疗产品的安全性和疗效。另一方面，美国各州纷纷通过地方立法的形式鼓励干细胞事业的发展。加利福尼亚州民众于 2004 年 11 月全民投票通过加利福尼亚州第 71 号提案《加州干细胞研究和治疗法案》。2017 年，得克萨斯州州长 Greg Abbott 签署了一项法案，允许该州的诊所和公司使用未经 FDA 审批的干细胞治疗，这意味着患者有权利自行选择是否接受干细胞治疗手段。

欧洲作为基督教的中心，对干细胞的态度比较保守，干细胞临床研究面临着较大的宗教文化阻力。奥地利、爱尔兰、波兰、挪威等天主教国家严格禁止干细胞研究，德国、意大利等则是对干细胞研究和应用进行了严格限制。但在英国等相对开放国家的大力推动下，再加上全球干细胞应用的研究大趋势的影响下，欧洲干细胞临床应用的研究逐渐开放。欧洲药品管理局及欧盟议会在相关干细胞治疗的研究过程中起到了主导作用，通过制定相应的规章制度来指导规范干细胞领域的发展。2003 年，欧洲议会经过投票表决，通过了允许欧盟资助从不足 14 天的流产胚胎获得的干细胞进行研究的决定。2006 年，欧盟进一步同意将欧盟的资金用于人类胚胎干细胞研究，从而就这一有争议科学研究的筹资方式达成妥协。欧盟的这项由大多数国家达成的协议被认为是欧洲在这一科学前沿领域领先美国的机遇。欧盟第七研发框架计划

（FP7）和欧盟 2020 地平线（Horizon 2020），是欧盟层面资助干细胞研究的最主要的平台。

英国对人类胚胎干细胞研究采取了一种非常开放的态度。2000 年 12 月，英国下议院通过了允许克隆人类早期胚胎，并从中提取干细胞进行医疗研究的法案，并将这一研究定性为治疗性克隆。但要求研究中使用过的所有胚胎必须在 14 天后销毁，因为他们认为人在胚胎存活 14 天后就开始了生命历程。2004 年 8 月，英国政府向纽卡斯尔大学颁发了世界上第一份克隆人类胚胎研究的合法执照，批准这所大学与意大利科研机构联合进行以医疗为目的的克隆人类胚胎研究，但许可证的期限是一年，而且规定仅限于用胚胎干细胞进行治疗性的研究，不得利用克隆的胚胎进行任何形式的生殖性克隆。这是世界上第一次以政府名义颁发的许可证，它的意义在于将此项研究从科学和伦理层面上升到政策层面。2011 年，英国药品监督管理局批准先进细胞技术公司进行相关胚胎干细胞试验，此为欧洲在人类胚胎干细胞领域首次予以批准。目前，英国一方面由《人类受精与胚胎学法》及《人类生殖及胚胎学（研究目的）规则》组成了相对宽松的法律框架。另一方面，通过人类受精和胚胎学管理局这一政府机构对研究进行审查与监督。这种做法有利于克服法律的僵化性，做到具体问题具体分析，可以更加灵活地平衡人类胚胎干细胞研究与伦理的关系，因此成为各国相关立法的参考重点。

法国政府对胚胎干细胞研究持相对谨慎的态度。2004 年，在历经 3 年的争论和斟酌后，法国议会通过生物伦理法案，明确指出支持胚胎干细胞研究，但禁止生殖性克隆和治疗性克隆。该法案进一步提升了 1994 年的胚胎研究法案，允许科学家在某种条件下从通过体外受精而创造出来的冷冻胚胎中获得干细胞。2006 年，法国正式批准在国家生物医药局（Biomedicine Agency）授权下开展胚胎干细胞研究，以 5 年为期（法国《公共卫生法》L.2151-3-1）。

在德国，比较普遍的观点是人的生命从受精卵即已开始，胚胎研究是"不人道"的行为。纳粹德国在第二次世界大战时期进行的惨无人道的人体试验也在很大程度上影响了当今德国人的观念。即使在科学界，不少德国科学家对胚胎干细胞研究也持谨慎态度，并极力在胚胎干细胞研究和伦理之间寻找平衡。1991 年，德国颁布了《胚胎保护法》，严格禁止人类胚胎干细胞研究及克隆胚胎干细胞。2002 年，经过长时间的辩论，德国议会最终投票通过了议案，做出原则禁止，但准许在有限范围内进口干细胞进行研究的决议，并通过了《干细胞法》。该议案于 2008 年进一步放宽，允许德国进口更多和新的用于科学研究的人体干细胞。

西班牙有条件批准人类胚胎干细胞研究。2003 年，西班牙天主教会批准西班牙使用人类胚胎干细胞进行科学研究，但只能使用生育治疗遗留下来的胚胎，并且必须得到胚胎双亲的同意。西班牙卫生部部长在新闻发布会上宣布，《西班牙宪法》认为，胚胎的目的是生育，但如果证明胚胎已不可能发育，那么用于其他目的也是可以的。它认为这是一个值得尊敬的决定。"因为它赋予了父母决定目前已被冷冻起来的胚胎最终命运的权力，而且胚胎干细胞研究引发的伦理问题也得到了解决，因为这一法案不允许操纵胚胎进行商业牟利。"

2002 年，澳大利亚议会通过一项新法案，允许科研人员对人类干细胞进行实验研究。这项新法案允许有关人类干细胞研究的组织及个人在进行研究的头三年内，使用某些医疗机构在 2002 年 4 月 5 日前冷冻存储的约 6 万个人类胚胎进行相关研究；三年后，相关组织及个人在得到政府允许后，可以使用在 2002 年 4 月 5 日后冷冻存储的人类胚胎进行研究。

加拿大卫生研究院于 2002 年 3 月公布了一项对利用人类胚胎的干细胞研究实行"有限资助"的指导原则。该指导原则主要包括，政府对利用医疗机构"剩余"的人类胚胎进行干细胞研究将提供资助，但禁止政府资助在实验室里生产纯粹用于研究的人类胚胎，也禁止资助人类胚胎的克隆。另外，该指导原则还规定成立一个专门的委员会，从科学和伦理两个角度，对利用人类胚胎进行干细胞研究的资助申请逐项审查。

在以色列，根据犹太人传统，胚胎只有在子宫内着床后才算是人，因此对胚胎干细胞的研究限制较少，其胚胎干细胞研究与出口方面均居领先地位。

亚洲国家基本上对于干细胞研究持相对开放的态度。2012 年，韩国政府宣布投入超过1000 亿韩元以推动、支持韩国在干细胞临床研究领域的发展，这些资金集中用于临床试验、干细胞治疗的安全性、干细胞研究的核心技术，以及干细胞领域相关人才的培养。韩国还相应成立了"国家干细胞银行"，以此进一步推动干细胞领域的生产、储存及管理的标准化构建。另外，韩国成立了专门机构制定相关法律法规，组织专门人员进行严格审批，在行业内制定了完备指南。

日本把胚胎干细胞的研究视为在生命科学和生物技术领域赶超欧美国家的绝好机遇，该研究是其"千年世纪工程"的核心内容之一。在 2000 年 5 月提交国会审议的法案中，把有条件地允许进行有关人体胚胎干细胞的研究列入其中。但日本政府规定，用于研究的胚胎细胞只能从那些本该被废弃、用于生育治疗目的的胚胎中获取。目前，日本在干细胞领域，特别是诱导多功能干细胞（iPSC）领域，发展也尤为迅速，成为首个将诱导多功能干细胞应用于人类临床治疗的国家。日本对于干细胞研究领域采取"双规"策略，既作为药物进行审批，同时将其作为先进治疗技术的启动临床试验，两者都有完备的法律规范来引导。例如，在 2014 年起实施的日本《再生医疗安全性确保法》中，使用 iPSC 和胚胎干细胞的治疗和研究被划分为危险性最高的"第一类"，在实施相关治疗和研究时，研究人员需要接受一个专门委员会的审查，并于 2016 年制定了干细胞临床应用安全标准，避免审查时可能出现的混乱。

在这场前景极其诱人的国际竞争中，我国反应较快。综合性干细胞研究虽然刚刚起步，但已和世界水平取得了同步发展。2004 年，国家人类基因组南方研究中心"伦理、法律与社会问题研究部"在调查研究的基础上，结合文献和我国国情，撰写了《人类胚胎干细胞研究的伦理准则（建议稿）》并发表在国际伦理学权威期刊——美国《肯尼迪伦理学研究所杂志》上，标志着我国这一生命伦理学研究首次进入国际权威刊物。该准则的基本观点是"支持胚胎干细胞研究，但必须遵循严格的伦理规范，经过严格的伦理程序"。其中提出了"行善和救人、尊重和自主、无害和有利、知情和同意、谨慎和保密"五大伦理原则。该准则的基本主张为：坚决反对生殖性克隆，即克隆人的个体；囊胚体外培养不能超过 14 天；囊胚不能植入人体子宫或其他动物子宫；"人 - 动物"细胞融合术，可用于基础研究，其产物严禁用于临床；材料的收集和利用要贯彻自愿、知情、非商业化的原则；从立项到成果必须接受伦理评估和监督。该准则的发表既为胚胎干细胞研究立下了规矩，也是对我国科学家研究的支持和保护。

但中国随后的干细胞研究与应用发展较为混乱，2012 年，卫生部和国家食品药品监督管理总局决定联合开展为期一年的干细胞临床研究和应用规范整顿工作，停止没有经过卫生部和国家食品药品监督管理总局批准的干细胞临床研究和应用等活动。国家有关部门先后制定并颁布了《人类成体干细胞临床试验和应用的伦理准则》（2013 年）、《干细胞临床研究管理办法（试行）》（2015 年）、《干细胞制剂质量控制和临床前研究指导原则（试行）》（2015年）。国家标准化管理委员会 2017 年发布的《干细胞通用要求》有力地推动了干细胞领域的规范化和标准化发展，使我国的干细胞研究和应用与国际接轨。目前国家各部委和各省市均出台了鼓励支持干细胞治疗研究的政策。

无论怎样，干细胞研究的前提是将会得到新的实质意义上的治疗方法。因此，科学家必须十分谨慎，避免媒体对干细胞治疗过分夸大的报道，否则会失去公众的信任和信心。在确切知道干细胞治疗的实际用途之前，还有许多科学研究的障碍要跨越。而同时，伦理学必须与时俱进，必须建立在科学研究的基础之上。全世界人口已突破 70 亿，而其中仍有无数人群连最基本的生存权、发展权都得不到保障，我们有什么理由用欠缺科学根据的所谓"人"的理念，去限制人的生存和发展呢？

12.2.6　人造生命

2010 年 5 月，美国科学家克莱格·凡特（John Craig Venter）及其团队宣布世界首例人造生命——完全由人造基因控制的单细胞细菌诞生，并将它命名为"人造儿"。这项具有里程碑意义的实验表明，新的生命体可以在实验室里"被创造"，而不是一定要通过"进化"来完成。他们首先选取丝状支原体的微生物，对其基因组进行解码并复制，产生人造的合成基因组。然后，将人造基因组移植入山羊支原体中，通过分裂和增生，细菌内部的细胞逐渐为人造基因所控制，最终成为一种全新的生命。在培养皿中，合成细菌的分裂等行为就像天然细菌一样。科学家在"人造儿"DNA 上写入 4 个"水印序列"，使其有别于同类的天然细菌，以及在这种生物的后代中识别它的"祖先"。"当带着水印的细胞活了过来，我们欣喜若狂，它是一个活生生的生物了，成为我们地球上各种生命的一部分。"但同时，这也意味着生物技术带给人类的安全、伦理等问题更加复杂化了。

2018 年 8 月，中国科学院研究团队在国际上首次人工创建了单条染色体的真核细胞，是继原核"人造生命"之后的一个重大突破。研究人员通过 15 轮的染色体融合，最终成功创建了只有一条线性染色体的酿酒酵母菌株。把天然酿酒酵母中 16 条染色体合并成 1 条线性染色体的关键是"把所有染色体末端的重复序列都剔除出去"。在很多科学家眼中，生命的遗传物质里尽管有许多重复信息，但它们在进化中保留下来，就肯定有存在的道理。而代谢、生理、繁殖功能及染色体三维结构的鉴定结果都表明，虽然人工酵母的单条线性染色体三维结构发生了巨大变化，但这种酵母与天然酵母一样具有正常的细胞功能。该成果表明，天然复杂的生命体系可以通过人工干预变得简约，甚至可以人工"创造"自然界不存在的生命。单染色体酵母的诞生，被认为是继 20 世纪 60 年代中国人工合成牛胰岛素和 tRNA 之后，中国在合成生物学领域的又一个重要贡献。

人工合成生命里程碑：创建首例人造单染色体真核细胞

12.2.7　人类基因组编辑

CRISPR 基因组编辑技术是近年生物技术领域的热点。CRISPR 可以应用于很多行业：治疗人类疾病、培育新的抗病作物、创造新的动植物物种，甚至让灭绝的物种起死回生。在医学领域，CRISPR 已展现了巨大的潜力，帮助科学家建立了一个个不同的疾病模型，让我们了解特定基因的重要性（见 3.3）。自然而然地，科研人员下一步关注的，就是能否将这一革命性的技术直接应用于人体。由于伦理和监管问题，与动物基因组编辑相比，编辑人类基因组的 CRISPR 实验发展较为缓慢，经过 CRISPR 编辑的基因组将永久发生改变，因此需要十分谨慎。一些科学家甚至提出应该暂停 CRISPR 试验，直到我们获得更多有关该技术对人类潜在影响的信息。尽管如此，近年来 CRISPR 基因组

基因编辑新技术最新进展

编辑技术在人体中的应用还是取得了一定的进展。

在 CRISPR 人体基因治疗方面，中国已走在世界最前沿。相对于西方国家来说，中国对 CRISPR 人体试验的态度较为开放。2016 年 10 月，华西医院的研究团队已开启了全球首个 CRISPR 技术的人体应用。这项临床试验的招募对象是患有非小细胞肺癌，且癌症已经发生扩散、化疗、放疗及其他治疗手段均已无效的患者。首先从招募的患者体内分离出 T 细胞，并利用 CRISPR 技术对这些细胞进行基因组编辑，敲除这些细胞中抑制免疫功能的 *PD-1* 基因，并在体外进行细胞扩增。当细胞达到一定量后，再将它们回输到患者体内，希望它们能杀伤肿瘤。自 2016 年以来，中国一直在进行 CRISPR 人体试验以对抗各种癌症、艾滋病病毒和人乳头瘤病毒。据美国临床试验数据库网站 ClinicalTrials.gov 报道，2018 年中国有 10 项正在进行或即将开展的针对晚期癌症的 CRISPR 治疗试验，包括胃癌和鼻咽癌等。

2016 年 6 月，美国 NIH 下属的重组 DNA 咨询委员会批准将 CRISPR 技术应用于人体。目前，宾夕法尼亚大学正在等待 FDA 对于一项 CRISPR 人体试验研究的最终批准，该研究旨在评估应用 CRISPR 技术治疗多发性骨髓瘤、黑色素瘤和肉瘤患者的安全性。瑞士基因组编辑公司 CRISPR Therapeutics 的研究集中在一种称为 β-地中海贫血的遗传性血液疾病上，该病是由于遗传的基因缺陷，血红蛋白中一种或一种以上珠蛋白链合成缺陷或不足，导致贫血。血红蛋白携带着身体所需的氧气，如果细胞得不到充足氧气，患者就会产生骨头畸形、贫血、生长缓慢、疲劳和呼吸急促等症状。科学家希望借助 CRISPR 基因组编辑技术改造缺陷基因，使患者的血红蛋白恢复正常。

目前，CRISPR 应用于人体治疗时面临的最主要的安全性问题是脱靶效应。单个基因组编辑可能导致基因组中其他地方发生意外的 DNA 剪切，这可能导致组织异常生长，或导致癌症的发生，因此我们需要更精确的 CRISPR 靶向技术。第二个安全问题是"马赛克效应"生成的可能性。在 CRISPR 治疗后，患者可能同时含有基因组编辑和未编辑的细胞，即"马赛克效应"。随着细胞不断分裂和增殖，一些细胞的基因组编辑可能会被修复，而其他细胞则不会被修复。第三个安全问题是 CRISPR 治疗可能会引发患者免疫系统的不良反应如炎症等。这三个问题都有相应的解决方案：①运用不同的核酸剪切酶或更精确的运载工具可以减少 CRISPR 基因组编辑技术的脱靶效应。②如果对卵子或精子中的干细胞进行基因组编辑可以避免"马赛克效应"。③为了防止出现免疫系统的不良反应，可以从人类尚未免疫的细菌株中分离获得 Cas 蛋白，以避免不必要的免疫反应。同时，也可以进行体外治疗，将患者的血液细胞取出到体外，并在把它们放回去之前对其进行 CRISPR 治疗，也可以绕过免疫系统。

2018 年 11 月 26 日，中国南方科技大学副教授贺建奎宣布一对名为露露和娜娜的基因组编辑婴儿健康诞生，由于这对双胞胎的一个基因经过修改，她们出生后即能天然抵抗艾滋病病毒（HIV）。这一消息迅速激起轩然大波。中国和世界多个国家的科学家陆续发声，对贺建奎所做的实验进行谴责，或者表达保留意见。大体可以总结为：①艾滋病的防范已有多种成熟办法，而这次基因修改使两个孩子面临巨大的不确定性。②这次实验使人类面临风险，因为被修改的基因将通过两个孩子最终融入人类的基因池。③这次实验粗暴地突破了科学应有的伦理程序，在程序上无法接受。相比较而言，第三个原因更为关键，因为目前全世界科学工作者和政府的普遍共识是，基因组编辑技术作为一项革命性技术正在推动着生命科学研究发展，但其应用

基因编辑技术背后的伦理与人权

安全性尚有待于进一步全面评价，必须在监管下审慎使用，并且符合科学伦理。2019 年 1 月，广东省调查组公布了对此次事件的调查结果，认定其"实施了国家明令禁止的以生殖为目的的人类胚胎基因组编辑活动"。

此外，CRISPR 基因组编辑技术也引发了对生物恐怖主义的担忧。2016 年 2 月，由美国国家情报局局长詹姆斯·克拉珀编写的《美国情报部门全球威胁评估报告》将"基因组编辑"列在潜在自然安全威胁下的"大规模毁灭和扩散性武器"。EcoNexus 和 ETC Group 等遗传监督组织警告大众说，基因组编辑可能会被滥用。CRISPR 可以成为生物恐怖分子的灵感来源，他们能通过设计新病原体来创造新一代生物武器。

12.3　生物武器

12.3.1　生物武器的危害

目前，唯一将生物技术的潜在风险变成现实的就是生物武器，它是在军事行动中用以杀死人、牲畜和破坏农作物的致命微生物、毒素和其他生物活性物质的统称。化学战已经足以令人惊恐万分，而生物武器则更是令人毛骨悚然的恶魔，细菌、病毒等致病微生物一旦进入机体（人、牲畜等）便能大量繁殖，破坏机体功能，导致发病甚至死亡。而且病菌具有传染性，可以通过患者再传染给正常人。因此从理论上来说，生物武器的杀伤力是无限大的，被形容为"廉价原子弹"。根据 1969 年联合国化学生物战专家组统计的数据，当时每平方千米导致 50% 死亡率的成本，传统武器为 2000 美元，核武器为 800 美元，化学武器为 600 美元，而生物武器仅为 1 美元。此外，生物毒剂还能大面积毁坏植物和农作物等，带来生态灾难。

人类在战争中使用生物武器的历史则可以追溯得很远。早在 3000 多年前，位于古代小亚细亚的一个亚洲古国——赫梯王国在遭到邻国阿尔扎瓦王国进攻时，将染病的绵羊放在阿尔扎瓦的街道上，导致兔热病在阿尔扎瓦蔓延，对赫梯的进攻就此失败。这些染病的绵羊就是世界上最早的大规模杀伤性武器。公元前 600 年，亚述人用黑麦麦角菌来污染敌人的水源。古雅典政治家和战略家梭伦在围城时用臭菘给敌人的水源下毒。1347 年，当时鞑靼人围攻逃进克里米亚半岛卡发城的热那亚人，久攻不克，便把带有鼠疫杆菌的毒箭射向城内，致使城内军民染病无条件投降。1763 年，英国的亨利·博克特上校把从医院拿来的天花患者用过的毯子和手帕送给两位敌对的印第安部落首领，几个月后，天花在俄亥俄地区的印第安部落中流行起来。

第一次世界大战期间，德国曾首先研制和使用生物武器（当时称为细菌武器）。仅一年半的时间内，交战双方患病毒性流感者达 5 亿之多，有 2000 多万人死亡，比战死人员数量高出 3 倍。第二次世界大战时期，日本帝国主义大规模研制生物武器，并在中国东北建立研制细菌武器的工厂——731 部队，曾对中国 10 余个省的广大地区施放鼠疫杆菌、霍乱弧菌、伤寒杆菌和炭疽杆菌等 10 余种生物毒剂。鼠疫最严重的是湖南常德和浙江宁波。他们甚至拿活人做细菌试验，仅此一项就杀死中国军民 3000 多人，给中国人民造成了巨大灾难。美国研制生物武器始于 1941 年，其规模超过德国和日本。1950 年，美军在朝鲜和中国东北地区多次使用鼠疫杆菌、霍乱弧菌和脑膜炎球菌，伤害中朝军民。

基因武器是利用基因重组技术在致病微生物中转入能对抗疫苗或药物的基因，或者在一些本来不致病的微生物体内导入致病基因，从而培养出杀伤力更强的致病微生物。由于成本低、使用方法简单、杀伤力大、持续时间长、难防难治，从而给人类带来灾难性的后果，堪称"世界末日武器"。研究基因武器是人类的死亡游戏，所有关注人类命运和前途的人都应该大声呼吁国际社会在死亡之路上停下愚蠢的脚步。

12.3.2 国际社会对生物武器的管控措施

生物武器的传染性强，传播途径多，杀伤范围大，作用持续时间长，且难防难治。因此，制止生物武器在全球的扩散是国际社会面临的重大挑战之一。1971年9月，美国、英国、苏联等12个国家联合向第26届联合国大会提出《禁止细菌（生物）及毒素武器的发展、生产及储存以及销毁这类武器的公约》，主要内容是：缔约国在任何情况下不发展、不生产、不储存、不取得除和平用途外的微生物制剂、毒素及其武器；也不协助、鼓励或引导他国取得这类制剂、毒素及其武器；缔约国在公约生效后9个月内销毁一切这类制剂、毒素及其武器；缔约国可向联合国安全理事会控诉其他国家违反该公约的行为。该公约于1972年4月分别在华盛顿、伦敦和莫斯科签署，1975年3月生效。各国在自愿的基础上遵守该公约。1984年9月，中国决定加入此公约。由于此公约缺乏必要的核查机制，加上有一些措辞不严谨之处，其执行与监督出现困难。为此，公约签字国于1980年、1986年、1991年和1996年对此公约举行过4次审议会议。至2001年7月，共有144个国家批准了该公约。

12.3.3 生物恐怖主义及其应对措施

生物武器技术最初只是掌握在个别国家的手中，但是生物技术的普及和发展，加大了生物恐怖的可能性，给世界和平和人类健康带来新的威胁。全世界大约有1500个菌种库，有数不清的研究机构和自然资源可以提供微生物或毒素物质，而且商业化培养基和发酵罐到处都可以买到，一个20m²的房间加上1万美元的简易设备就可建立一个相当规模的生物武器工厂。生物恐怖分子不需要十分严格的生产条件，获得的生物剂纯度不一定很高，只要具备一定的传染性或侵袭性即可，所以生物恐怖的现实性不容忽视。

1984年9月，美国邪教组织"奥修国际基金会"的成员在俄勒冈州超市的沙拉酱和餐馆的沙拉里下毒，致使751人受到沙门氏菌感染，这些细菌是在一个大牧场的实验室培养出来的。

1984年11月，在大西洋美军某海军基地发生了肉毒毒素中毒事件，共有63人在食用罐装橘汁后中毒，50人死亡。事发24h后，一个恐怖组织声称与此次生物恐怖行动有关。

1995年3月，日本恐怖组织奥姆真理教在东京地铁释放化学毒剂沙林后，警方搜查了这个组织的实验室，发现了肉毒毒素和炭疽芽孢及装有气溶胶化的喷洒罐。检查中，警方还发现他们曾经进行过3次不成功的生物攻击的记录。

2001年，美国在开始军事打击阿富汗的同时，在国内严密地加强了各种反恐怖部署，尤其是针对核武器和生物武器的恐怖袭击。然而，短短半个月里，美国已在三个州的信件里发现了炭疽杆菌芽孢，查出12例炭疽热病例，其中一人已死于吸入性炭疽杆菌感染，还有1000多人接受了检测。美国社会一时风声鹤唳。

生物恐怖主义已经成为全球最大的安全威胁，这不仅是因为其巨大的杀伤力，还因为世界各国对此类袭击的预防和应急反应有很大的困难。应对生物恐怖主义，首先要储备足够批量的疫苗，有充足的药物和手段，来保证对付一些突发事件，但并不是所有的国家都具备这样的实力。

为应对生物恐怖主义的威胁，2002年，美国通过了《公共卫生安全和生物恐怖防范应对法》，目的在于提高美国预防与反生物恐怖主义及应付其他公共卫生紧急事件的能力，包括国家对生物恐怖和其他公共健康紧急事件的应对措施；加强对危害性生物制剂和毒素的控制；确保食品和药物供应的安全保障；饮用水的安全保障等内容。2009年，美国卫生与公共服务署出台了一套指导方针，用于规范DNA订制序列提供商的商业行为，旨在应对生物恐怖主义在互联网上订制DNA以研制生物武器。

在2017年2月德国慕尼黑安全会议上，微软创始人比尔·盖茨也对外界传达了对生物恐怖主义的担心。比尔·盖茨表示，下一场全球爆发的流行病可能由计算机屏幕前的恐怖分子策动。恐怖分子通过基因工程便能合成天花病毒，或是合成一种强传染力且致命的流感病毒，杀死数千万人。这种担心并非危言耸听。英国《卫报》称，英国和美国的情报机构发现，有极端组织一直试图发展生物武器。目前，盖茨已经帮助成立了流行病应对创新联盟（CEPI），这是一个专门防范、应对流行病的组织。"我们在应对自然原因产生的瘟疫时所做的努力，也同样适用于生物恐怖袭击。为全球流行病的发生做好准备，与避免核战争和气候灾难一样重要。创新、合作和细致的规划可以大大减轻每种威胁带来的风险"。

总体来说，目前在生物武器和生物武器防御系统的较量中，后者处于下风，任重道远。但是，只要利用人们对生物武器所抱有的根深蒂固的反感心理，加强反生物武器的研究，这种威胁也必将减少到最小程度。

生物技术革命为我们展现了一个光明的前景，虽然可能带来各种安全、伦理方面的问题，公众不会完全接受整个生物技术。但是科学进步的步伐从来都是不可阻挡的，我们应该欢迎这场革命的到来，但是如何保证使它走向正轨、为公众所接受并使之服务于社会必须成为我们工作的重点。

生物恐怖的威胁及其对策

◈ 小　结

人们对生物技术安全性的担心主要来自4个方面：实验微生物的扩散将造成疾病传播；转基因生物与转基因食品对人类健康、环境安全及社会伦理将造成危害；动物克隆技术将对动物进化及人类自身造成不可估量的影响；生物武器的研制威胁着人类的生存。

转基因生物，包括转基因微生物、植物、动物等，其潜在的危险主要包括：对生态环境的破坏、对人类健康造成的影响、对一些社会伦理观念及道德规范的冲击等。但由于各国政府、科学家、公众的共同关注及积极的应对措施，目前这些潜在的危险并未变成现实，但研究人员对此仍然要保持高度警惕和清醒的认识。

动物克隆技术因为将对人类及社会伦理产生不可估量的影响而成为最具争议的现代生物技术。以复制人类自身为目标的生殖性克隆被禁止进行，但出于医学目的的治疗性克隆在小范围内被允许进行。但即使是出于医学目的，人类胚胎的基因组编辑仍然被严格禁止。体细胞克隆、干细胞研究、人类基因组编辑是当前国际生物技术研究开发的最前沿领域，也是最有争议的领域。为制止危险的发生，任何克隆与基因组编辑技术的研究都应该谨慎地在人类伦理许可的范围内进行。

　　生物武器将造成毁灭性的后果。虽然在战争中使用生物武器已经受到禁止，但是"生物恐怖"对人类的威胁越来越大，禁止研究生物武器、加强反生物武器的研究、加强国际合作才能消除它的威胁。

◈ 本章思维导图

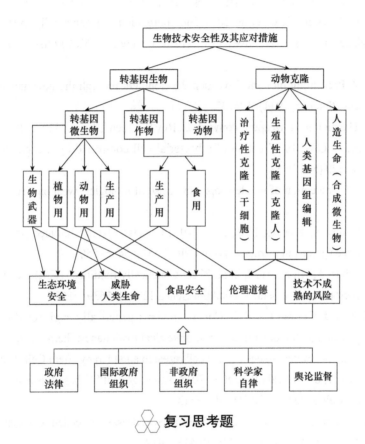

◈ 复习思考题

1. 生物技术在哪些方面可能产生安全性问题?
2. 谈谈现阶段转基因生物技术的应用及安全性。
3. 如何看待"治疗性克隆"?
4. 人类是否应该克隆自己?
5. 干细胞研究有何利与弊?

◈ 主要参考文献

Azadi H, Ho P. 2010. Genetically modified and organic crops in developing countries: a review of options for food security. Biotechnol Adv, 28 (1): 160~168

Carvus W S. 2015. The history of biological weapons use: what we know and what we don't. Health

Secur, 13 (4): 219~255

Cyranoski D. 2014. Cloning comeback. Nature, 505 (7484): 468~471

Cyranoski D. 2016. CRISPR gene-editing tested in a person for the first time. Nature, 539 (7630): 479

de Vos C J, Swanenburg M. 2018. Health effects of feeding genetically modified (GM) crops to livestock animals: A review. Food Chem Toxicol, 117: 3~12

Duguet A M，Rial E，Mahalachtimy A，等．2015．干细胞生物技术的伦理研究：法国和欧洲的法规和伦理考量．姜莹，邹明明，李枞，译．医学与哲学，36（3A）：8~11

Dunn S E, Vicini J L, Glenn K C, et al. 2017.The allergenicity of genetically modified foods from genetically engineered crops: A narrative and systematic review. Ann Allergy Asthma Immunol, 119 (3): 214~222, e3

Epstein G L. 2012. Preventing biological weapon development through the governance of life science research. Biosecur Bioterror, 10 (1): 17~37

Freakes D. 2017. The biological weapons convention. Rev Sci Tech, 36 (2): 621~628

Gibson D G, Venter J C. 2010. Creation of a bacterial cell controlled by a chemically synthesized genome. Science, 329 (5987): 52

Gronvall G K. 2017. Prevention of the development or use of biological weapons. Health Secur, 15 (1): 36~37

Hamazaki T, El Rouby N, Fredette N C, et al. 2017. Concise review: Induced pluripotent stem cell research in the era of precision medicine. Stem Cells, 35 (3): 545~550

Kamthan A, Chaudhuri A, Kamthan M, et al. 2016. Genetically modified (GM) crops: milestones and new advances in crop improvement. Theor Appl Genet, 129 (9): 1639~1655

Keung E Z, Nelson P J, Conrad C. 2013. Concise review: genetically engineered stem cell therapy targeting angiogenesis and tumor stroma in gastrointestinal malignancy. Stem Cells, 31 (2): 227~235

King N M, Perrin J. 2014. Ethical issues in stem cell research and therapy. Stem Cell Res Ther, 5 (4): 85

Kooreman N G, Kim Y, de Almeida P E, et al. 2018. Autologous iPSC-based vaccines elicit anti-tumor responses in vivo. Cell Stem Cell, 22 (4): 501~513

Kramkowska M, Grzelak T, Czyzewska K. 2013. Benefits and risks associated with genetically modified food products. Ann Agric Environ Med, 20 (3): 413~419

Krishan K, Kanchan T, Singh B. 2016. Human genome editing and ethical considerations. Sci Eng Ethics, 22 (2): 597~599

Liu Z, Cai Y, Wang Y, et al. 2018. Cloning of macaque monkeys by somatic cell nuclear transfer. Cell, 174 (1): 245

May J. 2016. Emotional reactions to human reproductive cloning. J Med Ethics, 42 (1): 26~30

Ormond K E, Mortlock D P, Scholes D T, et al. 2017. Human germline genome editing. Am J Hum Genet, 101 (2): 167~176

Power C, Rasko J E. 2011. Will cell reprogramming resolve the embryonic stem cell controversy? A narrative review. Ann Intern Med, 155 (2): 114~121

Price W D, Underhill L. 2013. Application of laws, policies, and guidance from the United States and Canada to the regulation of food and feed derived from genetically modified crops: Interpretation of composition data. J Agric Food Chem, 61 (35): 8349~8355

Raman R. 2017. The impact of genetically modified (GM) crops in modern agriculture: A review. GM Crops Food, 8 (4): 195~208

Séralini G E, Clair E, Mesnage R, et al. 2012. Long term toxicity of a Roundup herbicide and a Roundup-tolerant genetically modified maize. Food and Chemical Toxicology, 50 (11): 4221~4231

Shao Y, Lu N, Wu Z, et al. 2018. Creating a functional single-chromosome yeast. Nature, 560: 331~335

Smith M D, Asche F, Guttormsen A G, et al. 2010. Food safety. Genetically modified salmon and full impact assessment. Science, 330 (6007): 1052~1053

Waltz E. 2017. First genetically engineered salmon sold in Canada. Nature, 548 (7666): 148

Wilmut I, Bai Y, Taylor J. 2015. Somatic cell nuclear transfer: origins, the present position and future opportunities. Philos Trans R Soc Lond B Biol Sci, 370 (1680): 20140366

Wilmut I, Taylor J. 2018. Cloning after Dolly. Cell Reprogram, 20 (1): 1~3

Wohlers A E. 2013. Labeling of genetically modified food closer to reality in the United States? Politics Life Sci, 32 (1): 73~84

Wolf D P, Morey R, Kang E, et al. 2017. Concise review: Embryonic stem cells derived by somatic cell nuclear transfer: A horse in the race? Stem Cells, 35 (1): 26~34

Wu K M, Lu Y H, Feng H Q, et al. 2008. Suppression of cotton bollworm in multiple crops in China in areas with Bt toxin–containing cotton. Science, 321 (5896): 1676~1678

Yong S B, Chung J Y, Song Y, et al. 2018. Recent challenges and advances in genetically-engineered cell therapy. J Pharm Investig, 48 (2): 199~208

（曾润颖）

1. 18 世纪末，英国 E. Jenner 发明了"牛痘接种法"，成功阻止了天花病毒感染人类。后经过一个世纪多的努力，世界卫生组织在 1980 年 5 月 28 日宣布人类消灭了天花。

2. 1885 年，法国科学家 L. Pasteur 制备出了世界上第一支狂犬病疫苗，首次用于人体并成功预防了狂犬病。

3. 1909 年，丹麦植物学家和遗传学家 W. Johannsen 首次提出"基因"这一名词，用以表达孟德尔的遗传因子概念。

4. 1917 年，匈牙利工程师 K.Ereky 首次使用"生物技术"这一名词时，其原意是指用甜菜作为饲料进行大规模养猪，即把生物原料转变成产品。

5. 1928 年，英国科学家 A. Fleming 在实验研究中发现了青霉素。

6. 1944 年，美国细菌学家 O. T. Avery 首次证明 DNA 是遗传信息的载体。

7. 1944 年底，留学回来的樊庆笙与当时的卫生署防疫处处长汤飞凡用从美国得来的 3 株青霉素菌种，制作出第一批 5 万 U/ 瓶的青霉素，中国成为世界上造出青霉素的七个国家之一。

8. 1946 年，美国罗格斯大学教授 S. A. Waksman 宣布其实验室发现了第二种应用于临床的抗生素——链霉素，对抗结核杆菌有特效，人类战胜结核病的新纪元自此开始。

9. 1951 年，美国遗传学家 B. McClintock 提出了可移动的遗传基因（"跳跃基因"）学说。

10. 1952 年，美国遗传学家 J. Lederberg 发现了通过噬菌体的"转导"实现的不同细菌间的基因重组现象。

11. 1953 年，美国生化学家 J. Watson 和英国生物物理学家 F. H. C. Crick 宣布他们发现了 DNA 的双螺旋结构，奠定了基因工程的基础。

12. 1957 年，美国科学家 A. Kornberg 在大肠杆菌中发现 DNA 聚合酶 I。

13. 1957 年，开始使用微生物发酵法生产谷氨酸。

14. 1958 年，英国生物物理学家 F. H. C. Crick 提出了蛋白质合成的"中心法则"。

15. 1958 年，M. Meselson 和 F. W. Stahl 提出了 DNA 的半保留复制模型。

16. 1959~1960 年，S. Ochoa 发现 RNA 聚合酶和信使 RNA，并证明信使 RNA 决定了蛋白质分子中的氨基酸序列。

17. 20 世纪 50 年代，进入以工业化酶制剂生产为主要内容的酶工程雏形阶段。

18. 1960 年，日本的千畑一郎开始了氨基酰化酶固定化研究，开始了将固定酶应用在工业上的第一步。

19. 1966 年，M. W. Nirenberg、S. Ochoa、H. G. Khorana、F. H. C. Crick 等破译了全部遗传密码。

20. 1967 年，三个不同实验室同时发现 DNA 连接酶。

21. 1970 年，美国分子生物学家、遗传学家 H. O. Smith 分离出了第一个 II 型限制性内切核酸酶。

22. 1970 年，美国病毒学家 H. M. Temin 和 D. Baltimore 在 RNA 肿瘤病毒（逆转录病毒）中发现了"逆转录酶"，揭示了生物遗传中存在着由 RNA 形成 DNA 的过程，发展和完善了"中心法则"。

23. 1970 年，德国科学家 R. Knippers 发现了 DNA 聚合酶 II（Pol II）。

24. 1971 年，美国微生物遗传学家 D. Nathans 使用 II 型限制性内切核酸酶首次完成了对 DNA 的切割。

25. 1971 年，第一次国际酶工程会议的召开，标志着酶工程学科和完善的技术体系的形成。

26. 1972 年，美国生物化学家 P. Berg 首次将剪切后的不同 DNA 分子连接组成新的 DNA 分子，首创了基因重组技术。

27. 1972 年，巴基斯坦裔美国生物化学家 H. G. Khorana 合成了含有 77 个核苷酸的 DNA 长链。

28. 1973 年，美国科学家 P. Berg 团队利用限制性内切核酸酶将猿猴病毒 SV40 的 DNA 与大肠杆菌质粒 DNA 通过剪切后拼接在一起，首次实现了用两个不同物种 DNA 的重组，为基因工程奠定了基础。

29. 1973 年，日本首次在工业上成功地利用固定化微生物细胞连续生产 L-天冬氨酸。接着固定化细胞技术受到广泛重视，并很快从固定化休止细胞发展到固定化增殖细胞。

30. 1974 年 7 月，P. Berg 等著名分子生物学家联名在 *Science* 上发表了建议信，呼吁在全世界范围内"无条件禁止一切有可能导致无法预知后果的基因重组研究"。

31. 1974 年，德国提出了人工湿地的概念，并建造了世界上第一个人工湿地。但实际上运用人工湿地处理污水的历史可追溯到 1903 年，英国约克郡建造的人工湿地连续运行到 1992 年。

32. 1975 年，J. Shapiro 等提出"生物操纵"概念，并成功地将该技术应用于湖泊的环境治理上。

33. 1975 年，英国生物化学家 F. Sanger 发明了确定 RNA 和 DNA 分子中碱基排列顺序的技术。

34. 1975 年，美国分子生物学家 W. Gilbert 发明了 DNA 碱基的快速分析方法。

35. 1975 年，德国 G. Kohler、英国 C. Milstein 合作开发出了单克隆抗体技术。

36. 1975 年，英国人 E. M. Southern 创建了 DNA 印迹（Southern blotting）技术。

37. 1976 年，钱嘉韵从嗜热菌（*Thermus aquaticus*）中成功分离出高温的 *Taq* DNA 聚合酶。

38. 1977 年，美国 P. D. Boyer 利用 DNA 重组技术产生出人丘脑分泌的生长激素释放因子。

39. 1977 年，斯坦福大学 J. Alwine、D. Kemp 和 G. Stark 发明了 RNA 印迹（Northern blotting）技术。

40. 1978 年，美国科学家将人工合成的人胰岛素基因转移到大肠杆菌中，使后者产出人胰岛素，从而为广大糖尿病患者提供了一条可靠、大量而又稳定的药品来源。1983 年，用基因工程制造的胰岛素产品开始投放市场。

41. 1979 年，加拿大生物化学家 M. Smith 发明能够重新编组 DNA 的定点突变技术——"寡聚核苷酸定点突变法"。

42. 1982 年，国际经济合作及发展组织提出的生物技术的定义为："生物技术是应用自然科学及工程学原理，依靠生物作用剂的作用将物料加工以提供产品为社会服务的技术"。这里所谓的"生物作用剂"是指酶、整体细胞或生物体，一般也称生物催化剂。

43. 1982 年，美国华盛顿大学 R. D. Palmiter 教授等将大白鼠生长激素基因转移到小白鼠受精卵中，成功育成个体比正常小白鼠大 1 倍的超级小鼠，开创了转基因动物研究的先河。

44. 1982 年，世界上第一个基因工程药物——治疗胰岛素依赖性糖尿病的人胰岛素在美国正式获准上市。

45. 1983 年，美国科学家首次培育出世界第一个转基因植物——转基因烟草。

46. 1983 年，美国 K. M. Ulmer 在 *Science* 上发表以 "Protein Engineering" 为题的专论，明确提出蛋白质工程的概念，标志着蛋白质工程的诞生。

47. 1985 年，美国 PE-Cetus 公司人类遗传研究室的 K. Mullis 等发明了具有划时代意义的聚合酶链反应（PCR），使基因工程又获得了一个新的工具。

48. 1986 年，首批转基因植物(抗虫和抗除草剂)进入田间试验。

49. 1986 年，第一个治疗性抗体进入临床，用于治疗急性器官移植排斥反应。

50. 1988 年，美国专利与商标局（USPTO）颁发了全世界第一件多细胞动物专利"哈佛鼠"。

51. 1989 年，中国研制出了第一个拥有自主知识产权的重组人干扰素 α1b。

52. 1990 年，"人类基因组计划"正式启动。

53. 1990 年，美国 FDA 批准了首例用 *ada* 基因治疗重症联合免疫缺陷症（SCID）的病例，也是最早获得政府机构批准的人类基因治疗研究。

54. 1991 年，中国通过的《中华人民共和国民事诉讼法》第一次明确提出"商业秘密"这一名词。

55. 1993 年，中国通过的《中华人民共和国反不正当竞争法》中对"商业秘密"做出了科学界定。

56. 1993 年，美国科学家 F. H. Arnold 首先提出酶分子的定向进化概念，开始酶的定向进化研究。

57. 1996 年，开始大规模商品化种植转基因作物。

58. 1996 年，Affymetrix 公司推出第一块商业化基因芯片。

59. 1996 年，ABI 公司推出首台荧光定量 PCR 仪。

60. 1997 年，英国科学家 I. Wilmut 博士宣布，他和他在英国爱丁堡罗斯林研究所的科学小组创造出一个多尔斯特成年绵羊，这是一个货真价实的复制品——克隆羊，它轰动了整个世界。这只具有历史意义的羔羊被命名为多莉。

61. 1997 年，第一例转基因耐储存番茄获准进行商业化生产。

62. 1997 年，中国颁布了《中华人民共和国植物新品种保护条例》，后又于 1999 年加入了《国际植物新品种保护公约》。

63. 1997 年，联合国教育、科技及文化组织发表了对人类基因组和人权宣言：人类基因是全人类的共同遗产，研究成果应当使全人类获益。

64. 1998 年，超级稻研究被列为中国"863 计划"重点项目，袁隆平院士出任首席责任专家。

65. 1998 年，欧盟通过了《关于生物技术发明的法律保护指令》。

66. 2000 年，中、美、日、德、法、英 6 国科学家联合宣布成功绘制出人类基因组草图。

67. 2000 年，中国西北农林科技大学利用成年山羊体细胞克隆出两只"克隆羊"，所采用的克隆技术为该研究组自己研究所得，与多莉羊的克隆技术完全不同，这表明我国科学家也掌握了体细胞克隆的尖端技术。

68. 2001 年，中国第一个人类胚胎干细胞研究伦理指导大纲在上海起草完毕，从而对克隆人、临床用人畜细胞融合术等"危险游戏"亮起红灯。

69. 2003 年，第一只体细胞克隆动物（绵羊）多莉死亡。

70. 2003 年，中国（含香港、台湾）科学家宣布联合启动"中华人类基因组单体型图"计划。

71. 2003 年，中、美、日、德、法、英 6 国科学家联合宣布完成人类基因序列图。

72. 2007 年，美国内华达大学雷诺分校 E. Zanjani 领导的研究小组用了 7 年时间，把人骨髓干细胞注射进羊胚胎的腹膜内，通过复杂的调控，获得了世界上第一只"人羊"宝宝，它的体内含有 15% 的人类细胞。

73. 2007 年，山中伸弥研究团队通过对小鼠的实验，发现了诱导人体表皮细胞使之具有胚胎干细胞活动特征的方法，此方法诱导出的干细胞可转变为心脏和神经细胞，为研究治疗多种心血管绝症提供了巨大助力。

74. 2008 年，中国修正后的《中华人民共和国专利法实施细则》第二十六条对遗传资源和依赖遗传资源完成的发明创造进行了相关规定。

75. 2010 年，"绿色超级稻新品种培育"被列为中国"863 计划"重点项目，张启发院士出任首席责任专家。

76. 2010 年，美国科学家 J. C. Venter 及其团队宣布世界首例人造生命——完全由人造基因控制的单细胞细菌诞生,并将它命名为"人造儿"。

77. 2012 年,美国科学家使用二代 CAR-T 技术成功治愈一位名叫 Emily 的急性白血病患者,至今未复发。

78. 2013 年 9 月 10 日,国务院印发《大气污染防治行动计划》;2015 年 4 月 2 日,国务院印发《水污染防治行动计划》;2016 年 5 月 28 日,国务院印发《土壤污染防治行动计划》。中国环保事业终于迎来了历史性的转折。

79. 2014 年,美籍华裔学者张锋开发出能在人体细胞中进行基因组编辑的 CRISPR/Cas9 系统。

80. 2015 年,美国食品药品监督管理局(FDA)在其官网公布里程碑事件:全球首例转基因食品动物——转基因三文鱼上市。

81. 2016 年,中国华西医院的研究团队已开启了全球首个 CRISPR 技术的人体应用。这项临床试验的招募对象是患有非小细胞肺癌,且癌症已经发生扩散,化疗、放疗及其他治疗手段均已无效的患者。

82. 2017 年,中国科学院神经科学研究所成功克隆出了两只体细胞克隆猴,取名为"中中"和"华华"。

83. 2018 年,中国科学家在国际上首次人工创建了具有生命活性的单染色体真核细胞,开启了合成生物学研究的新时代。

84. 2018 年 11 月 26 日,中国南方科技大学副教授贺建奎宣布一对名为露露和娜娜的基因组编辑婴儿健康诞生,由于这对双胞胎的一个基因经过修改,她们出生后即能天然抵抗艾滋病病毒(HIV),这严重违反国家有关规定,在国内外造成了恶劣的影响。

85. 2019 年 1 月,中国科学院神经科学研究所又宣布成功克隆了经过基因组编辑的体细胞克隆猴。

(重大事件更新内容)

教学课件索取单

凡使用本书作为教材的主讲教师,可获赠教学课件一份。欢迎通过以下两种方式之一与我们联系。本活动解释权在科学出版社。

1. 关注微信公众号"科学 EDU"索取教学课件

关注→"教学服务"→"课件申请"

2. 填写教学课件索取单拍照发送至联系人邮箱

姓名:		职称:	职务:
学校:		院系:	
电话:		QQ:	
电子邮件(重要):			
通讯地址及邮编:			
所授课程(一):			学生数:
课程对象:□研究生 □本科(_____年级)□其他_____			授课专业:
使用教材名称/作者/出版社:			
所授课程(二):			学生数:
课程对象:□研究生 □本科(_____年级)□其他_____			授课专业:
使用教材名称/作者/出版社:			
您对《生物技术概论》(第五版)的评价及修改意见:			
贵校(学院)开设的与生命科学相关的公共课程有哪些?使用的教材名称/作者/出版社?			
推荐国外优秀教材:作者/书名/出版社:			

联系人:席慧 编辑　　　咨询电话:010-64000815　　　电子邮箱:xihui@cspm.com.cn

复习思考题参考答案

本书复习思考题参考答案扫码获取